重点河流水污染治理的理论与实践

李爱民　宋永会　周岳溪　曾凡棠　等　著

科学出版社

北京

内 容 简 介

本书基于水体污染控制与治理科技重大专项针对松花江、辽河、淮河、东江等流域的科技攻关成果和应用示范经验,系统总结了流域问题、污染成因、治理对策、关键技术、实施成效与重大建议等,阐述了重点河流水污染治理理论、实践经验及成效,既是对我国近 20 年河流水污染治理与生态修复理论与实践优秀成果的系统总结,又是新型举国体制下协同攻关、科技支撑河流流域治理成效的全面展示,具有很强的理论性、技术性、创新性和实践性。

本书可供高等院校、科研院所、企业与管理部门从事流域水污染治理和水生态环境保护相关工作的科研人员、广大师生、技术和管理人员参考。

审图号:GS 京(2024)2550 号

图书在版编目(CIP)数据

重点河流水污染治理的理论与实践 / 李爱民等著. --北京 : 科学出版社, 2025. 3. -- ISBN 978-7-03-081390-9

I. X522

中国国家版本馆 CIP 数据核字第 2025T1F026 号

责任编辑:郭允允 谢婉蓉 赵晶雪 / 责任校对:郝甜甜
责任印制:徐晓晨 / 封面设计:无极书装

科学出版社 出版

北京东黄城根北街 16 号
邮政编码:100717
http://www.sciencep.com

北京建宏印刷有限公司印刷
科学出版社发行 各地新华书店经销

*

2025 年 3 月第 一 版 开本:787×1092 1/16
2025 年 3 月第一次印刷 印张:18 1/4
字数:430 000
定价:**258.00 元**
(如有印装质量问题,我社负责调换)

《重点河流水污染治理的理论与实践》
学术顾问与著者名单

学术顾问　吴丰昌　张　杰　张　懿　王　浩　张全兴　任南琪　夏　军
　　　　　　　王子健　单保庆

主要著者　（以姓氏笔画为序）
　　　　　　　李爱民　宋永会　周岳溪　曾凡棠

参　著　者　（以姓氏笔画为序）

于鲁冀	马　云	马　放	王　阳	王　彤	王业耀	王金生
王泽斌	王爱杰	王海燕	石玉敏	田　禹	田智勇	白　洁
冯　江	冯占立	匡　武	朴庸健	曲　波	吕　路	乔　琦
全　燮	庄绪亮	刘岚昕	刘录三	刘雪瑜	刘景富	刘瑞霞
刘福强	安树青	许秋瑾	阮晓红	孙丽娜	杜宏伟	李　冬
李　趋	李德波	杨　扬	杨凤林	杨正礼	肖书虎	何义亮
何争光	何兴元	应光国	沈贵生	宋世伟	宋有涛	张　远
张　波	张化永	张幼宽	张临绒	张铃松	张耀斌	陈　峰
陈明辉	郑志侠	郎咸明	房怀阳	孟凡生	赵　军	胡林林
胡勇有	胡筱敏	查金苗	钟崇林	香　宝	段　亮	钱　锋
高会旺	高红杰	高祥云	郭书海	唐克旺	曹宏斌	阎百兴
梁冬梅	谌建宇	彭剑峰	彭晓春	董德明	韩　璐	傅金祥
曾　萍	谢显传	谢晓琳	慕金波	虢清伟	颜秉斐	薛　浩
魏　健						

序　言

　　长江、黄河、珠江、松花江、淮河、海河和辽河七大河流，以及东南诸河、西南诸河和西北内陆河三大片区是我国宝贵的水资源和水生态环境的安全保障。自 20 世纪 80 年代起，随着经济社会快速发展，河流水污染问题日益突出。从"九五"计划开始，国家将淮河、海河、辽河"三河"列为水污染治理重点流域，通过实施每五年一期的流域规划等措施，持续推进水污染防治工作。2015 年，国务院发布《水污染防治行动计划》（简称"水十条"），加快推进水污染防治和水环境质量改善。2018 年，中共中央、国务院提出着力打好碧水保卫战，并确定了支撑全面建成小康社会的具体指标。经过近 30 年的努力，我国流域水污染治理成绩斐然，到"十三五"规划末期，水生态环境发生了历史性、转折性和全局性变化，全国地表水质优良断面比例提升到 83.4%。

　　面向 2035 年生态环境根本好转、美丽中国基本实现的目标，国家提出更高的要求。但是，我国流域水污染物排放量大，河流水资源配置失衡、生态用水严重不足和生态系统健康严重受损等问题依然突出，急需不断开展理论、技术、模式、体制、机制和实践等创新研究，推动流域水生态环境持续改善，以高水平保护支撑经济社会高质量发展。

　　党中央、国务院一直高度重视生态环境科技自立自强，"十一五"规划至"十三五"规划期间，实施水体污染控制与治理科技重大专项（简称水专项）。水专项围绕流域水污染防治和饮用水安全保障的重大需求开展科技攻关和工程示范，突破了一批关键技术，建设了一批示范工程，形成了我国流域水污染治理、饮用水安全保障和水环境管理三大技术体系，有力支撑了重点流域规划、"水十条"和碧水保卫战的实施，显著提升了我国流域水污染治理体系和治理能力现代化水平。

　　水专项实施的 15 年，按照控源减排、减负修复、综合调控三阶段战略部署，河流主题围绕构建河流水污染治理技术体系和水环境管理技术体系目标，着力探索和阐明河流流域水污染形成机理、污染控制技术原理和科学治理方案等重大科技问题，提出了河流化学需氧量、氨氮等的控制原理，突破了一批关键技术。例如，基于河流污染源解析、水环境承载力与负荷分配的河流水质目标管理技术，基于水资源优化调配的水质保障技术，污染物水环境风险识别技术，石化、化工、冶金、造纸、纺织印染、制药等污染物的全过程控制技术和过程原理，农业面源污染控制与管理技术，人工与自然湿地生态系统恢复技术等。这些技术的研发、集成、示范、推广和应用有力支撑了我国一大批流域水污染治理与水环境修复工程的实施，并重点在松花江、辽河、海河、淮河、东江等五大流域开展了工程示范。着眼于实现河流生态系统健康的长远保护目标，水专项还开展了水生态系统完整性评价理论方法研究与实践，在松花江和辽河等流域，构建了水生态完整性评价指标体系和评价模型，开展了流域区域水生态完整性评价，提出了生态系统完整性恢复对策。

水专项高度重视理论研究、技术攻关、体系构建与成果应用的融合创新。从"十三五"规划开始，开展了各大流域治理创新与实践的系统总结。每个流域都在流域概况、问题诊断、污染成因与退化机制分析、治理对策与路线图、关键技术研发与应用、实施成效、经验总结与重大成果、未来展望与重大建议等多个方面进行系统梳理和总结，体现了理论与实践的有机结合。总结水专项技术与理论创新成果，形成我国河流流域治理与修复理论体系，对支撑和引领流域生态环境保护和可持续发展具有十分重要的意义。

该书在水专项技术研发和应用示范的成功案例与经验总结的基础上，将我国河流水污染治理理论浓缩概括为一个目标、三个划分、三个协同、两个机制。一个目标，即河流水污染治理目标是不断改善流域水生态环境质量，提升河流生态系统完整性，实现河流水生态系统健康；三个划分，即河流治理要实施分区、分类、分期；三个协同，即河流治理要实现治理与管理、治理与修复、水量与水质的协同；两个机制，即一是发挥政府对河流水生态环境质量负责及河长制、国家资金支持的机制，二是发挥市场机制在河流治理与修复中的作用。该书不仅是我国近20年来优秀河流治理理论与实践成果的系统总结，而且体现了重大专项发挥新型举国体制协同攻关、科技支撑流域治理的成效，具有很强的理论性、技术性、创新性和实践性，是水专项的重大标志性成果。

我作为"十三五"水专项的技术总师，乐见这些标志性成果的产出、传播和推广应用，是为序。

吴丰昌

中国工程院院士

中国环境科学学会副理事长

前　　言

　　长江、黄河、珠江、松花江、淮河、海河、辽河等河流流域是我国经济社会发展的基本依托和生态安全的重要屏障。历史上，兴水利、除水患始终是河流治理的主旋律；进入现代社会，随着经济社会的快速发展，河流水环境污染问题日益突出。特别是 20 世纪 80年代以来，地处我国人口聚集地的淮河、海河、辽河等河流水污染严重，呈现出结构性、区域性、流域性等特征；水资源短缺、水环境污染、河流生境破碎、生态系统功能破坏等问题交织，严重影响用水安全和水生态安全。控制水污染、治理水环境成为我国现代化进程中河流水生态环境保护和流域经济社会可持续发展必须解决的重大问题。从国家"九五"计划起，淮河、海河、辽河和太湖、巢湖、滇池即"三河三湖"被列为我国水污染治理的重点流域，成为水污染防治工作的重中之重。制定和实施五年一期的重点流域水污染防治规划成为流域水污染防治的基本抓手。国家先后实施了"一控双达标"、化学需氧量（COD）和氨氮（NH_3-N）等主要污染物总量控制、饮用水水源地安全保障等政策和措施，以应对水污染，保障用水安全。然而，由于水污染物排放量大大超过河流生态环境承载力，河流水资源配置严重失衡、生态用水严重不足，河流生态系统健康严重受损、自净能力差等原因，"九五""十五"期间，重点流域水污染状况依然严重，水环境质量改善不明显。

　　为了应对水污染挑战、保障经济社会可持续发展、发挥科技创新的先导和支撑作用，"十一五"起国家启动实施水体污染控制与治理科技重大专项，开展河流、湖泊、城市水环境治理与修复，以及饮用水安全保障的理念创新、技术创新和理论创新，在重点河流、重点湖泊及重点地区城市群开展研究和技术应用示范，旨在构建流域水污染治理、流域水环境管理及饮用水安全保障的三个技术体系，提升国家水污染治理与饮用水安全保障治理体系和治理能力现代化水平，为经济社会可持续发展提供支撑和保障。针对松花江、辽河、海河、淮河、东江等河流流域，水专项围绕流域水污染形成机理、水污染控制技术原理和科学治理方案等重大科学问题开展研究；针对 COD、NH_3-N、有毒有害物质等污染物防控以及河流水生态修复，开展技术创新与集成；针对重点河流突出水环境问题，通过技术创新、集成和工程示范，支持流域水污染防治规划和重大治理工程的实施，支撑示范区和相关流域水环境质量改善。在实施策略上，构建了专项技术研发和流域治理的矩阵式布局，即在流域治理研究中凝练关键共性技术，在共性技术的产出过程中解决流域问题。

　　按照水专项"十一五"到"十三五"控源减排、减负修复、综合调控三阶段战略部署，"十一五"和"十二五"期间重点突破了河流水污染治理与水环境修复的重点问题与关键技术，并开展了应用示范，初步构建了河流流域水污染治理和水环境管理的技术体系，支持了重点流域水污染防治规划的制定和实施。进入"十三五"，国家《水污染防治行动计划》与碧水保卫战的全面实施对流域水污染治理的理论与技术需求更为迫切，水专项也进入"技术体系完善与应用，支撑重点流域区域综合调控"的新阶段。为此，开展了重点河流水污染治理理论与技术成果的总结凝练，以及示范流域区域治理实践经验及治理成效的总结；针对不同地区的典型流域，分别总结了各流域水污染治理与水环境修复的理论，包括流域水污染和水生态退化的成因与机制，以及流域水污染治理和水环境修复的技术与理论创新，突出技术创新及示范效果；最后总结该流域治理的理论，主要侧重于治理策略，既是对过去创新实践的总结，又为未来发展指出方向。总体而言，河流治理的目标是不断改善流域水生态环境质量，提升河流生态系统完整性，实现河流水生态系统健康；需要分区、分类、分期，实施治理和修复的协同；要充分发挥政府的责任机制和市场的作用机制。

　　本书是对水专项河流主题理论与实践的系统总结，全书分为两篇共 6 章内容。第一篇的 4 章分别是对松花江、辽河、淮河、东江 4 个流域水污染治理与水环境修复理论与实践的总结，第二篇的 2 章分别是松花江、辽河两个流域水生态完整性评价研究与示范的总结。这种篇章安排体现从水环境管理走向水生态管理是流域治理保护发展的必然，也反映河流治理保护理论和技术发展的趋势，以及水专项关于河流流域水生态管理研究的前瞻性。

　　作为水专项的重要组成部分，河流主题的研究与示范等工作是在科学技术部、生态环境部、住房和城乡建设部等部门的领导下，在国家水专项管理办公室的组织下，在水专项总体专家组、主题专家组的技术指导下，在流域各级政府及其相关部门的大力支持下，在各项目和课题全体科研人员、示范区各相关单位的领导和专家的共同努力下完成的。因此，本书是"政产学研用"协同攻关的成果，是集体智慧的结晶，希望这些成果能为我国河流治理保护提供有益的借鉴。作者团队在此感谢所有指导支持、关心帮助这项工作的领导、专家和同事。由于水平有限，书中不当之处在所难免，敬请读者指正为盼。

作　者

2024 年 8 月 8 日

目　　录

序言

前言

第一篇　重点河流治理修复理论与实践

第1章　松花江流域治理修复理论与实践 …………………………… 5

1.1　流域概况 ……………………………………………………… 5

1.2　关键问题诊断 ………………………………………………… 30

1.3　污染成因和生态退化机制 …………………………………… 34

1.4　治理策略和技术路线图 ……………………………………… 36

1.5　关键技术研发与应用 ………………………………………… 42

1.6　水专项松花江流域实施成效 ………………………………… 48

1.7　经验总结与重大成果 ………………………………………… 51

1.8　未来展望与重大建议 ………………………………………… 52

参考文献 …………………………………………………………… 54

第2章　辽河流域治理修复理论与实践 …………………………… 55

2.1　流域概况 ……………………………………………………… 55

2.2　关键问题诊断 ………………………………………………… 65

2.3　污染成因和生态退化机制 …………………………………… 71

2.4　治理策略和技术路线图 ……………………………………… 77

2.5　关键技术研发与应用 ………………………………………… 81

2.6 水专项辽河流域实施成效 ··· 96

2.7 经验总结与重大成果 ··· 99

2.8 未来展望与重大建议 ·· 101

参考文献 ·· 103

第3章 淮河流域治理修复理论与实践 ································· 105

3.1 流域概况 ··· 105

3.2 关键问题诊断 ·· 109

3.3 污染成因和生态退化机制 ·· 112

3.4 治理策略和技术路线图 ·· 115

3.5 关键技术研发与应用 ·· 117

3.6 水专项淮河流域实施成效 ·· 127

3.7 未来展望与重大建议 ·· 129

参考文献 ·· 131

第4章 东江流域治理修复理论与实践 ································· 132

4.1 流域概况 ··· 132

4.2 关键问题诊断 ·· 139

4.3 水环境风险成因与机制 ·· 141

4.4 管控策略和技术路线图 ·· 142

4.5 关键技术研发与应用 ·· 145

4.6 水专项东江流域实施成效 ·· 163

4.7 未来展望与重大建议 ·· 165

参考文献 ·· 166

第二篇 重点河流水生态完整性评价研究与示范

第5章 松花江流域水生态完整性评价研究与示范 ···················· 173

5.1 河流水生态完整性评价研究进展 ·· 173

5.2 研究目标与内容 ··· 178

5.3 松花江流域水生态完整性评价 ································· 212

5.4 主要成果与应用推广 ······································· 221

参考文献 ·· 223

第6章　辽河流域水生态完整性评价研究与示范 ·············· **224**

6.1 研究背景 ··· 224

6.2 辽河保护区生态系统完整性评价 ··························· 230

6.3 主要成果与应用 ··· 270

参考文献 ·· 277

第一篇

重点河流治理修复理论与实践

本篇概述

　　我国河流面临水资源短缺和过度开发,工业、城市和农业农村造成的好氧有机污染、有毒有害污染严重,河流生境破碎、生态系统功能破坏等问题,导致河流生态功能低下、生物多样性丧失、河流水质污染、严重影响用水安全等后果。造成河流水污染的原因有3个:一是污染物排放量大,入河污染物负荷超过河流环境承载力;二是河流水资源配置严重失衡,生态用水严重不足,河流纳污稀释能力差;三是河流生态系统健康严重受损,自净能力差。究其根本,是流域经济社会发展与水资源和水生态承载力结构的失衡,导致了河流功能的退化。针对以上突出问题和深层次原因,水体污染控制与治理科技重大专项开展了河流治理与修复的理念创新、技术创新和理论创新。

　　1. 河流治理修复的攻关目标、攻关思路、技术与理论突破

　　水专项河流主题的攻关目标是:围绕一个重大科学问题——探索和阐明不同类型河流流域水污染问题的形成机理,提出相应的污染控制技术原理和科学的综合整治方案;构建两个技术体系——国家河流水污染控制与治理技术体系、国家河流水环境管理技术体系;重点突破三类关键技术——耗氧污染形成机制、控制技术原理、管理机制与方法,河流水质风险形成机制、控制技术原理、管理机制与方法,河流生态系统退化和修复、生态系统完整性管理技术原理与方法。

　　水专项河流主题的攻关思路是:以控源减排为突破口,坚持流域水质目标管理,旨在恢复河流生态系统完整性和生态系统功能;着力研发河流水污染控制与水环境治理技术、河流水环境综合管理技术、受损河流生态修复与恢复技术。水专项启动实施以来,明晰了河流治理的思路和技术路径,以构

建国家河流水污染控制与治理技术体系、国家河流水环境管理技术体系为目标，按照水专项控源减排、减负修复、综合调控三阶段战略部署，针对化学需氧量（COD）、氨氮（NH3-N）、有毒有害物质等污染物防控以及河流水生态修复，开展技术创新与集成；针对国家水污染防治重点流域的水环境问题，以创新和集成技术的工程示范为引领，推动流域水污染防治规划的制定和实施，在松花江、辽河、海河、淮河、东江等流域开展研究和示范，以及技术应用推广。

针对国家重点流域水污染治理的迫切需求，水专项重点在五大流域开展技术研发和示范。在松花江流域，着重研发以水质风险和突发污染事故控制为核心的国家高环境风险河流水污染防治与水质安全保障技术；在辽河流域，着重研发以黑臭水体消除与水质改善为核心的控源减排和水资源循环利用技术；在海河流域，着重研发以非常规水源补给为核心的重污染河流水质改善技术；在淮河流域，着重研发以污废水再生与生态安全利用为核心的闸坝型河流污染治理和生态修复技术；在东江流域，着重研发以管控饮用水源型河流风险、维护生态、保水甘甜为核心的水环境风险控制工程技术和综合管理技术。

水专项河流主题旨在通过流域个性化问题的解决，研发集成关键技术，破解各流域个性化难题，为流域治理和修复提供技术支撑；同时，总结凝练全国层面河流水污染治理的共性技术，构建治理与管理的技术体系，提升国家河流水污染控制与治理能力。因此，河流治理技术目标和流域治理目标的交互，形成了水专项技术研发和流域治理的矩阵式布局；在流域治理研究中凝练关键共性技术，在共性技术的产出过程中解决流域问题。

在水专项攻关过程中，重点突破了河流耗氧过程中对 COD、NH3-N 等的控制原理，基于河流污染源解析、水环境承载力与负荷分配计算的河流水质目标管理技术，研究水资源优化调配的水质保障技术，污染物水环境风险识别技术，石化、化工、冶金、造纸、纺织印染、制药、食品加工、制革、工业园区污染物的全过程控制技术和过程原理，农业面源污染控制和管理技术与原理，河流生态系统完整性评估技术，人工与自然耦合大型湿地生态系统恢复技术等一大批技术和原理。这些技术的研发、集成、示范、应用和推广，支撑了一批流域水污染治理与水环境修复工程的实施以及示范区的建设，支持了流域水污染防治规划和国家《水污染防治行动计划》的实施和目标实现。

2. 坚持问题导向和目标导向，扎实开展不同流域治理与修复的技术、工程和综合示范

在流域示范方面，按照问题导向和目标导向，从问题出发，以实现流域治理为努力方向，水专项着力攻克流域水污染治理中的关键瓶颈问题；按照流域统筹、分区分类分期的思路，开展治理和管理技术的研发、集成与示范。

针对松花江流域高寒区高风险典型河流特征，重点突破了石化行业废水有毒有机物全过程控制关键技术，形成辨毒、减毒、解毒相结合的废水有毒有机物全过程控制技术模式；建立了基于"高风险源识别-诊断-监控预警"的高风险源管理系统和四级风险防控系统，建设了流域事故模拟与应急管理平台；构建了高寒区城市污水厂低温期稳定运行技术体系；研发了高寒区农田氮磷面源污染全过程控制技术与模式；形成了"生境修复-食物链延拓-生态需水保障"高寒区生态修复模式；提出了"双险齐控、冬季保障、面源削减、支流管控、生态恢复"松花江流域治理模式。水专项的攻关和示范，支撑了松花江流域风险污染物减排，实现了重点行业控源减排稳定达标，支持了流域水质改善以及流域部分区域水

生态的恢复。

针对辽河流域北方缺水型重化工业重污染典型河流特点，以及结构性、区域性、流域性等污染特征，重点突破了冶金、石化、制药、造纸、印染、食品等行业水污染治理技术，农业面源污染治理技术，水生态修复技术；按照河流源头区、干流区和河口区的不同区位特点及治理修复问题，开展区域解决方案的创新设计和工程示范；积极支持"十二五""十三五"国家重点流域水污染防治规划的编制；创新理念和理论，设计了大型河流保护区——辽河保护区，研编了分阶段的生态修复与保护方案；支持国家"水十条"和流域规划的实施；构建了辽河流域水污染治理和水环境管理两个技术体系，显著提升了流域水污染治理科技水平，支持流域水质持续改善，促进了以分散式污水治理为特色的环保产业化发展，推动了流域水污染治理市场化机制的有效发挥。

针对淮河流域"闸坝多、污染重，基流匮乏、风险高、生态退化"等典型特征，水专项确定了"抓住关键问题、聚焦重点区域、设立阶段目标、突破关键技术、改善流域水质"的治理策略，选择淮河流域污染最严重的典型闸坝型河流贾鲁河—沙颍河和南水北调东线过水通道——南四湖为重点治理综合示范区，实施了从重点污染源治理、河流生态修复、水环境精准管理与产业化推广应用的"点—线—管—面"综合治理技术路线。在"点"上，重点突破了以两相双循环厌氧反应器能源化-芬顿流化床深度处理-人工湿地无害化生态净化为核心的农业伴生工业废水能源化与无害化处理、以流化态零价铁还原-流化床芬顿氧化为核心的精细化工废水深度处理与毒性减排、以多点好氧-缺氧-好氧（OAO）和磁性树脂吸附为核心的城镇污水深度处理与生态安全利用、以"种-养-加"农业废弃物资源循环利用为核心的半湿润农业区面源污染防控等一系列重点污染源控制与治理关键技术；在"线"上，自主研发了以基质调控为核心的梯级序列生态净化、以微生境构造为核心的近自然生态系统恢复等闸坝型河流生态修复关键技术，形成了淮河水生态修复范式；在"管"上，建立了基于"行业间接排放标准-小流域排污标准-河流水质达标标准"有序衔接的闸坝型河流的"三级标准"体系，突破了基于"生态基流保障-大型污染事故防范-水生态安全防控"的闸坝型重污染河流水质-水量-水生态联合调度技术，有效防范突发污染事故发生，显著提高了生态用水保证率；在"面"上，沿淮河建立了8个成果产业化推广平台和3个技术创新联盟，构建了以"技术研发-成果孵化-联盟集成-平台推广-机制保障"为核心的全链式水专项成果转化与产业化创新体系。通过贾鲁河和南四湖的综合治理实践，创新构建出基于"三级控制、三级标准、三级循环"的闸坝型重污染河流"三三三"治理模式与蓄水型湖泊"治用保"治污模式，实现了贾鲁河—沙颍河水环境根本性好转，保障了南水北调东线输水水质安全，有力支撑了淮河流域水环境质量持续显著性改善。

针对东江流域高质量发展要求、高经济密度、高发展速度、高水质要求、高强度控污的"五高"特点，从水质风险、生态风险、健康风险三个方面，集成创新包括控制风险（控）、维护生态（维）、保水甘甜（保）、高质发展（发）在内的水源型河流水环境风险控制工程技术体系和水环境综合管理技术体系；按照"一区一策"技术路径集成研发上游水源区清洁产流、中游输水通道区清水入江、下游受水区脱毒减害和高强度控污等工程技术；研发以"监测、估算、评估、控制"为主线的优控污染物、生物毒性和水华水生态风险综合管理技术；构建华南地区感潮河流高精度水环境实时模拟系统，建成水源型河流水质风险管理决策支持平台并实现业务化运行；积极支撑东江水源安全保障工作，促进深圳这个中国特色社会主义先行示范区的水源安全保障更加有力；编制《水体达标方案编制技术指南》《东江流域生态环境保护方案》，支持"水十条"重点任务落地，为《广东省水污染防治行动计划实施方案》提供科技支撑。通过水源型河流水环境风险控制工程技术体系和水环境综合管理技术体系集成研发，显著提升了东江流域水质风险防控和决策支持能力，实现了水源型河流从"水质管理"向"水生态管理"、从"静态管理"向"实时过程管理"、从"达标管理"向"风险管理"的重大转变，促进以"五高"为特征的水源型流域高质量发展。

3. 河流治理与修复的理论总结

流域水污染治理与修复理论的创新，源自对国内外先进经验的学习和流域治理科技创新与管理支撑的实践。总结水专项技术与理论创新成果，形成我国河流流域治理与修复的理论体系，可以支撑和引领河流水污染治理及水生态修复的管理与实践。通过梳理总结水专项多年来的创新研究和成果应用示范经验，我国河流水污染治理和管理的理论可以简要概括为"1332"：一个目标、三个划分、三个协同、两个机制。

一个目标，即河流水污染控制、水环境治理和水生态修复的根本目标是不断改善流域水生态环境质量，提升河流生态系统完整性，实现河流水生态系统健康。三个划分，即河流治理的宏观策略为分区、分类、分期。分区，首先是针对我国国土空间自然地理、气候特征、经济社会等差异，实施重点流域治理管理的"一河一策"；其次是在流域内，根据地理、水文、水生态等开展流域水生态环境功能分区，以实施流域内治理管理的"一河一策""一区一策"。分类，主要针对制约流域水生态环境质量改善的关键因素，如水资源、水环境、水生态，有机物 COD、$NH_3\text{-}N$、毒害物，工业源、城镇源、农业源等，研究分类的治理技术和管理措施。分期，针对全国水环境形势、不同流域治理进程差异、水污染治理的阶段性特征，实施分期治理。三个协同，即河流治理要实施治理和修复协同：水污染治理与管理的协同、水污染治理与水生态修复的协同、水量管理与水质管理的协同。两个机制，一是充分发挥政府对区域流域水生态环境质量负责的机制，发挥河长制、国家财政资金支持与引导机制的作用；二是不断推动生态环保产业化，充分发挥市场机制在流域治理与修复中的作用。

以上理论是对水专项各大流域治理创新实践的基本总结。本篇针对我国不同地区的典型流域，分别总结了各流域治理与修复的理论，包括流域水污染和水生态退化的成因与机制；流域治理和修复的技术与理论创新，突出技术创新及示范效果；最后总结本流域治理的理论，主要侧重于治理策略，既是对过去创新实践的总结，又为未来发展指出了方向。本篇对每个流域都有系统的总结，主要包括流域概况、关键问题诊断、污染成因和生态退化机制、治理策略和技术路线图、关键技术研发与应用、水专项实施成效、经验总结与重大成果、未来展望与重大建议，不仅内容上更加丰富，还体现了理论与实践的有机结合——创新与实践催生理论，理论指导创新活动与实践应用。

第 1 章

松花江流域治理修复理论与实践

1.1 流 域 概 况

1.1.1 自然地理状况

1. 基本概况

松花江流域位于我国东北地区，是我国七大江河流域之一；河长居长江、黄河之后，位居全国第三；水资源总量居长江、珠江之后，亦位居第三；地理位置在 119°52′E～129°31′E，41°42′N～51°38′N；流域面积 55.7 万 km^2，由松花江干流、嫩江和松花江吉林省段三部分构成（图 1-1），其中嫩江流域面积约 29.7 万 km^2，松花江吉林省段流域面积约 7.3 万 km^2，松花江干流流域面积约 18.7 万 km^2。松花江流域跨黑龙江省、吉林省、内蒙古自治区和辽宁省，嫩江右岸大部分在内蒙古自治区，约占全流域面积的 27%；松花江吉林省段水系全部、嫩江右岸支流洮儿河下游与嫩江干流下游右岸、松花江干流上游的右岸一小段、牡丹江河源区和拉林河左岸大部分属吉林省范围，约占全流域面积的 22%；松花江吉林省段上游流域面积约 540.8km^2，属辽宁省抚顺市清原满族自治县；其余嫩江左岸、松花江干流两岸大部分地区均属黑龙江省，约占全流域面积的 51%（水利部松辽水利委员会，2004）。

松花江有两源：北源嫩江，发源于大兴安岭支脉伊勒呼里山中段南侧的南瓮河源地；南源松花江吉林省段，发源于长白山主峰上著名的长白山天池。两个江源分头下行至吉林省松原市海拔 128.2m 的三岔河附近汇合，称松花江干流。松花江干流折向东流至黑龙江省同江市附近，由右岸汇入中俄界河黑龙江（俄罗斯境内称阿穆尔河）。松花江流域是我国重要的商品粮基地和木材、矿产产地，在工农业生产上占重要地位。吉林省、黑龙江省较大的工业城市大多位于松花江或其支流沿岸，因而松花江具有十分重要的战略地位和经济意义。

松花江总长：以嫩江源算为 2309km，以松花江吉林省段源算为 1897km。干流长 939km，分上游、中游、下游三段：上游段，三岔河至哈尔滨，河长 240km，河道流经松嫩平原的草原、湿地；中游段，哈尔滨至佳木斯，河长 432km，河道穿行于丘陵与河谷平原地带；下游段，佳木斯至同江口，河长 267km，河道通过三江平原。

黑龙江、松花江流到同江市时，形成三汊口，习惯称"三江口"，三江口在松花江最下游的江水出境口，从三江口经松花江进入中俄界河黑龙江。松花江佳木斯江段至三江口是松花江的下游区域，一般称这一江段为"出境河段"。

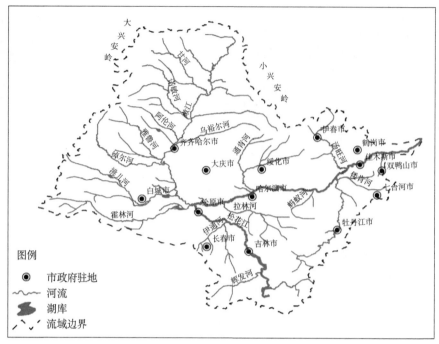

图 1-1　松花江流域示意图

2. 地形地貌

松花江流域三面环山，西部和北部为兴安岭山地，大兴安岭东坡为嫩江干流及右侧各支流的发源地，小兴安岭则为松花江干流与黑龙江的分水岭；东部和东南部为山地，是流域内的最高点，长白山白云峰西侧和北侧为松花江吉林省段与牡丹江的发源地、东侧是鸭绿江和图们江水系。松花江流域整个地势由西和南向东和北下倾，中游是松嫩平原，下游有大片湿地和闭流区。松花江流域各类地形面积及分布情况见表 1-1。

表 1-1　松花江流域各类地形面积及分布情况

河流名称	流域面积/万 km²	山区面积占比/%	丘陵面积占比/%	平原面积占比/%
松花江吉林省段	7.3	57	24	19
嫩江	29.7	65	10	25
松花江干流	18.7	56	20	24
全流域	55.7	61	15	24

通过水文年鉴、已有研究成果及现场调研，整理松花江河流基本特征见表 1-2。

表 1-2　松花江河流基本特征

编号	类型	起止位置	河长/km	河床演变特征	冬季冰封特点	沉积物特征	沉积物状态
Ⅰ	丘陵型河段	丰满—九站	40	冲刷态	不冰封	卵石夹砂粗砂	未受干扰
Ⅱ	丘陵型河段	九站—黄茂屯	30	冲刷态	不冰封	卵石夹砂粗中砂	现采砂段

续表

编号	类型	起止位置	河长/km	河床演变特征	冬季冰封特点	沉积物特征	沉积物状态
III	丘陵型河段	黄茂屯—半拉山	47	冲刷态	向冰封过渡	中砂	未受干扰
IV	丘陵向平原过渡	半拉山—松花江村	50	基本平衡态	冰封	细砂	现采砂段
V	平原型河段	松花江村—畜牧场	140	平衡态	冰封	细砂	现采砂段
VI	平原型河段	畜牧场—汇合口（三岔河）	66	沉积态	冰封	粉细砂	基本无干扰
VII	平原型河段	三岔河—哈尔滨市	240	沉积态	冰封	粉细砂黏质粉土	局部采砂段
VIII	平原、低丘陵型河段	哈尔滨市—佳木斯市	432	平衡、沉积态	冰封	粉细砂黏质粉土	局部采砂段
IX	平原型河段	佳木斯市—同江注入口	267	沉积态	冰封	粉细砂黏质粉土	局部采砂段

3. 水系概况

松花江是黑龙江右岸最大的支流，也是吉林省、黑龙江省境内的主要河流之一。

松花江吉林省段是松花江南源，发源于长白山天池。由东南向西北流，在黑龙江省与吉林省交界处、扶余市三岔河附近与嫩江汇合后，称为松花江。松花江吉林省段长795km，流域面积7.3万km²，其上游又有两源：南源头道松花江（简称头道江）、北源二道松花江（简称二道江），均发源于长白山，两源在吉林省靖宇县两江口汇合后，称为松花江吉林省段。北源二道江在安图县境内由头道白河、二道白河、三道白河、四道白河、五道白河自西向东排列汇流而成，其中二道白河源自长白山天池，是松花江吉林省段的正源。松花江吉林省段的主要支流有头道江、辉发河、鳌龙河和饮马河，流域面积占吉林省总面积的42%，是一个发达的经济区和吉林省主要产粮区。松花江吉林省段最下游附近有许多湿地，波罗湖（原称波罗泡）和大布苏湖（原称大布苏泡）就是其中较大的两个。波罗湖位于松花江吉林省段的左岸，湖水面积为67km²。这里盛产鲤鱼，有大面积的芦苇，是雁鸭类等候鸟的重要栖息地。流域内有11个大型水库，主要水库为丰满水库和白山水库。

嫩江是松花江北源，发源于大兴安岭伊勒呼里山中段南侧，正源称南瓮河，河源海拔1030m，流至十二站林场南，与二根河汇合后，称为嫩江干流。该汇合点海拔920m，由北向南，经鄂伦春自治旗、呼玛县、爱辉区、嫩江市、莫力达瓦达斡尔族自治旗、讷河市、富裕县、甘南县、齐齐哈尔市、龙江县、泰来县、杜尔伯特蒙古族自治县、大安市、肇源县等市（县、区、旗），于三岔河从左岸汇入松花江，河口高程128.2m，从源头至河口全长为1370km，流域面积29.7万km²。嫩江镇以上为上游，河谷狭窄，具有山地河流性质；嫩江镇至布西为中游，多低山丘陵；布西以下至河口为下游，进入广阔的松嫩平原，支流众多，水量丰富。嫩江的多年平均年径流量为212.56亿m³，是松花江水量的主要来源之一，以大气降水为主要补给，并集中于 6～9 月，汛期出现在 7 月、8 月；径流量的年变化比较大，以江桥站为例，最大径流量为 10600m³/s，最小径流量为 74.6m³/s。嫩江水力资源丰富，干流理论蕴藏量为 56.7 万 kW，年发电量为 17.57 亿 kW，但目前利用很少。嫩江的主要支流有甘河、诺敏河、雅鲁河、绰尔河、洮儿河、霍林河、讷谟尔河、乌裕尔河等。乌裕尔河属无尾河流，只在丰水年才流入嫩江，而中水以下年份，尾端散失于沼泽地内，形成闭流区，其面积几乎占嫩江流域面积的 30%。

松花江干流从西南流向东北，经肇源、双城、肇东、哈尔滨、呼兰、阿城、宾县、巴彦、木兰、通河、方正、依兰、汤原、佳木斯、桦川、萝北、绥滨、富锦、同江等市（县、区），由右岸注入黑龙江，河口高程 57.16m。自三岔河口至哈尔滨段为上游，河宽 370～850m，水深 4～7m；哈尔滨至佳木斯段为中游，两岸为小兴安岭和张广才岭低山丘陵区，河道狭窄，多浅滩，最窄处为 200m 左右，浅滩水深 1.5m 左右；佳木斯段以下为下游，流经三江平原，河道宽阔，河宽 1500～3000m，水深 2～3m。哈尔滨段以下可通航较大客货轮。松花江干流平均比降 0.082‰，年平均流量 1190m³/s，年平均总径流量 733 亿 m³，年平均水位 114.40m，以雨水补给为主。松花江干流季节变化明显，7～8 月径流量占全年总径流量的 40%，10 月至次年 4 月为枯水期，径流量仅占总径流量的 15%；从 11 月中旬至次年 4 月中旬，处于 140 余天的结冰期，最大冰厚 1m。

1.1.2 经济社会发展状况

松花江流域是我国重工业基地的重要组成部分，是重要的农业、林业和畜牧业基地，曾是新中国工业的摇篮，为我国建成独立、完整的工业体系和国民经济体系，以及国家的改革开放和现代化建设作出了历史性的重大贡献。

1. 行政区划

松花江流域涉及黑龙江、吉林两省大部分地区和内蒙古自治区东部地区，共 26 个市（州、盟）170 个县（市、区、旗）。嫩江流域水域主要流经内蒙古自治区的呼伦贝尔市、兴安盟和通辽市，黑龙江省的齐齐哈尔市、黑河市、绥化市和大庆市，吉林省的白城市和松原市等；松花江吉林省段水域主要流经吉林省的通化市、辽源市、吉林市、长春市、四平市、松原市等；松花江干流水域主要流经黑龙江省的哈尔滨市、齐齐哈尔市、伊春市、黑河市、绥化市、佳木斯市、七台河市、鹤岗市、牡丹江市等，吉林省的吉林市、长春市、松原市、延边朝鲜族自治州。其中，黑龙江省省会哈尔滨市及齐齐哈尔市、大庆市和佳木斯市，吉林省省会长春市和吉林市等均是东三省的重要城市（图 1-2）。

2. 人口与 GDP

1995～2017 年，松花江流域人口变化分为增加和降低两个阶段，分界年为 2011 年（图 1-3）。流域人口先从 1995 年的 5345 万人逐年增加到 2011 年顶峰的 6165 万人，然后逐年降低到 2017 年的 5819 万人。松花江流域的人口变化也是东北三省人口变化的缩影，近些年人口流失严重，呈现负增长趋势。

图 1-2　松花江流域行政区划简图

1995～2017 年，松花江流域国内生产总值（GDP）变化可以分为 3 个阶段：第一阶段为 1995～2002 年，由于体制性和结构性矛盾，经济发展较为缓慢；第二阶段为 2003～2012 年，经济高速发展；第三阶段为 2013～2017 年，经济进入新常态，增长速度放缓（图 1-3）。

1995～2017 年，流域人均 GDP 从 0.49 万元增加到 5.11 万元，总体上低于全国平均水平（2017 年为 5.97 万元）。经济增长使流域人民物质生活大大丰富，逐步走向富裕。

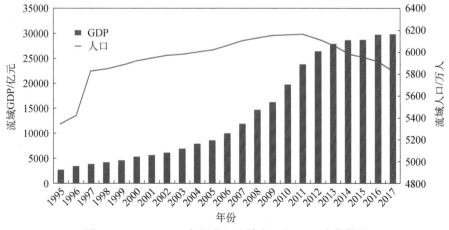

图 1-3　1995～2017 年松花江流域人口和 GDP 变化情况

3. 产业结构

松花江流域拥有丰富的石油、森林、煤炭、电力以及各种非金属资源，在全国具有产业优势。松花江流域是全国重要的重工业基地和商品粮基地。其能源、石油、化工、煤炭、电力、汽车、机床、塑料和重要军品生产工业在全国占有重要地位，交通基础设施较为发达，铁路和公路密度位于全国前列。

"一五"计划期间，国家重点项目156项中约有1/4安排在松花江流域，其中闻名全国的大型骨干项目有长春第一汽车制造厂、吉林化学工业公司、丰满发电厂、哈尔滨电机厂、哈尔滨锅炉厂、齐齐哈尔钢厂、富拉尔基重型机械厂、佳木斯造纸厂以及鹤岗煤矿和双鸭山煤矿等。"二五"计划，该流域又重点建设了大庆油田、扶余油田，发展了石油、机械、化工、煤炭、电力等工业，从而形成了依托优势资源、门类齐全的工业体系，成为中国的老工业基地。国家经济布局和东北地区的资源条件决定了松花江流域所处的东北地区重工业偏重，轻工业偏轻。"十二五"规划期间，松花江流域内第一产业产值逐年递减，第二产业、第三产业产值有所增加，"以工业生产为主，以服务业为辅"的产业结构得到进一步强化。

4. 产业布局

松花江流域的中部地区，工农业资源条件和交通条件优越，属工农业与城市发展的先行地区，重化工业主要分布在这一地带。以吉林省的长春、吉林，黑龙江省的哈尔滨、大庆和齐齐哈尔等特大城市为核心的城市群正在形成，中部产业带和城市带初步形成。东部长白山地区与北部小兴安岭地区、西部草原与大兴安岭地区，由于受到自然条件与交通条件的影响，其发展滞后于中部地带，形成了中部以制造业与农业为主、东部以林业和矿业为主和西部以农牧业与矿业为主的产业地带。中部是东北地区经济最为发达的地区，以重工业为主的制造业、主要原材料加工（钢铁）、石化工业和粮食基地分布于这一地带，形成了中部城市带和经济带，是东北老工业基地振兴和全国农业基地建设的核心地区。此外，形成长春汽车产业集群、吉林石化产业集群、哈尔滨飞机制造产业集群、哈尔滨电站设备产业集群、大庆石油开采与石油化工产业集群、齐齐哈尔特种钢与重型机床产业集群。

松花江流域中下游地区是吉林省大、中型企业分布最集中的区域，工业污染有明显的结构性和区域性特征。从结构上看，大部分属于化工、冶金、机械、造纸、食品加工类企业，是典型的以能源、原材料为主的高耗水、高排水的工业结构，这种产业结构就导致"结构型污染"十分突出。造纸、石油开采及矿业、化工、食品、石油加工、医药、机械等行业的COD排放量超过全流域工业COD排放总量的90%，是排污总量削减的重点行业。

从产业的区域布局来看（图1-4），大多数工业企业都集中在城镇，给城市环境带来严重的环境污染问题，而且集中在长春、吉林、松原、梅河口等较大城市，其污染负荷占全省松花江流域污染负荷的70%以上。尽管近年来松花江流域总体上看，生活污染、面源污染的负荷总量已明显超过工业污染的负荷量，但在今后相当长的一段时间内工业污染防治仍然是一项重要任务。

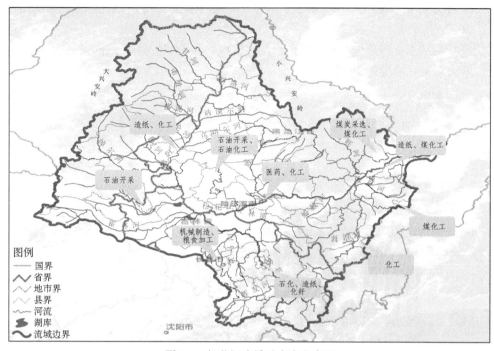

图 1-4　松花江流域重点产业布局

1.1.3　水资源、水环境与水生态

1. 水资源

松花江径流主要靠降水补给,因而径流与降水量的年内分配相吻合,季节变化显著。流域降水时空的总体变化趋势是东南高、西北低,地形对降水起了一定的作用,所以山地雨量要高于平原区,年平均降水量变化在 400~700mm;降水季节多集中在 6~9 月,汛期降水量占全年降水量的 70%~80%;降雨集中、量级大、范围广、持续时间长的大暴雨多发生在 7 月、8 月,出现次数占大暴雨总数的 84%~88%,其中 7 月中旬至 8 月上旬为大暴雨的集中期。从暴雨出现的持续性来看,绝大部分地区日雨量超过 50mm 的持续时间是一天,持续两天的暴雨为数不多。暴雨中心比较集中的地区有:老爷岭和龙岗山脉以西的低山丘陵区,包括辉发河上游、拉林河和松花江吉林省段中上游一带;大兴安岭东侧的山前台地,即嫩江右岸支流的中上游地带;小兴安岭南坡,即呼兰河和汤旺河上游地区。暴雨对流域东南地区的松花江吉林省段、拉林河和牡丹江流域上中游影响较大。吉林、黑龙江两省气象和水文部门对松花江流域的暴雨普查资料显示,吉林省从 1915~1975 年,松花江流域共发生 253 场日雨量超过 100mm 的大暴雨,其中有 12 场日雨量超过 200mm 的特大暴雨,6~9 月是松花江流域主要河流水土流失最为严重时段,也是坡耕地产生水土流失的主要季节。河流封冻期间径流主要靠地下水补给。由于季节性洪水期和枯水期的影响,松花江最大流量和最小流量悬殊较大,如在松花江干流,哈尔滨水文站 1956 年 8 月 15 日最大流量为 11700m³/s, 4 月 26 日最小流量为 735m³/s。

受降水、支流汇入及水库调节等多种因素的影响和制约，松花江水位的季节变化最为明显，一般可分为春季凌汛、春季枯水、洪水期、冬季枯水四个时期（水利部松辽水利委员会，2000）。

松花江流域水资源总量丰富，具有明显的区域性和季节性特点。2000～2017 年松花江流域水资源量变化情况见图 1-5。

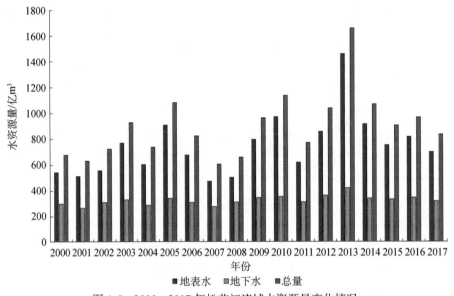

图 1-5   2000～2017 年松花江流域水资源量变化情况

1）地表水

松花江流域 1956～2017 年多年平均地表水资源量为 801.88 亿 m³，其中嫩江 278.78 亿 m³，松花江吉林省段 166.25 亿 m³，松花江干流 356.85 亿 m³。松花江流域地表水资源量年际变化较大，最大年与最小年地表水资源量比值在西部地区为 10～20 倍，松花江吉林省段和松花江干流地区为 5 倍左右。地表水资源量年内分配也极不均衡，汛期 6～9 月地表水资源量占全年的 60%～80%，其中 7～8 月占全年的 50%～60%。

2）地下水

松花江流域多年平均地下水资源量为 323.88 亿 m³，其中，嫩江 137.32 亿 m³，松花江吉林省段 50.74 亿 m³，松花江干流 135.82 亿 m³。

3）水资源开发利用现状

近 40 年，松花江流域的总供水量持续上涨，从 1980 年的 205.5 亿 m³ 增长到 2017 年的 368.75 亿 m³，净增 163.25 亿 m³，年均增加 4.41 亿 m³，年均增长率 1.59%。

从用水类型来看，松花江流域用水主要用于农田灌溉，其次为工业[图 1-6（b）]。2017 年，用于农田灌溉的水量为 291.11 亿 m³，占 78.9%；用于工业的水量为 33.62 亿 m³，占 9.1%；用于生活的水量为 19.34 亿 m³，占 5.2%；用于生态环境的水量为 5.76 亿 m³，占 1.6%。

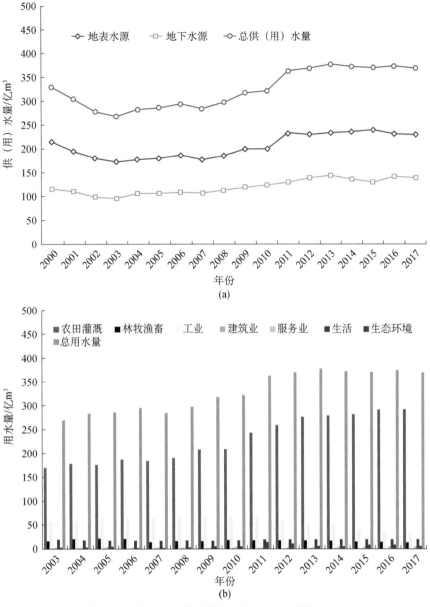

图1-6 松花江流域供（用）水量（a）和分类（b）

从万元GDP用水量来看，松花江流域从2000年的625.70m³/万元降低到2017年的123.87m³/万元（图1-7），但总体上高于国内平均水平（2017年为73m³/万元）。

2. 水环境

1）总体情况

2006～2018年松花江流域断面水质类别变化见图1-8。可以看出，高锰酸盐指数（COD_{Mn}）等常规指标逐渐得到控制，达标断面逐年上升，2017年松花江流域总体为轻度污染，断面水质Ⅰ～Ⅲ类比例为68.5%，劣Ⅴ类比例为5.6%；2018年总体为轻度污染，Ⅰ～Ⅲ类比例为57.9%，劣Ⅴ类比例为12.1%。

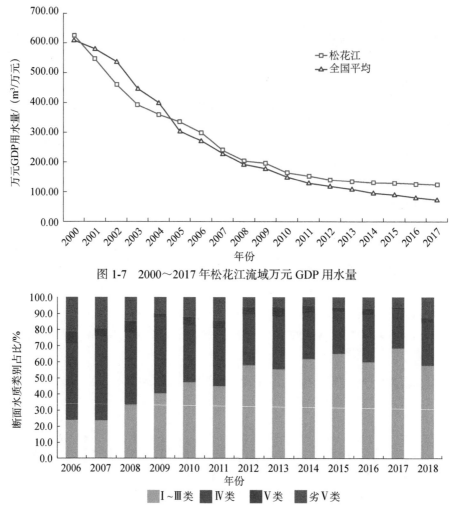

图 1-7　2000～2017 年松花江流域万元 GDP 用水量

图 1-8　2006～2018 年松花江流域断面水质类别变化

利用松花江流域国控断面 2003～2016 年水质数据对松花江水质现状及变化情况进行分析。松花江流域国控断面点位信息如表 1-3 所示。

表 1-3　松花江流域国控断面点位信息

序号	点位名称	所属	缩写	序号	点位名称	所属	缩写
1	瀑布下	松花江干流吉林省段	pbx	10	肇源	松花江干流黑龙江省段	zy
2	白山大桥（批洲）	松花江干流吉林省段	bsdq	11	朱顺屯	松花江干流黑龙江省段	zst
3	墙缝	松花江干流吉林省段	qf	12	呼兰河口下	松花江干流黑龙江省段	hlhkx
4	丰满	松花江干流吉林省段	fm	13	大顶子山	松花江干流黑龙江省段	ddzs
5	兰旗大桥	松花江干流吉林省段	lqdq	14	摆渡镇	松花江干流黑龙江省段	bdz
6	白旗	松花江干流吉林省段	bq	15	佳木斯上	松花江干流黑龙江省段	jmss
7	松花江村	松花江干流吉林省段	shjc	16	佳木斯下	松花江干流黑龙江省段	jmsx
8	宁江	松花江干流吉林省段	nj	17	江南屯	松花江干流黑龙江省段	jnt
9	松林	松花江干流吉林省段	sl	18	同江	松花江干流黑龙江省段	tj

续表

序号	点位名称	所属	缩写	序号	点位名称	所属	缩写
19	博霍头	嫩江	Bht	39	靠山南楼	饮马河	ksnl
20	繁荣村	嫩江	frc	40	兴盛乡	拉林河	xsx
21	讷谟尔河口上	嫩江	nmehks	41	苗家	拉林河	mj
22	拉哈	嫩江	lh	42	呼兰河口内	呼兰河	hlhkn
23	浏园	嫩江	ly	43	阿什河口内	阿什河	ashkn
24	江桥	嫩江	jq	44	倭肯河口内	倭肯河	wkhkn
25	白沙滩	嫩江	bst	45	苗圃	汤旺河	mp
26	嫩江河口内	嫩江	njhkn	46	友好	汤旺河	yh
27	甩湾子	牡丹江	swz	47	汤旺河口内	汤旺河	twhkn
28	大山	牡丹江	ds	48	梧桐河口内	梧桐河	wthkn
29	海浪	牡丹江	hl	49	滚兔岭	安邦河	gtl
30	柴河铁路桥	牡丹江	chtlq	50	三岔口	绥芬河	sck
31	牡丹江口内	牡丹江	mdjkn	51	新发	阿伦河	xf
32	松花江口下	黑龙江	shjkx	52	李屯	甘河	lt
33	松花江口上	黑龙江	shjks	53	绰尔河口	绰尔河	cehk
34	北极村	黑龙江	bjc	54	成吉思汗	雅鲁河	cjsh
35	抚远	黑龙江	fy	55	讷谟尔河口	讷谟尔河	nmehk
36	福兴	辉发河	fx	56	查哈阳乡	诺敏河	chyx
37	新立城大坝	伊通河	xlcdb	57	音河水库	音河	yhsk
38	杨家崴子大桥	伊通河	yjwzdq	58	斯力很	洮儿河	slh

2）氨氮

松花江干流各点位 NH_3-N 浓度时空分布见图 1-9。自 2003 年，干流水体中 NH_3-N 浓度呈现降低趋势，江南屯、大顶子山、松花江村等断面降低明显。除个别点位的个别月份 NH_3-N 浓度超过 2mg/L，水质基本能够达到Ⅲ类水体要求。从松花江干流各点位的沿程变化情况可以看出，上游瀑布下、白山大桥断面的 NH_3-N 浓度可达到Ⅰ类水体要求；随后呈现浓度增加的情况，在宁江断面，NH_3-N 浓度平均值接近 1mg/L，至呼兰河口下断面，NH_3-N 浓度平均值已超过Ⅲ类水体要求；随后呈现降低趋势。沿程分布的吉林、长春、哈尔滨等城市以及重污染支流的汇入是污染物浓度升高的重要原因。松花江各一级支流水质明显差于干流，阿什河、伊通河、饮马河三条支流的 NH_3-N 浓度远高于Ⅱ类水体要求，从变化趋势可以看出，NH_3-N 浓度呈现降低趋势。3 条污染较重支流中，伊通河流经长春市，阿什河流经哈尔滨市，受到沿程城市排污的影响，水质较差。

嫩江干流水体中 NH_3-N 浓度呈现降低趋势。其中，白沙滩、江桥断面最为明显，嫩江河口内断面出现先升高、后降低的情况。牡丹江水体中 NH_3-N 浓度同样呈现降低趋势。其中，甩湾子断面水质明显比其他断面要差，历史最高浓度达到近 20mg/L，柴河铁路桥断面有较为剧烈的波动，呈现一定的季节性，枯水期 NH_3-N 浓度明显高于丰水期。嫩江支流各点位的 NH_3-N 浓度相对较低，成吉思汗、斯力很断面 NH_3-N 浓度明显降低，讷谟尔河口断面则相对较差，超过Ⅱ类水体要求。嫩江、牡丹江干流 NH_3-N 整体浓度较低，基本能够达到Ⅲ类水体要求。牡丹江甩湾子断面水质较差，均值超过Ⅲ类水体要求，主要受到敦化市污染负荷影响，在大山、海浪断面 NH₃-N 浓度降低至 0.5mg/L 以下，但在流经牡丹江市后，NH₃-N 浓度有所增加，表明牡丹江市的污染排放负荷对水质存在一定影响。

黑龙江在松花江汇入河口上、下各断面的 NH₃-N 浓度较低，基本低于 1.0mg/L，达到Ⅲ类水体要求，松花江口上、松花江口下断面呈现轻微增加趋势。

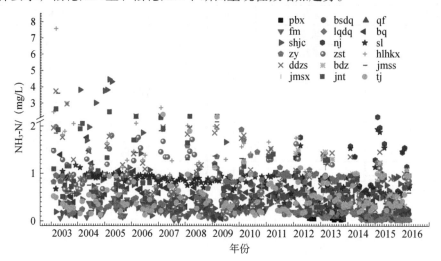

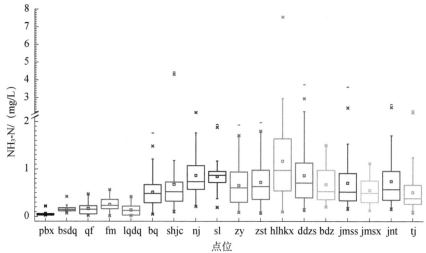

图 1-9   松花江干流各点位 NH₃-N 浓度时空分布

3) 高锰酸盐指数

松花江干流各点位 COD$_{Mn}$ 浓度时空分布见图 1-10，松花江干流各断面 COD$_{Mn}$ 呈现逐年降低的趋势。其中，肇源断面由 2003 年最高的 13mg/L，降低至 5mg/L，能够达到Ⅲ类水体要求。总体来看，干流各断面近年来能够满足Ⅲ类水体要求。从松花江干流 COD$_{Mn}$ 沿程变化可以看出，上游瀑布下断面低于 2mg/L，可以达到Ⅰ类水体要求，反映出该松花江源头区的天然背景状况。随后 COD$_{Mn}$ 呈现明显增加趋势，在白山大桥断面，平均值达到 5mg/L，可满足Ⅲ类水体要求，该断面仍处于松花江上游，周边土地利用类型为林地，受人为活动影响较小，表现出该区域的天然背景情况。随后，至兰旗大桥断面，COD$_{Mn}$ 呈现略微降低趋势，反映出水体中耗氧污染物的自然降解过程，随后在白旗至肇源断面略微增加，其中兰旗大桥至白旗断面的 COD_{Mn} 增加反映了吉林市污染负荷排放对水体水质的影响；松林至肇源断面的 COD_{Mn} 增加反映了松原市污染负荷排放对水体水质的影响，朱顺屯至呼兰河口下断面的 COD_{Mn} 增加反映了哈尔滨市污染负荷排放对水体水质的影响。伊通河、饮马河、阿什河、汤旺河、安邦河的 COD_{Mn} 较高，明显高于干流，仅能满足 V 类水体要求，杨家崴子大桥、阿什河口内、苗圃断面甚至不能满足 V 类水体要求。从时间序列可以看出，各支流断面的 COD_{Mn} 呈现降低趋势，表明污染排放负荷在降低。

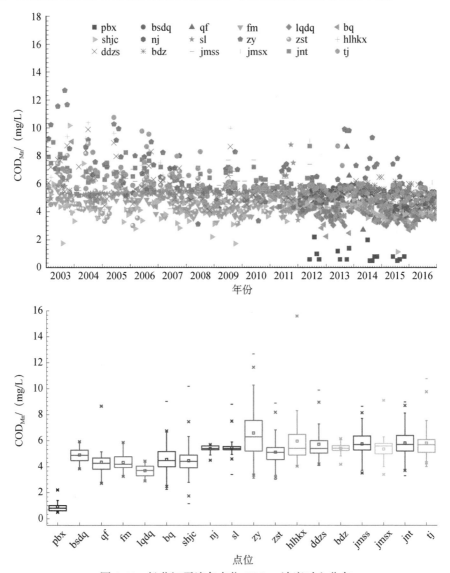

图 1-10　松花江干流各点位 COD_{Mn} 浓度时空分布

嫩江干流各断面 COD_{Mn} 呈现波动范围逐渐减小的趋势，各断面不能始终维持达到 III 类水体要求，繁荣村断面呈现指数增加的情况，表明嫩江污染物排放负荷仍有增加。与 NH_3-N 的浓度变化情况相比，COD_{Mn} 存在一定的差异，表明水体中贡献 COD_{Mn} 的污染物来源不同。嫩江各支流水质相对较好，除讷谟尔河口断面超过 III 类水体要求外，其余断面均值低于

5mg/L，能够满足Ⅲ类水体要求。

牡丹江干流各断面COD$_{Mn}$呈现明显的降低趋势，其中甩湾子断面下降最为明显，由早期的85mg/L降低至10mg/L以内，柴河铁路桥断面由早期的15mg/L降低至6mg/L，水质类别由Ⅴ类转为Ⅲ类。牡丹江干流COD$_{Mn}$在三岔口断面最高，均值接近10mg/L，大山断面指数最低，能够满足Ⅲ类水体要求，随后在柴河铁路桥断面呈现略微增加趋势，超出Ⅲ类水体要求，反映了牡丹江市污染负荷排放对水体水质的影响。

黑龙江4个断面的COD$_{Mn}$呈现增加趋势，其中松花江口上、松花江口下、抚远3个断面超过Ⅲ类水体要求，北极村断面能够达到Ⅱ类水体要求，但呈现明显的增加趋势。4个断面COD$_{Mn}$的变化规律与NH$_3$-N变化规律存在明显差异，反映出与两个指标相关的污染物有不同的来源。

4）溶解氧

松花江干流各点位溶解氧（DO）浓度时空分布见图1-11，松花江干流各断面DO浓度呈现增加趋势。到2010年，DO浓度低于5mg/L的情况极少出现，表明干流水质得到恢复。松花江支流各断面水体DO浓度则较低，伊通河、饮马河、阿什河尤为严重，部分监测年份DO浓度接近于0，但总体上呈现逐渐增加趋势。松花江支流各断面DO浓度呈现明显的波动，与NH$_3$-N、COD$_{Mn}$的波动有明显的响应关系，污染最严重的杨家崴子大桥、靠山南楼、阿什河口内、滚兔岭断面DO浓度最低，反映了污染物在水体中的降解过程消耗大量氧气，使水体功能丧失。

嫩江干流各断面DO浓度呈现逐渐增加趋势，白沙滩断面由2004年最低2mg/L增加到2011年最低6mg/L，与嫩江干流NH$_3$-N、COD$_{Mn}$的降低有明显的响应关系。嫩江支流各断面DO浓度呈现增加趋势，基本能够满足Ⅲ类水体要求。

牡丹江干流除三岔口外，均呈现略微升高趋势，三岔口断面DO浓度始终处于较低水平，无明显升高趋势，反映该断面的污染较为严重。

黑龙江4个断面中松花江口上、松花江口下、抚远断面DO浓度呈现增加趋势，北极村断面DO浓度均高于6mg/L，水质较好。

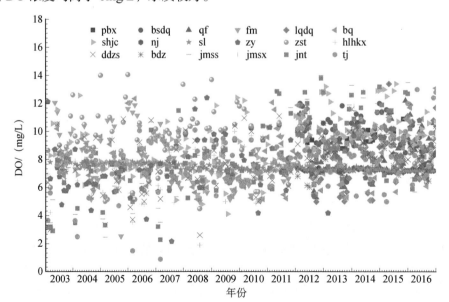

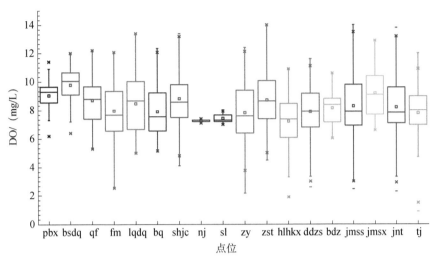

图 1-11　松花江干流各点位 DO 浓度时空分布

5）挥发酚

松花江干流各点位挥发酚浓度时空分布见图 1-12，松花江干流各断面呈现逐渐降低的趋势，但松花江村、宁江、松林断面在降低后又出现增加的趋势，但均低于 0.005mg/L，满足Ⅲ类水体要求。从沿程变化情况来看，瀑布下—松林断面挥发酚浓度呈现逐渐升高的趋势，肇源—同江断面基本持平，浓度均值维持在 0.001mg/L 左右。松花江支流各断面挥发酚浓度呈现逐年降低趋势，杨家崴子大桥、靠山南楼、阿什河口内 3 个断面仍然是污染最为严重的断面，反映出伊通河、饮马河、阿什河 3 条支流的污染状况较为严重。

嫩江、牡丹江干流各断面挥发酚浓度呈现逐年降低趋势，能够满足Ⅲ类水体要求，从空间变化来看，拉哈断面浓度最低，白沙滩断面最高，嫩江各断面均值均低于 0.001mg/L；与嫩江相比，牡丹江干流 5 个断面挥发酚浓度较高，但低于松花江干流，其中甩湾子断面浓度均值大于 0.003mg/L，柴河铁路桥断面浓度均值为 0.002mg/L。黑龙江各断面挥发酚浓度均值低于 0.001mg/L，而嫩江支流各断面挥发酚浓度则较高，呈现逐年降低的趋势。

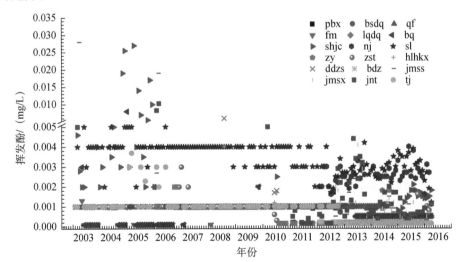

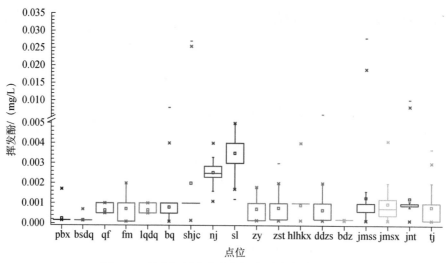

图 1-12　松花江干流各点位挥发酚浓度时空分布

6）有机物

1975～2017 年，松花江流域有机污染物排放情况及其种类和数量的变化较大（表 1-4），不同研究单位采用不同的检测方法，对有机污染物种类定性检测结果差异较大。

表 1-4　松花江流域有机污染物统计

研究单位	研究江段	污染物数量/种	美国 EPA 优控污染物数量/种	年份
中国科学院长春应用化学研究所	松花江吉林省段	317	36	1975～1982
中国科学院长春应用化学研究所	松花江吉林省段	232		1981
黑龙江省科学院石油化学研究院	全江	264	32	1980～1982
东北师范大学	松花江吉林省段	364	48	1983
中国科学院长春应用化学研究所	全江	152	32	1984～1985
松辽水环境科学研究所	吉林段、哈尔滨段	138	44	1994
黑龙江省环境科学研究院	全江	191	18	1999
哈尔滨监测站	吉林段、哈尔滨段	185	18	2002
黑龙江省环境科学研究院	全江	163	14	2003
黑龙江省环境科学研究院	松花江四方台段	178	20	2006
中国环境科学研究院	全江	168	8	2009～2010
中国环境科学研究院	全流域	242		2017

但从 20 世纪 80 年代、90 年代，到 21 世纪初期，无论从所检出的有机污染物总数，还是从美国国家环境保护局（EPA）优控污染物所占比例来看，松花江有机污染都是比较严重的，远远超出了国内已报道过的江河中所检出的数目。从检出的污染物种类来看，主要为芳香族化合物、多环芳烃（PAHs）、取代苯类、有机氯化物等，全江范围内均有检出，说明松花江有机污染严重。根据检测分析可知，江水中多数化合物的浓度为几十 ppt[①]到几

---

① 1ppt=1×10^{-12}。

十 ppb①，部分江段的有机物可达 ppm②级。进入 2007 年以后，随着国家和地方政府对松花江污染防治的重视，并投入了大量人力物力，松花江有机污染物种类和检出数量减少。

3. 水生态

松花江流域水生生物试点监测工作于 2011 年进行前期准备，2012 年正式启动，截至 2014 年按松花江流域水生生物试点监测方案要求，对 16 条河流 47 个断面，7 个湖库 17 个点位（垂线），共 64 个断面 72 个点位（垂线）进行了底栖动物、着生藻类和浮游植物等生物群落的监测和评价，三年共采集生物群落样品 1623 个。2012～2014 年，流域内主要污染指标为 COD、COD_{Mn}，有些断面 COD_{Mn} 达到 IV、V 类水质要求，主要污染类型为有机污染。水质理化评价显示，2014 年 70% 以上的水质好于 III 类，2012～2014 年呈现稳中趋好的态势，整体水质处于轻污染状态。

水生生物试点监测的结果从三个方面反映水生态质量的状况。

（1）底栖动物物种数有所增加，群落结构完整。2014 年，底栖动物群落监测定性鉴定出 210 个属（种），其中水生昆虫 EPT 物种③ 96 个属（种），占 45.7%；水生昆虫其他物种 65 个属（种），占 30.9%；软体动物 23 个属（种），占 11.0%；甲壳动物 9 个属（种），占 4.3%；环节动物 15 个属（种），占 7.1%；其他种类 2 个属（种），占 1.0%。底栖动物综合评价结果显示，极清洁点位 5 个，占 6.9%，主要分布在背景断面和黑龙江；清洁点位 23 个，占 31.9%，主要分布在松花江黑龙江省段的中下游，松花江吉林省段及嫩江流域有少量分布；轻污染点位 40 个，占 55.6%，是松花江流域和兴凯湖的主要评价等级；中污染点位 2 个，占 2.8%；重污染点位 2 个，占 2.8%。

2012～2014 年，底栖动物群落特征及评价结果均显示出流域水生态质量正逐步改善，情况如下：①物种数有所增加，群落结构完整，较稳定，优势种表征的水质状况趋好。②典型江段底栖动物监测结果反映出水生态质量有所提升。③底栖动物评价结果反映出水质状况趋好。

（2）浮游植物、着生藻类群落结构稳定，年际变化不大。2012～2014 年的调查结果显示，河流及湖库中藻类植物群落以硅藻门植物和绿藻门植物为主，蓝藻门种类相对较多，其他各门类的藻类植物种类较少，但均有分布，种类丰富度较高，并且符合河流或湖库群落分布特征，群落结构稳定，年际变化不大。

松花江流域多样性指数评价一般为轻-中污染，只有个别点位的评价结果为重污染，说明流域整体水质状况良好。大多数点位的年际变化不大，种类多样性程度较好，群落分布均匀性较高，群落结构稳定。

松花江水生生物综合评价结果稳中趋好。松花江流域部分断面综合评价结果显示，81.8% 的断面呈现稳中趋好的态势，与水化学指标所反映的松花江流域整体变化趋势基本相符。通过断面变化情况及限制因子分析，得出初步结论：现阶段影响松花江流域生态系统稳定的主要因子包括 DO、$NH_3\text{-}N$ 和总磷（TP）。

---

① 1ppb=1×10^{-9}。

② 1ppm=1×10^{-6}。

③ EPT 物种是蜉蝣、石蝇和石蛾三类水生昆虫的统称（EPT 缩写名称取自三者所属目级的拉丁学名：蜉蝣目 Ephemeroptera、襀翅目 Plecoptera 和毛翅目 Trichoptera）。

（3）松花江流域鱼体污染物残留较少，处于安全水平。鱼类监测分析结果显示，全流域有机氯农药、多环芳烃达标率均为100%，挥发性有机物（VOCs）有少量定量检出，多氯联苯、氯酚未检出，流域野生鱼类的持久性有机污染物富集较少。鱼体内的铬、镉、汞、砷等重金属相对安全。鱼类组织样本切片显示结构形态未见异常，组织细胞核质结构正常，未见组织病变或形态异常，鱼类健康。

1.1.4　流域水污染治理历程

1. 水利工程

据统计，2016年松花江流域大型水库49座，总库容521亿 m^3；中型水库201座，总库容62亿 m^3；小型水库2478座，总库容31亿 m^3。其干支流堤防长度增加到11166km。全流域建成了较为完善的防洪工程体系和水资源调控体系，为流域经济社会的发展提供了支撑和保障（水利部松辽水利委员会，2000）。松花江流域主要水利工程见表1-5。

表 1-5　松花江流域主要水利工程

水利工程	省（自治区）	所在水域	设计总库容/亿 m^3	兴利库容/亿 m^3	死库容/亿 m^3
白山水电站	吉林	松花江吉林省段	59.1	29.43	20.24
丰满水库	吉林	松花江吉林省段	107.8	61.64	26.85
哈达山水利枢纽	吉林	松花江吉林省段	38.6	34.8	—
尼尔基水利枢纽	黑龙江	嫩江	86.11	59.68	
大顶子山航电枢纽	黑龙江	黑龙江干流	16.8	—	
山口水电站	黑龙江	讷谟尔河	9.95	4.3	3.1
镜泊湖水电站	黑龙江	牡丹江	18.24	6.65	
莲花水库	黑龙江	牡丹江	41.8	15.9	14.6
察尔森水库	内蒙古	洮儿河	12.53	10.33	0.34
月亮湖水库（月亮泡水库）	吉林	洮儿河	11.99	4.59	0.25
海龙水库	吉林	柳河	3.16	1.24	—
石头口门水库	吉林	饮马河	12.77	3.86	—
新立城水库	吉林	伊通河	5.92	2.73	—

1）丰满水库

丰满水库位于吉林市东南24km，有铁路、公路相连，始建于1937年，经20世纪50年代以来的改造、扩建，已建成以发电为主，兼有防洪、灌溉、航运、养殖、旅游之利的水利枢纽工程。至1993年三期扩建工程结束，该水库装机容量100.4万kW，年平均设计发电量19.6亿 $kW \cdot h$，水库正常蓄水位263.5m，设计防洪水位266m，校核防洪水位266.5m，总库容107.8亿 m^3，防洪库容46.7亿 m^3，水库面积为478.5 km^2。

2）尼尔基水利枢纽

尼尔基水利枢纽位于黑龙江省与内蒙古自治区交界的嫩江干流上，坝址右岸为内蒙古自治区莫力达瓦达斡尔族自治旗尼尔基镇，左岸为黑龙江省讷河市二克浅镇，下距工业重镇齐齐哈尔市公路里程约189km。该枢纽坝址以上控制流域面积6.64万 km^2，占嫩江流域总面积的 22.4%，多年平均径流量 104.7 亿 m^3，占嫩江流域的 45.7%。尼尔基水利枢纽工程具有防洪、工农业供水、发电、航运、环境保护、鱼苇养殖等综合效益，是嫩江流域水资源开发利用、防治水旱灾害的控制性工程，也是实现"北水南调"的重要水源工程。该枢纽总库容 86.11 亿 m^3，其中防洪库容 23.68 亿 m^3，兴利库容 59.68 亿 m^3，总装机容量为 25 万 kW，多年平均发电量 6.387 亿 kW·h。

3）大顶子山航电枢纽

松花江干流大顶子山航电枢纽位于松花江干流哈尔滨段下游 46km 处，北（左）岸属于呼兰区，南（右）岸属于宾县。其正常蓄水位 116m，死水位 115.0m，正常蓄水位时水库面积 340km²，总库容 16.8 亿 m^3。大顶子山航电枢纽工程的建设可实现哈尔滨到同江 696km 航道全线达到三级航道标准。该枢纽工程的建设将使江水水位抬高，哈尔滨至大顶子山段将形成一个较大的静水水面，由于水量增大，水流速度变缓，因此水体的稀释自净能力会有改变。水库蓄水后，将淹没一定面积的耕地，耕地中有机物的释放，将在一定程度影响库区水质。

2. 污染治理

松辽流域是中国的老工业基地，"一五"计划期间国家重点项目 156 项中约有 1/4 安排在松花江流域。这些老工业企业大多数污染控制设施有限甚至没有，也并未使用清洁生产工艺，严重影响了松花江水质。随着流域人口不断增加和城镇化进程加快，城镇污染也日益严重。2005 年松花江水污染事件后，党中央、国务院和地方各级政府高度重视环境污染治理工作，制定并实施了松花江流域污染治理规划，环境治理投资逐年增加，污染治理能力逐年提升，水环境质量逐年好转，水生态逐步恢复，风险得到防控（水利部松辽水利委员会，2003）。

1）工业废水治理

A. 治理阶段

1959 年以来，流域内的工业废水治理大体上经历了以下发展阶段。

1959～1972 年为第一个阶段。工业废水治理工作主要在长春、吉林、哈尔滨、齐齐哈尔、牡丹江、佳木斯等各大城市开展试点。这一阶段多以资源回收利用为重点。

1973～1978 年为第二个阶段。工业废水治理主要是在吉林、长春、哈尔滨、齐齐哈尔、佳木斯五大城市进行，其他城镇也有一定进展。其治理的重点是酚、氰、油、重金属和造纸废水，对医院废水和高浓度有机废水的治理也进行了试点。

1979～1994 为第三个阶段，是松花江流域工业废水治理的稳步发展时期。1978 年成立了松花江水系保护领导小组后，开始按流域对工业废水实行全面的治理。1978～1984 年，吉林省、黑龙江省人民政府和松花江水系保护领导小组先后批准了 4 批限期治理项目，对流域内 158 个企业的 214 个项目进行限期治理。该阶段加强和运用法治行政手段督促企业加速对污染进行治理，同时实行建设项目的"三同时"制度和征收排污费制。

1995～2005 年为第四个阶段，2006～2017 年为第五个阶段，2018 年至今为第六个阶段。

B. 工业废水治理设施发展

工业废水治理设施从 2001 年的 1148 套增加到 2015 年的 1473 套（图 1-13）。工业废水处理量从 2006 年的 11.26 亿 t 增加到 2015 年的 12.44 亿 t。工业废水治理设施运行费用从 2004 年的 16.99 亿元增加到 2015 年的 32.38 亿元。

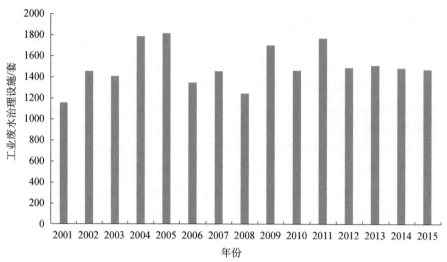

图 1-13   2001～2015 年松花江流域工业废水治理设施

C. 工业废水及污染物排放

2001～2015 年松花江流域工业废水、COD、NH₃-N 排放见图 1-14。

2001～2015 年，工业废水、COD、NH₃-N 排放量分别占总排放量的 23.0%～40.2%、22.2%～35.9%、7.8%～19.7%。工业废水排放量 2001 年为 4.64 亿 t，2015 年为 5.28 亿 t，2001～2015 年，工业废水排放量呈现两次升高和两次降低的波动趋势。

2016 年，松花江流域工业废水排放量位列前 4 位的行业为：化学原料和化学制品制造业，煤炭开采和洗选业，农副食品加工业，酒、饮料和精制茶制造业。这 4 个行业的废水排放量为 1.72 亿 t，占重点调查工业企业废水排放量的 54.5%。COD 排放量位列前 4 位的行业为：农副食品加工业，化学原料和化学制品制造业，酒、饮料和精制茶制造业，食品制造业。这 4 个行业的 COD 排放量为 1.52 万 t，占重点调查工业企业 COD 排放量的 52.7%。NH₃-N 排放量位列前 4 位的行业为：食品制造业，农副食品加工业，化学原料和化学制品制造业，酒、饮料和精制茶制造业。这 4 个行业的 NH₃-N 排放量为 0.16 万 t，占重点调查工业企业 NH₃-N 排放量的 63.3%。

2017 年，松花江流域工业废水排放量位列前 4 位的行业为：化学原料和化学制品制造业，煤炭开采和洗选业，酒、饮料和精制茶制造业，农副食品加工业。这 4 个行业的废水排放量为 1.64 亿 t，占重点调查工业企业废水排放量的 54.3%。COD 排放量位列前 4 位的行业为：农副食品加工业，化学原料和化学制品制造业，酒、饮料和精制茶制造业，食品制造业。这 4 个行业的 COD 排放量为 1.51 万 t，占重点调查工业企业 COD 排放量的 58.6%。NH₃-N 排放量位列前 4 位的行业为：农副食品加工业，食品制造业，酒、饮料和精制茶制造业，化学原料和化学制品制造业。这 4 个行业的 NH₃-N 排放量为 0.16 万 t，占重点调查工业企业 NH₃-N 排放量的 72.0%。

2）汞的治理

吉林化学工业公司电石厂醋酸车间等排汞单位，先后向松花江水体中排入大量的含汞废水。有关研究证明，20 世纪 70 年代初，排入松花江水体中的总汞已达 149.8t，甲基汞达 5.4t，松花江中汞与甲基汞污染给周围人群带来了危害。

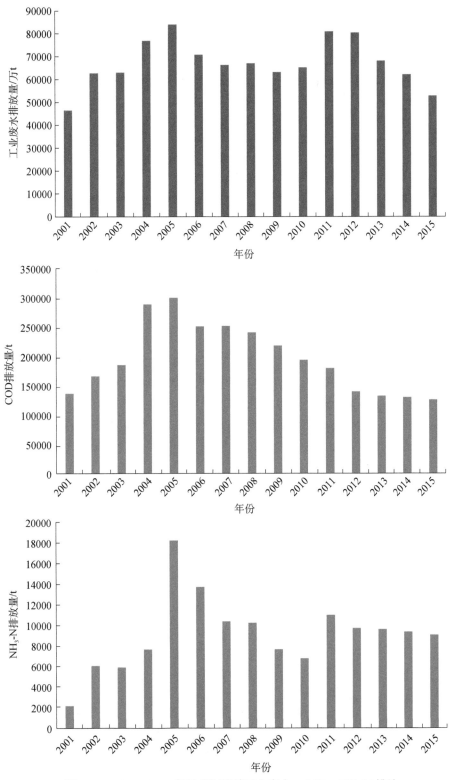

图 1-14　2001～2015 年松花江流域工业废水、COD、NH₃-N 排放

　　党中央、国务院高度重视汞的治理，于 1982 年投巨资改造了吉林化学工业公司电石厂醋酸车间生产乙醛的旧工艺，切断了汞排放源，结束了向松花江排放汞的历史。开展综合防治过程中，为了彻底地消除隐患汞源，于 1988 年将废弃的用汞大楼炸毁，挖地 2.5m，将含汞高的 6000t 土石方运往贵州省汞矿，进行汞回收。1991 年，齐齐哈尔电化厂取消汞电极法，改用隔膜法生产烧碱，杜绝了汞的排放。1993 年，牡丹江树脂厂采用吸附法处理含汞废水，汞的排放量大大减少。沉积在江中的近百吨汞构成了新的次生汞源，这些汞在微生物作用下，通过甲基化而转化为甲基汞，仍然威胁着沿江人民的身体健康，因此继续开展了"松花江甲基汞污染综合防治与对策研究"。

　　经过近 30 年的综合防治加之自然净化，松花江汞污染治理取得明显的环境及生态效益，汞污染得到有效的控制。松花江上游工业污染源排放的汞与甲基汞的治理，是中国环境污染源治理的重大成果之一。

　　3）生活污水治理

　　城市污水治理是从 1959 年污水用于农田灌溉开始的。流域内的一些城市建立了污水泵站，利用城市污水进行灌溉，对污水进行截流，改善城市河段水质，建设一级污水处理厂和氧化塘污水处理系统处理城市污水。1980 年以后，城市污水治理发展较快，但多数仍是采用一级处理、氧化塘、污水截流等简单的方法，治理效果较差，还不能满足城市建设和工业发展的需求。

　　松花江流域最早开展了应用氧化塘治理污水的尝试。1970 年，在嫩江冬季枯水期，因齐齐哈尔中心城区混合污水排放引起鱼类死亡和下游城市工业用水安全受到影响而停产，齐齐哈尔市修建了 10 万 t/d 的污水库，采取丰排枯储、冬储夏排的办法解决嫩江污染问题。1986 年，污水库改建为氧化塘一期工程，探索了松花江流域城镇污水治理的模式。

　　2003～2015 年松花江流域生活污水处理能力变化见图 1-15。流域生活污水处理厂从 2003 年的 10 座增加到 2015 年的 160 座，污水处理能力由 78 万 t/d 增加到 696 万 t/d。

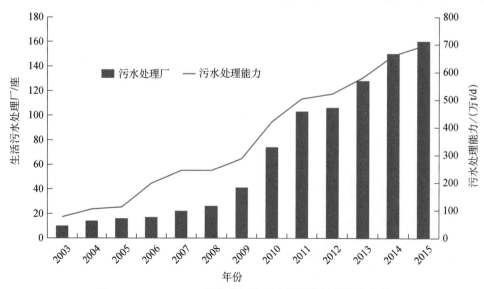

图 1-15　2003～2015 年松花江流域生活污水处理能力变化

2002～2015 年松花江流域生活污水及生活源 COD 和 NH$_3$-N 排放量见图 1-16。

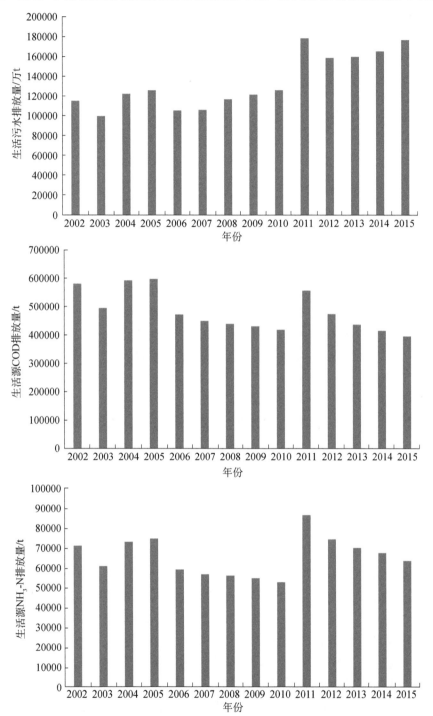

图 1-16 2002～2015 年松花江流域生活污水及生活源 COD 和 NH$_3$-N 排放量

生活污水、生活源 COD、生活源 NH$_3$-N 排放量分别占总排放量的 59.8%～77.0%、

64.1%～77.8%、80.3%～92.2%,可以看出流域水污染物排放以生活污水为主。生活污水排放量从 2002 年的 11.50 亿 t 增加到 2015 年的 17.64 亿 t;生活源 COD 从 2002 年的 58.14 万 t 降低到 2015 年的 39.56 万 t;生活源 NH_3-N 从 2002 年的 7.08 万 t 降低到 2015 年的 6.32 万 t。

3. 环境管理

1）法治建设

1960 年以后,流域内逐步加强了水资源保护法治建设。1979 年 9 月 13 日《中华人民共和国环境保护法(试行)》和 1984 年 5 月 11 日《中华人民共和国水污染防治法》颁布后,依法保护环境已经成为强化流域水环境管理的主要手段之一。1978 年以后,松花江水系保护领导小组和吉林省、黑龙江省人民政府先后制定并颁发了水环境管理条例和环境保护管理办法。

1978 年 8 月 14 日,吉林省革命委员会颁发了《松花江水系保护暂行条例》,规定松花江水系保护领导小组是松花江水系保护的权力机构,日常工作由领导小组办公室负责;流域内吉林省、黑龙江省各级革命委员会和工矿企业、事业单位负责本条例的贯彻执行;在松花江干流及主要支流上兴建大、中型水利工程,建设前必须进行生态环境变化的研究并采取预防措施;流域内一切新建、扩建、改建的工程项目,必须做到"三废"治理措施与主体工程同时设计、同时施工、同时投产;凡是向水流中排放污水的单位,必须向本地区环境保护办公室提出申请,并报松花江水系保护领导小组备案,经批准后方可排放,所排污水必须符合国家规定的排放标准;严禁向水库、湖泊、河道中倾倒废渣、垃圾;严禁采用渗井、渗坑或漫流方式排放有害废水。

1980 年 7 月,黑龙江省人民政府颁布了《黑龙江省新建、改建、扩建工程必须执行"三同时"的暂行规定》,要求凡有污染环境的新建、改建、扩建和采取技术措施增加生产能力和挖潜改造项目,都要严格执行"三同时";在进行新建、改建、扩建工程选址时,要充分考虑有毒有害物质的净化、扩散、贮存和利用,必须提出对环境影响的报告书,经环保部门和有关部门审查批准后才能进行设计;在项目投产验收时,经检查防止污染设施完善,可试投产。

1980 年 8 月 28 日,黑龙江省人民政府发布《黑龙江省环境保护监测工作暂行条例》,明确规定了监测站的组织机构、任务分工与职责范围、监测工作人员和监测报告制度。同年 10 月 4 日,黑龙江省环境保护局颁发《黑龙江省环境监测工作细则》。

1981 年 7 月 2 日,吉林省人民政府转发了吉林省环境保护局、吉林省财政厅拟定的《吉林省实行排污收费的暂行办法》。1982 年 9 月 3 日,黑龙江省人民政府发布了《黑龙江省征收排污费实施办法》。两省对征收排污费标准、污染物排放标准、污染物的测定方法、排污收费办法及排污费的管理和使用都做了规定。

1984 年 2 月 18 日,吉林省第六届人民代表大会常务委员会通过《吉林省渔业管理条例》,规定加强渔业水域环境的保护。各级水产行政部门及渔业场、站要配合环境保护部门搞好渔业水质监测,并把监测数据报环境保护部门。

1985 年 7 月 31 日,吉林省第六届人民代表大会常务委员会通过《吉林省环境保护条例》。条例中对保护和改善自然环境、防治环境污染和其他公害、环境标准及监测、环境保护科研宣传教育、排污收费、环境保护机构及奖励与惩罚等都做了详细规定。

2）机构设置

松辽水系保护领导小组的成立是保护松花江过程中不断摸索和实践的结果，该领导小组最先制定和颁布了流域保护条例、办法和标准，最早推行了限期治理项目的监督管理制度。该领导小组作为流域管理的主要机构，在决策上，制定流域水资源保护和水污染治理规划，并就实施做整体的运筹和指导；在管理上，下设办公室（简称水系办），负责制定和推进计划，协调各方关系，落实工作任务，提供技术服务，处理日常事务；在执行上，通过流域省（自治区）水利、环保部门，按照整体工作部署和行动计划，各司其职，各负其责，做好监督管理工作。该领导小组办公室设在松辽流域水资源保护局（合署办公），既是领导小组日常办事机构，又是流域保护机构，履行双重管理责任。松辽流域水资源保护局实行水利部、生态环境部双重领导，以水利部领导为主，由水利部松辽水利委员会管理。松辽流域管理模式与运行机构见图1-17。

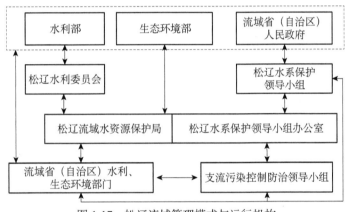

图1-17　松辽流域管理模式与运行机构

该管理模式自形成以来，在流域污染治理和水环境保护方面发挥了重要的作用，这种管理模式运行实现了流域与区域管理的结合、省（自治区）际之间的合作、行业之间的联合、部门之间的配合，在工业污染治理、甲基汞污染治理、松花江流域规划项目完成、松花江流域管理法规制度完善、流域科学研究方面取得了较好的成绩。

3）流域水污染防治规划

总量控制是环境保护中控制污染物排放的手段之一。污染物总量控制一般分为两种类型：一种是目标总量控制，自控制区域容许排污量控制目标出发，制定排放口总量控制负荷指标的总量控制类型；另一种是容量总量控制，自受纳水域容许纳污量出发，制定排放口总量控制负荷指标的总量控制类型。目前，我国污染物总量控制主要实行的是目标总量控制。

20世纪70年代，在我国环保工作刚刚起步时，松花江首先引进了生化需氧量（BOD）-DO水质模型和线性规划方法分配BOD污染负荷，制定了全国第一个流域五日生化需氧量

（BOD$_5$）总量控制标准，成为我国水污染物总量控制和水质规划理论的最早实践。

根据《松花江流域水污染防治规划（2006—2010 年）》和《松花江流域水污染防治规划（2011—2015 年）》，2010 年和 2015 年松花江流域总量控制目标均已完成。"十三五"时期，水污染防治以改善水环境质量为核心，不再强调目标总量。

4）"休养生息"政策实施

2005 年松花江水污染事件后，党中央、国务院高度重视松花江流域污染治理工作，国家和地方政府加大流域污染治理投资，适时提出了"休养生息"战略，指出了松花江流域治污的方向，松花江流域由中度污染转向轻度污染。

2007 年 5 月，在黑龙江省哈尔滨市召开了松花江流域水污染防治工作会议，提出要让不堪重负的松花江"休养生息"。2008 年，吉林省出台了《吉林省松花江流域水污染防治条例》、黑龙江省出台了《黑龙江省松花江流域水污染防治条例》；内蒙古自治区成立了有关部门联合督察组，加大督促检查力度，三省（自治区）将松花江水污染治理推入了依法治理的轨道，并与各地市政府签订松花江治污目标责任状，将规划项目完成情况纳入政绩考核体系。三省（自治区）结合自身实际，建立多元化资金投入机制，多方筹措项目建设资金，积极协调有关部门，加快流域内污染治理项目的建设进度，力争项目建设资金能够按时到位，确保项目按计划顺利实施。三省（自治区）按照"让松花江休养生息"的总体要求，从严审批高耗能、高污染、资源消耗型和产生有毒有害污染物的项目。三省（自治区）围绕违法排污企业整治，环境风险隐患排查，积极开展环保专项行动，维护群众环境权益，促进流域落后产能淘汰和产业结构调整。

2009 年 4 月 10 日，在吉林省长春市召开的全国环境保护部际联席会议暨松花江流域水污染防治专题会议，会议指出"让松花江休养生息"政策实施近两年来，松花江流域水污染防治工作取得了突破性进展，松花江流域水质总体呈改善趋势。

1.2　关键问题诊断

1.2.1　诊断思路

统筹流域"水资源-水环境-水生态"协调发展。松花江流域水资源丰富，但时空分布与需求不协调，城镇、工业逐水沿江分布造成水环境污染，水利设施过多建设破坏了连通性，同时污染物排放过多，造成流域水生态退化（图 1-18）。

1.2.2　水资源问题

松花江流域的经济社会发展面临新的机遇，从水资源方面来说，存在以下问题（水利部松辽水利委员会，2002，2003）。

1. 水资源时空分布与需求不协调

松花江流域内占水资源总量 85%的地表水资源时空分布与需求不协调。从时间上看，一年的径流量主要以洪水出现，7～9 月径流量占全年径流量的 60%～80%，而该流域农业灌溉用水的 50%以上集中在 4～6 月；径流量年际变化也很大，嫩江、松花江最大径流量是最小径流量的 4~9 倍，还经常有连续枯水年和连续丰水年的情况出现。从空间上看，水资源的空间分布呈现出"东多西少""边缘多、腹地少"的特点。需水量较大的是松嫩平原、三江平原和吉林省中部城市群，水资源量相对较少且年内分配不均。同时，洪涝灾害、极端干旱事件、事故性污染等水文过程和水化学过程的突变性带来的河流水质安全威胁可能越来越大，目前尚缺乏有效、实用、系统性的应对手段。

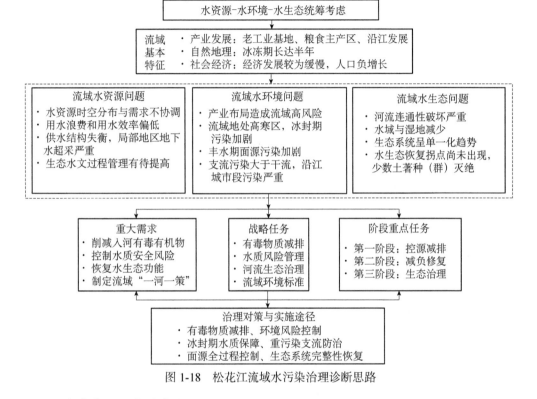

图 1-18　松花江流域水污染治理诊断思路

2. 用水浪费和用水效率偏低

尽管松花江流域节水取得了一定进展，但存在着水资源浪费现象。农业用水占比达81%，高于全国的 63.5%，流域内绝大部分灌区渠道未加衬砌，农田灌溉渠道的渠系水利用系数为 0.4~0.5，即有一半的水量在进入农田前就已损失了。还有较多地区农田灌溉技术落后，田间多采用大水漫灌的落后灌溉方式，故毛灌溉定额过高，其节水的潜力还很大。城市供水管网漏损率大多在 0%~30%，有的甚至超过了 30%，高出合理漏损率的 1 倍以上。生活节水设施普及率也很低，生活用水浪费现象十分普遍。同时，该流域非传统水源利用程度不够，中水回用等其他水源利用方式刚刚起步。总体上，节水和其他水源利用具有较大潜力。

3. 供水结构失衡，局部地区地下水超采严重

松花江流域水资源相对丰富但缺乏调蓄工程，供水结构不合理，供水保障程度低。自20 世纪 80 年代以来，地下水利用发展迅速，地下水供水能力有较大提高，而地下水水源难以支持大规模、高强度的持续性开采，导致流域内的大庆、齐齐哈尔等城市出现了较大范围的地下水漏斗。

4. 生态水文过程管理有待提高

松花江流域内水资源费和供水水费的计量、收费、管理工作水平有待提高，尤其是农业水费的计收管理相对薄弱，水价偏低，且不按用水量收费，在一定程度上加剧了用水浪费。同时，水利工程的建设对河道径流过程及水文学完整性带来越来越大的威胁，如松花江干流的七大梯级航电工程对河流自净能力及水生态系统都构成显著影响，枯水期的径流减少可能导致季节性水环境容量下降，出现短期水质恶化和超标问题。因此，需研究制定水利工程调度的生态规则，减轻水利工程对河流水文学完整性的胁迫效应。

1.2.3 水环境问题

根据流域经济社会发展特征、地处高纬度地区、污染物长期监测数据等进行分析，松花江流域存在以下水环境问题。

1. 产业布局造成流域高风险

东北地区是老工业基地，松花江流域长期以来形成了不合理的工业布局，化工、石化（化纤）、造纸等重污染企业大多集中在松花江上游，已形成潜在的污染事故风险源。有机污染是松花江最主要的环境问题之一，松花江干流各主要江段均检出有机物。有机污染物主要来源于生活污染和工业污染，其中有毒有机物主要来源于沿江化工、石化、制药和煤化工等重化工企业排放的工业废水。20世纪80年代至今，无论从所检出的有机污染物总数，还是从美国 EPA 优控污染物和"三致"[①]物所占比例来看，有机物呈现种类减少、强度降低的趋势（许志义等，1990；朗佩珍等，2008；Meng et al.，2016）。

2. 流域地处高寒区，冰封期污染加剧

松花江是中国境内唯一的一条冰封期近5个月的河流，冰封期有机污染突出，这是松花江与国内其他大江大河最明显的区别，也是松花江主要的环境污染特征之一（钱易，2007；李云生，2007；张铃松等，2013）。在冰封期，有机污染物的降解十分缓慢，延长了有机污染物滞留在江水中和向下游迁移的时间，同时冰层覆盖阻断了有机物挥发迁移途径，降低了有机物的光解，水量小，稀释能力弱，使有机污染物有更大的污染范围和较强的污染强度。

3. 丰水期面源污染加剧

流域内的面源污染主要来源于水土流失、农药化肥使用及农村废水、废弃物的污染，在冰融和水蚀作用下造成严重的水土流失，大量泥沙挟带有机质进入河流，形成面源污染。松花江流域冬季由于冰层覆盖，不发生地表径流，污染物不会通过地表径流进入水体。该时期面源污染对江水污染贡献较小，以点源污染为主；而在丰水期，降水的增加加大了土壤的侵蚀，面源污染较为严重。丰水期的 COD_{Mn} 高于枯水期的 COD_{Mn}（王业耀等，2013）。

4. 支流污染大于干流，沿江城市段污染严重

受城市区域集中排污及河道径流小的影响，松花江流域部分支流污染严重。从常规指标来看，2010年干流为轻度污染，支流为中度污染，支流汇入干流后影响干流水质。城市下游河段污染物浓度普遍高于河流城市上游污染物浓度。结合行政区划、污染源排放特征和河段污染特征，沿江可以分为四个江段：吉林段、长春—松原段、哈

---

① "三致"指致畸、致癌、致突变。

尔滨段、佳木斯段。吉林段、哈尔滨段应该以控制有毒有机物为主，长春—松原段和佳木斯段以面源污染控制为主，同时长春—松原段和哈尔滨段应该对支流污染进行控制（王业耀等，2013）。

1.2.4　水生态问题

1. 河流连通性破坏严重

松花江流域河流连通性破坏严重，河滨带生境退化，湿地萎缩，水资源利用率低，农灌用水影响鱼类产卵。

松花江流域吉林省段目前有丰满水库、哈达山水利枢纽工程；干流已经建设有大顶子山航电枢纽工程，计划建设的还有六个航电枢纽工程，从上游开始，依次为肇源、北涝洲、洪太、依兰、康家围子和悦来。根据水利工程情况，计算出松花江流域河道连通性指数为7.3 座/10^2km。大坝、渠首等水利工程的大量修建，严重破坏了河流连通性。松花江流域库容在 1.07 亿 m^3 以上的大型水库有 35 座，中型水库有 767 座，大中小型水库星罗棋布，河道连通性指数为 7.91 座/10^2km（水利部松辽水利委员会，2002）。

2. 水域与湿地减少

松花江流域（黑龙江省辖区）生态系统变化的总体特征是水域与湿地减少、农田和人工表面增加。松花江流域（吉林省辖区）生态系统变化的总体特征是耕地、林地和水域减少，草地和人工表面增加。其中，水域与湿地持续减少且减速放缓，主要转变为农田和草地；农田持续增加且增速相对均匀，主要由林地、水域与湿地转变；人工表面持续增加且增速放缓，主要由农田转变。松花江滨岸带生态系统变化的总体特征是草地增加、水域与湿地减少。其中，草地先明显增加后有所减少，主要变化区域分布在中上游区段，主要由水域与湿地转变而来；水域与湿地先明显减少后有所增加，主要变化区域分布在中下游区段，主要转变为草地和农田。

3. 生态系统呈单一化趋势

松花江流域景观格局总体呈破碎化、斑块形状复杂化、生态系统单一化的趋势，陆域景观格局变化加剧了面源污染，滨岸带土地利用强度增大、污染物阻滞功能减弱。其中，黑龙江省源头区生态系统景观完整性状况较好，农田、人工表面互相交错导致斑块形状复杂化，动植物生境互相隔离更加明显；陆域水域与湿地和人工表面重心向西南迁移、农田重心稳定；源景观对流域面源过程的影响明显大于汇景观，源汇景观指数由 1.59 增大到 1.63。吉林省陆域水域与湿地和人工表面重心先向西北方向迁移、农田重心稳定；源景观对流域面源过程的影响明显大于汇景观，源汇景观指数由 1.87 减小到 1.43；污染物阻滞功能指数由 83.03 降低到 82.35。

4. 水生态恢复拐点尚未出现，少数土著种（群）灭绝

从生物完整性评价结果来看，长白山区域、汤旺河区域评价结果较好，支流上游优于干流，松嫩平原区评价结果相对较差，反映出较强的人为活动影响。与化学、物理完整性评价结果相比，生物完整性评价结果总体上稍差，但空间分布趋势是基本一致的。松花江上游长白山区域、嫩江上游、汤旺河上游水生态完整性评价结果较好，松嫩平原区域、同

江区域评价结果较差，整体上呈现出平原区结果较差、山地区评价结果较好的特性。

松花江水生生物资源丰富，随着水质的好转，水生态正在逐渐恢复，但与 20 世纪 80 年代前相比，仍面临生物多样性减少，少数土著种（群）灭绝的问题。与"十一五"相比，其物种种类逐年下降，生物量不断减少。并且由于底栖动物栖息生境结构单一，蚌类等关键物种在多个采样点缺失，关键物种的缺失对河流生态系统的物质循环、能量流动、生物多样性有着巨大的影响。近些年来，大坝等水利枢纽建设、挖沙采矿、农垦、放牧等人为活动隔断河流，引起水文环境、河流地形地貌和生物栖息地结构发生改变，使得河道及滨岸带生境结构单一化，过度捕捞和航运等人类活动对鱼类、水生动植物也带来了巨大的威胁。

1.2.5　水环境管理问题

1. "多龙治水"有待进一步理顺

2018 年 3 月，国务院政府机构改革后，生态环境部成立，"多龙治水"的局面有所改善。排污口设置、农业面源污染治理等职能将由生态环境部门监督指导，同时组建长江、松辽等七大流域生态环境监督管理局，作为生态环境部设在七大流域的派出机构，主要负责流域生态环境监管和行政执法相关工作，实行生态环境部和水利部双重领导、以生态环境部为主的管理体制，但在转隶和具体实施过程中，还有待进一步理顺工作关系。

2. "一河一策"有待进一步推动

水利部门推动的"河长制""一河一策"工作完成，对于松花江流域各级河长和任务目标有了明确的规定，有利于推动松花江流域的污染防治。但目前松花江流域经济增速缓慢，人口呈现负增长，给流域污染治理的资金、人力、物力投入带来较大压力。在流域考核标准方面，需综合考虑松花江流域黑土地腐殖质影响和有毒有机物排放，制定适合松花江流域的质量标准和排放标准，推动"一河一策"的科学考核。

3. "风险防控"有待进一步完善

松花江流域关于环境风险管理的研究应用不足，当前相关的技术规范和标准、评价和预警技术、指标体系等尚不健全；不能对环境风险进行综合预测和科学预警；尚未形成"污染源-入河排污口-水环境质量"的总量监控体系，不能对污染物排放实施有效的监督管理；没有建立起多尺度、多信息源的环境监测体系，对水污染事件的监控与应急能力较弱，水污染事故的"监控、预警、应急"三位一体的应急管理体系有待进一步完善。

1.3　污染成因和生态退化机制

1.3.1　水污染成因

1. 结构型污染问题突出，污染排放强度大

松花江流域结构型污染问题突出，以"高消耗、高投入、高污染"为基本特征。松花江流域形成了以传统煤化工（煤焦化、煤气化、化肥等）、石油化工、农副产品加工、制药

等为主的重污染产业结构，为粗放型的经济增长模式。松花江流域煤炭、石油等资源开发强度大，利用效率较低，污染排放强度高，万元 GDP 化学需氧量排放量居七大流域之首（钱易，2007）。

2. 工业污染源治理水平低，城市污水处理率低

作为老工业基地，松花江流域的工业大多工艺落后，设备陈旧，产业链短，原材料及水资源利用率低，工业污染源治理水平低，不仅难以实现稳定的达标排放，而且污染应急设施缺乏，容易发生水污染事故。在对松花江流域暗查的 82 家排污单位中，超标排放的占到 80%。流域城市污水处理率低，水处理设施建设严重滞后，2004 年底，只建成城市污水处理厂 14 座，全流域城市污水处理率不到 15%，哈尔滨、长春、大庆、牡丹江等城市污水处理率不到 40%（钱易，2007）。

3. 生态环境遭到破坏，面源污染负荷较重

松花江流域在为国家做出重大贡献的同时，使流域内的生态环境遭到破坏。流域湿地大面积减少、大小兴安岭森林资源枯竭、草原"三化"①现象严重，这些已给松花江带来面源污染影响。松花江流域中下游是国家商品粮基地，化肥年施用量约 203.8 万 t，平均化肥施用量为 34.9kg/亩②，高于全国平均水平和世界平均水平。同时，流域内农药的使用量也较大，农田退水地表径流汇入各支流并进入松花江，加剧了流域水污染（张学俭和武龙甫，2007）。

4. 地理区位造成冰封期污染加剧

松花江处于高寒区，每年约有 5 个月的冰封期，其间冰层厚度可达 1m 左右，水温低，江水复氧能力很差。冬季污水处理厂处理效率低，温度对污水处理厂废水处理效果尤其是采用生物氧化法处理有机废水有一定影响。冰封期污染加剧也是松花江最主要的环境污染特征之一（王业耀等，2013）。

5. 流域环境监测和执法监管能力不足

松花江流域环境监测、环境污染预警、应急处置和环境执法能力薄弱，部分地区有法不依、执法不严现象较为突出，环境违法处罚力度不够；企业违反环境评价和"三同时"制度的情况普遍存在，非法排污现象时有发生；执法环境差，一些地方政府通过设置所谓的"重点保护企业""重点服务企业"等"土政策"，妨碍和干扰环境执法。松花江吉林省段和松花江干流发生的各类污染事故与松花江流域环境监测和环保执法监管能力不足有一定关系（钱易，2007）。

1.3.2　水生态退化机制

1. 工农业生产使松花江水生态系统结构和功能受损

近几十年来，松花江流域土地利用、景观格局变化剧烈。松花江滨岸带生态系统变化的总体特征是草地增加、水域与湿地减少，松花江干支流的河滨带植被普遍存在着严重缺失现象。同时，松花江流域土壤侵蚀越发严重，土壤中营养物质大量流失，水体中营养元素含量不断增加，特别是水体的 N、P 污染突出。生态系统结构的变化引起了流域生态系

---

① "三化"指退化、沙化、盐碱化。

② 1 亩 ≈ 666.7m²。

统功能的改变。流域内生态系统结构和功能及子系统间的相互作用影响河流水体的物理、化学、生物等性质；不合理的流域生态系统结构将导致营养物质流失、湿地退化、水质下降、生物多样性下降、河流断流等现象发生，最终造成水生态系统功能退化。

2. 营养元素变化是松花江水生生物群落退化的主要原因

随着人类活动导致的土地利用改变，如农业及城市的发展，大量的营养元素进入河流水体，水体营养水平显著提高，处于不同营养级的水生生物类群发生变化。营养元素变化是松花江浮游动物群落、甲藻群落、微生物群落退化的主要原因。随着人类扰动程度增加，河流生境的水环境条件被显著改变，同时浮游动物群落、甲藻群落、浮游微生物的结构组成及多样性也不同；指示物种组成发生明显变化，在较少扰动区域以后生的节肢动物为主，在高度扰动区域，喜好高有机质的轮虫指示种大量增加，同时其他后生类的指示种减少，纤毛虫指示种大量增加。NO$_3^-$-N与甲藻群落空间分布格局显著相关，且扩散作用不是主导群落地理空间分布的主要驱动力。具有生境变化指示性的浮游微生物类群浮霉菌门（Planctomycetes）、β-变形菌纲（Betaproteobacteria）、丛毛单孢菌科（Comamonadaceae）、黄单胞菌科（Xanthomonadaceae）和浮霉菌科（Planctomycetaceae）均被检测到。

3. 水利工程建设破坏了生物的栖息地和生境

由于流域污染物的大量排放，鱼类过度捕捞，特别是水利工程建设，河流连通性破坏严重，松花江流域生态环境遭到破坏，使鱼类栖息水域的生态环境发生变化，冷水性鱼类资源呈现栖息分布范围缩小，种群数量急剧减少，种群个体变小、低龄化，个别种群濒临绝迹等特征，资源处于下降衰退状态。历史上，松花江亦曾是大马哈鱼的原始栖息地，年产可达数千尾，但到20世纪70年代下降到每年不足百尾，目前已濒临绝迹。松花江流域主要经济品种渔获物呈现小型化、低龄化、低值化现象，珍稀名贵鱼类产量锐减，超过2kg的鱼类非常少见。

1.4 治理策略和技术路线图

1.4.1 治理策略

1. 治理模式

作为高寒区、高风险流域，经过水专项十几年攻关和示范，结合国家规划实施和地方治理，松花江流域水生态环境持续改善，形成了松花江流域"双险齐控、冬季保障、面源削减、支流管控、生态恢复"的治理模式。

1）双险齐控

针对突发性风险控制（高风险源），开展高风险源识别-诊断-监控预警并建立高风险源管理系统，构建四级风险防控系统，建立流域事故模拟与应急管理平台，实现对流域重点风险源的识别监控、风险源动态分级、风险源数据查询、水污染预警和应急处置等功能，从而对高风险源的突发性风险进行控制。

针对累积性风险控制（风险污染物），重点在于源头削减，在流域主导石化行业形成辨毒、减毒、解毒相结合的废水有毒有机物全过程控制技术模式，支撑松花江流域有毒有机物减排；突破煤化工、制药等行业清洁生产与污染负荷削减技术，促进风险污染物的减排；建立生态风险评价指标体系，形成首个针对流域的《松花江生态风险评价技术规程》，对流域风险进行评估，发现松花江水体中 PAHs、硝基苯、多氯联苯和氯苯对本地种生态风险较低。

2）冬季保障

立足于"生物强化"和"工艺优化"两个方面，开展城市污水处理厂低温期污染物强化去除的技术研究，在低温菌剂构建和工艺集成方向取得技术突破，构建寒冷区域城市污水处理厂低温期稳定运行技术体系；从微生物活性诊断、高效菌剂筛选构建、高效菌剂工程固定三个方向着手，研发出低温菌剂，强化污水处理厂启动与稳定运行技术。城市污水处理厂处理工艺选择和功能升级方案的确定，取决于城市污水处理厂进水水质特征和所处城市区域经济情况。

3）面源削减

研发集成了稻田肥水一体化精准控制、冻融坡岗地水土与氮磷流失综合控制、稻田生态沟渠网络的氮磷联控与多级次排灌改造、河岸缓冲带拟自然湿地修复与退水安全入河控制四大技术模式。

4）支流管控

针对伊通河流域，构建了纳污支流及排污沟渠水质净化技术和水体污染生态修复技术体系，开展了"旁路水质净化""源头阻断、原位多塘净化、水力优化调控、生态缓冲带"等技术集成，提出了基于伊通河生态健康的"水量调控+污染源控制+污染修复"复合调控方案。

针对牡丹江流域，"基于污染源治理的水质保障"着重解决农业面源和工业点源污染问题；"基于生态恢复的水质保障"创新了流域生态修复方式和生态补偿模式；"管理预警保障"则提升了流域水环境管理能力，为巩固流域的污染治理和生态修复成效提供可靠保障。

5）生态恢复

提出"生境修复-食物链延拓-生态需水保障"总体模式，突破基于关键种群恢复的受损水体生物链修复技术、受损滨岸带生境恢复技术、高寒区珍稀鱼类生态恢复关键技术。

2. 治理举措

治理分为三个阶段（2010 年以前、2011～2015 年、2016 年以后），控制阶段分别为突发性环境风险控制、累积性环境风险控制、生态恢复，由水质风险控制转到水生态风险控制。通过风险防控技术体系建设，实现河流风险防控三阶段目标：初步构建运行风险源管理平台，突发性污染事故得到控制；风险源管理平台完善运行，突发性污染事故得到有效控制；稳定运行风险源监控预警平台，突发性污染事故得到全面控制。通过排水"减毒"，实现河流毒害污染物控制三阶段目标：①重金属达标排放，NH_3-N 冰封期提标改造达标；②控制重点行业排水综合毒性；③有毒有机物水生态风险控制，急性毒性 0.4TUa、慢性毒性 1.0～1.5TUa。通过生态修复，实现水生态恢复三阶段目标：①一般鱼类出现；②"三花五罗"①珍稀鱼类出现；③大马哈鱼洄游，最终实现水生态完整性基本恢复的水生态目标。

1）实施产业政策与结构调整减排

针对石化、化工、煤化工、造纸、制药等行业对松花江有毒有机物的累计贡献率超过80%的问题，以石化等行业有毒有机物有效削减为基础，建立优化的经济社会发展模式，延伸石化、煤化工、粮食及其深加工等主导行业的产业链。

2）建立点源污染防治技术体系

针对农副加工、造纸、饮料制造和石化等重点控制行业，大力推进石化、煤化工、粮食及其深加工、造纸等行业清洁生产，加大哈尔滨、长春、吉林等沿江重点城市的污染减排力度，加强73家有机源和36家重金属排放源有毒有机物和重金属排放监管、资源回收、冰封期强化等措施。松花江干流哈尔滨段控制好哈尔滨市、七台河市和绥化市等的石化、饮料制造和造纸24家重点源，以及哈尔滨市区、依兰县、七台河市区和勃利县的13家石化和制药有机源；松花江吉林省段控制好吉林市龙潭区、昌邑区和梅河口市的石化、造纸19家重点源，以及吉林市龙潭区、昌邑区的17家石化和化工有机源；松花江干流佳木斯段控制好鹤岗市南山区、工农区和佳木斯市郊区、东风区的制造业和采矿业16家重点源，以及佳木斯市前进区、东风区和伊春市南岔县的3家化工和制药有机源；松花江吉林省段松原段控制好长春市德惠市、绿园区和榆树市农副加工业、交通运输设备制造和饮料制造业12家重点源，以及松原市宁江区、前郭尔罗斯蒙古族自治县4家石化和化工有机源。

3）构建面源全过程控制技术体系

在面源污染防治方面，针对流域中部和中南部的畜禽养殖污染等问题，结合乡镇与村落的生活污染等，加强农村环境综合整治；松花江干流哈尔滨段重点做好松花江哈尔滨市市辖区控制单元、呼兰河伊春市—绥化市—哈尔滨市控制单元和松花江哈尔滨市市辖县控制单元 COD、NH_3-N、TN 和 TP 的控制，松花江吉林省段松原段重点做好拉林河松原市—长春市—吉林市控制单元全部 COD 和 NH_3-N 的控制，控制单元中部 TN、TP 的控制，松花江吉林省段重点做好长春市控制单元大部分地区 COD 和 NH_3-N、北部 TN、西中部 TP 的控制，松花江吉林省段吉林段重点做好辉发河通化市—吉林市控制单元东北部和松花江吉林省段吉林市控制单元东北部的 TP 控制；加强融雪期面源污染防治。

4）构建风险防控技术体系

如何实现界河的水生态系统健康目标，对松花江的生态风险进行防范是关键所在。松花江流域的高风险特征要求对其进行生态风险管理，有毒有机物一旦进入环境，很难修复和消除，因此如何对有毒有机物进行防治是生态风险防治的关键。目前尚未建立完善的生态风险防治技术体系，需要进一步加强流域内复合化学污染物低剂量长期、慢性暴露的影响研究，进一步建立完善的松花江流域典型风险污染物的毒性数据库，从而正确预测松花江流域的生态风险，在水环境生态风险评价技术的基础上，研发沉积物生态风险评价技术，从"污染源-生态风险响应-污染源有毒有机物减排"出发建立松花江流域生态风险监测与预警管理技术平台，从而削减污染源的有毒有机物，防治有毒有机物的生态风险，最终构建松花江流域生态风险防治技术体系。

---

① "三花五罗"中的"三花"指鳌花、鳊花、鲫花，"五罗"指哲罗、法罗、雅罗、胡罗、铜罗。

1.4.2 重要任务设置

1. "十一五"任务

以点源污染控制与风险管理为重点，开展松花江流域重污染行业的有毒有机污染物排放特征、预处理关键技术研究；研究松花江流域有毒有机物污染特征和行业污染物削减及清洁生产关键技术，建立化工、煤化工、制药、粮食深加工、造纸等行业示范工程，实现节能降耗、节约水资源、减少污染物排放；开发冰封期沿江高 NH_3-N、高 COD 等点源污染物削减技术并建立相应工程示范，促使重污染行业废水在低温条件下实现达标排放，以有效保障松花江流域冰封期水质安全；集成一批典型支流污染控制与水质保障关键技术并建立综合示范，以明显改善支流水质。针对松花江流域高风险、高污染特点，形成一套适合北方高寒区及松花江特色的水环境风险管理体系，提出跨界水环境污染事故风险控制与应急预案，建立中国出境河段水环境管理技术体系；配合松花江流域水污染防治规划，以冰封期水质保护为目标，以保障松花江流域水环境安全为出发点，突出流域水质安全和跨界水环境风险管理，提出松花江流域水环境改善总体方案，通过技术创新和工程示范，为2010 年松花江流域 COD 削减 10%提供技术支撑。"十一五"技术路线见图 1-19。

图 1-19 "十一五"技术路线

研究设置 11 项任务：①水环境特征与水污染控制总体方案研究；②水污染生态风险评估关键技术研究；③重污染行业清洁生产关键技术及工程示范；④重污染行业有毒有机物减排关键技术及工程示范；⑤冰封期水体水质安全保障技术及工程示范；⑥水质水量联合调控技术及工程示范；⑦沿岸地下水污染控制关键技术及工程示范；⑧出境水质目标管理及出境河段污染控制技术集成和工程示范；⑨重污染支流伊通河水污染治理与河道生态恢复关键技术及工程示范；⑩牡丹江水质保障关键技术及工程示范；⑪松花江水环境质量管理决策支持技术平台。

2. "十二五"任务

在"十一五"研究的基础上，按"点—线—面"的原则，针对松花江有毒有机物风险高、生态完整性受到破坏等特点，开展石化行业有毒有机物全过程控制关键技术与设备、基于水环境风险防控的松花江水质水量联合调控技术、傍河取水水质安全保障关键技术、松花江流域污水处理智能化集群调控技术等共性技术研究并进行技术示范，集成有毒有机物减排与风险控制技术；开展水生态完整性评价及生态恢复技术研究并进行示范，在下游沿江湿地开展生态功能与生物多样性恢复技术集成与综合示范研究，集成生态恢复技术；对伊通河、饮马河、牡丹江、阿什河、哈尔滨市市辖区控制单元等重点支流（区域）开展水质改善和保障研究并进行综合示范，实现支流（区域）水质改善；集成松花江水污染综合防治与水生态恢复关键技术体系，实现高风险河流水环境质量综合改善的目标。"十二五"技术路线见图1-20。

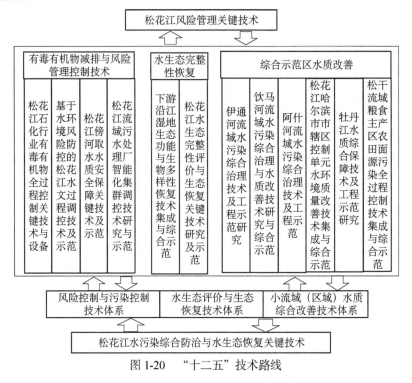

图1-20   "十二五"技术路线

总体设计为突破基于水质安全评价及风险控制为核心的国家高环境风险河流水污染防治与水质安全保障技术体系，围绕松花江高风险防控与流域管理、有毒有机物减排、水生态恢复、水质改善和保障等特征问题，设置12个重点任务，其中7个为综合示范类、5个为共性技术类。①伊通河流域水污染综合治理技术及工程示范研究；②牡丹江水质综合保障技术及工程示范研究；③阿什河流域水污染综合治理技术及工程示范；④下游沿江湿地生态功能与生物多样性恢复技术集成与综合示范；⑤松花江石化行业有毒有机物全过程控制关键技术与设备；⑥基于水环境风险防控的松花江水文过程调控技术及示范；⑦松花江哈尔滨市市辖区控制单元水环境质量改善技术集成与综合示范；⑧松花江水生态完整性评价与生态恢复关键技术研究及示范；⑨松花江傍河取水水质安全保障关键技术及示范；⑩松干流域粮食主产区农田面源污染全过程控制技术集成与综合示范；⑪饮马河流域水污染综合治理与水质改善技术研究与综合示范；⑫松花江流域污水处理厂智能化集群调控技术研究与示范。

1.4.3　治理技术路线图

松花江流域总体上是轻度污染，仍以有机污染为主；流域水质较好，为流域水生态恢复奠定了良好的基础。松花江流域治理战略任务的具体目标阈值和标准的设定见表1-6，治理技术路线图见图1-21。

表1-6　松花江流域河流治理特征目标　（单位：mg/L）

年份	重污染支流水质改善			环境风险控制		河流生态治理
	COD	NH_3-N	DO	风险防控	毒害物质	水生生物
至2015	25~35	1.5~3	>3	突发性事故得到有效控制	达标排放，优控清单	水生态退化得到遏制
至2020	<30	1~1.5	3~5	突发性事故得到全面控制	优控阈值	"三花五罗"珍稀鱼类出现
至2025	<25	0.5~1.5	>5	突发性事故得到全面控制	优控阈值	大马哈鱼洄游
至2035	<20	<1	5~8	突发性事故得到全面控制	优控阈值	生态完整性得到恢复

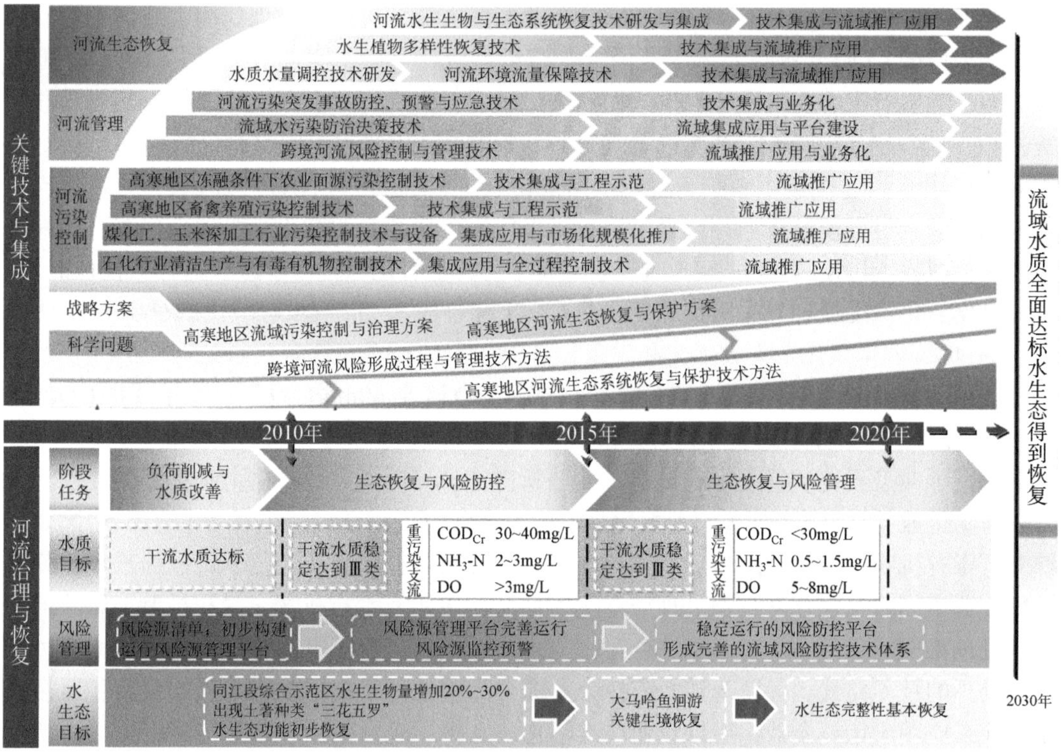

图1-21　松花江流域治理技术路线图

1.5　关键技术研发与应用

1.5.1　石化行业废水有毒有机物全过程控制

突破石化行业废水有毒有机物全过程控制关键技术并应用,支撑松花江流域有毒有机物减排和常规污染物达标排放。石化、化工行业为流域支柱型产业,污染排放负荷大,有毒有机物影响显著。在识别石化行业重点污染物和排放节点的基础上,统筹协调源头控制过程和末端处理过程,在废水产生、处理、回用、排放整个过程中的各个环节实施污染物减排,推进废水污染物经济高效减排,实现生产优化和达标排放。

研发的化纤废水"高分子聚合物截留-厌氧/好氧(A/O)生物膜-氧化混凝"集成技术,实现化纤废水 COD 从 700mg/L 下降至 150mg/L 以下,稳定达到《污水综合排放标准》(GB 8978—1996)要求,特征污染物 N, N-二甲基乙酰胺(DMAC)和丙烯腈去除 90%以上,废水处理成本降低 30%以上。该技术在吉林奇峰化纤股份有限公司进行示范应用,每年减排特征有机污染物 DMAC 38t、丙烯腈 5t,基本解决了松花江 DMAC 特征污染物污染问题。

突破了 ABS 树脂装置接枝聚合反应釜清釜周期延长和废水预处理的关键技术,集成废水有毒有机物全过程控制工艺与成套设备,并应用于依托企业 ABS 树脂装置废水污染控制,减少进入综合污水处理厂的 COD 负荷约 3600t/a、有机腈 353t/a、芳香族 354t/a;突破了苯酚丙酮装置含酚废水萃取和高回收率丙酮精馏的关键技术,集成了废水有毒有机物全过程控制工艺与成套设备,应用于依托企业苯酚丙酮装置废水污染控制,减少进入综合污水处理厂的 COD 负荷以及苯酚、丙酮等有毒有机物负荷,实现污染源头减排;突破了丙烯酸丁酯生产废水前处理和有机酸回收关键技术,集成了废水有机酸回收工艺与成套设备,按照 1.5 万 t/a 丙烯酸丁酯生产装置计算,采用该技术每年可回收有机酸 300t 以上,减排 COD 350t 以上;突破了腈纶装置废水高聚物截留、有机物与 NH$_3$-N 强化去除关键技术,集成水污染全过程控制工艺与成套设备,成果应用于依托企业腈纶废水污染控制,实现废水高聚物回收、出水 COD 和 NH$_3$-N 达标排放;突破了石化综合污水微氧水解酸化预处理、臭氧催化氧化深度处理等关键技术,形成了石化综合污水"微氧水解酸化-缺氧/好氧-微絮凝砂滤-臭氧催化氧化"集成工艺和设备,并应用于依托企业综合污水处理厂提标改造工程,支撑了依托企业排水提前稳定达标,排水 COD 降至 60mg/L 以下,每年减排 COD 约 1400t,出水毒性指标达到国际先进标准。

研发了典型石化装置废水有毒有机物分析方法,解析了大型石化企业典型装置废水有毒有机物排放特征,编制了《大型石化企业废水有毒有机物全过程控制技术方案》。该方案针对有毒有机物控制关键装置,从生产结构调整源头减排、生产工艺改进过程减排、废水污染物分离回收与强化降解预处理减排等方面开展废水有毒有机物全过程控制,降低末端污水处理难度与负荷;针对末端综合污水处理厂,提出了化工废水、炼油废水和生活污水分质处理的技术路线,可显著降低依托企业综合污水处理厂提标改造工程的投资和运行成本。成果应用于依托企业,指导企业精准治污,支撑了企业污染物减排与降本增效,初步形成辨毒、减毒、解毒相结合的废水有毒有机物全过程控制技术模式,为我国石化行业有毒有机物减排提供了新思路。

1.5.2 重点行业清洁生产与污染负荷削减

针对松花江流域工业布局,选择煤化工、粮食加工、制药等行业开展科技攻关,突破重点行业清洁生产与污染负荷削减技术瓶颈,实现控源减排稳定达标。

研发出煤化工行业有机污染物低成本综合控制关键技术,建立废水全过程低成本处理成套产业化工艺包,在七台河宝泰隆煤化工股份有限公司和中煤龙化哈尔滨煤化工有限公司建成2项示范工程,推动松花江流域煤焦化/煤气化行业降污减耗,实现直接减排废水约170万t/a,减排COD达13500t/a以上,显著减少了松花江的污染物排入量,减轻了流域的污染负荷。此外,通过回收酚、氨产品,以及节省新鲜水和排污费,每年可为两家示范工程企业创造经济效益5825万元左右,为包括松花江流域在内的全国煤化工行业污染减排提供了重要科技支撑。

研发出淀粉糖水解液直接电脱盐和赖氨酸高效价发酵、玉米芯清洁制糠醛等清洁生产关键技术,建立玉米深加工行业污染全过程控制成套技术体系,在长春大成实业集团有限公司(简称大成集团)和长春市佳辰环保设备有限公司建成2项示范工程,显著提高源头资源利用率、降低废水排放,大成集团的示范工程每年减少新鲜水120万t,减排COD超过2000t,节约液氨1.25万t、盐酸6.21万t、氯化铵1.5万t、蒸汽19万t、电1000万kW·h、标准煤6.9万t。

研发出酶法脱胶、多级逆流洗涤等源头减排清洁生产技术和有机物能源化技术,支撑大豆深加工行业绿色化升级,研发出青霉素发酵液高效价分离、高硫酸根有机废水耦合脱硫技术,从源头大幅度减少污染排放,支撑原料药制药行业治污模式转变,建立示范工程,实现COD减排1041t/a。

1.5.3 寒区污水厂稳定运行及冰封期水质安全保障

构建寒冷区域城市污水厂低温期稳定运行技术体系,确保松花江冰封期水体水质安全。针对松花江冰封期沿江污水厂低温期生物活性差、氮磷去除能力弱的问题,以沿江污水厂入江污染物负荷削减为目标,开展冰封期沿江污水厂生物强化及工艺优化技术研究。通过研究污泥活性微生物的变化特征和规律,建立生物活性与污水中典型污染物处理效率的关系,开发基于污泥电子传递体系理论的微生物活性快速诊断系统;解析冬季生物处理的活性污泥菌群结构,筛选耐冷菌优势菌群,基于生态位分离的指导思想,构建出具有硝化、反硝化和聚磷功能的混合高效耐冷菌剂;基于功能菌剂活性保持及防止流失的思想,首次提出菌丝球生物固定化思想,既能充分发挥生物强化技术的降解作用,又解决了高效菌株的流失问题,解决了寒区城市污水厂快速启动的技术难题。为保障低温期污水厂的稳定运行,研发出预负载微量元素的悬浮填料,提出循环接菌的方法,为低温期污水厂稳定生物强化提供技术支持。

采用厌氧/缺氧/好氧(A/A/O)-膜生物反应器(MBR)技术和混凝-两级曝气生物滤池(BAF)技术,研发出冰封期节地型混合废水处理低温稳定运行技术;基于低温强化传质和动力学，采用了活性污泥-生物膜复合作用工艺，研发出冰封期新兴工业园区型复合污染高效去除技术；基于低温生物菌剂强化和城市污水厂功能升级技术需求，采用了气浮-BAF 污水深度处理技术和菌剂强化循环活性污泥工艺（CASS）技术，研发出冰封期重工业基地型变负荷废水处理氮磷去除技术；采用长缺氧强化颗粒性碳源水解及强化脱氮技术、污泥龄调控耦合优选药剂投加强化除磷技术及交替复合式缺氧好氧活性污泥处理技术，研发出冰封期原有大型污水厂典型污染物强化去除技术。在节地污水处理技术和工业园区污水处理技术方面取得技术突破，首次在我国高寒地域应用了 A/A/O-MBR 技术和混凝-两级 BAF 技术，在新兴工业园区应用了泥膜复合 A/A/O-混凝沉淀技术。

以 5 条松花江支流沿江污水厂污染物强化去除为对象，开展工程示范，总示范水量 38 万 t/d，全部达到一级排放标准，年削减 COD 约 27557.5t，年削减 NH$_3$-N 约 2646.25t，年削减 TN 约 3157t，年削减 TP 约 496t，为全面提升冰封期松花江水质提供技术支撑。

1.5.4   寒冷地区农业面源污染全过程控制

围绕寒冷冻融区农田面源综合控制中的科技需求，形成了以流域水质目标管理方案为导向的寒冷冻融区农田氮磷面源污染全过程控制技术思路与流域控制模式。

研究并集成冻融条件下农田面源污染负荷流域分级分类分配与控制、坡岗地氮磷流失综合控制、稻田肥水精准控制、流域退水污染生态沟渠构建与灌排体系改造、缓冲带退水污染湿地修复与安全入河等技术；取得 10 余项农田面源污染控制关键技术，包括水稻施肥插秧一体化技术、水田精准施肥技术、肥水联控减负技术、种植模式与肥料结构优化技术、植物篱埂垄向区田技术、导流收集及再利用技术、生态沟渠阻控与净化技术、多级次利用排灌体系构建技术、河岸缓冲带湿地生态修复植物筛选技术、湿地功能性植物建植优化技术等。基于农田面源污染核心技术及集成技术体系，建立了三大核心示范工程 10km^2，实现了稻田氮磷肥料减量 15%，退水回灌率达到 30%，坡岗地水土流失量减少 40%，NH$_3$-N、TP 负荷分别削减 20% 和 30%；示范区面积 120km^2，入河退水中 NH$_3$-N、TP 实现了 1.5mg/L、0.3mg/L 的考核目标。通过整装松花江流域农业主产区农田面源污染控制技术体系和综合控制方案，建立典型清洁流域示范样板，实现肥料增效减负和水质改善的预期目标，为松花江流域农田面源污染控制和水质改善提供科技支撑。

发展了适合松花江流域的集成氧化塘-兼性塘-氧化塘-湿地的农村生活和畜禽养殖多级降解技术、集成土工格栅-生态混凝土防护技术、仿拟自然树木根须的水岸拟自然防护技术以及人工生态礁技术，构建满足空间异质性物理传递、化学传递和营养信息传递的多元复合生态系统的小流域农业面源污染控制与生态修复技术集成，实现了松花江流域农村生活和畜禽养殖、水土流失、农田、河道底泥等外源和内源污染源强分散，季节性冻融过程和作物生育期内污染物驱动机制和径流过程各异，在污染物的产生机理、径流条件以及进入水资源承载体的过程存在着很大的变异性和不确定性情况下的面源污染控制与生态修复技术的有机融合。该成果应用于吉林省长春市双阳区黑顶子河小流域，取得了显著的生态效益和环境效益：农村生活和畜禽养殖示范工程的 NH$_3$-N、TN、TP 和 COD 浓度削减率分别达到 95.1%、34.8%、66.2% 和 78.2%；稻田退水生态处理工程在水稻的主要施肥期，平均削减 NH$_3$-N 72.4%、TN 18.7%、TP 24.4%、COD 13.2%，水体水质和生态指标显著改善。

1.5.5 支流污染综合管理与控制

研发了流域（区域）综合污染防控技术，为支流水质改善提供了技术支撑。针对流域内伊通河、牡丹江、饮马河、阿什河、哈尔滨市市辖区控制单元 5 个典型重污染支流、河段，集成创新污染物削减、污染控制、生态修复等技术，建立了 5 个综合示范区。

伊通河流域：开发了生物活性复合填料分散型生活污水强化处理技术及设备；在伊通河上、中、下游选择典型沟渠，上游采用"源头阻断-旁路净化"等技术集成，中游采用"原位多塘净化-水力优化调控-生态缓冲带"等技术集成，下游采用"排水沟渠多介质生物-生态强化水质净化构建"技术集成，实现了上、中、下游水质连续净化与复氧，水体水质得到明显改善。

牡丹江流域：研发集成了污染河流生态恢复集成技术和面源污染综合防控体系，以示范为引领，带动全流域治污和修复，解决城镇源和农业面源污染问题。提出了牡丹江流域水质保障的总体目标，依据 COD 和 $NH_3\text{-}N$ 动态容量进行了污染削减分配研究，研发污染河流生态恢复集成技术和典型支流面源污染综合防控体系，开展北安河、牛尾巴河污染综合治理工程示范，北安河至柴河大桥断面 25.7km、牛尾巴河源头到海浪河口 10km 水质得到改善；北安河汇入牡丹江的断面北安河口 COD 削减 88%，$NH_3\text{-}N$ 削减 94%；牛尾巴河入海浪河口断面 COD_{Mn} 削减 15.03%，$NH_3\text{-}N$ 削减 21.40%；柴河大桥断面水质 2016 年达到水环境功能区划的要求。

饮马河流域：形成了流域水污染综合治理与水质改善技术体系，开展了工程示范；研发集成了寒冷低山河流生态系统脆弱性评价技术与生态保护模式，玉米深加工园区水污染全过程控制成套技术，寒区中小城镇水污染治理与减排、村屯面源污染控制与管理、玉米种植-养殖污染防治及一体化利用、重污染河段生态修复和水质强化净化等技术，并在环境管理部门、产业园区、典型村屯、主要农业区进行了工程示范，取得了良好成效。

阿什河流域：研发集成流域水污染防控技术与水环境管控技术体系。针对阿什河上游以农业面源污染为主，中下游以生活污水、畜禽粪便等分散点源污染为主，下游河口需要进行生态修复及景观建设等特点，突破农田面源污染控制、生活污水强化处理、畜禽粪便集中处理、水环境修复等关键技术，全面提升水污染控制与治理技术水平和水环境无线远程监控、预报、预警能力，确保流域污染物排放总量得到有效削减、水环境质量得到明显改善。

松花江哈尔滨市市辖区控制单元：开展了水污染控制、水环境生态治理和综合管理技术集成和工程示范；研发了包括高 $NH_3\text{-}N$ 工业废水全流程复合膜强化同步脱氮、基于生物预发酵的污泥堆肥优化等点源污染物削减技术，实现典型行业废水、工业园区废水及城市污水厂等点源污染物的深度削减；建立控制单元农业面源污染数据库综合管理系统，集成畜禽粪便条垛式好氧动态二段发酵、玉米秸秆原位深翻还田等农业面源控制技术，形成"种养结合、清洁生产、因地制宜、循环发展"的农业面源污染控制模式；研发植物生活周期优化和土壤水分控制等水陆交错带修复关键技术，修复受损河流生态系统、改善区域生态环境；通过工程示范，结合地方重大规划、工程实施，实现控制单元水环境质量有效改善。

1.5.6　流域水环境风险防控

集成松花江流域水质目标、水环境风险防范与处置管理技术，为流域风险防控与中俄跨界水质管理提供支撑。在深入开展松花江污染物排放特征、水体和生物体内毒害污染物浓度、暴露风险因子研究的基础上，建立了一套由污染物的毒性、持久性、生物富集性和降解产物毒性等指标因子构成的毒害污染物生态风险评价指标体系，提出了多环芳烃类、氯代苯类、氯酚、硝基苯和阿特拉津等 50 种松花江流域生态风险优控污染物名录；建立了基于流域生态风险源确定、生态受体选择、暴露评价模型确定、生态风险表征和风险管理的水体生态风险评估方法，形成了首个针对流域的《松花江生态风险评价技术规程》，研究确定了中国石油天然气股份有限公司吉林石化分公司炼油厂、中煤龙化哈尔滨煤化工有限公司等 69 家流域重点水环境风险源；在黑龙江、吉林省生态环境厅建成运行了松花江水环境质量管理决策支持平台，实现了对流域重点风险源的识别监控、风险源动态分级、风险源数据查询，流域水环境质量监管和决策、水污染预警和应急处置等功能。

构建了中俄跨境水环境风险预测预警系统，为中俄跨境地区突发性水环境风险管控提供了技术支撑。松花江生态风险评价技术项目开展了水质目标、风险防范预警处置管理技术研究。针对俄罗斯严格监控的氯苯、三氯苯、2，4-二氯酚、三氯酚等 6 项水质指标，提出了 2 套界河水质目标推荐值方案以及上游断面水质控制要求，明确了界河保护的目标，为中俄外交谈判提供了技术支撑；筛选并确定了中俄跨境地区重点风险源清单，分析了污染源的空间分布模式，初步确定了中俄跨境地区水污染物排放的时间和空间分布规律，构建了中俄跨境水环境风险预测预警系统，具备水环境风险评估、突发风险预测预警、水污染溯源、责任界定、累积风险态势分析、风险应对方案等功能。以县域为基本评价单元，从风险源和受体两个方面，分别评价了风险源的风险压力和受体的风险敏感性，在风险压力和风险敏感性的基础上，对中俄跨境地区的水环境风险状况进行了综合评估。俄罗斯对我国在松花江流域开展的污染防治工作予以高度赞赏，充分肯定了中国松花江治理与保护的成效。

构建了面向水污染突发事故的流域干流水库群联合调度决策支持系统；识别出吉林市、松原市、哈尔滨市、佳木斯市、齐齐哈尔市市区和富拉尔基区为流域内六大水污染突发事件高风险区域，明确了发生事故后的 34 处取水口及 11 个重要断面保护目标，根据构建的松花江干流水动力和水质模型，基于流域风险源事故类型，设置了 210 种水污染突发事故情景，以及对应的 975 个应急调度方案，并对每种方案下污染团的迁移过程进行了模拟，建成了面向水污染突发事故的流域干流水库群联合调度决策支持系统。该系统在水利部松辽水利委员会实现了业务化运行，为松花江流域污染事故应急响应和指挥决策提供了重要技术保障。通过调查分析松花江流域水利工程对生态环境的影响，以满足河流生态需水过程为目标，分析生态目标与其他供水目标之间的关系，确定生态调度规则集；针对不同类型和规模水利工程、不同区域干支流生态需水特征构建优化调度平台，开发计算软件和数据库、模型库与人机交互界面等，调整和实施集防洪、发电、灌溉、供水及生态改善等兼容多赢的生态调度方式。

针对流域饮用水源风险，在傍河取水适宜性评价、傍河取水优化设计与水源地建设、傍河取水水质安全保障方面突破了系列技术，研发了水源地适宜性和可靠性评价技术、布井和建井优化技术、傍河取水水质监测评价技术、水质风险识别诊断技术、傍河取水水质安全预警技术、傍河水源地岸滤系统综合调查与水质净化评价技术等 8 项关键技术，创造性地建立了傍河取水适宜性评价指标体系和评价方法，并在河谷型、漫滩型、阶地型三种傍河水源地优化设计建设问题上取得重大创新突破。以上成果应用于五常市第二水源地的升级改造，开展了傍河取水水质安全保障与管理集成技术研究，形成了具有辅助决策支持功能的傍河取水水质安全保障管理信息平台，实现了"在日取水量 2 万 m^3 的条件下，通过技术示范，建设取水、监测和污染事故防控井群，保证关键技术稳定运行，使得傍河取水水源中的总大肠菌群、硝酸盐、NH_3-N 等典型污染物浓度满足水源水质要求"的效果。该成果为我国傍河取水工作提供系统的科学指导。

1.5.7　东北寒冷地区生态修复

提出"生境修复-食物链延拓-生态需水保障"总体模式。针对松花江下游沿江湿地破碎化、生态功能减弱等突出问题，以生物多样性恢复和水质净化功能强化为目标，研发了沿江湿地生态水文格局构建与调控、湿地植被快速恢复等 9 项关键技术，整体构建了寒区河滨湿地生态功能与生物多样性恢复的集成技术，并建立适合湿地恢复的长效管理机制。建成了长度 111km，面积 1324hm^2 的示范区，湿地植被覆盖率（含水面）由 47%提高到 61%，地上生物量增加了 31.1%，适宜性好和适宜性一般的水禽栖息地面积由 2012 年的 167km^2 增加到 2015 年的 202km^2；示范江段还发现了多年未见的土著鱼类鳌花和东北七鳃鳗，湿地水禽鹭科、鸥科、鸭科的种类和个体数量增加。湿地净化能力明显提高，示范区 2013 年夏汛期过水湿地拦淤泥沙 24.76mm，有效缓解了区域沿江湿地生态功能和生物多样性退化问题，构建了区域污染物入河的最后防线，形成了松干下游重要的绿色走廊，有效支撑了松花江出境断面水质目标的实现。此外，还推动了退耕还湿和农民增收，带动了休闲、科普等一系列社会公益活动，产生了良好的社会效益和经济效益。

基于关键种群恢复的受损水体生物链修复技术。针对松花江水生生物生境受损、生物多样性降低等问题，在底栖动物及鱼类生境改善的基础上，恢复食物链（网）中的"关键种"，再按照不同生物量及比例逐步投放螺、蚌、杂食性鱼类等高级水生动物，优化河道生物群落结构，从而修复河道自然良性生态系统食物网的结构和功能。在梧桐河中下游平原型河段进行了受损水体生态恢复技术示范，示范河段长 22km。示范区生态调查及第三方监测结果表明，示范区内麦穗鱼、黑龙江鳉鳑、鮈和雷氏七鳃鳗等野生鱼类种群明显恢复，食物链长度由 2.23 增加到 3.22，示范区内底栖动物种数由 5 种提高到 14 种，生物量由 1.47g/m^2 提高到 7.37g/m^2，香农多样性指数提高 53%，实现了修复水生生物栖息地、促进水生生物物种多样性恢复的目标。相关成果为黑龙江省黑鱼泡湿地省级自然保护区制定生态保护对策提供了有力的技术支撑。

受损滨岸带生境恢复技术。针对松花江滨岸带原生植被退化、岸坡沙化与坍塌、生物多样性降低等问题，从生境条件改善、生物种群健全、生态功能恢复三个层面入手，实现了滨岸带生态系统结构与功能协同恢复，同时该技术首次采用模块组合的模式，从功能分区角度统筹分析两栖动物栖息地的结构组成，为整体恢复和构建两栖动物栖息地提供了方案和技术指导，使得两栖动物栖息地的构建过程更加合理化、简便化、普适化。在梧桐河中下游平原型河段进行了受损滨岸带生境恢复技术示范，示范河段长 32km。示范区生态调查及第三方监测结果表明，示范区适生区域植被覆盖率由 60.4% 提高到 84.25%，植物群落香农多样性指数由 1.19 增加至 1.60，实现了植物着生基质改善、植被覆盖率和物种多样性的提高，以及两栖动物种群数量的增加。相关成果在宝泉岭农场 2018 年退耕还湿项目中得到了应用，有效指导了梧桐河河套退耕还湿项目方案的制定。

高寒区珍稀鱼类生态恢复关键技术。针对松花江珍稀鱼类资源减少、产卵场破坏等问题，突破了珍稀鱼类生态恢复关键技术。从珍稀鱼类增殖放流和鱼类产卵场修复两方面开展珍稀鱼类的恢复，通过可视植入弹性体标记（VIE）放流技术提高了施氏鲟和达氏鳇幼鱼标记成活率、标记保持率和回捕个体标记识别率；通过产卵场基质改善技术、人工鱼巢设置技术筛选出适合寒区河流野生鱼类繁殖的人工鱼巢。在松花江同江段、梧桐河、汤旺河共放流珍稀鱼类 21 万尾，其中在汤旺河和梧桐河放流大马哈鱼 12 万尾，在同江段放流施氏鲟 7.7 万尾、达氏鳇 1.3 万尾，松花江同江段示范区施氏鲟和达氏鳇的资源量恢复达到 10% 以上，鲟鳇鱼资源得到较好的恢复；在梧桐河下游江段及入江口进行人工鱼巢工程示范，示范面积 6600m^2。示范区生态调查及第三方监测结果表明，人工鱼巢附卵密度最大为 2579 粒/m^2，最小为 1561 粒/m^2，平均为 2076 粒/m^2，实现了促进珍稀鱼类种群恢复的目标。

1.6 水专项松花江流域实施成效

1.6.1 流域水环境质量改善与水生态恢复

1. 全流域水质稳步改善

COD$_{Mn}$ 等常规指标逐渐得到控制，达标断面逐年上升。2006~2018 年松花江流域断面水质类别变化见图 1-8。2006~2007 年，松花江国控断面年均值劣 V 类水体断面比例降低，但 I ~ III 类水体断面比例降低，IV 类水体断面比例升高。2007~2016 年的 10 年间，II 类水体断面比例出现先增加后降低、再增加的趋势，III 类水体断面比例呈现增加趋势，IV 类、V 类和劣 V 类水体断面比例均呈现降低趋势。总体来看，I ~ III 类水体断面比例有所上升，劣 V 类水质断面比例有所下降，整体水质呈好转趋势，松花江水系整体水质由中度污染变为轻度污染。对照松花江水功能区 III 类水质要求，主要污染指标为 COD$_{Mn}$、BOD$_5$、NH$_3$-N 和石油类。

有毒有机物呈现检出率下降、浓度降低的趋势。2009 年，甲苯、二甲苯、三甲苯、二乙基苯、阿特拉津、甲基萘等有机物在各断面均有检出，检出率较高；2017 年检出断面减少，检出率下降。在萘、苊、芴、菲、苯并（a）蒽等 11 种多环芳烃物质中，萘、苊、菲等元素最大检出浓度和均值均有显著下降，苯并（a）蒽、䓛等元素的各项数据相对稳定；在六氯环己烷、滴滴涕（DDT）、六氯苯等 11 种氯苯类物质中，除六氯苯和硫丹呈下降趋势外，其他有机氯成分呈较稳定状态，远低于《食品安全国家标准　食品中农药最大残留限量》（GB 2763—2021）中的限值；氯酚类物质未检出，多氯联苯检出率低于10%。

底栖动物物种数有所增加，群落结构日趋完整，河流生态得到一定程度恢复。松花江野生鱼类种群得到恢复，处在食物链高端的凶猛鱼类数量增多、体重增大，一些珍贵鱼类重回松花江；水鸟数量呈逐年增加趋势，东方白鹳等珍稀水禽在松花江入黑龙江口的湿地已有稳定的种群栖息。

综合来看，松花江流域水质持续改善得益于中央和地方各级政府十年坚持不懈的大规模系列综合整治行动与强有力的科技支撑。

2. 示范区水质得到改善

伊通河综合示范区实现了对上游来水的净化，中、下游加强净化，强化复氧，使区段内水体水质得到明显改善。

牡丹江综合示范区实现了国控柴河大桥断面达到Ⅲ类水质的目标，牡丹江水质的改善有效保障了出境河流水质。

阿什河综合示范区全面提升水污染控制与治理技术水平和水环境无线远程监控、预报、预警能力，确保流域污染物排放总量得到有效削减、水环境质量得到明显改善。

哈尔滨市市辖区综合示范区通过相应示范工程的建设，结合地方重大规划、工程的实施，实现松花江哈尔滨市市辖区控制单元水环境质量的有效改善。

饮马河综合示范区在流域内环境管理部门、产业园区、典型村屯、主要农业区进行工程示范，取得良好的成效。

3. 环境风险事故发生次数减少

随着流域沿岸风险源风险防控体系和流域监控预警体系的构建，流域突发性事故得到控制，干流没有发生污染事故，整个流域事故发生风险降低；流域风险污染物浓度呈现降低趋势，污染物生态风险降低。同时，松花江水体中PAHs、硝基苯、多氯联苯和氯苯对本地种的生态风险较低。

1.6.2　流域水环境管理支撑

"十一五"以来，水专项紧紧围绕着松花江治理的科技需求进行布局和实施，并取得了技术上的重大突破和广泛应用，得益于流域产业结构调整、工业污染源治理、环境基础设施建设和升级改造等系列环境综合整治行动，松花江流域水环境总体呈现稳中向好态势，为松花江水环境质量改善做出积极贡献。

（1）从源头削减常规污染物、有毒有机物排放，降低水生态风险。突破重点行业有毒有机物减排与污染负荷削减技术瓶颈，实现控源减排稳定达标，研发煤化工行业、玉米深加工、大豆加工、糠醛生产、制药行业等一系列清洁生产关键技术体系；研发低温情况下的污水稳定运行技术，保证松花江冰封期的水质达标与水体水质安全。

（2）建立生态风险优控污染物名录与重点水环境风险源以及应急预案，有效防范水污染事件发生。建立了松花江污染物生态风险评价指标体系，提出了涵盖氯代苯类、氯酚在内的50种松花江流域生态风险优控污染物名录；识别了流域内六大水污染突发事件高风险区域，设置了210种水污染突发事故情景及对应的975个应急调度方案，在黑龙江、吉林两省建成松花江水环境质量管理决策支持平台，为松花江流域污染事故应急响应和指挥决策提供了重要技术保障。

（3）提出松花江流域污染控制与水质改善思路，并应用于《松花江流域水污染防治规划（2011—2015 年）》中。松花江水质改善需要分阶段推进，第一阶段（2006～2010 年）为污染负荷削减与水质改善阶段，初步构建风险源监控管理平台，实现干流水质达标；第二阶段（2011～2015 年）为生态恢复与风险防控阶段，构建风险源监控预警系统并初步实现业务化运行，干流水质稳定达到Ⅲ类；第三阶段（2016～2020 年）为生态恢复与风险管理阶段，形成完善的流域风险防控技术系统并实现稳定业务化运行，干流水质稳定达到Ⅲ类，水生态完整性得到恢复。

水专项以突破性的理论发现、创新性的技术研发有力支撑了松花江污染控制与水生态改善的实施，从而全面提升了松花江流域污染控制、饮水安全、生态服务功能改善，以及流域生态安全和环境可持续发展的管理决策水平。

1.6.3　成果转化与产业化

1. 石化废水有毒有机物全过程控制技术

大型石化企业废水有毒有机物全过程控制技术方案应用于依托企业，指导了企业实施精准治污，促进了整个企业的污染物减排，同时为企业"十三五"环保规划的制定提供了技术支持，在我国大型石化企业具有广阔的应用前景；研发的石化装置废水有毒有机物全过程控制技术，应用于松花江上游大型石化企业 ABS 树脂装置、苯酚丙酮装置和腈纶装置废水污染控制工程，每年削减 COD 负荷 3000 多吨；研发的石化污水"微氧水解酸化-缺氧/好氧-微絮凝砂滤-臭氧催化氧化"集成工艺应用于依托企业石化综合污水处理厂（设计规模 24 万 t/d）提标改造工程，改造后的污水处理厂出水可满足新标准的要求，其中 COD 可降至 60mg/L 左右，每年减排 COD 约 1400t，支撑流域水质改善。

2. 生态恢复关键技术的长效管理与运营机制

鉴于目前捕捞的鱼类主要是 1～2 龄鱼，我国实施的短时限休渔政策不利于促进松花江流域鱼类资源的恢复，也不利于沿江湿地示范区成果的巩固。结合国内外鱼类资源恢复的经验及目前我国的技术可行性，提出松花江流域长期停捕（休渔 10 年）的建议。经评估，长期休渔不会影响市场水产品的供应（库塘养殖是水产品的主要来源，内河捕捞量所占份额很低）；松花江流域主要鱼类的初次繁殖年龄为 3～6 龄，休渔 10 年，鱼类可有多个世代的繁衍，种群数量将显著增加，个体增大，生物多样性增加。目前示范区及松花江流域的渔民属于副业渔民，仅季节性或偶尔从事捕捞作业，实施长期休渔政策也不存在安置渔民的压力。保守估算，10 年休渔期结束后，松花江下游富锦—同江段鳜、鳊、鲂的资源量将由目前的 1.77 万尾增加到 30.26 万尾，平均个体规格 127g 以上，年均合理捕捞量可达 9.36 万尾，所占渔获物的比重将由目前的 0.2%以下提高到 0.72%～2.41%；该江段鲤、银鲫、鲢、鲇、细鳞鲴等 10 种主要经济鱼类年产量将由目前的 73.6t 增加到 619.4t，渔业经济效益将显著提升。另外，实施长期休渔，珍稀、濒危鱼类的种群将扩大，不仅细鳞鲑、哲罗鲑、乌苏里白鲑、白斑红点鲑、怀头鲇等珍稀、濒危鱼类的现有资源可以得到保护，而且种群规模也将因饵料鱼资源的增多、繁殖条件的改善而得到进一步扩大。松花江下游富锦—同江段怀头鲶的种群数量将由目前的 107 尾增加到 644 尾。长期休渔还可使食鱼的鸟类与兽类等生物资源得以恢复，有利于全面恢复松花江流域生物群落的完整性。

研发了适合示范区内水位变化较小的泡沼、河汊和牛轭湖的放牧式渔业新型模式，包括商品蟹生产模式、苇-蟹模式、苇-蟹-鲶模式、苇-鱼-虾-蟹模式，可用于置换示范区内的耕地，促进退耕还湿，既可解决农民的生计，又可为水禽提供食物，也有利于区域生态文明建设和经济发展。其中，商品蟹生产模式已在莲花河示范区得到应用，推广面积 200 余公顷，生态效益、经济效益明显。

3. 农业面源全过程控制技术体系

形成三大示范核心示范工程，包括稻田-沟渠联合示范工程、坡耕地水土及氮磷流失控制示范工程以及流域退水生态修复与循环利用示范工程，流域推广示范面积 120km²。稻田肥水精准控制集成技术模式在示范区推广应用后，实现肥料减量 15% 以上（氮肥施放量由农民习惯的 11～13kg/亩减至 9～10kg/亩），水稻生育期内 NH_3-N 排放量由 3.82kg/hm² 降低到 0.91kg/hm²、TP 排放量由 0.32kg/hm² 降低到 0.20kg/hm²。技术辐射可以使示范区每年减少氮肥投入 288t，NH_3-N 流失量减少 33.9t，TP 流失量减少 1.4t。在方正县德善乡建立了坡耕地水土氮磷流失控制集成技术示范工程，开展了农田化肥减量与施肥结构调整技术、新型玉米专用缓释肥料、植物篱埂垄向区田水土氮磷流失控制技术、坡面集雨与旱改水等技术示范与应用，示范面积 3.67km²，示范区水土流失减少 42% 以上，氮磷流失负荷减少42% 以上。生态沟渠与退水回灌技术示范中，将蚂蚁河灌区水利用效率从原来的 0.50 提高至 0.65，退水回灌率达到 30%。蚂蚁河灌区稻田退水中 N、P 浓度可分别从 6.5mg/L（平均值）、1.0mg/L（平均值）降低至 2.5～3.0mg/L、0.5～0.6mg/L，满足进入下游河滩湿地的水质要求。农田退水经湿地后，NH_3-N 和 TP 的平均削减率为 36.87% 和 36.5%。技术示范推广为整个流域农业面源污染负荷的削减和水质改善作出了重要贡献。

1.7　经验总结与重大成果

1.7.1　经验总结

1. 各级政府的高度重视和治理设施建设是根本保障

松花江流域水质改善，关键在于党中央、国务院的高度重视和地方政府稳步推进实施。其高起点规划、高层次推进，建立和完善组织协调、资金和政策保障制度，形成齐抓共管的工作格局；环境保护投资加大，环境基础设施建设逐步落实，工业废水和生活污水治理能力逐年增强，"控源减排"起到了关键作用。

2. 水专项等科技支撑抓住关键"牛鼻子"

2005 年松花江水污染事件后，国家启动了"松花江重大污染事件生态环境影响评估与修复技术方案"项目，对于松花江流域硝基苯污染的影响进行了系统的研究，为流域污染治理和环境管理提供了系统的解决思路。随后国家启动了水体污染控制与治理科技重大专项,"十一五"设置了 11 个课题,"十二五"设置了 12 个课题,对解决流域关键问题起到了科技支撑作用。

3. 加强关键技术推广应用和示范工程后续运行

水专项研发了一系列关键技术,对于流域水质改善和环境管理起到了支撑作用,但存在一个关键问题,即缺乏机制,成果的推广应用难度较大,很多流域管理者对水专项成果的重要作用和应用价值的认识尚待提高。同时,大部分水专项示范工程在课题结题后,缺乏后续运行资金,导致课题结题后示范工程停摆,示范工程无法持续发挥作用。

1.7.2　重大成果

1. 石化行业废水有毒有机物全过程控制关键技术

石化行业废水有毒有机物全过程控制的技术瓶颈,经过 5 年多的科技攻关取得重大突破与进展。在典型生产装置废水有毒有机物排放特征解析研究的基础上,编制了依托企业废水有毒有机物控制的技术方案——《大型石化企业废水有毒有机物全过程控制技术方案》,突破了生产装置和综合污水处理厂全链条废水有毒有机物全过程控制关键技术。该技术成果应用于依托企业 ABS 树脂和苯酚丙酮等装置污染物减排工程以及 24 万 t/d 综合污水处理厂提标改造工程,实现了污染物源头削减和末端强化去除,确保了依托企业排水提前稳定达到《石油化学工业污染物排放标准》(GB 31571—2015),支撑了《落实〈水污染防治行动计划〉实施方案》实施和松花江流域水环境质量改善。

2. 生态功能与生物多样性恢复集成技术

遵循寒区湿地生态与水文演变规律,融合现代生态工程学理论与技术的新进展,按照"生境修复-食物链延拓-生态需水保障"的总体思路,创建了湿地植被快速恢复、土著鱼类产卵场修复、水禽食物链复壮、湿地净化功能强化、生态水文补水等关键技术,整体构建了寒区河滨湿地生态功能与生物多样性恢复的集成技术。其中,湿地植被快速恢复技术既符合寒区物候特性,又通过栽培方向的优化规避秸秆和冰混合物的破坏,还可快速形成稳定的建群种;土著鱼类产卵场修复技术既满足鱼类行为需求,又融合了多尺度的水力学特性;水禽食物链复壮技术既可实现自然生态调控,又可延拓食物链以维持生态完整性与生物多样性,还具有显著的生态经济效益;生态水文补水技术既可依托洪泛作用实现自然补水,又可满足生态需水节律需求。通过在百余公里、千余公顷尺度上的综合示范和丰平枯多年型水文波动冲击的实践检验,集成技术成熟度整体提升了 3~4 级,可复制、可推广特色突出。与此同时,超大尺度的示范区已成为松花江干流重要的生态廊道,既全面提升区域生物多样性与生态完整性,又构建了区域污染物入河的关键最后防线,有效支撑了松花江出境断面水质目标的实现。

1.8　未来展望与重大建议

国家"十一五"水专项将松花江流域纳入重点示范流域,支撑了流域规划和流域治理重大工程实施，松花江水环境质量持续好转，但是长期以来流域过度开发和高寒地区的区位特点等制约着水环境质量改善。松花江流域作为老工业基地，形成了以石油化工、传统煤化工、农副产品加工、制药等为主的重污染产业结构，煤炭、石油等资源开发强度大，利用效率较低，污染排放强度高，结构型污染问题突出；工业废水是有毒有机物污染的主要来源，行业污染对松花江有毒有机物贡献大，有毒有机物累积风险不容忽视。近几十年来，松花江流域土地利用、景观格局变化剧烈，水域与湿地减少，农田和人工表面增加，景观格局总体呈破碎化、斑块状复杂化、生态系统单一化的趋势，流域生态系统结构变化导致生态系统功能改变。松花江流域作为国家商品粮基地，在为国家做出重大贡献的同时也造成流域湿地大面积减少、大小兴安岭森林资源枯竭、草原“三化”现象严重，农业生产规模不断扩大，稻田退水等面源污染问题对水环境的影响日益突出。松花江处于寒冷地区，每年约有 5 个月的冰封期，水温低导致江水复氧能力很差，同时冬季低温对污水处理厂尤其是对生物法处理造成影响，因此冰封期污染加剧是松花江最主要的环境污染特征。“十四五”期间松花江流域仍面临较为严峻的生态环境压力，针对流域水生态环境保护规划等，提出以下建议。

1.8.1　统筹“三水”与“一河一策”，实现流域精准治污

统筹水资源利用、水环境治理和水生态保护，以水环境质量改善为核心，全面推行排污许可证制度，提出针对松花江重大环境问题的水生态环境预期总体目标，完善松花江流域区域水生态环境目标体系，形成松花江流域区域分级控制单元水生态环境目标；重点关注沿江中大型城市城镇生活 NH_3-N 排放和工业点源（石化、煤化工、制药等）有毒有机物排放、流域平原区的 COD_{Mn} 负荷（农业种植、畜禽养殖等）输入，构建适宜于松花江流域的水环境质量标准、有毒有机物排放标准，推动“一河一策”的实施。

1.8.2　进一步削减污染负荷，降低流域生态风险

水专项研究发现，松花江流域水污染特征呈现明显的空间特征，沿江中大型城市点源与流域平原区的面源输入是影响松花江水环境质量、水生态安全的关键因素。点源污染物排放集中在吉林、长春、大庆、哈尔滨、佳木斯、齐齐哈尔、牡丹江 7 个沿江重点城市，COD 排放量占全流域的 80% 以上；哈尔滨、吉林、齐齐哈尔、大庆、绥化和牡丹江 6 个城市 NH_3-N 的排放量占全流域的 80% 以上。水专项研发了微氧水解酸化-缺氧/好氧-微絮凝砂滤-臭氧催化氧化-水生物强化处理技术、高浓高盐有机废水高效节能蒸发技术、化肥减施与营养补偿技术、水稻田排水回灌技术等，并开展技术示范，取得较好成果，可在“十四五”期间进行流域推广，进一步削减污染负荷，严控有毒有机物排放，降低流域生态风险。

1.8.3　推进水生态恢复，提高流域水生态完整性

松花江流域水生态完整性整体为Ⅲ级（中，生态系统的自然生境和群落结构发生了较大变化，部分生态功能丧失），其中嫩江上游支流甘河、呼兰河上游为Ⅱ级（良，基本功能完好且状态稳定），水生态完整性较好；松花江干流哈尔滨段、伊通河为Ⅳ级（差，生态系

统发生显著改变，生态功能大部分丧失）。导致水生态完整性退化的原因除了水环境污染，还包括滨岸带受损、水体连通性破坏、水生生物繁殖栖息地丧失等。水专项研发了沿江湿地功能与生物多样性恢复技术、基于关键种群恢复的受损水体生物链修复技术、珍稀鱼类生态恢复等技术。建议在未来的流域保护与治理规划中以水环境质量持续改善和水生态恢复为核心，进一步梳理山-水-林-田-湖之间的内在系统关系，推行流域水生态恢复，探索松花江流域生态文明建设，提升松花江水生态完整性。

1.8.4 提升管理与预警能力，确保出境水质安全

围绕松花江流域出境水质目标，完善石化行业、制药行业等重点污染源特征污染物的监控管理技术，继续完善风险源风险防控管理平台；进一步优化和完善松花江流域栖息地、产卵场等重点生态功能区和出境河段水质监测方案与监测体系，完善部署水质自动监测站，建立污染源和水环境质量综合管理平台，形成监控预警体系，实现水环境常规管理和预警功能；形成完善的风险防控技术体系，确保出境水质安全。

参 考 文 献

朗佩珍，袁星，丁蕴铮，等.2008. 水环境化学——第二松花江吉林段水中有机污染物研究. 北京：中国环境科学出版社.
李云生.2007. 松辽流域"十一五"水污染防治规划研究报告. 北京：中国环境科学出版社.
钱易.2007. 东北地区水污染防治对策研究. 北京：科学出版社.
水利部松辽水利委员会.2000. 松花江志（第二卷）. 长春：吉林人民出版社.
水利部松辽水利委员会.2002. 松花江志（第三卷）. 长春：吉林人民出版社.
水利部松辽水利委员会.2003. 松花江志（第四卷）. 长春：吉林人民出版社.
水利部松辽水利委员会.2004. 松花江志（第一卷）. 长春：吉林人民出版社.
王业耀，孟凡生，等.2013. 松花江水环境污染特征. 北京：化学工业出版社.
许志义，高毅飞，曹淑英，等.1990. 松花江水系有机污染的现状. 环境科学，11（6）：29-31.
张铃松，王业耀，孟凡生.2013. 松花江流域氨氮污染特征研究. 环境科学与技术，36（10）：43-48.
张学俭，武龙甫.2007. 东北黑土地水土流失修复. 北京：中国水利水电出版社.
Meng F，Wang Y，Zhang L，et al. 2016. Organic pollutants types and concentration changes of the water from Songhua River，China，in 1975-2013. Water，Air，& Soil Pollution，227（6）：214.

第 2 章

辽河流域治理修复理论与实践

2.1 流 域 概 况

2.1.1 自然地理状况

辽河流域位于中国东北地区西南部，地理坐标为 116°54′E～125°32′E，40°30′N～45°17′N，是我国七大江河流域之一，辽河水系与黑龙江水系南北呼应，是东北地区两条最大的水系。辽河发源于河北省承德市七老图山脉海拔 1490m 的光头山，流经河北省、内蒙古自治区、吉林省和辽宁省 4 个省（自治区），干流全长 2201km，总流域面积 21.96 万 km²，属树状水系，东西宽南北窄，东部、西部和西南部三面群山环绕，以构造剥蚀地貌为主，山地占 48.2%，丘陵占 21.5%，平原占 24.3%，沙丘占 6.0%。

辽河流域水系发达，包括辽河水系和大辽河水系（图 2-1）。辽河水系由西辽河、东辽

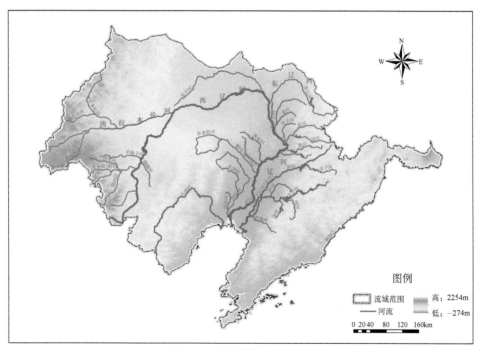

图 2-1　辽河流域水系示意图

河及发源于吉林省的招苏台河、条子河等支流在辽宁省境内汇合而成，于盘锦市入海，主要河流干流在辽宁省境内。大辽河水系全部在辽宁省境内，由发源于抚顺市的浑河、本溪市的太子河汇合而成，于营口市入海。吉林省境内，辽河流域面积 1.57km²，占全省总土地面积 8.4%，主要河流有东辽河、西辽河、招苏台河。辽宁省境内，辽河流域面积 6.92 万 km²，覆盖沈阳市等 8 个省辖市和锦州市黑山县等 4 个县（市）。

辽河流域地处中温带大陆性季风气候区，雨热同季，日照多，冬季严寒漫长，春秋季短多风沙，夏季炎热多雨，东湿西干，平原风大。

2.1.2　经济社会发展状况①

辽河流域人口分布和经济社会发展不均衡，流域内辽宁省部分虽然面积只占辽河流域的不到 30%，但是人口有 3000 多万，属流域内人口最稠密的区域，2021 年城镇化率 72.14%（全国平均值为 64.72%）；传统的工业化城市沈阳、抚顺、本溪等是城镇化率比较高的区域，随着国家工业化、信息化、城镇化和农业现代化"四化"同步发展，城镇化率和经济聚集度在继续加强，城市用水排水压力在增大。作为东北老工业区的龙头区域，工业产值对流域 GDP 的贡献大约占 54%，而且重化工业贡献比较大，尤其是浑河、太子河，河口区工业密集分布，工业化发展对水资源、水环境造成的压力也在增大。

1. 行政区划

辽河流域主要分布于内蒙古自治区、吉林省与辽宁省境内，涉及 15 个地级市。内蒙古自治区有赤峰市和通辽市；吉林省包括四平市和辽源市；辽宁省包括沈阳市、铁岭市、抚顺市、本溪市、鞍山市、辽阳市、朝阳市、阜新市、营口市、盘锦市及锦州市。

2. 人口及经济

2007～2021 年，辽河流域内各地级市人口呈现先降后增又降的趋势，可分为三个阶段，分界年为 2011 年及 2013 年。流域各地级市人口均值从 2007 年的 300.99 万人下降到 2011 年的 291.18 万人，后又增长至 302.61 万人，最后逐年下降至 2021 年的 268.40 万人，人口呈负增长趋势（图 2-2）。

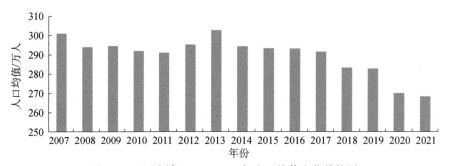

图 2-2　辽河流域 2007～2021 年人口均值变化趋势图

2007～2021 年，辽河流域内 GDP 呈现先增后降的趋势，可分为三个阶段：第一个阶段为 2007～2013 年，经济高速发展；第二个阶段为 2014～2017 年，经济发展趋势逐渐趋于平稳，并呈现逐年下降的趋势；第三个阶段为 2018～2021 年，经济稳中上升（图 2-3）。

---

① 本节数据源自辽河流域相关省市统计年鉴等公开数据。

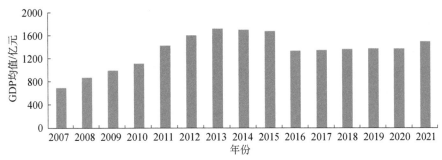

图 2-3　辽河流域 2007～2021 年 GDP 均值变化趋势图

3. 产业结构

2021 年辽河流域区域内各地级市 GDP 及三产产值见表 2-1。流域区域内总 GDP 为
22306.05 亿元，第一产业、第二产业、第三产业的比重分别为 11.5%、37.0%、51.5%。内
蒙古自治区 2 个地级市的总 GDP 为 3386.54 亿元，第一产业、第二产业、第三产业的比重
分别为 20.9%、33.1%、46.0%。吉林省 2 个地级市的总 GDP 为 1017.51 亿元，第一产业、
第二产业、第三产业的比重分别为 22.7%、24.5%、52.9%。辽宁省 11 个地级市的总 GDP
为 17902.00 亿元，第一产业、第二产业、第三产业的比重分别为 9.1%、38.5%、52.4%。

表 2-1　2021 年辽河流域区域内各地级市 GDP 及三产产值经济分布表　（单位：亿元）

省（自治区）	市	GDP	第一产业产值	第二产业产值	第三产业产值
内蒙古自治区	赤峰市	1975.10	376.00	670.10	929.00
	通辽市	1411.44	333.34	449.91	628.18
	总计	3386.54	709.34	1120.01	1557.18
吉林省	四平市	554.02	179.96	112.86	261.20
	辽源市	463.49	50.60	135.97	276.92
	总计	1017.51	230.56	248.83	538.12
辽宁省	沈阳市	7249.70	326.30	2570.30	4353.00
	朝阳市	944.80	228.00	274.70	442.10
	阜新市	544.70	122.50	146.30	275.90
	铁岭市	716.00	172.80	203.00	340.20
	抚顺市	870.10	61.20	414.90	394.00
	本溪市	894.20	55.20	437.30	401.70
	鞍山市	1888.10	120.30	789.40	978.40
	辽阳市	859.70	96.00	385.10	378.70
	营口市	1403.20	117.60	634.90	650.70
	盘锦市	1383.20	116.80	731.30	535.10
	锦州市	1148.30	212.90	296.40	639.00
	总计	17902.00	1629.60	6883.60	9388.80
合计		22306.05	2569.50	8252.44	11484.10

2.1.3　水环境特征

1. 水文特征

辽河流域气候变率较大，降水量年际波动剧烈，径流量和输沙量的年际变化也比较明显。辽河流域下游区降水量年际变化剧烈，不同年份降水量差别很大，降水量变化具有 3 年短周期和 10 年长周期。其河川径流量的年际变化是降水量年际变化引起的，受地貌、土壤、植被等自然条件及人类活动的影响，既表现出确定的规律性，又含有一定的随机成分。辽河流域径流深的区域分布趋势与年降水量的分布基本相应，但区域分布的不均匀性比降水量分布更严重。

辽河流域多年平均最大径流深出现在东部地区，为 250mm；多年平均最小径流深出现在西部地区，为 50mm；最大值为最小值的 5 倍，辽河流域大部分地区径流深在 50～200mm，年径流变差系数 C_v 在 0.50～0.70。其输沙量与径流量的变化规律基本同步，呈现出同涨同落的趋势，但是输沙量区域分布的不均匀性较径流量分布更加明显。

1）降水量变化特征

辽河流域径流补给主要来自降雨，径流在地区分布、年际变化、年内分配上均与降水较为一致。其多年平均径流深自东南 300mm 向西北 50mm 递减，多集中在 6～9 月，占全年降水量的 70%～85%，易以暴雨形式出现。辽河流域径流量的年际变化较大，干支流各站最大年径流量与最小年径流量的倍比在 8～20 倍。

辽河流域降水量年际变化剧烈，不同年份降水量差别很大，流域最大平均降水量为 1000.5mm（2010 年），最小平均降水量为 439.3mm（1958 年），极值比为 2.3。20 世纪 50 年代，除 1958 年严重干旱外，其余年份属于丰水年；从 60 年代中期开始，辽河流域由丰水期逐渐转入枯水期；70 年代降水量波动较小，流域平均降水量 600mm，平水年居多；80 年代前期为较严重的枯水期，中期转入相对丰水期；80 年代末至 90 年代初为枯水期，90 年代中期为丰水期，后期为枯水期；2000～2009 年流域多年平均降水量 559.2mm，出现了 6 个枯水年，因此 21 世纪前 10 年为 1 个枯水期；2010 年以后降水比较丰沛，仅 2011 年为枯水年，2012～2014 年为丰水年，2015～2020 年降水量基本上在 460～688mm，年降水量分布不均。

2）径流量特征

由 2000 年第 2 次辽宁省水资源评价结果及以后连续资料得出，辽河流域多年平均年径流深为 75～200mm，年径流变差系数 C_v 在 0.50～0.70。辽河流域自 20 世纪 60 年代以来，连续 2～4 年干旱的有 1961～1962 年、1988～1990 年、1996～1997 年、1999～2000 年，并且 1975～1983 年连续 9 年没有出现丰水年，这样连旱段的平均年径流量比正常值少 25%～50%；出现过连续 2～4 年丰水，如 1956～1957 年、1959～1960 年、1984～1987 年、1994～1995 年、2012～2013 年，这样连丰段的平均年径流量比正常值多 50%～70%。2015～2017 年，辽河流域年平均径流量保持为 137 亿 m³。

3）洪水与泥沙特征

辽河流域的暴雨多集中在 7～8 月，故流域洪水主要由暴雨产生，洪水过程一般在 13～30 天，其特点是峰型矮胖，峰低量分散。

根据 1964～2004 年实测泥沙资料统计分析，1995 年为丰水年，该年来水量、输沙量分别为 59.99 亿 m^3、2322.75 万 t。1976～1982 年和 1999～2004 年为两个连续枯水系列，其年均输沙量分别为 345.45 万 t、57.58 万 t。

铁岭站最大年输沙量与多年平均输沙量比值为 5.9∶1；统计分析铁岭站 1954～1996 年的输沙量可以看出，1954 年、1957 年、1959 年这 3 年的输沙量占铁岭站 43 年输沙量的 33.71%，再加上 1956 年和 1962 年共 5 年的输沙量占 43 年输沙量的 48.0%；最大输沙量出现在 1959 年，占 43 年输沙量的 13.66%，最小输沙量出现在 1982 年，占 43 年输沙量的 0.02%。根据 2021 年《中国河流泥沙公报》，铁岭站近 10 年的年平均径流量为 24.60 亿 m^3，年均输沙量为 99.7 万 t；2020 年的年输沙量为 129 万 t，比近 10 年平均值增加 29%。由此可见，辽河输沙量的年际变化非常大。经分析，辽河干支流各站多年平均悬移质输沙量的年内分配不均匀，其中 6～9 月输沙量占全年的 90.04%，7～8 月输沙量占全年的 69.32%，非汛期 8 个月的输沙量只占全年的 9.96%。

2. 水资源特征

辽河流域 1956～2000 年多年平均水资源总量为 221.92 亿 m^3，其中地表水资源量为 137.21 亿 m^3，地下水不重复量为 84.71 亿 m^3。浑太水系上游水资源相对较丰富，西辽河水资源严重短缺。2008 年，辽河流域水资源总量为 129.45 亿 m^3，其中辽河 60.44 亿 m^3、浑河 28.79 亿 m^3、太子河及大辽河 40.22 亿 m^3；流域可利用水资源总量为 83.54 亿 m^3，人均水资源量为 535m^3，不足全国人均水资源量的 1/4，属重度缺水地区。由于水资源短缺，辽河流域的水资源开发已经达到相当高的程度，地表水开发利用率达 50.4%，地下水利用也已经接近极限。

3. 水环境质量

1）"十一五"水质特征

从全流域来看，辽河流域在"十一五"之初全流域劣Ⅴ类水质河段超过 50%，东辽河、辽河干流、浑河抚顺市大伙房水库以下、太子河本溪市以下、大辽河等水质均较差。因此，辽河流域污染呈现出流域性特点。西辽河多年处于断流状态；80% 的污染负荷集中在流域面积不足全流域面积 30% 的辽宁省，辽河铁岭段、盘锦段、浑河抚顺—沈阳段（沈抚段），太子河本溪—辽阳—鞍山段（本辽鞍段），大辽河营口段均是污染严重的区域；辽河流域在吉林省内的流域面积占全流域的 8%，然而由于东辽河流域的辽源市、四平市经济发展水平较低，环保基础设施和治理能力难以适应水环境保护需求，吉林省四平段污染较严重。总之，辽河流域经济社会发展的重点区域也是污染严重的区域，呈现出明显的区域性特点。经过"十一五"的治理，到 2010 年，辽河流域水环境总体为中度污染。37 个国控监测断面中，Ⅰ～Ⅲ类、Ⅳ类、Ⅴ类和劣Ⅴ类水质的断面比例分别为 40.5%、16.3%、18.9% 和 24.3%；主要污染指标为氨氮、高锰酸盐指数和石油类。辽河干流总体为轻度污染，辽河支流总体为重度污染；大辽河及其支流总体为重度污染；浑河沈阳段、太子河鞍山段和大辽河营口段污染严重。

2）"十二五"水质特征

"十二五"期间通过辽宁省辽河流域"摘掉重度污染帽子"、辽河保护区建设等重大行动的实施，辽河流域水环境质量得到很大提升，到 2015 年总体改善为轻度污染。流域 55

个国控断面中，Ⅰ～Ⅲ类、Ⅳ类、Ⅴ类及劣Ⅴ类水质断面分别占 40.0%、40.0%、5.5% 及 14.5%；主要污染指标为五日生化需氧量、化学需氧量和氨氮。辽河干流 14 个国控断面中，Ⅰ～Ⅲ类、Ⅳ类、Ⅴ类及劣Ⅴ类水质断面分别占 14.2%、64.3%、14.3%、7.1%。辽河主要支流 6 个国控断面中，无Ⅰ～Ⅲ类和Ⅴ类水质断面；Ⅳ类、劣Ⅴ类分别占 66.7%、33.3%。大辽河水系 16 个国控断面中，无Ⅰ类和Ⅲ类水质断面，Ⅱ类、Ⅳ类、Ⅴ类、劣Ⅴ类水质断面分别占 18.8%、43.8%、6.2%、31.2%。整体上看，全流域尤其是干流水质较好；辽河主要支流、大辽河水系水污染压力仍然很大，需要进一步提升水质。

3）"十三五"水质特征

2015 年国家"水十条"发布实施，"十三五"期间碧水保卫战及其标志性战役城市黑臭水体治理、水源地保护、农业农村污染治理等全面推进，水专项进入收官阶段，辽河流域水污染治理和水环境质量改善面临新的重大机遇。到 2020 年，辽河流域水环境为轻度污染，主要污染指标为化学需氧量、高锰酸盐指数和五日生化需氧量。流域监测的 103 个水质断面中，Ⅰ～Ⅲ类水质断面占 70.9%，无劣Ⅴ类水质断面。辽河干流和主要支流为轻度污染，大辽河水系水质良好。

4. 水生态

1）生物多样性

2009 年，辽河干流调查发现鱼 20 类 397 尾，计 9 种，分属于鲤科、银鱼科、鳅科和鲶科，群落中 75% 以上为鲤科鱼类。鱼类种类组成丰富度低，营养结构单一，多为小型耐污种类。仅铁岭辖区干流鱼类种类和数量相对较多，且发现有少量经济肉食性鱼类分布。2014 年，辽河干流水质全面好转、生态环境逐步恢复，辽河生态带格局基本形成，从福德店到盘锦入海口 538km 长、440km² 的生态廊道实现全线贯通；地表整体植被覆盖状况得到明显改善，植被覆盖率由 13.7% 提高到 2013 年的 63%，2014 年达到 81.3%，植物群落优势种主要是蒿类、苘麻、苋、藜科等杂草，植被类型单一；鱼类恢复到 46 种、两栖与爬行动物 6 种、鸟类 89 种、植物 360 种、昆虫 350 种，已初步显现出生物链结构。辽河入海口的斑海豹种群在逐步扩大，河刀鱼已开始洄游，沙塘鳢、银鱼繁殖数量显著增加。

"十二五"以来，辽河保护区生物多样性逐步增加，生态恢复效果初步显现。该保护区内植被、鸟类、鱼类物种数呈现上升趋势，分别由 2011 年的 187 种、45 种、15 种增加到 2016 年的 234 种、85 种、34 种，但生物恢复水平与 20 世纪 70～80 年代辽河干流植被千余种、鱼类上百种的水平相比差距仍十分显著。此外，植被生态系统趋于封闭，外来入侵物种威胁较大。草本植物占 90% 以上，且以一年生及多年生地面芽植物为主，61% 的监测区外来植物达 10 种以上，由污染带来的物种缺失以及外来物种入侵等问题，已成为威胁植物多样性恢复的主要限制因素。除辽河口等个别区域鸟类生境类型较为丰富以外，该保护区其他地点鸟类生境系统较为单一，空间异质度低，整体鸟类生境需进一步改善。虽然近年来对水环境和生境要求较高的花鳅、沙鳅、鲄鱼、棒花鱼、麦穗鱼等鱼类物种丰富度明显提高，但仍以环境耐受性强、杂食性的小型鱼类鲫鱼和小杂鱼餐条、彩石鳑鲏为主，缺乏大型肉食性鱼类，河流生境需进一步提高。

"十三五"是辽宁省经济社会实现全面振兴的重要时期，势必带来更大的生态环境压力。因此，进一步加强自然生境恢复建设，将是"十三五"期间辽河保护区生态恢复建设的重要任务。《辽宁省水污染防治工作方案》明确提出，到 2020 年底前，辽河干流河滩封育区植被覆盖率达到 90%，辽河保护区鱼类恢复到 50 种以上。"十三五"期间，辽河生态治理将面临巨大的困难和压力。

2）生态系统健康

在生态功能健康方面，西辽河全流域水生态系统退化严重，而作为辽河的主要支流，清河与汎河流域水生态系统的总体健康状态从其源头至下游入辽河干流汇入口呈现逐渐恶化的空间分布特征，且与流域人类活动强度具有密切关系。在生态完整性方面，河流大型底栖动物与鱼类完整性指数调查表明，辽河保护区完整性不高。

2.1.4 流域水污染治理历程

河流的水环境改善是一个复杂的系统工程，涉及"源治理-截污-污水厂处理-人工湿地处理-水体修复"等过程，包含污染源控制、污水处理、水体生态修复等技术。

按照国家科技重大水专项的设计，"十一五"至"十三五"3 个五年分别实施"控源减排""减负修复""综合调控"策略，这种策略的制定综合考虑了国家流域水污染治理的战略需求和各重点流域水污染控制与水环境质量改善的总体情况，着力以重大专项的科技成果支撑流域水污染治理和国家"水十条"的实施。对于辽河流域而言，流域的治理总体上可以分为三个阶段："九五""十五"时期为"控源减排"阶段，污染控制由浓度控制进入总量控制阶段，遏制水质恶化趋势，工业污染源实现达标排放，新污染得到有效控制，但污染治理效果仍不明显；"十一五""十二五"为"减负修复"阶段，实施"三大工程"，即工业点源治理工程、污水处理厂建设工程和综合整治工程，重点突破点源、面源污染控制技术，配套建设示范工程，建立服务于总量减排、生态保护、风险预警的监控网络，形成动态智能的辽河流域水环境安全监控与监测体系，通过水污染治理带动城市布局结构调整和产业结构调整，干流达到《地表水环境质量标准》（GB 3838—2002）的Ⅳ类水质标准，总体呈中度污染；"十三五"为"综合调控"阶段，开展河流生态系统综合修复技术研究，提出辽河流域治理总体实施模式及治理路线。

1. "控源减排"阶段

"九五"至"十五"这十年，是辽河流域城市化进程不断加快的十年，该阶段辽河流域城市人口增加了 200 万人（袁哲等，2020a）。辽河流域大中型企业集中，过半工业废水未经处理直接排入河道，工业污染源是辽河流域的主要污染源（孙启宏等，2010）。辽河流域的国有大中型企业，大部分始建于 20 世纪 50～60 年代，以能源、原材料生产为主的产业结构，原材料和水资源消耗高，污染物排放量大，生产工艺落后，设备装备水平较低，污染治理设施历史欠账较多。辽河流域共有大中城市 16 座，这些城市的污水大多未经过处理直接排入河道，是造成辽河流域水污染的一大污染源（Zhang et al., 2009）。辽河流域的内蒙古、吉林、辽宁三省（自治区）1995 年废水排放总量为 19 亿 t，其中工业废水排放量为 12 亿 t，生活污水排放量为 7 亿 t，分别占总排放量的 63%和 37%。流域内三省区 COD 排放总量为 74 万 t，其中工业废水 COD 排放量为 47 万 t，生活污水 COD 排放量为 27 万 t，分别占总排放量的 64% 和 36%。随着城市化进程不断加快，产业快速发展，加之污水收集与处理设施建设滞后，辽河流域水环境质量达标率逐年降低，1999 年达到最低点，按照《地表水环境质量标准》（GB 3838—2002）评价，劣 V 类断面比例达到 69.3%。各城市断面水质均超过地表水 V 类水质标准，基本丧失使用功能，严重污染的河水又污染了两岸浅层地下水，使沿岸地区的居民饮水受到严重影响。

辽河流域水污染问题严重，引起了各级政府和相关部门的重视，一系列的流域规划和政策法规相继出台。1993 年 9 月，辽宁省第八届人民代表大会常务委员会审议通过了《辽宁省环境保护条例》，使环境保护工作有法可依，执法更科学、更可操作。1994 年，辽宁省人民政府批准了辽宁省环境保护局《关于加强环境保护促进经济发展的意见》。1997 年 11 月，辽宁省第八届人民代表大会常务委员会第 31 次会议通过了《辽宁省辽河流域水污染防治条例》。1996 年，辽河流域被列为国家重点治理的"三河三湖"之一，编制《辽河流域水污染防治"九五"计划及 2010 年规划》，规划稿经过多次修改完善，1999 年 3 月获得国务院批复。根据党中央、国务院的部署，落实"一控双达标"计划，辽宁省人民政府明确了到 2000 年辽河流域污染防治和治理工作的四项目标：全省主要污染物排放量基本控制在国家规定的排放总量"一控双达标"指标内；所有工业污染源排放要达到国家规定的污染物排放标准；沈阳市、大连市的空气和地面水环境质量按功能分别达到国家标准；辽河流域城镇集中用水源达到 II 类标准、河流要达到 V 类标准。1999 年辽河流域实现达标企业累计 369 家，2000 年流域内 532 家企业全部实现达标排放；辽宁省"九五"期间建成投产 5 座污水处理厂，增加处理能力 86 万 t/d。但该时期仅依靠政策法规体系的建设，流域治污效果不显著，且该阶段尚处法规实施初期，执法保障不足，导致其对地方水环境保护的约束力有限。

"十五"期间，辽宁省生态环境监测中心、科研单位及高等院校对辽河流域开展水质监测，进行了广泛研究，初步摸清了流域污染和危害状况，水体污染体现出区域、行业特征。浑河中游、太子河、辽河上游等 6 个流域经济社会发展的重点区域 COD 负荷占流域 COD 总负荷的 90% 以上，呈现出污染的区域性特征；造纸、石化、冶金、医药、印染、化工等重点行业污染负荷高，结构型污染特征明显。辽宁省开展以"治水"为重点的工业"三废"治理，对辽河流域实施污染物排污目标总量控制，全省实现主要污染物排放量基本控制在国家规定的排放总量指标内，大部分工业污染源排放达到国家标准。按照"一控双达标"计划（郝明家和王英健，2000），以市为单位制定辽河流域企业达标方案，根据实际情况，要求企业开展治理、清洁生产、转产、关停等措施。2000 年，流域内 532 家企业全部实现达标排放，工业污染源得到有效控制。2003 年，辽宁省印发《辽宁省排放污染物许可证管理办法（试行）》；2004 年，吉林省发布了《吉林省地表水功能区》（DB22/T 388—2004），流域通过制定办法和标准进一步推动治理。2005 年，辽宁省辽河流域内建成 19 座城市污水处理厂，全省新增城市污水处理能力达 367.5 万 m³/d。随着工业污染源实现达标排放和城市污水处理厂的建设与点源治理能力的提高，辽河流域的水污染状况得到缓解，水质恶化趋势得到遏制，控源治污有效抑制了水质恶化速率，但水污染治理效果仍不够明显。

2. "减负修复"阶段

2007年,针对流域水污染防治迫切的技术需求,国家正式启动了水体污染控制与治理科技重大专项,相继在辽河流域实施了多个项目。"十一五"期间,辽河流域水污染治理项目针对结构性、区域性、流域性的污染特征开展治理技术创新,着力探索构建流域水污染治理技术体系。围绕冶金、石化等五大行业,在水污染控制、清洁生产、生态修复等领域突破关键技术75项,在辽河流域六大重污染控制单元建设30个示范工程,实现污水减排85万t/d,削减COD排放1.6t/d以上,有效地支持了辽河流域示范区污染物减排。2008~2010年,辽宁省实施"三大工程",目标是实现辽河干流COD指标全部消除劣Ⅴ类。在工业污染治理方面,以造纸企业整治为核心的工业点源治理工程,通过"上大、压小、提标、进园"的总体部署,推动造纸行业向"规模化、集聚化"发展,对全省417家造纸企业实施全部停产治理,其中彻底关闭294家。城镇污染治理主要是新建以提高城镇生活污水处理率为目标的污水处理厂建设工程,在中下游新建99座污水处理厂,新增污水处理能力273万t/d,将辽河干流城市段的80个工业直排口和34个市政直排口全部取消,从工程减排角度进一步保证了入河排污量的切实削减。此外,加强支流综合整治,实行"乔、灌、草、水面"结合的生态治理,流域内重点湿地得到有效恢复,干流城市段全面建成沿河景观带。随着辽宁省城市污水处理厂的建设和点源治理能力的提高,辽宁省的水污染状况得到缓解。以水专项研究成果为支撑,辽河流域"十二五"水污染防治规划率先提出了水生态保护修复目标,即辽河干流水生态得到显著恢复,干流及主要支流实现"河河有鱼",河流湿地生态系统显著恢复,湿地鱼类及鸟类生物多样性显著提高。

为加速推进辽河流域水污染治理步伐,辽宁省发动了"三大战役"("辽河治理攻坚战""大浑太治理歼灭战""凌河治理保卫战"),有效实现了"十二五"辽河流域"摘掉重度污染帽子"的目标:一是以水质改善为核心,实现控源、截污与生态治理三位一体,使辽河治理与生态带、城镇带、旅游带的建设充分融合的攻坚战;二是以环境优化经济增长为理念,通过水污染治理带动城市布局结构调整和产业结构调整,实施生态同城、环境同治,实现水环境、景观环境、生态环境和城市发展环境"四个环境"提升的"大浑太"(即大辽河、浑河、太子河)治理歼灭战;三是针对辽西地区缺水和生态环境脆弱的特点,采取以恢复和保护为主的策略,对生态脆弱地区进行生态修复、对河道进行封育的凌河治理保卫战。实施流域上游涵养、干流保护区及河口湿地生态恢复;创新性提出源头区水源涵养林结构优化与调控技术体系,构建三套适合本区域的河岸植被缓冲带模式,修筑堤防和生态护岸22.7km,有效改善源头水质,保护水源地生态环境;以水专项研究成果为支撑,创新大型河流治理保护思路,将辽河干流从福德店到入海河口538km,左右岸1050m范围划定为保护区,开展大规模生态修复,每年投入2亿余元,回收、回租河道内河侧河滩58万亩,实行退耕还河、自然封育,实现辽河长为538km面积为440km²的生态廊道全线贯通,生物多样性得以快速恢复。通过改善辽河河口区水质、恢复河口湿地生态工程,在污染物持续削减的基础上,于枯水年和平水年分别增加微咸水30万t和120万t,实现河口湿地芦苇生物量提高65%以上。辽河流域在持续改善水质的同时,实现了水生态系统修复和保护,流域生态环境质量整体好转。

创新管理体制和长效保障机制。为改变"九龙治水"的工作格局,辽宁省人民政府成立辽河流域水污染防治工作领导小组，为参公管理事业单位，统一协调组织全省辽河流域水污染防治工作。2010年，辽宁省划定辽河保护区，设立辽河保护区管理局，在保护区范围内依法统一行使环保、水利、国土资源、交通、农业、林业、海洋与渔业等部门监督管理的权利，履行行政执法及建设职责，使辽河治理和保护工作由过去的分段管理、条块分割向统筹规划、集中治理、全面保护转变（段亮等，2013）。这一系列举措成立了国内第一个以保持流域完整性和生态系统健康为宗旨的流域综合管理省直属行政机构，在国内河流管理和保护方面开了先河，体现了先进的流域综合管理理念。后又划定大小凌河保护区，成立辽河凌河保护区管理局。另外，辽宁还成立了大伙房水源地保护区管理委员会，专责监督、协调、管理与大伙房水库饮用水源保护工作；设立大伙房水源地保护区公安局，组建辽宁省大伙房水源环境监察局。2012年，辽宁省人民政府在辽河保护区建立起多部门会商制度，通报水质监测情况，排查污染问题，分析成因并制定解决方案。辽宁省环境保护厅与金融部门联合实施"绿色信贷"政策，从资金链上制约污染企业的发展；与电力部门合作实施"供电限制"措施，切断环境违法企业的生产链条；还与公安、检察院和法院建立联合执法工作机制。

2015年11月，印发《辽宁省规范入海排污口设置工作方案》，规范入海排污口设置，防治陆源污染，加强近岸海域环境保护。2015年12月，由辽宁省环境保护厅组织编制的《辽宁省水污染防治工作方案》发布实施。

纵观该阶段，经济社会的快速发展和投融资渠道的不断拓展，为城市环境基础设施的建设普及提供了物质基础；流域规划年度考核和主要污染物总量减排年度核查机制的建立，有效提升了治污目标在地方政府综合决策中的权重；环境监测、监察能力的不断加强，有力促进了企业废水达标治理水平的提高；辽河保护区的成立，为流域水生态恢复提供了有力保障；公众对水环境的日益关注，逐渐成为监督企业排污行为的重要约束。

3. "综合调控"阶段

"十三五"，以"水十条"为指导纲领，辽河流域各省签订水污染防治目标责任书衔接辽河流域，制定各省水污染防治工作方案，实现以下水环境质量主要目标：辽河流域水质优良（达到或优于Ⅲ类）比例达到51.2%以上，劣Ⅴ类水体控制在1.2%之内；完成国家规定的城市建成区黑臭水体治理目标；地级及以上城市集中式饮用水水源水质达到或优于Ⅲ类比例高于96.3%；地下水质量考核点位水质类别保持稳定且极差比例控制在30.8%左右。

辽宁省委、省政府高度重视辽河流域水污染防治工作，省人大常委会把辽河流域治理作为人大工作的重点。各级党委、政府建立"河长""段长"制度，制定责任目标，建立水资源环境管理责任和考核制度，纳入省政府绩效考核体系。环保、公安、金融等部门执法联动协作，建立了辽宁省突发环境事件应急救援机制，提高了对突发事件的快速反应能力。2017年，辽宁省人民政府办公厅印发了《辽宁省河流断面水质污染补偿办法》。2018年，辽宁省全面建立了省市县乡村五级河长体系，将所有河流、湖库纳入河长制、湖长制工作范围。辽宁省通过修订地方性法规，立法固化相关政策措施，形成长效保障机制。

吉林省将专项规划的实施纳入全省经济社会发展全局，统筹推进实施，将重点任务纳入与流域内地方政府签订的环保目标责任书中，强化政府责任，加强督促考核，确保重点流域水污染防治规划顺利实施。

内蒙古自治区成立重点流域水污染防治工作领导小组，切实加强对流域规划实施的组织领导，抓好各项工作落实。内蒙古自治区人民政府分别与通辽市、赤峰市人民政府签订了重点流域水污染防治目标责任书，保证规划的顺利实施。

在科技攻关上，水专项基于辽河流域水污染治理与生态修复模式，以水体水环境承载力为基础，确定辽河流域有机物与营养物控制目标，提出覆盖近、中、远期目标的辽河流域 COD、N、P 控制技术路线图，为"十四五"辽河流域水生态环境保护规划编制提供了有力的技术支撑。

2.2　关键问题诊断

2.2.1　诊断思路

依据辽河流域水污染的历史资料和现状调查数据，分析了流域水环境质量演变规律。从影响水环境质量演变的自然因素和人为因素两方面分析了影响水环境质量的驱动力。其中，在自然驱动力方面，降水状况和气温是主要限制因子；在人为驱动力方面，运用系统分析方法分析辽河流域水环境演变的人文影响因素。查明近 20 年辽河流域工业污染源的时空分布特征，总结工业污染源时空分布及变化规律，以及工业废水总量排放的时空变化规律，探明辽河流域工业废水主要污染物排放的时空变化特征，为分析工业化进程与水环境演变关系服务。根据面源污染物的主要来源和影响因素，对辽河流域的人口分布、土壤类型、土地利用类型、农药和化肥施用量等指标进行全面调查，运用空间分析技术研究辽河流域面源污染的产生与分布。

通过开展辽河流域河流中水生态完整性评估，采用传统分类学方法和分子生物学方法，对水生生物和环境样品开展鉴定和分析，利用优势生物种、多样性指数、外来种或引入种现状、食物链完整性以及种群模型等多种分析手段，评价流域水生态现状，构建辽河流域水质和水生态基础数据库，为流域生态修复和污染治理提供依据。

对于辽河流域而言，水环境管理的首要任务是促进工业发展模式的转变，提高资源能源利用效率，控制污染规模和污染物排放总量。因此，从源头管理、过程管理和末端管理出发，系统分析了辽河流域水污染治理模式、流域水污染物排放标准、辽河流域重点优控污染物阈值、流域水生态环境数据的管控技术等管理现状，为辽河流域水环境管理体系的构建提供技术支撑。

2.2.2　水资源问题

1. 辽河流域水资源紧缺

辽河流域的降水在时空分布上极其不均，从时间分布规律来看，降水主要集中在夏秋季节，占全年降水的 60%～75%，春冬季节降水较少；从空间分布规律来看，辽河流域东部地区降水丰沛，西部地区降水较少。2001 年，辽河流域水资源总量为 254.7 亿 m³，地表水量 220.7 亿 m³，地下水量 89.2 亿 m³，用水量 128.75 亿 m³。2008 年，辽河流域水资源总量为 129.45 亿 m³，流域可利用水资源总量为 83.54 亿 m³，人均水资源量为 535m³，不足全国人均水资源量的 1/4，属重度缺水地区。2021 年，辽河流域地表水资源量 584.8 亿 m^3，地下水资源量 231.4 亿 m^3，水资源总量 697.1 亿 m^3，用水量为 187.0 亿 m^3。由于水资源量短缺，辽河流域的水资源开发已经达到较高程度。

采用瑞典水文学家 Malin Falknmark 提出的"水紧缺指标"作为评价标准，将水资源紧缺程度具体划分为 5 类：人均水资源量大于 3000m^3 为不缺水；1700～3000m^3 为轻度缺水；1000～1700m^3 为中度缺水；500～1000m^3 为重度缺水；小于 500m^3 为极度缺水。根据上述标准对辽河流域主要城市水资源短缺程度进行划分，其中极度缺水的城市有沈阳、营口和盘锦，重度缺水的城市有鞍山、辽阳和铁岭，抚顺中度缺水，本溪轻度缺水。

2. 生态环境用水量占比低

2021 年，辽河流域用水总量为 187.0 亿 m^3，其中沈阳用水量最大，为 27.08 亿 m^3，其次为盘锦、辽阳、营口等。从用水结构来看，辽河流域农田灌溉用水最大，占到总量的 75.15%，其次是居民生活和工业用水，占总量的 15.44%，而生态环境用水最少，仅为 9.41%。从不同地区来看，盘锦、营口、铁岭的农田灌溉用水比例相对较大，本溪、鞍山、抚顺的工业用水比例较高（图 2-4）。缺水的营口、盘锦、铁岭等地区要加强建设节水高效的现代灌溉农业，推广渠道防渗等节水措施和喷灌节水技术；大力推进节水技术进步，着力用高新技术和先进适用技术改造传统产业，集中力量支持一批重点行业和重点企业的节水技术改造。

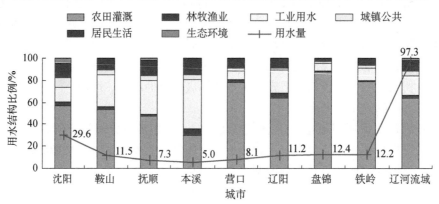

图 2-4　2021 年辽河流域用水结构比例图

3. 资源型和水质型水资源短缺并存

辽河流域水资源开发利用程度高，水资源严重短缺。而水体污染将造成严重的水质型缺水，进一步加剧水资源供需矛盾。很多工业行业（如食品、纺织、造纸、电镀等）需要利用水作为原料或水直接参加产品的加工过程，水质的恶化将直接影响这些行业的产品质量，增加水处理成本。工业冷却水的用量最大，水质恶化也会造成冷却水循环系统的堵塞、腐蚀和结垢问题，水硬度的增高还会影响锅炉和换热器的寿命和安全。资源型、水质型水资源短缺严重影响了城镇居民生活和工农业生产，制约了区域经济发展。

2.2.3　水环境问题

1. 辽河流域水环境质量变好但过程中出现波动

1996～2020 年，辽河流域水质演变趋势见图 2-5。由图 2-5 可知，流域水质状况整体上逐渐好转。"九五"期间，总体上水质在持续恶化；优Ⅲ类（Ⅰ～Ⅲ类）水质比例持续降低，到 2000 年，创历史最低，为 6.3%；1999 年，劣Ⅴ类水质比例达历史最高，为 69.3%。"十五"和"十一五"期间，流域水质开始改善，优Ⅲ类水质比例升高，劣Ⅴ类水质比例降低；2001 年，优Ⅲ类、Ⅳ类、Ⅴ类、劣Ⅴ类水质比例分别为 8.3%、19.6%、12.4%、59.7%；2005 年，以上四类水质比例分别为 30.0%、22.0%、8.0%、40.0%；2010 年，以上四类水质比例分别为 40.5%、16.3%、18.9%、24.3%。进入"十二五"，随着辽河流域辽宁省"摘掉重度污染帽子"等重大行动的实施，流域水质加速改善；到 2013 年，优Ⅲ类、Ⅳ类水质比例创 1996 年之后的最高水平，分别达 45.5%、45.5%，而劣Ⅴ类水质比例降至 1996 年之后的最低水平，为 5.4%。2014～2015 年，流域水污染有所反弹；2015 年，优Ⅲ类、Ⅳ类、Ⅴ类、劣Ⅴ类水质比例分别为 40.0%、40.0%、5.5%、14.5%。进入"十三五"，随着"水十条"和碧水保卫战的推进，辽河流域水污染治理迎来新机遇、获得新动力，流域水环境质量得到全面性、历史性改善；优Ⅲ类水质比例持续升高，由 2016 年的 45.3% 上升到 2020 年创历史最高水平的 70.9%；尽管劣Ⅴ类水质比例由 2016 年的 15.1% 到 2018 年反弹至 22.1%，但此后迅速降低，到 2020 年流域消除了劣Ⅴ类水质断面。在以上水质演变进程中，从劣Ⅴ类水质断面增减趋势看，出现 3 个大的周期波动，分别是 1996～2004 年、2004～2013 年、2013～2020 年，其间劣Ⅴ类水质断面比例都是先逐年升高再逐年降低。

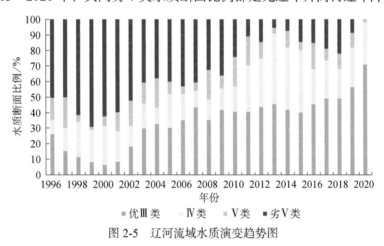

图 2-5　辽河流域水质演变趋势图

2. 全流域河流纳污总量已超出水环境承载力

经过"九五"至"十三五"的不懈努力，辽河流域水污染得到有效控制，水质得到一定改善，特别是 2009 年辽河干流断面 COD 达标率首次达 100%。然而，辽河流域的主要河流在水质满足地表水环境功能区划要求时的水环境容量 COD 为 20.6 万 t/a，NH$_3$-N 为 8866t/a。2008 年，COD、NH$_3$-N 的实际排放量分别为 30 万 t 和 3.5 万 t，分别超过水环境容量的 50% 和 2.9 倍。2012 年，辽河流域辽宁省 COD 和 NH$_3$-N 的排放量分别为 49.71 万 t 和 7.05 万 t，分别超过水环境容量的 1.4 倍和 7 倍。因此，辽河流域污染物排放具有强度大、负荷高的特点，主要污染物排放量远远超过受纳水体环境容量，总量控制的压力依然很大。

3. 经济社会发展重点区域水污染严重

2012 年，流域内主要河流 COD、NH$_3$-N 的实际排放量分别为 49.71 万 t 和 7.05 万 t。

其中，吉林省四平段、辽河铁岭段、浑河沈抚段、太子河本溪辽阳及鞍山海城段、河口区盘锦及营口段的 COD 排放量分别占 11.0%、8.0%、27.0%、25.0%、22.0%，NH_3-N 排放量分别占 3.0%、8.0%、28.0%、35.0%、15.0%；以上 5 个河段 COD 和 NH_3-N 排放量占流域主要河流实际排放量的比例分别高达 93% 和 89%，经济社会发展重点区的水污染较为严重。根据辽河流域的污染特征，结合流域产业和城市分布，以及生态环境和水文状况，开展水专项研究与示范，划分了 6 个污染控制单元示范区：吉辽跨省界单元、辽河铁岭单元、浑河上游单元、浑河沈抚单元、太子河本辽鞍单元、河口区单元，如图 2-6 所示。

图 2-6   辽河流域水污染控制单元示范区分布图

4. 辽河流域结构型与复合型污染突出

辽河流域在辽宁省境内有重化工业基地，河流两岸集中分布着冶金、化工、造纸、制药、石化、非金属采矿等行业，重点行业的 COD 和 NH_3-N 排放量占工业排放总量的 70% 以上，工业结构型污染问题突出，如图 2-7 所示。辽河铁岭市、盘锦市和沈阳市部分市县的工业结构中，化学原料及化学制品制造业、造纸及纸制品业等比重较大；大辽河（浑河）沈阳市、营口市的工业结构中，造纸及纸制品业所占比重较大；冶金行业是太子河流域污染物排放量较高的重点行业。按照工业污染的行业统计分析，石油加工炼焦及核燃料加工业、化学原料及化学制品制造业、造纸及制品业、黑色金属冶炼及压延加工业、农副食品加工业、饮料制造业和医药制造业 7 个主要行业污染排放比重大，废水排放量、COD、NH_3-N 排污负荷分别占工业总量的 57.2%、79.0% 和 66.5%。

5. 总氮、总磷及特征性污染物控制薄弱

虽然 2009 年流域干流断面 COD 达标率首次达到 100%，但是流域"十一五"末至"十二五"期间断面 NH_3-N 达标率在 15.4%～38.5% 波动，N 等指标污染日益突出，严重影响了部分断面和饮用水水源地的水环境质量。另外，辽河流域集中了以化工、石化、制药、冶金、印染等为核心的产业集群，排放多种有毒有害污染物。由于产业结构和工业企业地区分布不合理，流域内部分控制单元的污染物排放量已超过了环境功能区规划所允许的纳污能力，不能达到水环境功能区要求，已严重威胁饮用水源的安全。因此，加强对常规污染监测的同时，应重点防范持久性有机污染物（POPs）和其他新增有毒污染物的产生和排放，加大对 NH_3-N、TN、TP 控制关键技术的研究，防止水体富营养化，改善水环境质量。

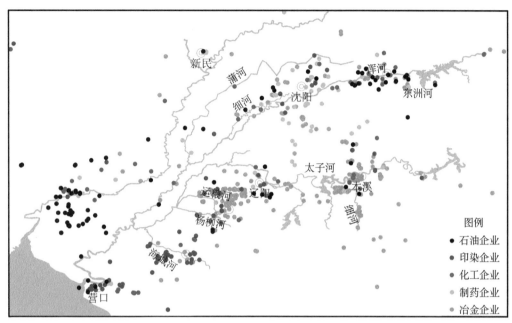

图 2-7　2013 年辽河流域主要水污染行业企业分布图

2.2.4　水生态问题

1. 河流生态自净能力退化明显

辽河流域多数河段人为干扰严重、人工化现象较为突出，导致水体污染严重，河流生态自净能力退化明显，具体表现在以下方面：第一，辽河流域属北方缺水型河流，且大部分区域为农业生产区，干支流的水利用率较高，造成河流污染比较严重；第二，辽河流域人类活动密集，多数河段人工化现象严重，河岸带植被覆盖程度低，导致外源污染物在缺少河岸缓冲截流条件下直接入河，加剧水体污染程度；第三，河道采砂活动泛滥，河道内水生维管束植物数量相比 20 世纪 80 年代急剧减少，代之以水绵等污水型水生植物为主，水体净化能力退化。

2. 流域水生生物多样性锐减

自 20 世纪 80 年代以来，辽河流域水生生物多样性锐减。以鱼类为例，辽河流域历史上自然分布鱼类 106 种和亚种，从水专项"十一五"和"十二五"近 500 个点位的鱼类监测结果来看，与历史记录相比，物种数量下降了近一半，以鲤形目鱼类的种类消失最为突出，其次为鲈形目（图 2-8）。其中，鲀形目和鳗鲡目鱼类几近消失，刀鲚、花鳗鲡等洄游型鱼类受水利工程阻隔，已连续多年不见踪迹。同时，水产养殖引入外来鱼类物种，与本地区野生鱼类产生竞争，整体造成鱼类小型化趋势明显。

3. 流域水生态系统完整性破坏

辽河流域人类活动增强导致河流生态系统完整性破坏严重，集中表现在：第一，辽河流域整体水环境质量下降，包括山区支流河段矿山开采导致的离子平衡破坏、平原农业区造成的营养盐污染加剧、城镇生活区和工业密集区造成有机污染和重金属污染严重、全流域新污染物（如抗生素）含量升高增加的生态与健康风险等；第二，辽河干支流物理结构与质量下降，包括中下游区域水资源利用过高影响河流生态基流保障、流域数百个大中小型水利工程阻碍河流连通性、城市河段渠道化降低水体自净与交换、河岸带被农业生产和建设侵占降低生境质量等；第三，辽河流域水生生物多样性下降，敏感物种如细鳞鲑分布范围急剧减少，耐污种如鲫、泥鳅成为流域优势物种，造成辽河水生态系统健康状况严重受损。

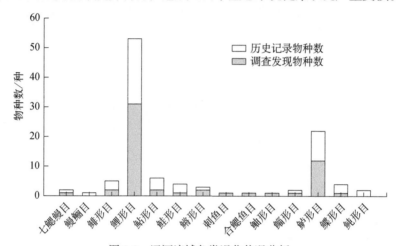

图 2-8   辽河流域鱼类退化状况分析

4. 河流生态服务功能降低

辽河流域自古以来不仅为当地人民提供食物、工农业用水，还有交通、休闲娱乐等诸多服务功能。纵观历史不难发现，目前辽河干流的水资源明显下降而无法行船，已无交通服务功能。人口扩增和城镇化造成水体质量下降，并长年处于劣V类，部分城市河段修建橡胶坝，河道水体较深，难以发挥满足人类游泳、垂钓等需求的娱乐服务功能。辽河鱼类种类下降明显，鱼类小型化、单一化严重，辽河河口区拖网渔业作业捕捞过度，导致为当地人民提供食物的服务功能受损严重。此外，河岸带开发破坏、水资源需求过大等问题也导致水源涵养、水土保持、水体净化等生态服务功能明显退化。

2.2.5   水环境管理问题

1. 辽河流域水污染治理模式尚未建立

目前，流域水污染治理和流域水环境管理两个技术体系初步形成，配套建设的示范工程效果良好；重点突破了污染负荷削减、有毒有害污染物控制、污染水体生态修复、饮用水安全保障等方面的技术。然而，针对辽河流域水污染区域特点的治理模式尚未建立。

2. 流域水污染物排放标准尚未完善

辽河流域河流具有独特性，针对性的水环境基准与标准研究基础薄弱，现有的水环境标准与污染物排污标准无法满足辽河流域河流管理需要。目前，辽河流域污染物总量控制主要执行目标总量控制，排污许可分配量的核定也以目标总量及排放标准为主，存在污染物排放量与水质响应关系分析不足问题，势必影响辽河流域水质改善。因此，迫切需要完善辽河流域水污染物排放标准。

3. 辽河流域重点优控污染物阈值尚未明确

工业排放废水是我国城市水环境的重要污染源，目前我国对工业废水的监管主要是以单一污染物为指标的数值标准，但工业废水基质复杂，基于理化指标的水质监测和评价，难以真正有效地控制有毒污染物排放，对水生态系统安全和人体健康构成威胁，如何确保工业排水的安全性已成为急需解决的问题，这就需要确定优控污染物特别是重点优控污染物的污染阈值。虽然辽河流域优控污染物的分布特点及排放规律已有初步结果，但是针对重点优控污染物阈值仍尚未明确。

4. 辽河流域水环境综合管理能力薄弱

流域水质目标管理研究成果和示范取得成效，但如何在流域大规模应用，在地方管理层面仍然缺乏支撑能力。"十一五"和"十二五"期间，通过水专项研究，在辽河流域突破了一批水环境管理方面的关键技术，开展了一定的技术集成，但仍然存在技术成果分散、示范为主而集成不足、整体性和精细化程度不够等一系列问题。"十三五"期间，随着"水十条"的实施，辽河流域作为具有典型代表性的北方河流，急需以控制单元水质达标为目的的系统管理技术。辽河流域在辽宁省辽河干流实现了很好的流域综合管理，但是在其他区域流域管理相关的部门之间仍然缺乏有效的信息共享等协作机制。系统梳理水专项辽河流域水环境管理技术成果，并经过凝练、集成，形成适合辽河流域的水环境管理技术体系，支撑辽河"水十条"的实施。

2.2.6　问题诊断小结

经过"九五""十五""十一五""十二五""十三五"的不懈努力，辽河流域水污染得到有效控制，水质得到一定改善，但是辽河流域水污染问题仍较为突出。水资源紧缺、分布不均，生态环境用水量较少，导致资源型和水质型水资源短缺问题并存。辽河流域水污染排放具有强度大、负荷高、结构复杂等特点，主要污染物排放量亦远远超过受纳水体环境容量，流域结构型与复合型污染突出。工业结构型污染问题亦较明显，石油加工炼焦、化学原料及化学制品制造业、造纸及制品业、黑色金属冶炼及压延加工业、农副食品加工业和医药制造业等主要行业的污染排放比重高。河流生态自净能力退化、生物多样性锐减、河口区等湿地功能退化，导致水生态系统完整性破坏较为严重，水生态问题凸显。同时，辽河流域水环境问题亦较明显，2018年辽河流域90个干、支流断面中，Ⅰ～Ⅲ类水质断面占21.3%，Ⅳ类占23.6%，Ⅴ类占18.0%，劣Ⅴ类占37.1%。另外，辽河治理模式、水污染排放标准、重点优控污染物浓度阈值等尚未建立或完善。这些问题都给辽河流域的治理和管理带来了挑战。

2.3　污染成因和生态退化机制

2.3.1　水污染成因

造成辽河流域水环境污染严重且难以短期解决的原因是多方面的，如城市规划布局与工业布局不合理；粗放型经济社会发展模式、生产技术水平低、资源消耗量大、排污水平高；污染治理投入不足，水资源价格和排污收费及收缴率过低；污染治理体制机制不健全；环境保护技术设备成套化与产业化程度较低；水污染防治和水环境综合管理缺乏系统性和科学性；环境保护中有法不依、执法不严、违法不究的现象还比较普遍等。分析其原因，主要体现在以下几个方面。

1. 严重缺少生态用水，缺乏湖库群联合调度

水环境的改善受到自然因素的严重制约。辽河流域水资源短缺，季节性、人工受控性河流特点突出；多年人均地表水资源量 535m³，仅为全国的 1/5；年平均降水量的 50% 出现在 7～8 月。在枯水期，很多河段已经成为工业和城市生活污水的排污沟；同时，河流径流受上游水库控制，严重缺少生态用水。由于河道缺少径流，即使辽宁省和吉林省所有的工业和生活污水全部达标排放，在枯水期城市密集区河段的水质也难以维持规定的功能水质标准。

2. 污染物排放强度大，跨界水环境污染严重

结构型污染突出，污染物排放总量超过水环境容量。作为全国的重化工业基地，辽宁省的污染物排放总量较大，冶金、石化、电力、造纸及煤炭业用水量占工业用水总量的 80%，流域内钢铁企业排水量占全省钢铁企业排水总量的 75%。流域内冶金、化工、造纸、制药、石化、非金属采矿、纺织 7 个行业的 COD 和 $NH_3\text{-}N$ 排放量分别占工业排放总量的 59.7% 和 75.5%。此外，辽河受上游吉林来水污染的影响，条子河、招苏台河污染严重，上游铁岭三合屯断面 COD 浓度高达 120mg/L，加大了辽河流域治理的难度，使得污染减排任务十分艰巨，刻不容缓。

3. 流域治理整体科技水平较落后，生态修复难度大

作为老工业基地，辽河流域整体上工业科学技术水平需要提升，清洁生产和污染治理的能力不够强，环保投入需提高，污染物排放量大，治理措施跟不上，造成流域生物多样性锐减，自净能力差。"十二五"以来，辽河保护区的建立使生物多样性逐步增加，生态恢复效果初步显现，但其生物恢复水平与 20 世纪 70～80 年代辽河干流植被千余种、鱼类上百种的水平相比差距仍十分显著。

4. 未形成科学系统的污染治理和管理技术体系

从"九五"起，国家和地方在辽河流域开展了点源污染治理、污染物总量控制、水环境监测评估等一系列工作，但是尚未形成科学系统全面、基于问题和水质目标导向的治理和管理技术体系。在治理方面，缺乏针对流域重点行业和城镇水污染治理瓶颈问题、统筹源头-过程-末端全流程的水污染治理技术体系；在管理方面，缺乏基于流域水质目标、分区分类分期的流域水环境管理技术体系。因此，急需通过科技攻关突破关键技术、系统集成凝练，形成技术体系，支撑流域治理和管理。

2.3.2　水生态退化机制

1. 陆域景观变化的影响

辽河流域陆域景观自 20 世纪 80 年代以来发生了明显变化，建设用地扩张，耕地、林

地、草地减少，自然用地减少和人类用地增加，造成植被多样性下降与生境破碎化加剧，影响河岸稳定性和水质、底质等栖息地质量，进而导致河流生态系统结构与功能发生退化。

辽河流域辽宁段区域总面积共 6.62 万 km²，包括森林、灌丛、草地、湿地、耕地、城镇、荒漠七大类一级生态系统，其面积和比例如表 2-2 所示，其分布情况如图 2-9 所示。辽河流域辽宁段以耕地为主，所占比例约 53%；其次是森林，约占 29%，主要分布在研究区的东部；草地、灌丛、荒漠等所占比例很小。

表 2-2　辽河流域辽宁段一级生态系统面积和比例

生态系统	2000 年		2005 年		2010 年	
	面积/km²	比例/%	面积/km²	比例/%	面积/km²	比例/%
森林	19465.3	29.4	19455.9	29.4	19449.3	29.4
灌丛	2465.3	3.7	2465.2	3.7	2465.8	3.7
草地	579.1	0.9	585.1	0.9	623.0	0.9
湿地	2328.6	3.5	2340.4	3.5	2313.2	3.5
耕地	36074.2	54.5	35726.7	54.0	34913.6	52.8
城镇	5137.0	7.8	5474.9	8.3	6271.5	9.5
荒漠	113.4	0.2	115.0	0.2	131.9	0.2

2010 年与 2000 年、2005 年相比，辽河流域耕地面积略有下降，减少了 1.7 个百分点。城镇面积略有增加，增加了 1.7 个百分点。辽河流域土地利用度从 2005 年的 2.697 增加到 2010 年的 2.713，有逐步增大的趋势，其中 2000~2005 年土地利用度增幅为 0.005%，2005~2010 年增幅为 0.011%，增幅也呈逐渐增大的趋势。这说明该地区人类开发利用土地的强度日益增大。

1）建设用地扩张

城市化是指由社会生产力的发展而引起的城镇数量增加及其规模扩大，人口向城镇集中的过程。在某种程度上，一个地区城市化水平的高低往往象征着这一地区经济发展水平的高低。城市化促使辽河流域建设用地迅速增加。外来人口的增加和农业人口向沿海城市的流动都需要更多的住房，从而刺激了城镇建成区和城市建设用地的扩张。另外，随着城市化和工业化的深化，城镇、城市之间的经济联系不断增强，使道路交通建设也迅速发展。

2）耕地减少

不论是城市建成区还是交通工矿用地的增加，抑或农村居民点的扩建，均是以挤占邻近的耕地实现的，在辽河流域这种现象较为普遍。此外，区域工业化和城市化水平不断提高，还通过转移农村剩余劳动力到非农部门，减轻耕地压力，间接促使耕地减少。

3）林地、草地减少

建设用地的扩张除了占用耕地以外，还会破坏一部分林地和草地，这种情况主要发生在辽河流域的北部丘陵低山地区。而近年来，在城市地区，随着城市建设水平的提高，人们对城市周边地区的生态环境状况越来越关注，一系列生态改良措施相继得以实施，其中包括严格的森林保护和植树造林措施等，林地面积有少量的增加。

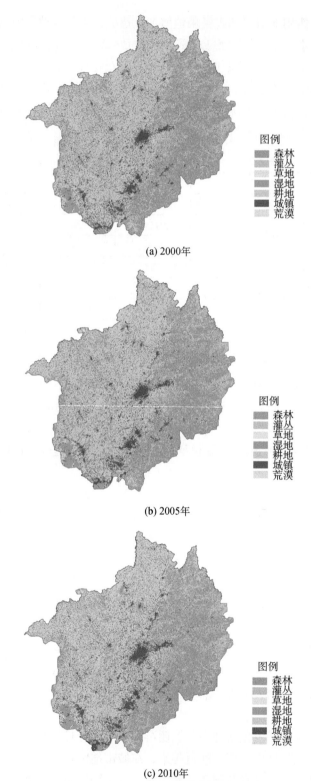

(a) 2000年

(b) 2005年

(c) 2010年

图 2-9　辽河流域辽宁段 2000 年、2005 年和 2010 年生态系统一级分类图

2. 水资源利用的影响

随着人口增长和经济社会发展，辽河流域生活和生产用水不断增长，水资源利用开发强度高，河流生态用水受到严重挤占。

1）二元循环对水生态系统的根本影响

构成辽河流域二元水循环的结构要素有大型水库10座、中型水库35座、小型水库304座，总库容100.27亿m³；有引水工程497处、提水工程639处，已经建成年引水18亿m³的大伙房外流域引水工程；共有水井工程26.68万眼，有大型水闸43座、中型水闸187座、小型水闸3595座。这一系列工程极大地改变了水的自然循环模式，使水按照人类社会的意志进行社会循环，在129亿m³的总水资源量中有95亿m³水参与社会水循环。由此造成水的自然循环与社会循环失衡，集中表现在河道生态流量与自然条件下相比，水量大幅度减少，水文过程发生了根本变化。

2）现状水资源利用（配置）不合理

辽河流域产业结构不合理，若想从根本上改变这种产业结构形势，有很大难度。随着不断增长的用水需求，过度的水资源开发利用带来了一系列水环境、水生态问题，如地下水超采、污染、生产用水挤占河道内生态用水、污染物排放量严重超过水功能区纳污能力等问题。辽河流域水资源开发利用中存在的一个问题是，流域地下水开采率较高，大中城市所在地地下水超采严重，如沈阳市、辽阳市已形成大面积的地下水漏斗。地下水超采对生态环境已造成严重威胁。而在沿海地区的营口等河流入海口处，由于地表来水减少，补给地下水减少，面临着海水倒灌污染沿海地区地下水的局面。

3）枯期生态流量不足

从生态流量保障现状来看，辽河流域冬季（枯期）12月至次年4月生态流量明显不足。代表辽河、浑河、太子河的辽中、邢家窝棚和唐马寨断面，枯水期生态流量保障率的最小值分别为55.0%、28.30%和43.48%，明显小于年平均保障率的84.33%、75.32%和62.50%。目前生态流量的计算方法在北方季节性河流中应用时，会造成枯水期生态流量过高，这可能是辽河流域枯水期生态流量保障率明显不足的原因之一。但更主要的原因是辽河流域的控制性水库为了保障每年4~9月的灌溉用水，在枯水期减少甚至停止了水量下泄。

3. 水利工程建设的影响

辽河干流上修建有石佛寺水库、盘山闸等大型水利设施，近年来又陆续建立了哈大公路桥等11座橡胶坝。太子河流域也林林总总地分布有9个水库和20余座闸坝，以及众多难以统计的低头坝。这些闸坝的影响表现在以下两方面。

1）阻隔了河流物理连通性，造成鱼类物种的生殖隔离，改变了水生生物物种组成

目前辽河干流喜栖静水或缓流水域的鱼类占76%，以鲫、鳑、兴凯鱊等为主，喜栖急流水域的鱼类占24%，主要有鲢、鲅等。喜静水鱼类主要分布在盘山闸上游，而喜急流水域的鱼类则出现在盘山闸下游。不难看出，水利工程的建设对水文条件的影响较大，限制了水体流速，故产漂流性卵和喜急流的鱼类有所下降。

2）隔断了鱼类洄游路线

辽河流域一些原有产漂流性卵的鱼类（鳊、鲂、怀头鲇等）和洄游鱼类（刀鲚、鳗鲡等）已较难发现其踪迹，目前很难捕获到溯河洄游鱼类（如刀鲚）和降河洄游鱼类（如鳗鲡）。

4. 水环境质量下降的影响

1）干流水质显著改善，但跨省界断面支流水质仍较差

在高度人为干扰的背景下，辽河流域水污染以耗氧有机污染为主，主要污染物为 COD 和 NH_3-N。辽河流域治理取得了一定成效，到 2009 年已逐渐好转，干流 COD 已全面达标，36 个干流断面 COD 浓度均值总体保持稳定在 15～20mg/L，而 NH_3-N 污染依然严重，但总体呈现下降趋势。2018 年，辽河流域 36 个干流断面中，Ⅰ～Ⅲ类水质断面占 30.6%，Ⅳ类占 30.6%，Ⅴ类占 22.2%，劣Ⅴ类占 16.6%，主要污染物指标为 NH_3-N 和 TP。

在辽河流域进入辽宁省的 4 条河流中，招苏台河和条子河自 2001～2011 年，水质一直为劣Ⅴ类；西辽河水质改善较为明显，自 2008 年以来一直稳定保持Ⅳ类水质；东辽河跨省界断面水质从 2008 年开始在Ⅳ～Ⅴ类波动。其中，2018 年东辽河、西辽河水质由Ⅳ类好转为Ⅲ类，招苏台河水质由Ⅴ类好转为Ⅳ类，条子河水质持续为劣Ⅴ类，主要污染指标为 NH_3-N、TP 和 BOD_5，分别超Ⅴ类标准的 4.6 倍、3.2 倍和 50%。

2）支流水质有所改善，但浑太水系支流 NH_3-N 污染仍较严重

2007～2012 年，辽河流域各水系支流水质污染明显减轻。辽河、浑河、太子河主要支流入河口断面的 COD 比 2007 年分别下降 79.3%、42.1%、74.0%，大辽河比 2008 年下降 88.4%，已经达到Ⅲ类水质标准。辽河和太子河主要支流入河口断面的 NH_3-N 比 2007 年分别下降 73.4%、47.7%，2012 年已经达到Ⅳ类水质标准；2012 年大辽河 NH_3-N 比 2008 年下降 87.9%，浑河 NH_3-N 呈波动上升趋势，浓度均高于Ⅴ类水质标准。其中，2018 年的 53 个支流入河口断面中，Ⅰ～Ⅲ类水质断面占 15.1%，Ⅳ类占 18.9%，Ⅴ类占 15.1%，劣Ⅴ类占 50.9%，主要污染指标为 NH_3-N、TP 和 COD。

3）湖库虽未出现富营养化，但 TP 污染严重

2007～2012 年，在 TN 不参加水质评价的情况下，辽河流域水库水质总体保持良好，以Ⅱ～Ⅲ类水质为主。观音阁和桓仁水库多年水质为Ⅰ～Ⅱ类，水质状况良好。大伙房、石门、柴河、清河 4 座水库多年均为Ⅱ～Ⅲ类水质，主要污染指标是 TP 或 COD_{Mn}。2018 年监测的 16 座水库中，10 座水库水质达到功能区标准，其中大伙房、观音阁、水丰、铁甲、石门、闹德海、汤河、柴河、清河和蔑窝水库水质符合Ⅱ类标准，碧流河、桓仁、白石、阎王鼻子、乌金塘和宫山咀 6 座水库 TP 超标 10%～30%，为Ⅲ类水质。单独评价 TN 时，符合Ⅲ类水质标准的有闹德海、白石和阎王鼻子水库，符合Ⅳ类水质标准的有铁甲、柴河和乌金塘水库，符合Ⅴ类水质标准的有汤河和清河水库，其余 8 座水库 TN 超过Ⅴ类水质 90%～190%。2021 年监测的 16 座大型水库中，大伙房、桓仁、碧流河、水丰、观音阁、铁甲、石门、清河、柴河、乌金塘 10 座水库为Ⅱ类水质；闹德海、白石、汤河、阎王鼻子、宫山咀 5 座水库为Ⅲ类水质；蔑窝水库为Ⅳ类水质。

5. 水生态退化机制小结

辽河流域所在区域经济较发达，城市工业污水、生活污水以及农业面源污染，导致河流水生态系统严重退化。特别是辽宁省的能源、冶金、机械、建材等重工业的快速发展，给水生态环境带来了巨大的冲击。水环境污染不仅降低了水体的使用功能，还进一步加剧了水资源短缺，并威胁到饮用水安全。

辽河流域水环境污染严重且难以短期解决的原因主要为严重缺少生态用水，缺乏湖库

群联合调度；污染物排放强度大，跨界水环境污染严重；流域治理整体科技水平较落后，生态修复难度大；未形成科学、系统的污染防治和管理技术体系。

辽河流域建设用地扩张，耕地、林地、草地减少，自然用地减少和人类用地增加，导致陆域景观发生变化。自然循环与社会循环的失衡造成河道生态流量与自然条件下相比，水量大幅度减少，水文过程发生了根本变化；同时现状水资源利用（配置）不合理、枯期生态流量不足影响了水资源的利用。辽河干流上水利工程的建设阻隔了河流物理连通性，隔断了鱼类洄游路线，造成鱼类物种的生殖隔离，改变了水生生物物种组成。辽河流域干流水质近年显著改善，但跨省界断面支流水质仍较差；支流水质有所改善，但浑太水系支流 NH_3-N 污染仍较严重；流域内湖库虽未出现富营养化，但 TP 污染严重。辽河流域的陆域景观变化、水资源利用开发强度高、水利工程建设以及水环境质量下降共同造成了辽河流域水生态的退化。

2.4　治理策略和技术路线图

辽河流域重化工业发达、区域产业结构复杂、城市布局集中和经济社会发展迅猛的特点，导致辽河流域水环境污染严重、污染治理难度大、技术综合集成性要求高。由于污染治理的历史欠账多，流域整体呈现结构型、复合型、区域型污染的特点。1996 年，国家将辽河流域纳入重点治理的"三河"之一，经过 10 多年的治理取得了显著成效，积累了较丰富的治理经验，但流域污染状况并未得到根本改善，究其根源是当时未形成科学系统的流域水污染防治技术体系。本节首先梳理了辽河流域水污染的治理思路和治理举措，随后对"十一五"至"十三五"针对辽河流域水污染治理的重点任务进行系统归纳及总结，并从水质目标、生态目标、技术目标、技术措施、阶段任务以及关键技术等方面绘制辽河流域水污染治理技术路线图。

2.4.1　治理策略

1. 治理思路

针对流域水污染防治迫切的技术需求，国家水专项启动辽河项目，为确保辽河流域实现"一保两提三减排"（一保是保水质，两提是提高行业治污水平和园区管控水平，三减排是结构减排、工程减排、管理减排）的治理目标，按照"流域统筹、分类控源、协同治理、系统修复、产业支撑"的治理策略，构建了针对辽河流域的"管-控-治-修-产"五位一体特色治理模式。辽河项目突破了辽河流域重化工业等行业污染治理的技术瓶颈，有力支撑了流域的"三大减排"和"摘帽行动"，引领了我国第一个大型河流保护区——辽河保护区的建设，在辽河流域水污染治理中发挥了重要科技支撑作用，有力支撑了"辽河流域水环境质量明显改善"这一目标的实现，为工业密集、污染负荷高的河流水污染防治提供了成套技术与管理经验。

2. 治理举措

1）流域统筹

针对辽河流域上下游、左右岸环境现状与污染特征，坚持流域统筹与系统施治，将辽河流域划分为源头区、干流区和河口区三类共六大污染控制区域，制定分区治理策略和流域治理方案，开展全流域控制单元内污染控制与生态修复的综合示范，支撑区域流域水环境质量的改善；开展辽河流域水生态功能四级分区方案的划定，建立以"水污染物负荷核定-环境容量计算-容量总量分配技术"为核心的控制单元污染物排放控制技术体系，为辽河流域水污染治理提供了坚实的理论基础和科学的治理思路。

2）分类控源

针对辽河流域不同污染源、行业、园区，坚持分类控源的治理策略。工业点源方面，按照清洁生产、过程控制和末端治理全过程控制思路，创新集成冶金、石化等六大重污染行业水污染治理技术系统。工业园区方面，构建园区节水减排清洁生产技术体系和流域清洁生产综合管理体系，建立流域工业园区清洁生产综合管理平台，为促进辽河流域工业绿色发展提供技术支持。城镇污水方面，针对污水处理厂进水水质差而导致出水不达标的问题，深度挖掘两级曝气生物滤池工艺去除能力的优化调控技术。针对北方气候特点，研发北方严寒地区 A/O-人工湿地组合工艺污水处理技术，使其更便于在辽河流域水污染治理中有效落地实施。上述不同源头的分类治理，提升了辽河流域水污染治理的精准性和针对性。

3）协同治理

针对辽河流域毒害物污染、辽河口环境保护、城乡二元发展等特色问题，坚持协同治理的总体策略。统筹氮磷营养物控制与毒害物治理、河流与海洋污染控制、城市与农村污染治理（刘瑞霞等，2014）；构建辽河流域 3 种典型行业有毒有害污染物防控体系，研发严寒干旱地区农村污染治理成套技术；构建特大重工业城市主要污染物控制与水环境治理成套技术，支持建设污水/污泥处理和河流治理示范工程 5 项，实现污染物在"源-流-汇"代谢过程中的连续削减，促进浑河中游污染减排和水质改善。

4）系统修复

针对辽河保护区治理与大伙房水库保护问题，坚持区域系统修复策略。在辽河保护区整体建设了 $100km^2$ 的水污染控制与水环境治理综合示范区，实现示范段水质达到Ⅳ类标准（以 COD 计），河滨带植被覆盖率≥90%，湿地面积≥$1×10^6$ 亩，鱼类及鸟类种类恢复到 30 种以上，支撑保护区河流水质持续改善，生物多样性得到显著恢复；同时，在大伙房源头区提出水源涵养林结构优化与调控技术体系，有效支撑国家森林可持续经营试验与示范区建设。

5）产业支撑

针对流域产业化推广难题，坚持以市场化为导向的产业支撑治理策略。进行水污染治理技术研发与集成、成套工艺设备开发，以及环保技术产业化政策保障机制研究，创建辽河流域水污染控制技术设备产业化平台，形成完善的水污染治理技术体系，从而完善辽河流域治理的路线图和时间表。

上述"管-控-治-修-产"五位一体的辽河流域特色治理策略，指引了辽河流域水污染治理的顶层设计，形成了科学系统的辽河流域水污染防治技术体系。

2.4.2　重点任务设置

"十一五"至"十三五"时期，水专项将辽河作为重点示范区，通过"管-控-治-修-产"五位一体的治理模式，科技支撑推动辽河在 2013 年成功摘掉重度污染的"帽子"。2020 年，辽河流域为轻度污染，Ⅰ～Ⅲ类水质断面比例达 70.9%，比 2019 年上升 14.6%（李丛，

2022）。"十一五"至"十三五"时期，辽河流域水污染治理重点任务归纳如下。

"十一五"期间，辽河流域水污染治理的重点任务是开展河流污染控制和治理技术研发，建立技术研发目标，突出重点污染行业，划分流域重点污染控制单元，综合集成、支撑四个方面的治污目标，实现了辽河流域水环境质量的明显改善：①建立技术研发目标。以流域水污染控制、水质改善和生态恢复为目标，以构建流域水环境管理技术体系、水污染治理技术体系为重点，开展技术创新与集成。②突出重点污染行业。以流域内石化、冶金、造纸、制药、印染等典型重化工业为重点，开展清洁生产和工业水污染全过程控制，突破废水污染负荷削减、废水减量化和资源化利用关键技术。③划分流域重点污染控制单元。以流域重点区域浑河中游段、太子河本溪—辽阳—鞍山段、辽河上游铁岭段、河口盘锦段为污染治理的核心区域，重点解决工业点源污染技术问题；以辽河源头跨界河段、浑河大伙房水库上游，以及辽河口为重点区域，进行源头污染控制、生态保护和湿地修复技术研究；开展针对全流域的河流污染治理总体方案、重化工业节水减排清洁生产，以及水质水量联合调度治污的技术研究；开展技术集成与工程示范，构建重点区域水污染控制与治理技术体系。④综合集成、支撑实现治污目标。在以上研究的基础上，在流域层面上进行技术系统集成，开展水污染治理与管理综合示范，推动流域水环境质量明显改善。

"十二五"期间，主要研发河流近自然修复技术，目标是恢复河流服务功能，兼顾生物多样性恢复。按照污染控制单元进行内容划分和课题设计，以辽河上游铁岭段为核心，结合新农村建设，开展农业面源、分散生活污水、畜禽养殖技术研究与集成，建立面源污染与区域综合整治示范区；以浑河沈阳段为核心，深化重点行业污染治理、环城水系水环境整治与水生态修复技术研究，建立污染控制、城市河流整治与水生态建设示范区；以太子河本溪—辽阳—鞍山段为控制带，开展冶金、石化、印染、制药行业点源污染控制技术研究（宋永会等，2016），建立污染控制、污水回用与典型支流治理综合示范区；以辽河、大辽河河口为控制区，建立污染控制、湿地恢复与河口水环境改善综合示范区；以大伙房水库上游为控制区，建立面源污染控制与水生态维系综合示范区。紧密结合地方污染治理规划和工程，形成控制单元的技术系统，建立综合示范区；突出关键共性技术的创新，形成重污染行业污染控制技术体系。

"十三五"期间，主要进行河流生态完整性整装成套技术体系的集成和应用。针对辽河流域结构型、复合型、区域型污染的特点，结合流域国家生态文明先行示范区建设的技术需求，开展流域水环境治理与管理技术集成，建立辽河流域水环境综合管理调控平台；构建流域典型优控单元污染治理模式，形成辽河流域水污染治理技术路线图，并在"水十条"任务实施中应用；构建辽河保护区健康河流修复技术体系，形成辽河保护区健康河流治理保护技术模式；构建水专项技术成果转化体系与产业化推广平台，推进水专项成果转化和推广；全面实现流域综合调控技术目标，支撑辽河流域"水十条"目标实现。

通过上述"十一五"至"十三五"时期水专项重点任务的落实，辽河流域完成了流域统筹保护、污染源分类治理、生态保护与污染防治协同推进，发展绿色产业以支撑辽河水生态环境质量提升的各项工作，突破了辽河流域重污染行业治理、流域水环境管理和生态修复等多项关键技术，为辽河保护区建设，流域结构减排、工程减排、管理减排，"摘掉重度污染帽子"行动和河流休养生息提供了有力支撑。

2.4.3　治理技术路线图

辽河流域通过水专项三个五年计划和"控源减排""减负修复""综合调控"三个阶段的实施，形成了科学完善的治理策略与技术路线图，研发了高效可靠的治理技术，构建了严格清晰的管理机制体制，全面支撑了辽河流域的综合调控，为北方严寒缺水型老工业基地河流治理与保护提供了可靠经验和科学范式。

辽河流域水污染治理技术路线图的主要思想是针对辽河流域水环境问题，通过"控源减排""减负修复""综合调控"三个阶段，采取针对性的治理对策，有计划、有重点地推进辽河流域水污染的治理工作，通过系统性治理，有效提升了辽河流域的水环境质量，有力支撑了流域经济社会发展。

辽河流域水环境治理技术路线图以三个阶段（2006～2010 年、2010～2015 年和 2015～2020 年）为时间轴，从水质目标、生态目标、技术目标、技术措施、阶段任务和关键技术 6 个方面总结归纳了辽河流域水体污染控制与治理的科学路线。在水质目标方面，辽河流域由 2006 年的"彻底消灭劣 V 类"发展到 2020 年的"全面达到Ⅲ类水"；在生态目标方面，辽河流域由初始的"常见鱼类达 15 种以上，鸟类达 10 种以上"以及"植被覆盖率大于 60%，恢复湿地 25 万亩"发展到 2020 年的"生态全面恢复，建成一流示范区"；在技术目标方面，辽河流域逐步实现了"初步构建水污染治理技术体系""完善水污染治理技术体系""形成流域水生态治理与保护技术体系"的科学递进型技术目标；在技术措施方面，辽河流域先后通过六大行业污染控制技术，氨氮、毒害物、面源控制技术，水生态修复技术的研发与示范推广，形成了由水污染到水生态的研发—示范—推广的成熟体系；在关键技术方面，通过污染控制技术、环境修复技术以及环境管理技术的融合，有效保障了辽河流域水污染的科学治理与水环境的有效修复。辽河流域水体污染控制与治理路线图详见图 2-10。

图 2-10　辽河流域水体污染控制与治理路线图

2.5　关键技术研发与应用

2.5.1　流域统筹

以流域重点区域辽河保护区及其上游和支流,浑河沈阳、抚顺段,太子河本溪—辽阳—鞍山段,辽河和大辽河河口区为污染治理的核心区域,重点解决工业、生活和农村点源污染技术问题;以辽河源头区及跨界河段、浑河大伙房水库上游河段,以及辽河口为重点区域,进行面源污染控制、生态保护和湿地修复技术研究;开展控制单元内污染控制与生态修复的综合示范,支撑区域流域水环境质量的改善;开展辽河流域水生态功能四级分区划定,突破辽河流域水环境基准本土化关键技术,建立以水污染物负荷核定-环境容量计算-容量总量分配技术为核心的控制单元污染物排放控制技术体系。

1. 辽河流域水生态功能分区与水质目标管理

1)辽河流域水生态功能分区与生态功能判别

构建了以气-土-水-生为主线的流域水生态功能分区方案,完成了辽河流域水生态功能四级分区方案。考虑与水生态环境控制单元的衔接及管理可操作性,确定将水生态功能三级区作为辽河流域水生态管理的基本单元,构建了辽河流域水生态功能评价指标体系,分类确定了各个三级区的主导生态功能。其中,生物多样性与生物栖息地维持功能区 2 个、产品提供与农业生产功能区 26 个、水源涵养与水文调蓄功能区 15 个、人居保障与城市发展功能区 9 个(图 2-11)。

该研究成果为实施流域水生态目标分区管理提供了科学依据,支撑了《辽宁省水污染防治工作方案》的水生态环境控制单元划分及水污染防治精细化管理。

2)辽河流域水环境基准本土化关键技术

突破了辽河流域水环境基准本土化关键技术,构建了基于辽河流域“3 门 6 科”本土受试生物毒性的 NH_3-N、镉、硝基苯水环境基准阈值体系;综合分析了实施标准的环境、经济、社会以及技术成本可行性等,结合“水十条”目标,提出了具有辽河流域特色又严于国家标准的 NH_3-N 分季节及镉、硝基苯的标准限值。其中,NH_3-N 标准建议值为 0.15~1.0mg/L(春、秋季)、0.1~0.9mg/L(夏季)、0.15~1.5mg/L(冬季),镉标准建议值为 0.2~0.8μg/L,硝基苯标准建议值为 0.02~0.1mg/L。

3)面向水资源-水环境-水生态的辽河流域管理目标构建

基于水生态物理、化学和生物完整性系统分析,确定了水生态健康等级,研发了“经济社会压力-水生态健康-水生态服务功能”复合指标的辽河流域水生态安全技术;结合水生态功能区水生态健康和水生态安全评价结果及《辽宁省水污染防治工作方案》,从水环境、河流生态流量、水生生物及物理生境等方面出发,以近期目标(2015 年)、中期目标(2020 年)和远期目标(2030 年)分区、分类、分级、分期确定了管理目标和水生态监测指标。该研究成果在辽河保护区水生生物保护及辽宁省水生态保护方面得到应用,支撑了《辽宁省环境保护“十三五”规划》的编制。

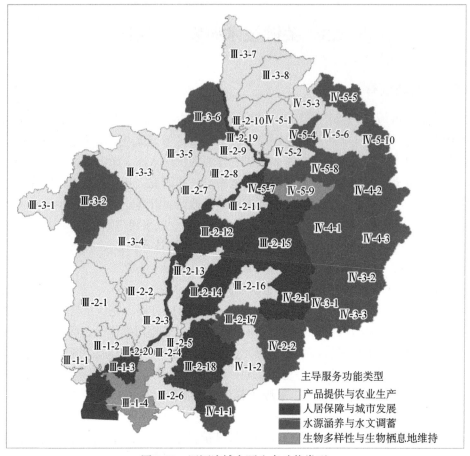

图 2-11　辽河流域主要生态功能类型

2. 辽河流域水污染物排放限值与排污许可

1）辽河流域控制单元容量总量计算与分配

突破了基于环境容量的污染负荷分配与水质目标管理耦合技术，建立了以水污染物负荷核定-环境容量计算-容量总量分配技术为核心的控制单元污染物排放控制技术体系；提出了各控制单元总量控制目标及污染减排措施；形成了《辽河流域控制单元污染负荷核定技术规范》《辽河流域水污染物排放特征图谱》《辽河流域控制单元污染负荷总量分配方案与实施细则》。该研究成果支撑了《辽宁省河流水质限期达标实施方案》的制定，指导了辽河流域细河、蒲河、南沙河、运粮河等 10 余条重污染河流水体达标方案的编制。

2）辽河流域水污染物排放限值

构建了辽河流域重点行业可行的技术评估方法，依据最佳可行技术，利用多智能体Agent 动态仿真技术，修（制）订辽河流域典型行业（冶金、石化、造纸、印染、食品加工等）、畜禽养殖业、农村污水处理设施、小城镇污水处理厂以及典型工业园区的水污染物排放分级限值。提出的水污染物排放限值通过论证，为《辽宁省污水综合排放标准》（DB21/1627—2008）的修订和基于流域的污染物排放标准制定提供了参考与借鉴。

3）辽河流域水污染物排污许可

基于控制单元内污染物排放和水质响应关系，结合行业污水处理技术评估及减排潜力、水污染物排放限值的研究成果，构建了辽河流域排污许可分配技术体系，在水质达标区域实施基于技术的排污许可分配，在水质不达标区域实施基于容量总量的排污许可分配；制定并颁布《辽宁省排污许可证管理暂行办法》《铁岭市水污染物排放许可证管理办法》《沈阳市水污染物排放许可证管理办法》；构建了辽河流域、铁岭市、沈阳市蒲河流域水污染物排放控制综合动态管理系统，并实现了业务化运行，支撑了示范区排污许可证的核发工作，在清河、汛河、蒲河三个示范流域核发 54 个排污许可证。

2.5.2　分类控源

辽河流域是全国著名的老工业基地，集中了以化工、石化、制药、冶金、印染等为核心的产业集群。辽河流域河流受重化工业污染严重，其水污染治理的重大需求是协同解决重化工业污染带来的水质/水量问题。在以 COD 为主的大宗常规污染物已得到有效控制的基础上，辽河流域河流治理的核心在于解决毒害污染物带来的水环境风险问题和河流水生态退化问题。

辽河流域存在重化工业污染重、环境风险高、生态退化严重等问题。针对以上河流水污染症状，辽河流域河流水污染治理须从以下三个方面展开：河流污染控制与治理、河流有毒有害物控制与风险管理、河流生态修复。

1. 工业点源污染控制技术

1）石化行业污染治理技术

A. 曝气生物滤池-超滤/反渗透耦合乙烯废水回用技术

针对乙烯外排废水量大、有机物和盐含量较高的特点，研发了曝气生物滤池（BAF）-超滤/反渗透（UF/RO）耦合工艺集成技术，建设了规模为 7200t/d 的示范工程，示范工程废水回用率达 80%。COD、NH_3-N、盐度平均去除率分别达 93%、73.92%、97%，出水 COD 浓度 1～8mg/L、NH_3-N 浓度<1mg/L、浊度<0.2NTU、电导率<40μS/cm，出水水质可稳定满足抚顺乙烯化工厂对循环冷却水补水的水质要求。吨水处理费用约为 2.25 元，每年可减少外排废水 208 万 t，减少 COD 排放 52t。

B. 絮凝沉淀-多介质过滤-UF/RO 双膜法乙烯清洁下水回用技术

针对乙烯清洁下水具有水量大（380m³/h）、有机物含量低（COD 70.0mg/L，BOD_5 5.0mg/L），但含盐量及悬浮物（SS）较高，总硬度 620mg/L、SO_4^{2-} 360mg/L、Cl^- 124mg/L、总溶解固体 3315mg/L、SS 100mg/L 的特征，创新提出了絮凝沉淀-多介质过滤-UF/RO 双膜法组合技术，实现污染物去除率高达 97.0%～98.0%，最终出水稳定达到《炼油化工企业污水回用管理导则》中确定的回用水质指标要求。废水处理成本为 2.68 元/t 左右。此外，由于废水处理达到了回用水标准，每年可为企业节水 220 余万吨，节约用水成本 300 余万元。

C. 微絮凝-接触过滤难降解石化废水回用技术

针对难降解石化废水二级生化处理出水的深度处理与资源化回用需求，将通常用于饮用水处理的微絮凝-接触过滤技术应用于石化化纤二级处理出水的资源化回用深度处理单元，并成功应用于辽阳石化化纤废水深度处理与回用示范工程。该技术深度处理化纤废水二级生化出水，COD、TP、浊度与 SS 去除率分别达到 59%、96.9%、92.6% 与 78.4%；化纤废水二级生化出水经过微絮凝-接触过滤工艺深度处理后满足《辽宁省污水综合排放标准》与中石油初级再生水回用指标，示范工程深度处理单元运行费用每吨水约 0.5 元，废水处理规模为 24000m³/d，回用规模为 10000m³/d，年减排 COD 约 350t。

D. 炼化废水协同处理分质回用技术

经过隔油、气浮等物化工序处理后的炼化废水进入 A/O 工艺段，首先经过水解酸化提高可生化性，随后进入 A 段进行反硝化反应，达到脱氮的目的，然后废水再进入 O 段进行有机物的氧化降解；经 A/O 工艺处理后的污水中，各类污染物指标均已大幅度下降，称为微污染水，但是还不能稳定达标，需进入 BAF 进行二级生化处理，使水中微量污染物 COD、NH_3-N 等得到进一步降解处理，水质连续稳定达标，为回用水装置长周期运行奠定基础。该技术在盘锦北方沥青燃料有限公司污水处理工程投入运行后，COD 年削减量 1686.3t，NH_3-N 年削减量 78.01t，示范工程可实现石化废水回用 247.1 万 t，以每吨水 2.5 元计算，每年可节省新鲜水费用约 617.75 万元，示范工程废水回用率达到 80.6%。

2）冶金行业污染治理技术

A. 陶瓷膜预处理除油-强化短程硝化反硝化-臭氧非均相催化氧化焦化废水处理集成技术

针对焦化废水特点，开发了抗污染陶瓷膜除油技术、生物强化脱碳脱氮技术、基于极性有机物和总氰高效去除的高效混凝剂、催化臭氧氧化技术和吸附分离-化学催化氧化再生技术等。示范工程废水处理规模为 4800t/d，处理出水达到焦化行业新标准和辽宁省地方标准（COD 从 150~200mg/L 降低到 20~50mg/L），稀释水降低 50%，节水 438000t/a，COD 削减 300t/a。处理成本吨水费用从 8.81 元略微提高到 8.99 元，出水水质大大改善。

B. 混凝-过滤-水质稳定钢铁综合废水回用技术

钢铁综合废水回用的前提是有效去除废水中的浊度，降低废水的硬度和碱度，通过高效聚硅铝絮凝剂的开发及传统絮凝剂的复配，开发了钢铁综合废水处理的混凝调控技术，实现 COD、硬度和碱度的去除率分别为 42%、57.7% 和 49.6%，满足废水的回用要求。通过将焦化废水深度处理出水与高浊度废水按 10%~20% 比例混合，同时加入 10mg/L 的 2-磷酸基-1，2，4-三羧酸丁烷（PBTCA）和 2mg/L 的 Zn^{2+}，就能控制循环水的腐蚀率在 0.125mm/a 以下。处理规模为 13 万 t/d 的示范工程出水 COD、硬度、碱度分别为 23.8mg/L、185mg/L、40.7mg/L，达到《工业循环冷却水处理设计规范》（GB/T 50050—2017）要求。该工程的实施可削减 COD 5200t/a、氰化物 50t/a、挥发酚 15t/a、硫化物 40t/a，可获得回用水 3600 万 t/a。

C. 沉淀分离-生态塘光解氧化选矿废水回用技术

选矿废水具有水量大、悬浮物含量高、有害物质种类较多的特点，污染物包括重金属离子和黄药、黑药、硫酸、石灰等选矿药剂。针对 Cu、Zn、S 三个选矿流程废水的特征，调整工艺段药剂，在尾矿库沉积前端进行化学沉淀，削减污水中的重金属；利用浅塘光降解作用实现浮选药剂的分解转化及去除，经过浅塘处理后回用，不外排。在挥发、生物降解、氧化、吸附、沉降及光降解等综合作用下，停留 2~4d，该技术对黄药的去除率达到 70%，对重金属的回收率达到 90%，解决了废水的回用问题。该技术可用于去除占全国工业废水总量 1/10 的选矿废水，具有较好的应用前景。

D. 冶金工业集聚区多因子多尺度水网络构建技术

按照系统节水的思想，将冶金工业集聚区作为一个大的系统，通过系统调研构建水系统网络物理模型和优化、分析数学模型，对系统进行供需平衡分析（包括整个系统的静态平衡和节点的动态平衡），查找系统在不同尺度上存在的矛盾和不平衡，为系统的改造和调度提供辅助决策。针对鞍山冶金工业集聚区，深入分析各个环节以及各环节之间存在的问题，提出优化利用方案，并在网络信息平台中完成技术示范，取得了良好的效果。第三方检测数据显示，平台应用前后，鞍钢吨钢水耗下降 4.15%。另外，鞍钢能源管控中心的数据显示，2016 年，鞍钢吨钢耗新水 3.41t，对比 2010 年（吨钢新水消耗 4.57t）下降 25.38%。

3）制药行业污染治理技术

A. 水解酸化-接触氧化低浓度磷霉素钠废水处理技术

采用水解酸化-接触氧化技术处理低浓度磷霉素钠制药废水和生活污水混合后的综合废水，该废水 COD 为 2000mg/L、BOD_5 为 1000~1500mg/L、pH 为 6.0~9.0；采用该工艺可实现出水 COD 为 100~300mg/L，去除率 80.0%以上，有机磷的去除率大于 70%，微生物对磷霉素钠的耐受程度可以达到 20mg/L，达到多数化学合成类制药企业执行的《污水综合排放标准》（GB 8978—1996）中的三级标准。该技术应用于东北制药集团张士制剂厂区污水处理工程，每天实现 COD 减排 1.2t。

B. 高级氧化-开流式厌氧污泥床（UASB）-MBR 黄连素废水处理集成技术

采用高级氧化（脉冲电絮凝/臭氧/芬顿）-UASB-MBR 物化生化集成技术处理高浓度难降解制药废水。制药废水经脉冲电絮凝物化预处理单元、臭氧或芬顿氧化预处理提高可生化性后，依次进入 UASB、MBR 生化单元进行水解酸化和好氧生物作用，最后经膜过滤处理后出水（Qiu et al., 2013；曾萍和宋永会，2019）。该技术用于黄连素成品母液废水的处理，取得较好的处理效果，对黄连素废水的去除率为 94.8%，出水平均 COD 为 80mg/L，可实现废水中黄连素完全去除，并可实现制药行业废水达标排放。该技术在制药企业应用后，每天可减少 COD 排放 833.3kg（中国环境科学研究院等，2019）。

C. 湿式氧化-磷酸盐结晶高浓度磷霉素钠废水处理与磷回收技术

针对高浓度、高生物毒性磷霉素钠制药废水处理需求，该技术在湿式氧化条件下，利用分子氧破坏磷霉素钠废水中高浓度有机磷化合物 C-P 键，实现磷的无机化的同时将废水中高浓度有机物转化为小分子有机酸，去除废水的生物毒性，提高可生化性，实现废水中 COD 去除率 95.0%和有机磷转化率 99.0%以上（Qiu et al., 2011）。在此基础上，采用磷酸钙、磷酸铵镁结晶回收技术，通过钙、铵镁磷酸盐结晶沉淀方法对废水中的无机磷酸盐进行回收，在 Ca^{2+}：PO_4^{3-}-P 摩尔比为 1.2：1、Mg^{2+}：NH_3-N：PO_4^{3-}-P 摩尔比为 1.2：1：1，以及进水无机磷浓度为 15000mg/L 的条件下，磷酸盐固定化回收率达 99.9%以上，出水 PO_4^{3-}-P 浓度低于 5.0mg/L，有效实现了废水中磷元素的资源化回收，并有效降低了废水中高浓度磷酸盐对后续生化处理的影响。高浓度磷霉素钠废水在制药企业的产生量约为 30t/d，该技术在制药企业应用后，每天可减少 COD 排放 1700kg、有机磷排放 450kg。

D. 难降解制药园区尾水综合处理集成技术

针对制药尾水含有难降解有机物、可生化性差、难以处理达标的问题，首先利用水解酸化+臭氧氧化对制药园区尾水进行强化预处理，预处理后尾水的 BOD_5/COD（B/C 比）可由 0.1 左右提升至 0.3 以上，有利于保障后续生物处理单元的运行效果。预处理后的制药园区尾水（20%～30%）与生活污水进行混合后进入改良厌氧/缺氧/好氧（A/A/O）工艺段进行生物共处理，末段采用臭氧氧化及纤维滤池进行深度处理，保证出水水质达到《城镇污水处理厂污染物排放标准》（GB 18918—2002）的国家一级 A 排放标准。工程运行的综合处理成本 1.0～1.3 元/t，单位水量电耗 0.4～0.5kW·h。示范工程满负荷运行后可实现年削减 1 万余吨 COD、1500 余吨 NH_3-N、700 余吨 TN、100 余吨 TP。

4）印染行业污染治理技术

A. 自絮凝法印染废水预处理技术

大部分印染废水的 pH 在 11 以上，碱性较强，废水中的各种染料和助剂，除了部分溶解在水中外，相当大的部分在水中呈胶体状态，并带有一定的电荷。不同的生产工序或不同的印染企业排放的印染废水所含的染料不同，所带电荷也各有差别。当各类印染废水混合时，各类染料（或助剂）的电中和作用可使染料分子发生絮凝作用，从而获得一定的沉淀效果，实现部分有机物杂质的处理。该工艺技术流程为"印染废水—混合—搅拌反应—沉淀分离"。该技术已在海城印染园区污水处理厂得到了实施和应用。污水处理厂日处理印染废水能力为 4 万 t，接纳园区各类印染废水的排入处理。处理工艺之前设置自絮凝单元，各企业排入的印染废水经过自絮凝单元的充分混合、搅拌、反应、沉淀，实现无絮凝剂投加的 COD 有效削减，COD 去除效率达 15%～20%，有效降低了后续处理的负荷，提高了排水水质。

B. pH 调控-氧化曝气脱硫技术

好氧活性污泥法仍是规模较大的集中式污水处理的首选方法之一，但是在处理含硫量较高的印染废水时，却面临着硫引发污泥菌膨胀的问题。为此，将部分好氧池改造成兼氧池，经过厌氧处理的废水首先进入兼氧池，通过控制曝气量与兼氧池 pH，将厌氧出水中的硫化氢（或硫离子）氧化去除，减少进入好氧池的二价硫含量，从而消除硫离子对好氧活性污泥系统的破坏（引发丝状菌膨胀）。该技术中，经过 15min 的处理实验，厌氧出水硫的去除率超过 90%。该技术在海城印染废水处理工程中完成技术应用，有效解决了该工程中好氧污泥膨胀的难题，好氧活性污泥段的污泥体积指数稳定在 150～200，使好氧段的处理效率稳定在 80%左右，表现出良好的工程效果。

C. 印染废碱液循环利用与废水减排技术

针对棉印染生产过程废水排放量大、含碱浓度高而导致末端处理难度及负荷大的问题，研发棉印染废碱液处理、回收及循环利用技术。该技术基于"印染丝光工艺废碱液纳滤膜法回收技术"中特种耐酸碱纳滤膜对废碱液中氢氧化钠的高透过性及有机物和其他杂质的截留特性，实现污染物的高效去除和净化碱液的回收；同时采用浓缩液连续回流运行方式，有效提升膜系统产水率和碱回收率，降低浓缩液比例，实现废水的减排和回用；通过增加净化碱液输送系统，将净化和回收后的碱液输送至作料高位槽，可直接用于染色等生产工段，实现净化碱液的循环再利用。该技术实现了废碱液中碱含量 80%的回收率，既节约了生产所需的原料成本，又大幅度减少了排水中的含碱量，减少因中和处理所需的药剂成本，实现了 90%水量回用。

5）工业园区节水减排清洁生产技术和管理体系

A. 流域清洁生产综合管理平台

工业园区节水减排清洁生产技术体系。对辽河流域分布较多的综合类园区（国家和省级经济技术开发区、高新技术产业开发区等）和石化、钢铁、印染工业集聚区 4 类园区开展了工业园区水系统诊断，结合各类园区的特点，建立了园区水代谢模型，进而构建涵盖企业内部小循环、企业之间中循环以及区域大循环的三级水循环优化网络；识别了各类园区节水减排关键节点，开展了关键技术研究和示范，完善了 4 类园区节水减排的技术途径，提升了园区水代谢效率；研究编制了 3 类园区节水减排技术导则，构建了基于全过程控制的工业园区节水减排技术体系。

流域清洁生产综合管理体系。在"十一五"期间提出"流域清洁生产"概念的基础上，针对流域清洁生产特征，以流域水质改善目标为导向，提出了包括流域清洁生产环境准入技术、流域清洁生产效益综合评估技术和清洁生产与末端治理技术协同优化方法的流域清洁生产综合管理集成技术。其中，流域清洁生产环境准入技术基于流域水质改善目标，提出以清洁生产为核心的不同产业在不同控制区—控制单元的环境准入体系，力求从源头避免和减少污染物的产生；流域清洁生产效益综合评估技术旨在对不同控制区—控制单元实施清洁生产所产生的环境效益、经济效益、社会效益进行评估，并将控制区—控制单元水质改善目标有机地纳入评估体系中；清洁生产与末端治理技术协同优化方法从费用效益分析的角度出发，筛选出清洁生产与末端治理技术的最佳组合。通过"源头准入—过程评估—末端优化"的技术途径，对流域层面实施清洁生产的管理技术进行了集成创新，为实现环境效益、经济效益、社会效益的共赢提供了新的技术手段。

流域工业园区清洁生产综合管理平台。依照"流域-控制区-控制单元-工业集聚区"综合治理思路，利用地理信息系统准确分区，整合流域清洁生产环境准入技术、流域清洁生产效益综合评估技术、清洁生产与末端治理技术协同优化方法、重点工业集聚区清洁生产技术集成和工程示范、园区节水减排技术导则等成果，建立辽河流域工业园区清洁生产综合管理平台，实现流域清洁生产效益在线综合评估、清洁生产与产污强度动态拟合、节水减排清洁生产技术查询等；构建基于水质目标改善的流域清洁生产综合管理机制，形成"企业-区域-流域"多层级节水减排技术和管理体系，为促进辽河流域工业绿色发展提供技术支持。

B. 工业园区节水减排关键技术

综合类工业园区节水减排集成技术。提出了基于水资源供给总量和受体水环境容量双重约束的园区水代谢模式，以工业园区企业节水-行业间梯级利用-区域循环利用的多级水代谢途径为重点，根据园区水资源禀赋和水环境功能区的要求，提出了节水减排策略；识别了园区企业内、企业间、园区与区外水系统等不同层面影响园区水系统代谢效率的关键节点，针对北方地区水资源短缺的现实和持续提高水资源利用效率的技术需求，选择区内用水量大的热电厂为水循环利用技术示范的关键节点，研发了基于分质利用的城市污水处理厂排水回用于热电厂供水的低耗高效成套技术并开展工程示范，实现了热电厂 3.2 万 t/d 的生产用水全部由城市污水处理厂排水供给，吨处理成本降低 0.2 元以上，回用量占园区污水处理厂排水量的 21.5%。

石化工业集聚区节水减排集成技术。构建石化工业聚集区水代谢模型，开展渣油加氢、产品精制、催化裂解、连续重整等不同单元水回用的可行性分析，确定工艺水系统回用水的等级划分与水质标准。基于聚集区内污水原位处理与应用——小循环、聚集区企业内部污水再生处理与利用——中循环、企业与周边用水单元间的水资源利用——大循环模式，构建石油炼制、石化产品、精细化工和园区污水处理厂等上下游企业间废水和再生水的梯级利用、分质供水与循环利用相结合的水网优化模式。针对石化工业集聚区企业排放废水污染物种类复杂、难降解有机物多的特点，研发以 A/O+BAF 耦合工艺为核心的废水回用技术，将原油脱盐水、产品洗涤水、汽提蒸汽冷凝水、油罐脱水、机泵冷却水、冷却塔和锅炉排污水等进行分级处理，开展石化工业聚集区水循环模式示范。示范工程污水处理量达到 350t/h，实现炼化一体化含油废水回用率 80.6%，COD 年削减量 1686t，NH$_3$-N 年削减量 78t，年节约新鲜水 247.1 万 t。

钢铁工业集聚区水系统优化和水网络信息平台技术。针对钢铁工业集聚区水系统大水量、多因子、多尺度的特性，开展了水系统网络的辨识、建模和信息平台建设关键技术研究。综合考虑水系统的蒸发、漏损、排污、换热等因素，分别构建了耗水量、排污量与物质流、能量流的关系模型；分析了物质流、能量流、水源结构、气候条件等多方面因素对系统耗水和排放特性的影响；开发了可用于钢铁联合企业水系统管控优化的模型群；构建了集水系统信息采集显示、水量平衡、用水科学性分析、指标统计功能于一体的水系统网络信息平台。该平台通过收集运行数据，可以实现对水网络的整体静态分析和节点动态分析。整体静态分析可用于发现水网络的结构性矛盾，为调整水系统的结构和调节大、中、小循环比例提供决策辅助；节点动态分析可用于判断节点用水的合理性，为用水工序和用水单元的补水、排放和串级提供决策辅助。示范平台信息覆盖率占区域用水的 80% 以上，工业用水量超过 6000t/h，示范工程实施前后吨钢耗新水量下降 4.15%，企业年节约新水资源 303.45 万 t，年节约用水成本 767.86 万元。

印染工业集聚区节水减排集成技术。以印染集聚区节水减排为目标，构建和优化了印染工业集聚区废水资源化利用网络，识别出集聚区耗水、排水量大和水资源梯级利用、再生回用潜力大的关键节点，研发了印染行业碱回收技术和染料废水处理技术，提出了基于组合赋权法的清洁生产方案评估与筛选技术，以及印染工业集聚区清洁生产推进机制。针对印染生产过程前处理和染色工段废水排放量大、含碱量高导致末端处理难度及负荷大的问题，集成印染丝光工艺废碱液纳滤膜法回收技术与清洁生产方案评估和筛选技术，开展了节水减排集成技术示范，实现污染物去除和净化碱液高效回收，废碱回收率达到 90%，在提高生产效率的同时实现了全过程节水减排和清洁生产。

2. 城镇污水深度处理与再生利用

1）高负荷低回流比前置反硝化 BAF 深度脱氮技术

针对工业综合废水有机污染物浓度较高，以及采用 BAF 的二级污水处理厂不具备脱氮能力的问题，充分利用原有构筑物，实现对高浓度工业综合废水的深度脱氮。以 BAF 为基础，无须额外投加碳源，通过对异养菌、硝化菌以及反硝化菌的生理调控，在低回流比条件下实现对高负荷工业综合废水的深度脱氮。在仙女河污水处理厂的示范效果显示，出水 COD、NH$_3$-N 和 TN 浓度达到国家一级 A 排放标准。

2）气浮-水解法难降解工业综合废水高效预处理技术

构建气浮-水解预处理集成技术，实现水质波动大的情况下对综合工业废水中难降解污染物的去除，提高水质可生化性。该技术以产酸菌的生理调控为关键，实现了对工业综合废水中有机物的降解和固体悬浮物的去除等预处理功能。出水的 B/C 比从 0.3 提高至 0.4 以上，明显改善了污水的可生化性，且能够去除 40.0% 的有机物和固体悬浮物。

3）BAF 滤床厚度与粒径级配优化法工业综合废水处理技术

针对仙女河污水处理厂进水水质差导致出水不达标，以及水厂扩建面积有限的问题，研发了深度挖掘两级 BAF 工艺去除能力的优化调控技术。当滤料堆积密度在 750～900kg/m³ 时，将滤料换为火山岩滤料，粒径更换为 2～3mm，在更有效去除水中悬浮物的情况下，提高了滤料的微生物承载能力。在仙女河污水处理厂 20 万 t/d 工程改造中应用示范，COD 去除率提高了约 40.0%，出水达到国家一级 A 排放标准。

4）北方严寒地区 A/O-人工湿地组合工艺污水处理技术

采用生态处理-人工湿地与生物处理-A/O 工艺相结合的新型工艺，根据北方气候春秋短、冬夏长的特点，确定了不同的耦合方式。冬季运行时，对污染物的去除以 A/O 为主，人工湿地为辅，夏季运行时则相反，并培养、驯化出在低温条件下仍能保持较强活性的耐冷脱氮菌株。以该技术为核心工艺的中小型城镇人工湿地处理厂，已经建设 8 座并成功运行，在温度-20℃以下时出水浓度满足《城镇污水处理厂污染物排放标准》（GB 18918—2002）国家一级 B 标准。

5）混凝/气浮-水解酸化-前置反硝化 BAF 工业综合废水深度处理集成技术

仙女河污水处理厂的出水，对比国家一级 A 排放标准，需要脱氮除磷，并进一步去除水中的 COD 和悬浮物。结合现有 BAF 工艺，对废水的全流程处理工艺进行了优选。优选工艺包括化学除磷、气浮除油、水解酸化和前置反硝化 BAF 四个处理单元，四个单元依次相接。高油、高黏渣、高悬浮物和高有机物浓度的工业综合废水经该工艺处理后，出水能够达到国家一级 A 排放标准。

3. 农业面源污染治理

1）辽河源头区农村面源污染防治技术

针对辽河源头区农村面源污染突出的问题，研发了"农村面源地表径流河道湿地处理技术"，完成了一体化生活污水处理装置设计；筛选了耐污能力强、对 COD 及 NH_3-N 去除率高的湿地植物——香蒲及芦苇，实现了 10%～50% 的 COD 及 NH_3-N 净化率。依托"东辽河沿岸区域污染防治项目储粪池建设工程（辽河源镇任家村）"，开展了农村畜禽粪便资源化技术示范，在东辽县辽河源镇吉顺养殖专业合作社等进行了技术推广应用；依托"辽源市杨木水库生活饮用水水源保护区环境保护项目"，在辽源市东辽县辽河源镇杨木水库上游 20km² 控制区内，开展了农村面源地表径流河道湿地处理技术示范。与 2012 年相比，示范区年污染负荷削减 COD 为 236.17t、NH_3-N 为 5.93t，实现了污染负荷削减 20% 以上的目标。

2）辽河源头区缓冲带污染物阻控人工强化综合技术

研发集成了高风险期面源入河途径模拟技术和辽河干流与支流缓冲带空间划定技术，确定东辽河流域截留氮、磷污染物的最佳宽度为低山丘陵区河岸缓冲带 10～50m，平原区

15~20m；研发集成了干流河岸缓冲带本土植物原址推广修复技术和重污染支流河岸缓冲带污染阻控人工强化技术，构建了缓冲带污染物人工植物阻控技术体系；形成了辽河源头区流域生态保障集成技术。该技术依托四平市条子河支流小红嘴河全流域污染综合整治工程，建设了四平市小红嘴河岸边生态防护与污染物截留技术示范区，示范区 COD、NH$_3$-N、TN 和 TP 的平均去除率达到 92.23%、70.44%、63.74% 和 62.67%，示范段生物量鲜重和干重分别提高 49.05% 和 68.94%。

3）辽河口水稻生产全过程氮磷多级生态削减与控制技术

针对辽河口稻田生产过程中氮磷利用率低、流失率高、阻控能力差的问题，根据河口土壤特定的理化性质及水稻各时期的发育需求与氮磷形态转化和吸收利用的关系，建立了辽河口水稻生产全过程氮磷多级生态削减与控制技术。该技术由水肥一体化管理与精准施肥、退水沟渠阻控与多级净化、毗邻湿地水文改善与氮磷深度利用等技术单元组成。该技术统筹水稻生产氮磷输入与释放的关键通路，整合了河口区稻田生态系统的各子单元功能，实现了对河口区稻田氮磷污染的全程控制，可使稻田单位面积增产近 11%，纯氮施用量减少 35.1%，节水 12.5%~18.87%，减排 19.9%。其核心技术——水肥一体化管理与精准施肥技术在水稻生产中得到了大规模推广与应用，对于河口农业面源污染治理发挥了技术支撑与工程示范作用。

2.5.3 协同治理

随着经济社会的快速发展，辽河流域的水资源短缺、水环境污染等问题更加突出，辽河治理不仅考虑了有机物污染的控制，而且从营养物和毒害物协同治理、河-海污染协同治理和城市农村协同治理入手，构成了污染治理立体体系。

1. 营养物和毒害物协同治理

1）臭氧催化氧化耦合 BAF 同步除碳脱氮技术

针对难降解污染物和 NH$_3$-N 浓度高、可生化性低的工业废水，采用自主研发的催化剂，利用臭氧催化氧化技术，一方面能降解一部分 COD，同时还能提高污水的 B/C 比，并对生化尾水中残留的有机氮进行氨化反应生成 NH$_3$-N，为后续 BAF 脱氮创造有利条件。臭氧催化氧化耦合 BAF 同步除碳脱氮技术中各单元存在功能耦合，可以提高处理效率；流程设计简单合理，大幅度削减运行成本；无须回流，操作简便。进水 COD 浓度 70~80mg/L、TN 浓度 20~25mg/L，出水 COD 浓度小于 40mg/L、NH$_3$-N 浓度小于 1mg/L，COD 与 NH$_3$-N 的去除率分别大于 85% 与 95%。

2）畜禽养殖废水 NH$_3$-N 削减及粪污资源化技术

畜禽养殖废水 NH$_3$-N 削减及粪污资源化技术包含厌氧发酵工艺、鸟粪石（磷酸铵镁）沉淀工艺和沼液高耐污 RO 浓缩工艺三个单元。养殖废水经厌氧发酵后，沼液进行鸟粪石沉淀反应，回收沼液中的氮磷，出水进行膜浓缩处理，浓液循环返回沼液池继续进行鸟粪石回收，出水可达回用水标准，也可达标排放。其核心技术是鸟粪石沉淀工艺，基本原理是向含氮、磷的废水中投加铵盐或磷酸盐和镁盐，使之与废水中的磷酸盐或者 NH$_4^+$ 发生反应生成难溶复盐 MgNH$_4$PO$_4$·6H$_2$O 沉淀，通过固液分离达到从废水中脱氮除磷的目的。

以畜禽养殖废水 NH$_3$-N 达标排放为目标，综合考虑鸟粪石沉淀反应过程对 NH$_3$-N 及磷酸盐的去除效果，以及后续 RO 处理工艺对水质盐度的要求，对鸟粪石沉淀技术及 RO

膜技术进行耦合，确定鸟粪石沉淀最优运行条件药剂投加比[n（N）：n（P）：n（Mg）]为 1：0.9：0.9，鸟粪石产率为 14.6kg/t；RO 系统优化条件为：运行压力 5.50MPa，pH 7.70，系统回收率 76.00%，沼液浓缩倍数可高至 4 倍；经优化后该技术中鸟粪石单元出水 NH_3-N 浓度为 130.35mg/L，经 RO 膜浓缩系统进一步处理后，整个系统出水的 NH_3-N 浓度可降至 7.47mg/L，NH_3-N 去除率均达 94.27%。

3）高浓度多硝基芳烃废水毒性削减与资源化集成技术

毒性削减与资源化集成技术包括高浓度多硝基芳烃废水滚筒还原技术、高浓度芳香胺吸附回收工艺及高盐度废水梯级生物驯化技术。针对多硝基芳烃废水含高浓度多硝基类物质（20000~35000mg/L）和高浓度无机盐（5%~10%）问题，解决传统反应器板结及铁泥产生量大的难题，高浓度多硝基芳烃废水滚筒还原技术采用滚筒式设计，有利于避免铁屑的板结，提高反应效率，强化传质，提高使用寿命。反应的水力停留时间为 4~12h，pH 控制在 2 以下，还原率大于 90%。

高浓度芳香胺吸附回收工艺使废水中的芳香类有机物在大孔吸附树脂的表面发生富集，而废水中的无机盐成分残留在液相中，实现了有机物和无机物的分离，使芳香胺类物质吸附到大孔树脂中，进一步通过反洗得到高浓度的芳香胺类物质。采用商业化的大孔树脂 HYA-106 为吸附剂，pH 为 2.0，树脂吸附量为 7mg/g，再生液组成为 0.5% NaOH，再生时间为 8h。再生液中苯胺类含量达到 60000mg/L 以上，再生率达到 85% 以上。

高盐度废水梯级生物驯化技术对活性污泥采用梯度生物驯化后，能够使含盐量 5% 以下、初始浓度为 700mg/L 左右的含盐废水在 24h 停留时间内完全降解。该技术不需要改变现有设备及构筑物，不需要增加动力成本，运行管理简单，对苯胺类含盐废水具有很好的适应性。

该集成技术可以有效地将硝基物还原为芳香胺，还原率接近 95%；芳香胺化合物回收技术可以实现 85% 以上的回收率。工程运行的综合处理成本为 80~100 元/t，回收的苯胺类可以回用于生产环节，回收收益为 50~60 元/t。

4）合成制药废水全流程毒性削减与资源化成套技术

采用合成制药废水全流程毒性削减与资源化成套技术，可实现制药废水的达标排放，毒害物去除率 90% 以上。一是车间废水脱毒与资源化技术：首先采用分质处理技术对黄连素含铜废水等影响生物处理效率的废水进行预处理，通过络合沉淀反应使铜离子形成碱式氯化铜，99% 以上的 Cu^{2+} 被去除，出水 Cu^{2+} 浓度远低于现有处理工艺，达到后续处理单元的要求，同时回收废水中的 Cu^{2+} 等有价物质；当进水 Cu^{2+} 在 8000~20000mg/L 时，出水可达到 1mg/L 以下，急性毒性去除 90% 以上，使其满足后续生物处理要求；其产生的沉淀以碱式氯化铜形式回收，每年实现经济效益 26.74 万~95.38 万元。二是综合废水分质处理与脱毒技术：针对高浓度难生物降解制药废水（含磷霉素、金刚烷胺、左卡尼汀、吡拉西坦等），按照特定的比例（1：5~1：1）与含有生活污水的低浓度废水混合后，采用二级厌氧折流板反应器（ABR）-CASS 工艺进行处理；利用易降解物质产生的酶加快难降解物质的分解，并为处理难降解物质的微生物提供充足的能量；每吨 COD 的处理费用为 5.3~5.7 元。

2. 河-海污染协同治理

1）河口区累积性烃类有机污染物的强化阻控与水质改善技术

针对河口区采油井场周边湿地烃类污染扩散区，以厌氧/好氧-共代谢组合削减为工艺核心，利用基质、厌氧和好氧微生物之间的共代谢机制，辅以人工构筑设施调节淹水及落干状态，优化停留时间，促进难降解污染物降解；针对井场高浓度累积性烃类污染土壤，以电场强化有毒有机物微生物降解为核心，通过系统工艺参数优化，耦合电场去除与生物降解作用，提高难降解污染物的去除效率。

"厌氧/好氧-共代谢组合削减技术"以湿地微生物降解烃类污染物为主要手段，通过控制湿地中氧的含量，使湿地内部具有不同生态位的厌氧微生物和好氧微生物菌群保持长效活性，并充分发挥厌氧微生物和好氧微生物的协同共代谢作用，促进湿地难降解有机污染物的快速去除。该项技术与湿地自然降解相比，污染物的去除负荷显著提高，石油烃类污染物去除率提高 20%～30%。

"有毒有机污染物电动修复技术"以电场强化微生物为主，利用电场和微生物的耦合作用高效去除井场周边高浓度有机污染物。该项技术从修复材料、设备制造、电场优化设计调控与强化微生物降解效率入手，有效提高了石油污染土壤的修复效率，实现土壤中石油烃类污染物的去除率超过 50%。与国内外同类修复技术相比，其修复效率提高 1.5 倍，修复成本显著降低，效益成本比提高 1 倍以上。

2）河口湿地养殖水体污染的物理-生物联合阻控与水质改善技术

河口湿地养殖水体污染的物理-生物联合阻控与水质改善技术包括生态用水调控技术与生物-多孔介质联合阻控技术。

生态用水调控技术针对芦苇湿地灌溉用水供需现状，研究苇田进水、出水水流的运动特征和水质变化规律，利用实测水深地形资料建立示范区苇田一维、二维水流水质耦合调控模型，通过苇田实测水文资料对模型进行验证和相关参数率定，给出不同水平年满足苇田用水的配置方案。

利用煤渣、沸石以及高效有机黏合剂等研制耐冲击负荷、多孔隙的生物填料，以充分利用煤渣和沸石的大比表面积和高吸附性，强化微生物在介质表面的"附着效应"和介质微孔隙捕捉有机物的"吸附效应"，净化养殖水体中的营养有机污染物；同时利用现有苇田生态体系，对进水和排水沟渠等水利工程进行改造，开发经济、易操作的导流及布水系统，并根据苇田主要养殖对象——河蟹生长环境中水的水质、水位调控及芦苇生长的水量要求确定分流水量与污染负荷。在出水口附近设置由"多孔介质填料"组成的"生物处理单元"，建立适合于苇田养殖水体净化的物理-生物联合阻控技术，进一步去除养殖水体中的营养有机污染物。

在水力参数为 $0.24\text{m}^3/\text{d}$ 及污染负荷为 $0.48\text{m}^3/(\text{m}^2 \cdot \text{d})$ 的运行条件下，NH_3-N 和 COD 的进水浓度分别为 1.5～1.8mg/L 和 40～60mg/L，通过物理-生物联合阻控体系后，其去除率均接近 60%。根据设计的苇田循环水净化方案，当模拟时段为 8～9 月时，经过约 21 天的阻控降解，苇田水体 COD 降至 30mg/L 以下、NH_3-N 降至 1.5mg/L 以下。

3. 城市农村协同治理

1）低温环境下氧化沟高效节能污水处理技术

采用纵轴型曝气装置，创新了氧气溶解方式，叶轮旋转产生的向下流切割鼓风机提供的空气而产生细微气泡，之后送至氧化沟底部增加曝气充氧有效水深，延长气泡在水中的停留时间。该装置实现了水流速度和供氧量的独立控制，可在叶片转动方向形成较薄的液层，增加 DO，提高氧气供给率，降低能源消耗。利用其较强的扬水能力，可保证氧化沟内循环流的形成，池内污水处于完全混合状态，有效防止污泥沉降。另外，提供空气的位置比较浅，可选用小型化和低能耗的鼓风机，其氧气溶解能量消耗总和大致为传统曝气装置的 2/3。该技术突破了氧化沟工艺在北方严寒地区冬季运行达标困难的问题；设备充氧深度较常规氧化沟提高了 30%，在冬季 −15℃低温环境下，COD 与 NH_3-N 的去除效率可分别达到 86% 和 64%。

2）高效低能耗小型一体化污水处理技术

一体化装置既可用于独家独户，也适用于多人区域性污水处理的小型分散式污水处理。考虑农村地区的技术适用性，污水处理装置在保证处理效果的基础上，减少整体的动力消耗并简化运行，减轻后期的维护管理负担。该装置采用一体化设计，分别由调节池、厌氧生物滤池、接触氧化池和沉淀池组成。各池体之间由隔板分隔，污水通过自流方式流动。该装置集成了无（微）动力充氧"跌水+拔风"组合工艺和厌氧滤床工艺，通过两级厌氧滤床，减轻后续好氧单元处理负荷。接触氧化单元设"跌水+拔风"，通过自然充氧与曝气相结合，降低曝气成本。

集成创新了无（微）动力充氧工艺、厌氧滤床工艺，形成低能耗一体化污水处理装置，有效降低好氧单元的曝气成本，减轻农村污水治理后的运行管理负担。并且针对农村地区进水不连续特征，厌氧单元采用生物滤床、好氧单元采用接触氧化工艺，便于装置的启动和运行。

在微动力充氧环境、气水比从 8∶1 降至 4∶1、曝气量降低 50% 的情况下，装置出水 COD 和 NH_3-N 仍能满足《城镇污水处理厂污染物排放标准》（GB 18918—2002）国家二级标准。示范工程运行成本 0.47 元/t，较同类设备成本降低 25% 以上；节省管网投资，工程总投资造价节省 20% 以上；可采取地埋安装方式，节约占地面积；运行操作简单，无须专人值守。

2.5.4 系统修复

以流域水生态系统健康保护为目标，统筹辽河流域生态保护，在辽河保护区、水库水源涵养区（大伙房水库）以及辽河口实施河流水生态修复、湿地生态恢复等系统修复技术并推广应用。在辽河保护区整体建设了 $100km^2$ 的水污染控制及水环境治理综合示范区，实现了示范段水质达到IV类标准（以 COD 计），河滨带植被覆盖率≥90%；在大伙房源头区应用水源涵养与水生态功能恢复等技术，增加水源涵养量 15%，减少水土流失量 10% 以上；在生态环境敏感、生态系统脆弱的河口湿地，应用研发的高抗逆性芦苇植株培育等技术，实现河口区单位面积芦苇生物量增加 48% 以上，显著提高其对来自上游和湿地自身污染物的自然净化能力。

1. 辽河保护区水生态修复技术

1）河流完整性评估技术

基于生态系统完整性的内涵，从生境的空间稳定性、化学组成适宜性、食物网完整性与生物保有率出发，运用综合指数法对保护区生态系统完整性进行了全面评价，并对辽河保护区生态系统类型的组成及格局分布进行预测。结果表明，在封育初期 2012 年辽河保护区生态系统完整性表现为除局部一般外，整体为差的特征。其中，100%断面生物完整性为差、65%断面化学完整性为差、35%断面化学完整性为一般、53%断面物理完整性为良好、47%断面物理完整性为一般。

2）大型河流湿地网构建技术

综合考虑河道蜿蜒度、河流地貌、河道发育、支流空间分布以及河道宽度，对河流空间进行分区。在此基础上，根据恢复位置具体情况，确定支流汇入口湿地、牛轭湖湿地、坑塘湿地、回水段湿地、干流河口湿地等湿地恢复类型。辽河保护区湿地网构建的关键技术应用于万泉河、西小河、羊肠河及长河4条支流汇入口湿地建设（七星湿地工程）。一级支流汇入口污染物阻控示范工程出水COD降至30mg/L以下，NH_3-N降至1.5mg/L以下。污染物阻控效果显著，实现了支流入干水质达到Ⅳ类标准；可削减COD 35%以上、NH_3-N 37%以上、TP 53%左右；生物多样性显著提高，湿地植被、鱼、鸟种类明显增多。

3）河岸带修复关键技术

针对辽河保护区河岸带人类干扰强烈、植被破坏严重的现状，根据最小生境尺度理论和恢复生态学原理，结合行洪安全和生态蓄水需求，集成了河岸带人工强化自然封育技术、河岸边坡土壤植物稳定技术和河岸缓冲带污染阻控技术。通过实施河岸带修复技术，辽河保护区干流Ⅳ类水质达标率由封育前2011年的小于40%提高到封育后的97%以上，Ⅲ类水质时段、区段明显增加。河滨带植被覆盖率由封育前2009年的59.30%恢复到2015年的95.65%；植物、鱼、鸟种类由封育前2011年的187种、15种、45种恢复到2016年的234种、34种、85种；植物优势种由封育前的苋、藜科等田间杂草向封育后多年生草本植物演替，罗布麻、华黄耆、刺果甘草、花蔺等多年生土著物种重现且分布范围增大；国家级保护动物遗鸥、东方白鹳、大天鹅、小天鹅、阿穆尔隼等10余种鸟类和辽河刀鲚、怀头鲇、圆尾斗鱼、中华鳑鲏等鱼类在保护区内再次出现，已初步显现较为完整的生物链结构。

2. 大伙房水库及周边地区生态恢复技术

1）水源涵养和生态功能恢复的植被优化与改造技术

针对源头区天然次生林破坏严重，结构失控、功能失调，水源涵养、水量调控功能锐减等问题，研发了源头区水源涵养林结构优化与调控技术体系，突破了现有林业技术规程的限制，研发并集成了低效水源涵养林改造、河/库周边滨水植被结构调控与空间配置技术体系，提升了源头区天然次生林的水源涵养能力，实现了河/库周边植被的生态功能恢复和水质改善。其核心技术已编入《辽宁清原国家级森林经营样板基地建设》实施方案，应用于国家森林可持续经营试验与示范区建设。

突破了北方严寒地区河/库周边植被生态恢复关键技术，量化了河/库区植物种类、结构与水质改善、净化能力的关系，技术体系应用于大伙房国家湿地公园建设项目，河/库水质得到了明显改善，DO、COD、NH_3-N、TN、TP等指标均达到国家Ⅱ类水质标准。据测算，该技术体系推广到浑河源头区和大伙房水库上游区后，年有效蓄水量将分别提高2000万t和4000万t以上，有力地保障下游居民生活及工农业生产用水安全。

2）河库滨水植被带生态恢复技术

针对入库河道生态功能退化、水质净化能力减弱、植被水土涵养能力降低等问题，系统集成了严寒地区入库河道植被生态恢复技术、水库周边高效水源涵养林林分结构调整和优化技术、库边湿地人工改造与恢复技术。在大伙房水库实验林场开展了技术示范，控制面积 5km²，通过筛选乡土植物建立了多自然型入库河道，构建了乔、灌、草及水湿生植物相结合的 4 种类型的滨水植被缓冲带；构建和优化了库滨地貌和湿地植被模式。该技术对于恢复河岸带及水库周边水源林生物多样性、构建和整合自净化植被生态系统、提升水源涵养和水质净化功能具有重要意义，适合在北方严寒地区应用推广。

3）上游农业农村面源污染控制与生态治理技术

针对流域上游区小流域分布多、流域地形水文情况复杂、河流水质影响因素不易辨识等问题，系统集成农业面源污染主要途径甄别与面源污染控制技术，建立了上游农业农村面源污染控制与生态治理技术，并应用于大伙房水库上游。通过沿河农田的水土流失防控措施和植被过滤带，减少沿河农田污染入河量；示范农场对示范区内固体废弃物进行肥料化还田应用；示范区内农业面源污染物综合削减量达到 24%，折合 TN 削减量 3.28t/a、TP 削减量 1.84t/a。

3. 辽河口芦苇湿地水质净化及生态恢复技术

1）辽河口芦苇湿地水质净化组合技术

针对辽河口芦苇湿地水体污染和生态退化特点，研发了入海河口区高抗逆性芦苇植株和翅碱蓬植株培育、辽河口湿地污染物入海通量计算方法等技术，应用水量调控模型，利用配水渠向芦苇恢复区内引水，通过土壤-水-芦苇-微生物-底栖生物自然净化系统完成一系列物理、化学和生物净化过程，对河口湿地污染物进行高效净化。该组合技术在盘山县双台子河入海口一侧的东郭苇场，建立了大于 7km² 的苇田污染物净化功能示范区，实现污染物浓度（COD）削减 15%～20%、生态功能显著提高。

2）辽河口芦苇湿地生态恢复关键技术

结合区域生态用水调控和局部水量调节，采用物理基底的改造、构建与稳定、种苗移植、结构优化等技术措施，建立了人工调控水量下的芦苇湿地生态恢复关键技术。“十一五”期间，在东郭苇场建立大于 3km² 的退化芦苇湿地生态恢复关键技术应用示范工程。通过示范工程，辽河口芦苇湿地对 N、P 的总体净化能力分别为 92.3% 和 88.5%，恢复区生态功能提升了 19.2%。“十二五”期间，研发了包括水盐调控技术和土壤改良技术相组合的河口区退化芦苇湿地生境修复技术，并在盘锦市羊圈子苇场芦苇植被严重退化湿地进行工程示范和应用，芦苇生物量提高了 20% 以上，节约淡水 8000m³/km² 以上。

2.5.5 产业支撑

创新了分散式污水治理、水污染综合治理技术产业化机制，搭建了产业技术创新平台，构建了产业化发展模式，推广了高效厌氧发酵技术产业化等 41 项产业化项目，实现了辽河流域水污染治理技术的产业化，助推了辽河流域美丽乡村建设。

1. 分散式污水治理技术产业化模式

以“技术研发-设备研制-工程验证与示范-设备与工艺系列化标准化规范化-产业化推广”为主线，以产业化机制构建为目标，构建了合理可行的辽河流域分散式污水治理技术产业化模式；开发出适合北方严寒地区的分散式污水治理适用技术及设备，并进行产业化应用；解决了农村污水治理普遍存在的成型成套设备少、已有技术设备化装备化程度低、建设运维成本高、市场推广难度大的瓶颈问题。该模式的应用实现了 10 个系列化设备、41 个工程项目的产业化推广，破解了农村涉水面源污染治理难题，助推了辽河流域美丽乡村建设（宋永会等，2020）。

2. 辽河流域水污染综合治理技术产业化

1）高效厌氧发酵技术产业化

集成了多原料一体化预处理、改进型升流式固体反应器（USR）厌氧发酵、沼气热能转化、沼渣液资源化利用等关键技术，预处理设备较传统分体式处理设施节约占地面积约 50%，减少装机功率约 30%，厌氧反应器产气率较同类产品提高 10%～20%，突破了沼气工程自身热平衡瓶颈，解决了严寒地区沼气工程运行不稳定难题。该技术在畜禽粪污、农业垃圾混合发酵沼气工程中进行应用。

2）潜水导流式氧化沟污水处理技术产业化

开发的潜水导流式曝气器为一体化设备，实现曝气设备和推流设备相结合。与曝气设备工艺相比，潜水导流式曝气器能耗相对较低，但溶氧效率是转刷曝气机的 2.5 倍，是倒伞式曝气机的 1.35 倍。该技术在污水治理工程中实现了产业化，工程规模达到 3000m³/d。该技术能够实现国家一级 A 排放标准要求，实现了对污水的低温高效脱氮，解决了北方严寒地区冬季运行达标困难等问题。

3）"基质+菌剂+植物+水力"人工湿地四重协同净化技术产业化

研发了适合在北方严寒地区人工湿地冬季低温（水温 4～10℃、气温-40～-20℃）实现高效净化的脱氮菌、低温除磷菌、低温有机物降解菌产品，确定了低温环境下湿地植物多样性配置方案，重点开发了低温菌剂与特征植物、基质的耦合功能，提高了菌剂在基质中的附着力，提高了氮磷去除率，构建的基质+菌剂+植物+水力四重协同净化系统，与传统湿地工艺相比，氮磷去除率提高了 10%左右。该技术在西丰县污水处理厂实现产业化，冬季低温条件下运行稳定，COD 去除率为 31.58%，NH₃-N 去除率为 31.38%，TN 去除率为 25.02%，TP 去除率为 26.19%。

2.6 水专项辽河流域实施成效

2007～2020 年，辽河流域辽宁省 GDP 由 10292 亿元增加至 25011 亿元，增长了 143%。同时，辽河流域水环境总体呈现稳中向好态势，Ⅰ～Ⅲ类水质占比 2007 年的 43.2%上升为 2020 年的 70.9%。水专项辽河项目实施过程中技术支撑"三大减排"，推动辽河流域消除劣 V 类；全流域水质总体由重度污染改善为轻度污染，辽河干流总体由中度污染改善为轻度污染，大辽河水系总体由重度污染改善为水质良好。重大专项科技支撑辽河流域水污染防治、水环境质量改善和经济发展，实现了流域水生态环境保护和经济社会发展的双赢。

2.6.1 流域水环境质量改善与水生态恢复

综合支撑与引领，推动流域"摘帽"重大行动。技术支持编制了《辽宁省辽河流域"摘帽"总体规划》，通过水专项重大科技攻关与技术集成，针对性地解决辽河流域治理中遇到的技术和管理问题，支持辽河流域水污染防治实现历史性突破。2012年底，辽河干流按照《地表水环境质量标准》（GB 3838—2002）21项指标考核，达到Ⅳ类水质标准，提前摘掉了重度污染流域的帽子。

以生态建设引领，创新河流治理与保护新模式。辽河保护区管理局和水专项项目组综合运用水专项科研成果，建立了我国大型河流保护区治理理论体系与集成技术；提出了"一条生命线、一张湿地网、两处景观带、二十个示范区"的辽河保护区"1122"生态建设格局，编制形成了《辽河保护区治理与保护"十二五"规划》，规划的实施使辽河保护区的植被覆盖率从13.7%提高到63%；鸟类、鱼类等迅速恢复，呈现出生态正向演化的良好趋势，发挥出明显的生态环境效益。水专项以理论创新和技术创新，有力支撑了辽河流域治理工程的实施，保障了辽河流域水环境质量得到改善，水生态系统功能明显恢复。

2.6.2 流域全过程污染防治水平提升

以全过程污染防治促进辽河流域节水减排，为流域清洁生产实施提供技术支持。集成了辽河流域重点工业集聚区节水减排清洁生产技术和管理体系研究成果，构建了综合类工业园区和石化、钢铁、印染工业集聚区4类园区水网络优化模型，识别了各类园区节水减排关键节点，开展了4类园区节水减排关键技术研究和示范，编制了4类园区节水减排技术导则；形成了"企业-区域-流域"多层级节水减排技术和管理体系，上线运行了流域清洁生产综合管理平台，为辽河流域清洁生产技术应用、推广和工业绿色发展提供了技术支持。

2.6.3 行业废水处理技术创新

研发行业废水处理新技术，支撑工业废水处理技术升级，破解行业水污染难题。研发了典型工业废水处理集成技术，成果应用于流域内数十个示范工程。其中，"全过程优化的焦化废水高效处理与资源化技术"应用于鞍山盛盟2400t/d煤气化废水处理工程；"高效功能性悬浮生物载体的生产和应用技术"应用于腾鳌14000t/d污水处理厂升级改造工程，同时建立了年产8万t/a的高效功能性悬浮生物载体生产线，产品出口韩国、加拿大等，获得良好的社会效益、环境效益和经济效益。

2.6.4 流域水质目标管理支撑

水专项在辽河流域重点完成了流域水生态功能分区与水质目标管理、水环境风险评估与预警监控、水环境安全监控与智能管理等研究，基本建成并应用了辽河流域水污染物排放总量监控网络、辽河流域水生态监测网络、辽河流域水环境安全智能监管系统三大监控检测监管网络体系，初步形成了特色鲜明的重化工业城市集群区重点流域水环境管理技术体系。

（1）首次在重化工业城市群重点流域，研发、实践和推广应用了水生态环境功能分区与水质目标管理技术。针对辽河流域水生态系统结构、功能和过程的相互作用及空间差异性，识别了影响辽河流域水生态格局的主控因子，建立了辽河流域三级水生态功能分区指标体系，从而将辽河流域划分为90个水生态功能三级区和48个控制单元；选取并完成了其中 15 个控制单元的水环境模型构建、污染物允许排放量计算、污染负荷分配，制定了污染物削减优化方案，提出了控制单元水环境管理指导建议，形成了《辽河流域水质目标管理指导手册》；同时构建了辽河流域水质目标管理技术平台，为实现辽河流域从单一的水质目标管理向水生态管理的重大转变提供了科学依据与技术支撑。

（2）构建了辽河流域水环境风险评估与预警监控技术平台，初步建立了辽河流域水生态环境功能区生态管理体系和保障体系。优化辽河流域水环境监测网络，突破了基于生态系统健康的流域水环境质量风险评估技术、辽河流域水环境质量预警模型构建技术、基于5S①技术的环境污染事件应急响应决策技术，建立了辽河流域水环境风险评价及预警技术体系；构建了包括水环境污染源管理系统、水环境质量管理系统、风险评估与预警系统、水环境应急响应系统、综合信息服务系统 5 个子系统的辽河流域水环境风险评估与预警监控技术平台，并成功在辽河流域大伙房水库、浑河城区段及大辽河口进行了推广应用；开展了基于水生态环境功能分区的辽河流域产业准入制度与容量管理研究，建立了基于水生态环境功能分区的辽河流域主要污染物排放控制综合管理体系，实现了辽河流域水污染物排放控制动态管理，初步构建了辽河流域水生态环境功能区生态管理体系和保障体系。

（3）支撑建立了辽河流域水环境安全监控与监测体系，构建了辽河流域水环境安全智能监管系统。基于水生态环境功能区和主要污染物排放管理目标与分配方案，构建了基于控制单元的辽河流域水污染物总量监控及减排绩效评估技术、水生态监控技术、水环境风险预警和监测智能化管理技术体系，建立了服务于总量减排、生态保护、风险预警的监控网络，形成了动态智能的辽河流域水环境安全监控与监测体系。并基于环保物联网、流域水生态环境功能区、主要污染物排放与控制、水环境安全监控的研究成果，开展了流域水环境应急体系的研究，搭建了多元数据采集传输网络，建设了水环境数据中心，构建了包括 7 个核心子系统和 12 个专题数据库的辽河流域水环境安全智能监管系统，同时制定了辽河流域水环境监测体系质量保障管理办法，并成功在辽河流域的清河、汎河、蒲河实现推广应用。

2.6.5　成果转化与产业化

（1）畜禽粪便资源化技术与人工湿地冬季稳定运行技术在辽河流域得到大规模推广，有力支持了辽河流域"摘帽"行动。严寒地区畜禽粪便资源化技术在辽河流域农村环境综合整治项目中得到大规模推广应用。其技术核心为厌氧发酵制沼气以及好氧发酵制有机肥，主要应用领域为农村地区畜禽养殖粪污的治理。该技术在辽宁省内 10 项大型畜禽粪便治理项目中得到推广应用，年处理畜禽养殖粪污 20 万 t，年削减 COD 7200t、NH_3-N 480t，在流域水质改善与农村环境治理中发挥了重要作用。人工湿地冬季稳定运行技术在辽宁省县级污水处理厂建设中得到大规模推广，其中铁岭昌图县污水处理厂、喀左县城市污水处理厂等 8 项污水处理项目均采用人工湿地技术，总处理规模约 14 万 t/d，年削减 COD 9655t，在辽河治理过程中起到了有效的技术支撑作用。

（2）创新了分散式污水治理技术产业化保障机制，打通了政府、市场与企业的沟通交流渠道，构建了辽河流域分散式污水处理环保产业发展新模式。创新实施了"环保管家"一站式服务、"以城带乡"小型污水处理设施运营等服务模式和保障机制，并与抚顺、本

---

① 5S 是指遥感（RS）、地理信息系统（GIS）、全球定位系统（GPS）、数字摄影测量系统（DPS）、专家系统（ES）。

溪、阜新、葫芦岛等 10 多个地区签署了"环保管家"协议；构建了适合辽河流域的分散式污水治理技术产业化模式，积极有效促进了市场的深度挖掘，使分散式污水治理成套设备的产业化推广得以顺利开展，仅"十二五"期间就完成了 41 个产业化项目，推广 10 个系列 9 个子系列成套设备 600 余套，市场开发份额在辽河流域畜禽粪污厌氧发酵治理中占到 60%、小型生活污水处理中占到 30%、人工湿地污水处理中占到 80%、农副产品加工行业废水治理中占到 50%，共实现产值 2.23 亿元。

2.7　经验总结与重大成果

2.7.1　经验总结

技术研发方面：水专项辽河流域项目按照"流域统筹、区域突破"的原则，划分源头区、干流区和河口区三类六大污染控制区域，通过"专项实施支撑流域规划落实""技术创新与应用示范""治理技术与管理技术""污染治理与生态修复"四个"结合"，制定了分区治理策略和流域治理方案；按照"流域统筹、分类控源、协同治理、系统修复、产业支撑"的研究思路，构建"管-控-治-修-产"五位一体的治理模式，实现"一保两提三减排"；基于突破辽河流域重化工业等行业污染治理技术瓶颈，支撑流域"三大减排"和"摘帽行动"，引领了国内第一个大型河流保护区——辽河保护区的建设，为逐步改善辽河流域水质和水生态发挥了重要科技支撑作用；有力支撑了辽河流域水环境质量明显改善的国家战略目标实现，为工业密集、污染负荷高的河流水污染防治提供了成套的技术与管理经验。

组织管理方面：①坚持统一领导，建立了高效协作的组织管理体系。在国家水专项领导小组的统一领导下，辽宁省水专项办公室统一负责具体的组织实施工作；同时，加强各部门分工协作，地方分级负责，各方共同参与，从而建立各部门及示范企业高效协作的组织管理体系。②坚持科学决策，建立专家咨询和管理机制。充分发挥各类专家在专项实施过程中的即时咨询和阶段性指导作用，为专项组织实施及时提供科学决策的依据。③坚持强化目标管理，构建层级分明的全过程组织管理模式。严格按照国家科技计划管理的相关规定，结合水专项实际，依照水专项领导小组办公室制定的管理办法，层层分解和细化管理目标，明确职责，构建由地方政府、科研承担单位和示范工程实施单位组成的层级分明、权责明晰、协作沟通、齐抓共管的组织管理模式。④实施动态管理，形成有效的资源共享和成果管理机制。建立信息、人才和资源交流机制，构建资源共享平台；实施全过程的知识产权管理，提高创新主体的知识产权保护和管理水平；开展多种形式的国内外合作和交流，引进、消化和吸收国外环境科技的成果；提出促进科技成果转化、推广和应用的举措，加强成果的推广与应用。

2.7.2　重大成果

1. 突破了流域重化工业水污染控制关键技术

1）钢铁行业

针对含钒铬渣开发了高值化清洁利用关键技术，率先突破钒铬萃取分离技术瓶颈，实现了废渣的资源化与无害化，并建立万吨级钒铬废渣处理示范工程，实现了废渣总资源利用率超过 95%和全过程废水零排放、废渣近零排放，为企业创造经济效益超过 6 亿元，减排毒性废渣近 5 万 t。"钒铬废渣资源化关键技术与产业化应用"成果获 2011 年辽宁省技术发明奖一等奖。针对焦化废水低成本处理的国际性难题，突破了酚油协同萃取、低成本臭氧多相催化氧化、反硝化强化脱碳脱氮等关键技术，形成的焦化废水强化处理集成技术，已在多个企业建成处理规模 2400～5200t/d 的 4 项示范工程中应用，实现长期稳定运行。其出水水质达到国家焦化行业标准和辽宁省地方标准，累计节水超过 500 万 t，COD 减排超过 1.5 万 t，总氰减排超过 180t，苯并芘减排超过 2.5t，总增收 4355 万元以上，具有显著的经济效益与环境效益。

2）石化行业

"十一五"期间，突破"BAF-UF/RO""絮凝沉淀-多介质过滤-双膜法"等 9 项关键技术，形成基本覆盖流域石化全产业链的水污染控制技术系统；技术支持建成 4 项示范工程，出水水质均符合《辽宁省污水综合排放标准》和石化行业污水排放一级标准；实现日处理废水 13.6 万 t，年累计减排 COD3102t；示范工程废水回用率均在 80%以上，年累计回用水 565 万 t，回收石油 1300t，累计经济效益超 1000 多万元。"十二五"期间，在原有石化全产业链水污染控制技术体系的基础上，强化对石化行业废水 NH_3-N 和特征有毒有害物控制技术的研发，开发了臭氧催化氧化耦合 BAF 同步除碳脱氮成套技术体系。该成套技术应用于中国石油天然气股份有限公司抚顺石化分公司 2501 个污水处理单元改造，示范工程建成后，COD 年削减量约 880t、NH_3-N 约 40t、TN 约 86.4t，由于出水水质优良，部分作为回用水进入现有脱盐水处理单元，运行成本 1.58 元/t，低于同类型技术水平。

3）制药行业

"十一五"期间，针对浑河中游典型制药行业废水，研发了达标排放及资源化技术。其中，水解酸化-接触氧化生物共代谢技术被应用于磷霉素钠制药废水处理示范工程，实现 COD 削减 420t/a。"十二五"期间，针对浑河工业集群区制药废水中有毒有害物污染现状，着重解决制药废水的分质处理及生物强化处理的高效、稳定运行以及含有重金属剩余污泥的安全处置和减量化等问题，研发了沉淀结晶-树脂吸附分质处理含铜废水、制药废水复配功能菌强化 ABR-CASS 生物处理、制药污泥臭氧氧化-厌氧消化脱毒减量化 3 项关键技术，形成制药行业有毒有害污染物控制和资源化集成技术，实现分质处理-综合废水处理-制药污泥处理的全过程控制，有毒有害污染物削减率 90%以上，减排 COD7200t/a，回收铜 90t/a。

2. 构建了大型河流生态治理与修复技术体系

1）大伙房水库水源保护区

（1）创新性提出了源头区水源涵养林结构优化与调控技术体系，突破了现有林业技术规程的限制，提升了上游源头区森林植被的涵养水源、净化水质能力，实现了河/库周边植被的生态功能恢复和水质。其核心技术已编入《辽宁清原国家级森林经营样板基地建设》实施方案，应用于国家森林可持续经营试验与示范区建设。

（2）研发并集成了河/库滨水植被带生态恢复及水质改善技术体系，获得中国科学院科技促进发展奖、辽宁省科学技术奖一等奖，并入选了国家"十二五"科技创新成就展，为浑河流域森林植被水生态功能恢复提供技术支持，为辽河流域的水生态环境治理提供范式。

（3）研发了源头水源涵养区植被生态恢复与河岸植被缓冲带构建关键技术，以及上游汇水区点、面源污染负荷综合削减及污水资源化回用关键技术，确保大伙房水库水质、水量安全，实现了浑河上游水质改善。

2）辽河保护区

基于"河道整治-湿地重建-河岸带修复-水生态监测管理"的思路，水专项成果全面支撑了辽河保护区 538km 干流水环境质量持续改善与河滨带植被及其功能持续恢复。

一是初步建立了辽河保护区治理与保护技术体系。明确了水生态完整性现状，研发了湿地网构建技术、河道综合修复技术、河岸带修复技术、生态恢复管理技术，为全面开展河流水生态建设提供了技术与管理支撑。二是建设了辽河保护区综合示范区。示范区面积 100km²，示范段水质达到Ⅳ类标准，河滨带植被覆盖率大于 90%，湿地面积达 100 万亩，鱼类及鸟类种类恢复到 30 种以上。三是构建了大型河流湿地网恢复技术体系。研发了支流汇入口、牛轭湖和坑塘多形态湿地重建关键技术与湿地网空间布局关键技术，并应用于大型河口湿地工程建设，保障了支流入干流水质达标。四是研发了大型河岸带生态修复关键技术。建设了辽河保护区河岸带人工强化自然封育示范工程，提高了河滨带植被覆盖率、河岸边坡稳定性与河岸缓冲带污染阻控能力，支撑保护区河流水质持续改善、河岸带生物多样性显著增加。

3）辽河口滨海湿地

（1）突破辽河口湿地生态污染阻控技术难题，构建水质改善关键技术与工程示范。针对河口区油田开采造成的井场周边土壤和湿地水体污染问题，研发了"河口区累积性烃类有机污染物的强化阻控与水质改善技术"，实现土壤累积性烃类污染物削减率达到 50%，并在吉林油田、胜利油田进行了推广与应用。

（2）突破辽河口湿地生态用水调控技术难题，构建生态修复关键技术与示范工程。辽河口湿地生态恢复关键技术应用于盘锦市东郭苇场"辽河口湿地芦苇生态恢复示范工程"，对退化芦苇湿地的生态恢复、提高湿地生态功能起到示范作用，苇场单位面积芦苇生物量平均增长 48.6%，污染物去除率提高 30%。辽河口湿地生态用水调控方案应用于盘锦辽河口生态经济区管理委员会下属苇场等相关部门，在枯水年和平水年分别增加微咸水 300 万 t 和 1200 万 t，有效解决枯水期芦苇湿地生态供水问题，节约淡水资源，促进湿地生态恢复。辽河口湿地芦苇群落生态修复关键技术在盘锦市羊圈子苇场的"辽河口湿地芦苇群落生态修复关键技术示范工程"中得到应用，示范面积 2.1km²，使示范区芦苇生物量提高 65% 以上。

（3）保障生态安全，构建了辽河口湿地生态安全预警标准和保护体系。通过分析近 30 年辽河口湿地自然演化过程与人为影响，对辽河口湿地的演变格局、生态安全和潜在生态风险进行预测和预警，构建了辽河口湿地生态安全预警标准和保护体系。

2.8 未来展望与重大建议

辽河流域重化工业发达的产业结构、城市布局和经济社会发展的特点，致使其水环境污染严重、污染治理难度大、技术综合集成性要求高，流域治理的历史欠账多，流域整体呈现结构型、复合型、区域型污染的特点。

"十四五"是我国由全面建成小康社会向基本实现社会主义现代化迈进的关键时期，也是污染防治攻坚战取得阶段性胜利、继续推进美丽中国建设的关键期。为从根本上改善辽河流域生态环境质量，要以习近平生态文明思想为统领，通过强化顶层设计、科学实施分区分级分类管理、合理统筹实施"三水共治"、创新监管机制、加强科技支撑等手段，有力推进辽河流域科学治理与修复。

在总结水专项对辽河流域典型重化工河流治理经验的基础上，对接我国"十四五"重点流域水生态环境保护规划，对"十四五"辽河流域治理规划提出以下建议。

2.8.1　强化顶层设计，合理确定流域"十四五"目标

一是科学划定"三区三线"。根据辽河流域资源环境承载能力和国土开发的适宜性，科学划分"三区"即农业、生态、城镇三个功能区，合理界定"三线"即永久基本农田、生态保护红线和城镇开发边界。推广辽河保护区治理与保护经验，加快划定重要河流保护区和河流两岸生态保护带，坚定不移地退耕还林还河还湿，增强辽河流域可持续发展能力，确保辽河流域永续发展。二是严格落实"三线一单"。科学确定辽河流域生态保护红线、资源利用上线、环境质量底线；科学划定环境管控单元，制定环境准入清单；用"线"管住空间布局，逐步解决产业结构、产业布局不合理问题，用"单"规范发展行为；统筹考虑各种资源与环境要素及其相互关系，推进流域国家生态文明先行示范区的建设。三是科学确定流域水生态环境保护目标。针对辽河流域冬季严寒、河流冰封期较长、河川径流年际变化大等特征，综合考虑水体、河滨带与陆域之间的物质能量传输规律，根据流域冰封期、融冰期、洪水期和枯水期等不同特点，合理制定水污染治理、水环境保护和水生态修复相结合的流域水生态环境保护修复目标和考核指标，有利于流域控制单元精细化管理（钱锋等，2020）。

2.8.2　科学实施分区分级分类管理，推进提质增效

一是开展面向辽河流域的分区分级管理，构建体现流域特色的"法律法规-地方标准-技术导则与规范"的三级法律体系；尽快建立适合辽河流域生态环境特征的分区环境质量标准体系，并完善相应的污染排放标准体系。二是系统完善流域规划，基于资源承载力评估，在制定水环境资源规划的基础上，提出流域综合规划和区域治理规划，做好环境治理工程和设施规划。三是大力推进提质增效，加快补齐城镇污水收集和处理设施短板，推行"厂网河"一体化运维机制，提升排水管网运行效率，确保污水有效收集并处理。四是开展流域治理分类指导，针对辽河流域内城镇、工业、农业污染交错分布的特点，制定流域污染治理与生态修复分类指导技术政策，提出分类指导路线图。

2.8.3　合理统筹实施"三水共治"，"减排""增容"两手发力

一是统筹实施"三水共治"。把水环境治理、水生态修复和水资源保护放在同等重要的位置，坚持"减排""增容"两手发力、同步施治；严守环境质量底线，精准开展水环境治理；基于水专项研究成果，准确分析辽河流域水污染的特征、成因和机制，严守环境质量底线，精准系统实施治理。二是开展生态流量综合监管。制定面向北方严寒地区河湖健康

的生态流量确定方法与标准,建立保护区重要控制断面生态流量与重要水利工程下泄生态基流的监测评估制度。三是科学制定生态水时空优化调度方案和基于河流廊道功能修复的干流闸坝调整方案,基于清河水库、柴河水库、闹德海水库、大伙房水库和观音阁水库的生态流量成果,优先确定辽河、浑河、太子河生态流量,合理分配生产、生活和生态用水,将生态流量纳入水资源管理系统,开展生态流量综合监管(钱锋等,2020),为保护区水生态保护与修复提供良好的水量保障条件、政策标准和措施。四是加强水资源涵养措施和项目的设计。推进上游水源涵养林建设,提高流域水资源供给能力;统筹考虑流域水资源现状,设计中水回用工程项目及配套政策;利用用水价格机制,促进节约用水,推动水环境容量的合理调配和提升,为我国当前与今后开展同类型工业密集、污染负荷高、地域特色鲜明的河流流域水污染防治提供成套的技术与管理经验(袁哲等,2020b)。

2.8.4 创新监管机制,保障流域健康发展

一是建立并完善跨省生态补偿机制。推动建立辽河流域跨省生态补偿试点、政策和经济激励机制,以政策和经济激励机制为杠杆,推动辽河流域上游地区主动加强保护、下游地区支持上游发展(袁哲等,2020a),探索建立流域生态共治、产业共兴、发展共享的模式,建立完善的流域环境信息网络平台,推进省际环境信息的共享,实现生态效益、经济效益、社会效益和制度效益的同步提升。二是探索完善河流空间管控的制度设计。深入落实"三线一单",制定完善辽河流域河流空间管控长效机制和制度。三是发挥流域污染治理市场机制。探索建立以排污许可交易为基础,第三方评价机构辅助监督的系统化市场治污机制,发挥市场机制功能,推进流域污染治理的市场化发展。

2.8.5 加强科技支撑,提升治理技术保障水平

一是加强水专项成果转化。进一步完善水专项等技术成果转化平台和相关政策,促进技术成果转化落地,提升流域水污染治理和水生态环境保护成效。二是开展健康河流综合管控。制定和完善辽河流域水污染防治、水环境改善和水生态修复管控方案,整合并依托现有水环境监测和生态监测网络平台,支持"水十条"等目标实现,推动辽河健康河流系统恢复。三是完善辽河流域治理模式和技术路线图。强化顶层设计,依托"十三五"水专项成果,制定辽河流域分区分类治理和保护技术方案,制定完善流域治理和保护修复技术路线图,形成适合辽河流域特点的综合治理模式。

参 考 文 献

段亮,宋永会,白琳,等.2013.辽河保护区治理与保护技术研究.中国工程科学,15(3):107-112.

郝明家,王英健.2000.一控双达标的实施与控制管理.环境保护科学,(1):30-32.

李丛.2022.辽河流域水污染治理技术评估与优选.沈阳:东北大学.

刘瑞霞,李斌,宋永会,等.2014.辽河流域有毒有害物的水环境污染及来源分析.环境工程技术学报,4(4):299-305.

钱锋,魏健,袁哲,等.2020.辽河流域水环境治理模式与"十四五"规划思考.环境工程技术学报,10(6):1022-1028.

宋永会，王阳，白洁，等. 2020. 辽河流域水污染治理技术集成与应用示范. 北京：科学出版社.

宋永会，魏健，崔晓宇，等. 2016. 辽河流域制药行业废水处理与资源化技术研究//中国化学会应用化学学科委员会水处理化学理事会.第十三届全国水处理化学大会暨海峡两岸水处理化学研讨会摘要集-S1 物理化学法. 北京：中国环境科学研究院城市水环境科技创新基地：1.

孙启宏，韩明霞，乔琦，等. 2010. 辽河流域重点行业产污强度及节水减排清洁生产潜力. 环境科学研究，23（7）：869-876.

袁哲，许秋瑾，宋永会，等. 2020a. 辽河流域水污染治理历程与"十四五"控制策略. 环境科学研究，33（8）：1805-1812.

袁哲，许秋瑾，宋永会，等. 2020b. 辽宁省辽河流域水生态完整性恢复的实践与启示. 环境工程技术学报，11（1）：48-55.

曾萍，宋永会. 2019. 辽河流域制药废水处理与资源化技术. 北京：中国环境出版集团.

中国环境科学研究院，辽宁省生态环境厅，吉林省生态环境厅. 2019. 辽河流域水污染综合治理技术集成与工程示范研究第一阶段. 北京：中国环境出版集团.

中国环境科学研究院环境基准与风险评估国家重点实验室. 2020. 中国水环境质量基准方法. 北京：科学出版社.

Qiu G L，Song Y H，Zeng P，et al. 2011. Phosphorus recovery from fosfomycin pharmaceutical wastewater by wet air oxidation and phosphate crystallization. Chemosphere，84：241-246.

Qiu G L，Song Y H，Zeng P，et al. 2013. Characterization of bacterial communities in hybrid upflow anaerobic sludge blanket（UASB）-membrane bioreactor（MBR）process for berberine antibiotic wastewater treatment. Bioresource Technology，142：52-62.

Zhang P，Song J M，Yuan H M. 2009. Persistent organic pollutant residues in the sediments and mollusks from the Bohai Sea coastal areas，North China：An overview. Environment International，35（3）：632-646.

第3章

淮河流域治理修复理论与实践

3.1 流 域 概 况

3.1.1 自然地理状况

淮河流域是我国七大江河流域之一，地处我国东部，介于长江和黄河两流域之间，流域面积约 27 万 km²，东西长约 700km，南北平均宽约 400km。淮河流域西起桐柏山、伏牛山，东临黄海，南以大别山、江淮丘陵与长江流域分界，北以黄河南堤、泰山与黄河流域分界。淮河流域由淮河和沂沭泗两大水系组成，废黄河以南为淮河水系，以北为沂沭泗水系。淮河流域水系的主要特征是上游为山地丘陵地区，两岸山峦起伏，水系发达，支流众多；中游多为平原地区，地势平缓，多湖泊洼地；下游为滨海平原地区，地势低洼，水网交错，渠道纵横（王九大，2001；水利部淮河水利委员会，1998）。淮河流域主要水系见图 3-1。

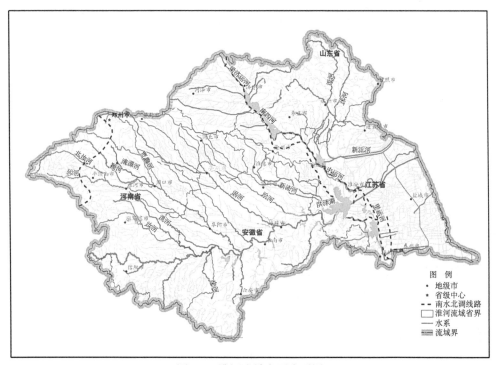

图 3-1 淮河流域主要水系图

淮河流域地处我国南北气候过渡带，降水量时空分布不均，水资源量十分短缺，人均水资源量为499.5m³，仅为全国人均量的1/5，河流闸坝众多。以淮河为界，淮河以北属暖温带半湿润气候区，淮河以南属亚热带湿润型季风气候区。流域多年平均降水量约为880mm，降水量空间分布大致是由南向北递减，山区多于平原，沿海多于内陆。流域的伏牛山区与大别山区年均降水量为1000mm以上，流域北部降水量最少，低于700mm。流域降水量年际与年内分布差异均较大，汛期（6～9月）降水占全年降水的50%～80%。淮河流域地表水资源空间分布总体与降水相似，河流径流量年际变化更大，且50%以上主要集中于6～9月，年内分布十分不均，兼之大多属平原型河流，造成淮河在丰水年常水多为患，经常发生洪涝灾害；枯水年经常发生严重旱灾（赵金玉，2020；水利部淮河水利委员会，2006，2007，2008，2009，2010）。

为了保障工农业生产与生活用水，淮河流域修建了大量的水库、闸坝等水利工程用于防洪与蓄水。全流域建设了约5000个闸坝，以拦蓄水资源。闸坝过多导致水体流动性严重下降，水环境容量大为降低。同时，加之流域地势较为平坦，坡降小，河流流速缓，水体自净能力差，加大了淮河水污染治理的难度。闸坝在流域防洪、农业灌溉和供水等方面发挥了巨大的作用，但与此同时，闸坝工程使上游经常囤积大量的工业废水和生活污水，曾多次导致严重的污染团下泄事件，加剧了淮河流域用水、防洪与治污之间的矛盾。如何降低突发性水质污染事件的发生概率，消除水污染事故隐患也是实现淮河流域水环境"长治久安"的重要任务之一（夏军等，2008；张永勇等，2007）。

3.1.2　经济社会发展状况

淮河流域所辖湖北、河南、安徽、山东、江苏五省40个市、181个县（市），是长江经济带与黄河经济带的连接中枢，是我国重要粮食与能源生产基地，在国家经济社会发展中有着举足轻重的地位。淮河流域日照时间长，光热资源充足，气候温和，发展农业条件优越，主要作物有小麦、水稻、玉米、薯类、大豆、棉花和油菜，是国家重要的商品粮、棉、油基地，素有"中国粮仓"之称（周亮等，2013）。淮河流域面积仅为国土面积的1/36，但耕地却占全国耕地总量的1/8，单位国土面积粮食产量是全国平均的5.7倍，粮食产量占全国产量的1/6，小麦产量占全国总产量50%以上，棉花产量占全国1/4以上，大豆、油菜、花生等油料作物产量均占全国1/5以上。

淮河流域以造纸、化工、农副食品加工、制药、轻纺等农业伴生工业为主导产业，产业结构整体层次较低，工业结构偏重，导致淮河流域工业结构型污染十分突出。淮河流域主要排污行业为造纸及纸制品业、化学原料及化学制品制造业、农副食品加工业、纺织业、饮料制造业、食品制造业、黑色金属冶炼及压延加工业等。上述行业的工业增加值贡献率约40.3%，COD和NH₃-N的贡献率分别约84.7%和87.9%（图3-2）。

淮河流域人口密集，2005年流域总人口约1.67亿人，占全国人口的13%，人口密度达623人/km²，为全国平均水平的4.7倍。淮河流域集中了沿淮省份最贫困的地区，2005年全流域GDP总量约1.6万亿元，人均GDP不足1万元，仅为全国平均水平的2/3。淮河流域集中了沿淮省份最不发达的地区，近年来，其经济快速增长，但总体上仍属经济欠发达地区。2007年，淮河流域第一产业、第二产业、第三产业占GDP的比重分别为15%、52%

和 33%，整体上仍处于工业化初级阶段。随着淮河流域城市化进程和经济发展速度逐步加快，经济社会发展与水环境保护之间的矛盾将进一步加剧。

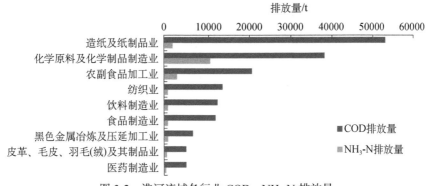

图 3-2 淮河流域各行业 COD、NH₃-N 排放量

3.1.3 流域水污染治理历程

改革开放初期，淮河流域的水污染问题十分严重，发生过多次严重的污染团下泄事件。党中央、国务院高度重视淮河流域水资源保护与水污染防治工作。"九五"以来，淮河一直被列为国家重点治理的"三河三湖"之首，是我国最早进行水污染综合治理的河流之一。1994 年 5 月，淮河流域环保执法检查现场会在安徽省蚌埠市召开，拉开了国家全面治理淮河的序幕。1995 年 8 月 8 日，国务院颁布了我国第一部流域水污染防治法规《淮河流域水污染防治暂行条例》。该条例的颁布为淮河流域水污染防治提供了法律依据（刘鸿志，1998；于术桐，2010）。

1996 年 6 月 29 日，国务院批复了《淮河流域水污染防治规划及"九五"计划》（简称《"九五"计划》）。淮河被列入国家"九五""十五"重点治理的"三河三湖"之列。"九五"期间，淮河流域水污染治理以整顿工业污染为主，以"关、停、禁、改、转"为指导思想，关闭了大批高耗水、高污染的"十五小"企业，并对重点污染企业实行限期治理；《"九五"计划》规划建设各类水污染防治项目 303 个，总投资约 166 亿元；经过"九五"治理，流域水质恶化趋势得到一定程度的缓解，但《"九五"计划》的目标未能实现，2000 年流域COD 排放量为 105.9 万 t，远远超过 36.8 万 t 的总量控制目标（李云生等，2008；环境保护部，2010）。

2003 年 1 月 11 日，国务院又批复了《淮河流域水污染防治"十五"计划》（简称《"十五"计划》）。2005 年 10 月，国家环境保护总局颁布了《淮河流域水污染防治规划（2006—2010 年）》。"十五"期间，淮河流域水污染治理以城镇污水集中处理为主，《"十五"计划》规划建设 9 类 488 个项目，污水处理厂 39 座，总投资 255.9 亿元。经过"十五"治理，淮河流域水质达标率不断提高，但仍然没有实现《"十五"计划》COD 排放量 64.2 万 t的控制目标，2005 年流域 COD 排放量实际为 103.3 万 t，为《"十五"计划》目标的 1.6 倍；NH₃-N 实际排放量为 14.0 万 t，是《"十五"计划》目标的 1.2 倍（周亮和徐建刚，2013）。根据《淮河流域限制排污总量意见及对策建议》（张炎斋和吴培任，2005），淮河流域水域所能容纳的 COD 和 NH₃-N 总量分别为 38.2 万 t/a 和 2.66 万 t/a，而 2005 年 COD 和 NH₃-N

的排放量分别是最大容量的 2.7 倍和 5.3 倍，可见淮河流域四省①的 COD 和 NH₃-N 排放量均未能实现《"十五"计划》的预期目标。

3.1.4　流域水污染发展趋势

自"九五"以来，经过多年国家和淮河流域各级地方政府以及社会各界的艰苦努力，淮河流域水环境质量不断恶化的趋势已经得到相当程度的遏制，尤其是 2001 年以来，省界断面水质劣 V 类水质断面比例大幅度下降，Ⅳ类水质断面比例逐渐增加（图 3-3）。但目前淮河的污染形势依然相当严峻，主要断面水质离水环境功能区划目标仍有较大差距。

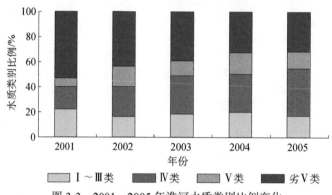

图 3-3　2001～2005 年淮河水质类别比例变化

根据《2005 年中国环境状况公报》，淮河水系属中度污染。86 个地表水国控监测断面中，Ⅰ～Ⅲ类、Ⅳ～Ⅴ类和劣 V 类水质的断面比例分别为 17%、51% 和 32%（图 3-4）。

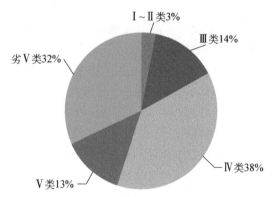

图 3-4　2005 年淮河水系水质类别比例分布

2005 年，淮河流域省界断面的水质总体上也属中度污染，Ⅰ～Ⅲ类水质占 13%、Ⅳ～Ⅴ类占 56%、劣 V 类占 31%。淮河流域 26 个跨省界断面中，14 个未达到功能区划要求，占 53.8%，其中，豫-皖交界的 12 个断面中 8 个不达标，苏-皖交界的 1 个断面不达标，皖-苏交界的 3 个断面均不达标，鲁-苏交界的 8 个断面均达标，苏-鲁交界的 2 个断面均达标。淮河流域水环境污染已处于高位污染的相持阶段。一方面，经过多年的艰苦努力，其水环境恶化势头有所遏制，流域范围内达标排放工作持续多年、城镇污水处理能力进一步提高；

---

① 淮河流域涉及河南、安徽、山东、江苏、湖北五省，其中湖北省内淮河流域面积非常小，所以"九五"以来淮河治理规划没有把湖北省列入，本书后续的论述中也不再包括湖北省。

另一方面，由于污染治理历史欠账太多，加之淮河流域大部分地区经济欠发达，经济加速发展需求强烈，经济社会发展模式亟待优化，流域水污染防治压力依然很大。

3.2　关键问题诊断

3.2.1　诊断思路

抓住河流水污染关键问题并诊断其成因是制定科学有效的解决途径的前提。针对淮河流域"闸坝多、污染重、风险高、生态退化"等特点，重点解析闸坝型重污染河流的基本特征，基于项目调查数据及历史数据分析，从水污染类型、水质风险与水生态健康3个方面分析诊断淮河流域水环境关键问题，为提出科学有效的流域水污染治理对策提供基础（图3-5）。

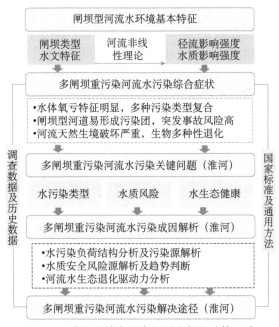

图3-5　淮河流域水污染问题诊断的总体思路

3.2.2　基本特征

1. 闸坝型河流稀释和自净能力弱，水质难以达标

河流闸坝蓄水后大体积水体流速慢，滞留时间长，有利于悬浮物与营养物质沉降，降低了水气界面交换的速率，造成复氧能力减弱，有利于藻类光合作用，坝前储存数月甚至几年的水常因藻类大量生长而导致富营养化，腐烂的有机物消耗大量溶解氧，造成水体氧亏特征明显，水体自净能力大大降低。而且闸坝拦蓄上游河水，造成下游基流匮乏，河流水体蒸发速度加快，极大地降低了河流对污染物的稀释能力。由于水体自净能力与稀释能力的下降，再加上排放大量工业废水和城市尾水，河流水质难以达标。此外，由于河流水流速度降低，耗氧有机物、重金属、有毒有机物等各种污染物在河流中的迁移速度降低，

河流坝前长期蓄积大量污染物，并沉积在坝前底部，难以降解，水体经常呈现多种污染类型的复合污染。

2. 河道闸坝内污染团集中下泄，突发事故频发

建造闸坝蓄水阻断了河流上游污染负荷与下游水体的自然联系，切断了河流清水补给，削弱了水流速度，大量污水、泥沙及营养物质滞留水体，各种污染物在闸坝前水体聚集形成污染团。特别是在枯水期，河流关闸蓄水容易造成河流污水发生聚集形成高浓度污染团，成为河道型污染库。当汛期河流开闸泄流，蓄积河道的污染团集中下泄，导致河流频繁发生突发性污染事故。1989～2004年，淮河发生的6次重大污染团下泄水污染事故均与上游闸坝汛期集中开闸泄洪有关（李平，2013；程绪水等，2005）。因此，闸坝型重污染河流一方面需加强污染控制，减少河流水体污染负荷，改善水质；另一方面必须建立科学的闸坝水质水量联合调度技术与方案，才能有效防控污染团下泄事件发生。

3. 高密度闸坝破坏了河流生态系统完整性，导致生物多样性锐减

河流生态系统的结构和功能由水文、生物、地形、水质和连通性五部分组成，各个部分相互发生着作用，其中水文是主动的，它对河流生境形成起到决定性作用。高密度闸坝建设对河流形态、水文过程造成干扰，导致水文破碎化，改变了河流原有的流量、流速和流向等水文特征，破坏了地表水和地下水的循环，改变了下游河道的水文情势，导致下游河道干涸、径流量大大减少，河流系统连续性被阻断，破坏了河流生态系统结构完整性。水体环境容量与自净能力的大大降低，加上两岸工农业以及城乡生活带来的水污染，综合影响了河流水生生态系统的能量和物质，影响洄游性鱼类以及河岸带的生态组成，给本地物种带来不利影响，导致生物多样性锐减。

3.2.3 关键问题

基于淮河流域闸坝型重污染河流的基本特征，结合历史数据和调查监测数据，从水污染类型、水质风险与水生态健康3个方面诊断淮河流域水污染关键问题。

1. NH3-N和COD是主要超标因子，贾鲁河—沙颍河和南四湖是重污染子流域

根据《2005年中国环境状况公报》，淮河干流水质整体属轻度污染，但支流水质总体上属重度污染。其中，沙颍河、涡河为重度污染，高锰酸盐指数（COD_{Mn}）、NH_3-N和石油类为主要污染指标。沙颍河是淮河最大的一级支流，全长620km，流域面积近4万km^2。其是淮河流域污染最重的一级支流，面积占淮河流域总面积的1/7，但污染负荷约占全淮河流域的1/3，历次发生的淮河污染团下泄事件皆与沙颍河紧密相关。贾鲁河是沙颍河的支流，也是淮河流域污染最为严重的二级支流，流域面积仅占淮河流域的1/49，但污染负荷却占淮河流域总负荷的1/9。因此，有"欲治淮河，必先治沙颍河；欲治沙颍河，必先治贾鲁河"之说。

淮河流域是南水北调工程东、中两线的重要过水区域。根据南水北调东线工程规划，南四湖为东线工程的重要调蓄湖泊，其水质状况成为影响东线输水水质安全的关键因素。但是，南四湖独特的地形特征决定了3万多平方千米流域面积内所有水污染源全部通过53条河道排入南四湖。即便流域内的所有污染源都执行国家最为严格的一级排放标准，南四湖的水质与国家要求的地表水Ⅲ类标准相比还有很大差距。南水北调东线工程开工建设时，南四湖90%以上的湖区水质为劣Ⅴ类，治理难度极大。因此，南四湖水污染直接威胁着南水北调东线调水的水质安全。

2. 污染突发事故频发，水环境风险高

淮河是我国水污染事故发生频次最高的流域之一。1989～2004年，淮河流域先后发生了6次重大污染团下泄的水污染事故，造成巨大经济损失，严重影响流域工农业生产与人民群众生活，河流生态环境遭受严重破坏。近年来，随着淮河干流水质的不断改善以及流域闸坝调控管理能力提高，淮河干流发生重大污染团下泄事件的可能性大幅度降低。不过，淮河流域中游平原区北岸支流污染非常严重，还存在河流污染团下泄事故发生等诸多隐患。因此，在水污染问题没有根本解决之前，淮河流域仍然存在发生水污染事故的隐患，尤其是跨省河流的水污染。这不仅对当地的社会、经济和水环境造成影响，还对下游供水安全造成威胁。

大量调查研究表明，淮河流域水环境毒害污染已十分严重，威胁流域饮用水安全。根据淮河流域地表水源水中14类（共计104种）污染物的检测分析发现，淮河流域水源水中多环芳烃（PAHs）浓度为115.25～929.11ng/L、有机氯农药（OCPs）浓度为133.69～453.52ng/L、邻苯二甲酸酯（PAEs）浓度为164.37～662.55ng/L、硝基苯类化合物（NBs）浓度为59.52～1352.98ng/L。运用健康风险评价模型对淮河流域18个采样点地表水源水中有机有毒污染物的潜在人体健康风险进行评估，发现淮河流域PAHs、OCPs、PAEs、NBs不产生显著的非致癌风险，但是支流涡河和下游江苏苏北地区地表水源水中的PAHs和全流域地表水源水中的OCPs产生显著的致癌风险（陈讯，2016）。据2009年《凤凰周刊》等新闻媒体报道，全国有百处癌症高发区（或"癌症村"），其中淮河流域占近1/4。2013年6月25日，基于中国疾病预防控制中心专家团队长期的研究成果，杨功焕和庄大方（2013）出版了《淮河流域水环境与消化道肿瘤死亡图集》，首次证实了淮河流域癌症高发与水污染的直接关系。

3. 水生态严重退化，水生生物以耐污种为主

淮河流域建造众多水库、闸坝等人工水利设施，严重破坏了河流网络的连续性和完整性，导致流域生境被大量破碎化，加上水体污染严重，造成了淮河流域河流水生生物群落结构单一，以耐污种为主（张颖等，2014；左其亭等，2015）。淮河流域的水生生物主要分布在平原湖泊，流域内水生生物含量丰富的大型湖泊主要有洪泽湖、南四湖、骆马湖、瓦埠湖、高邮湖等。分布在上游水库和河道中的水生生物种类与数量均较少，许多河道因水体污染其水生生物资源遭到严重破坏。以底栖动物为例，淮河流域河南地区耐污种有12种，敏感物种仅有1种，物种多样性指数为1.04，丰富度指数为1.11；安徽地区耐污种高达16种，敏感物种仅4种，物种多样性指数为1.27，丰富度指数为1.34；江苏地区耐污种有16种，敏感物种仅有1种，物种多样性指数为1.69，丰富度指数为1.33；山东地区物种多样性指数平均为1.63，丰富度指数为1.60。总体而言，淮河流域各地区中敏感物种极少，而耐污物种较多，且数量均很低；物种多样性和丰富度低，表明淮河流域水体水生态明显退化，水生态健康程度低。

2006年，中国科学院地理科学与资源研究所等单位开展了闸坝对淮河生态与环境影响评估研究。研究表明，槐店闸所在的沙颖河中下游区与太平庄闸、王庄闸所在的沭河中下游区的河流生态系统遭受破坏最严重。涡河中下游生态系统受到损害，处于不稳定状态，下游生态有恢复迹象，河流健康程度有所提升。淮河干流以北平原区的河流，位于人口与

工农业密集区，受人类活动影响强烈，水体受到严重污染，水生态环境质量很差。淮河干流水生态与水环境优劣的突变点在临淮岗：临淮岗以上的淮河段水体水生态质量较好；临淮岗以下的淮河段水体生态质量较差。

2008年，对淮河干支流、南水北调输水线和重要湖泊水库进行的水生态状况调查评价研究表明，淮河干支流水生态状况在空间分布上有比较大的差异。在71个监测断面中，水生生物多样性最好的断面是汝河汝南，多样性最差的断面是南四湖独山岛；丰富度最高的断面是漯河马头镇，丰富度最差的断面是南四湖独山岛；水生生物物种均匀度指数最大的断面是运河台儿庄，各类物种分布最不均匀的断面是南四湖独山岛。采用生物指数法的评价表明，淮河流域71个监测断面中，水生态系统稳定、脆弱和不稳定的比例分别占9%、73%和18%。总体来看，淮河流域水生态系统脆弱，河湖生态系统大多遭受到不同程度的破坏，仅部分河段生态系统较好。

3.3　污染成因和生态退化机制

3.3.1　水污染成因

1. 入河污染负荷远超纳污能力是淮河水污染的根本原因

《"十五"计划》确定的总量控制目标为：到2005年，淮河流域COD排放量控制在64.2万t，入河量控制在46.6万t；NH_3-N排放量控制在11.3万t，入河量控制在9.1万t。根据环境统计资料（表3-1），2005年淮河流域COD实际排放量为103.3万t，是《"十五"计划》目标的1.6倍；NH_3-N实际排放量为14.0万t，是《"十五"计划》目标的1.2倍。由此可见，淮河流域入河污染负荷远超纳污能力。在保持较快经济增长的情况下，淮河流域要实现水质达标的任务十分艰巨。

表3-1　2005年淮河流域COD和NH_3-N排放状况　　（单位：万t）

省份	2005年排放量		《"十五"计划》目标		纳污能力	
	COD	NH_3-N	COD	NH_3-N	COD	NH_3-N
河南	29.4	4.6	18.7	4.5	10.7	0.7
安徽	14.1	2.6	11.8	3.6	11.9	1
江苏	40.3	4.3	24.8	1.6	4.4	0.2
山东	19.5	2.5	8.9	1.6	11.2	0.8
合计	103.3	14.0	64.2	11.3	38.2	2.7

从点源污染结构来看，2005年淮河流域废水排放总量中，城镇生活源占64%，工业源占36%；在COD排放总量中，城镇生活源占75%，工业源占25%；在NH_3-N排放总量中，城镇生活源占77%，工业源占23%。由此可见，在流域层面上无论是废水排放量，还是主要污染物COD与NH_3-N排放量，淮河流域城镇生活污染负荷的比重远远超过工业污染负荷。从污染物来源的行业来看，由于淮河流域经济欠发达，经济增长方式粗放，农业伴生

工业结构型污染十分突出。据统计，造纸及纸制品业、化学原料及化学制品制造业、食品制造业等 7 个行业的废水排放量占工业废水排放总量的 83.7%；造纸及纸制品业、化学原料及化学制品制造业、食品制造业、饮料制造业等 6 个行业的 COD 排放量占工业排放总量的 80.5%，化学原料及化学制品制造业和食品制造业 2 个行业的 NH_3-N 排放量占工业排放总量的 84.6%。淮河流域是我国主要的粮食生产基地之一。为了提高粮食产量，淮河流域化肥施用量已从 1990 年 495 万 t 增加到目前的 702 万 t，平均每公顷化肥用量约 500kg。化肥有效利用率平均只有 30%～35%，大量的面源污染物不仅随地表径流直接进入地表水体，污染河流与湖泊，而且渗入地下，污染土壤和地下水。而被污染的地下水最终排向地表水体，加剧了河流与湖泊的污染。根据 2008 年国务院通过的《国家粮食安全中长期规划纲要（2008—2020 年）》，至 2020 年以淮河流域为主要依托的河南、安徽两省分别增产粮食 300 亿斤[①]和 220 亿斤。淮河流域土地资源总体开发程度高，后备耕地资源极少，粮食增产目标的实现主要取决于单产的提高。在现有技术条件下，为了增加产量，除选用良种、改良耕作制度、强化田间管理、优化水肥配比外，必将更多地使用化肥和农药，这将进一步加大农田面源污染控制的难度。

2. 工业废水毒害污染物排放是造成水环境风险高的直接原因

淮河流域工业发展迅速，但目前整体上仍处于工业化中级阶段。由于自然条件和发展阶段所限，淮河流域可发展的产业类型受到了较大的限制，尽管淮河流域各省在产业结构调整方面做了大量工作，但化工、造纸、制革等重污染行业仍是淮河流域的主导产业。长期以来，淮河水体接纳了大量工业废水，尽管废水排入受纳水体之前已处理达标，但是目前工业废水排放水质控制指标还基本停留在 COD、氮、磷等传统指标，废水毒害污染物排放还缺乏有效控制。废水中毒害污染物对水质常规指标如 COD、BOD 等贡献小，但是它们产生的毒害效应严重危害河流水生态与人体健康。以精细化工行业为例，该行业产品种类多、附加值高、用途广、产业关联度大，直接服务于国民经济的诸多行业和高新技术产业的各个领域，对工业经济发展贡献大，在淮河流域工业结构中居重要地位。精细化工企业和园区在淮河流域分布密集，如安徽、江苏两省共建有约 30 家精细化工行业的工业园区。但是精细化工废水中的污染成分复杂，即使企业或园区达标排放，废水中仍有大量有毒有机污染物被排入河流水体，造成严重的毒害污染。近年来，随着长江三角洲产业加速向内地转移，淮河流域洪泽湖中上游地区的精细化工等重污染行业将会进一步迅速发展，淮河流域毒害污染控制面临更为严峻的挑战。

3. 水资源短缺和闸坝众多加剧了淮河流域水污染情势

淮河流域人口众多，其人口总量占全国的 15.5%，人均水资源量是全国人均的 21%，是世界人均的 6%。淮河流域耕地亩均占有水资源量 405m³，为全国亩均的 24%，是世界亩均的 14%。淮河流域地处南北气候过渡带，70% 的径流集中在汛期 6～9 月，最大年径流量是最小年径流量的 6 倍，水资源的时空分布不均和变化剧烈，加剧了流域水资源开发利用难度，使水资源短缺的形势更加突出。同时，流域水土资源不匹配，淮河以南水资源量相对丰富，但经济较落后，经济总量小；淮河以北水资源量较为贫乏，但经济较发达，

---

① 1 斤=0.5kg。

经济总量较大，随着经济社会的进一步发展，淮河以北地区的用水需求将会更大，水资源供需矛盾将更加突出。水资源短缺是淮河流域面临的长期情势，必将加剧流域的水污染状况。淮河干支流拦蓄工程日益增多，闸坝高度密集，流域人工水系和天然河网纵横交织，下泄流量难以保障，水系不畅。淮河流域共有5400多座大中型水库和4200多座水闸，水库等干支流拦蓄工程可以增加当地水资源的利用效率和抬高沿河两岸的地下水位，但同时导致河道下泄量和区间来水量呈减少的趋势。闸坝在城区分布密集，导致河湖水系多处于蓄而不流的状态，部分河流源头常年断流，河道环境基流难以保障，河道已丧失基本的自净能力，加之截流导致下游河流基流匮乏，缺少足够的清水稀释，使得河流水质无法达标。

3.3.2 水生态退化机制

1. 生态用水不足是淮河水生态退化的根本原因

淮河流域的河湖水系主要以降水为补给源，河道径流季节性变化大。由于水资源短缺，加之径流人工控制程度高，淮河流域水资源开发利用率达60%以上，界首、沈丘、亳州等断面以上区域的人均水资源占有量与人均用水量接近，水资源利用率超过70%，严重挤占了河道生态用水。淮河干流北岸河流天然基流缺乏，大部分是季节性河流，有水无流或河道干枯的现象非常普遍。据统计，平水年淮河水系和沂沭泗水系的生态亏缺水量分别为15.5亿m³和5.4亿m³；偏枯年份淮河水系和沂沭泗水系的生态亏缺水量分别为21.8亿m³和5.7亿m³。根据淮河流域1956~2005年各个断面的实测日平均流量，计算河流生态用水的保证率，结果表明，淮河干流断面的保证率明显高于支流断面，淮河流域干流的生态基流月保证率平均为57%，支流仅为25%（表3-2）。

表3-2　1956~2005年淮河流域生态基流保证率　　　　（单位：%）

淮河水系站名	生态基流		沂沭泗水系站名	生态基流	
	日保证率	月保证率		日保证率	月保证率
息县（干流）	82	63	跋山水库	59	—
淮滨（干流）	75	53	岸堤水库	48	—
王家坝（干流）	81	61	角沂	52	24
鲁台子（干流）	81	61	临沂	56	26
蚌埠（干流）	77	51	港上	31	11
班台	62	36	沭阳	29	24
界首	48	29	青峰岭水库	43	—
阜阳	51	18	莒县	59	28
亳县	47	33	大官庄	31	15
蒋家集	57	28	新安	22	4
明光	63	46	石梁河水库	43	

《淮河流域水资源综合规划》的《淮河流域生态用水调度研究》专题报告中，分别比较了王家坝等断面1956~2005年最小生态流量与综合规划生态流量的大小关系，并按不同

年代计算生态流量年平均破坏月数(十年总破坏月数除以十年总月数)和生态用水保证率,计算结果表明,淮河流域内多个关键断面的生态用水保证率皆小于50%。淮河流域394个全国重要江河湖泊水功能区中,12个水功能区连续干涸断流的时间达6个月,维持或恢复河流生态系统基本结构与功能所需的最小流量难以保障;参评的336个水功能区中235个水功能区水质达标,达标率仅69.9%,河流水质不达标导致河流生态系统功能难以正常发挥,人类依赖河流生态系统的景观需求等福祉难以保障。

2. 天然生境严重破坏是导致生物多样性锐减的直接原因

淮河流域是我国水库、闸坝等水利设施建设最密集的流域之一。闸坝在河流防洪、农业灌溉、发电、供水等方面发挥巨大效益,但是高密度的水利工程严重破坏了河流天然生境条件,破坏了河流网络的连续性和完整性,切断了水生生物的洄游通道,导致水生生物多样性降低。闸坝蓄水造成水资源过度利用,河流径流量降低,河流出现干涸或断流现象,湖泊湿地萎缩,河湖水生态系统功能下降,水生生物数量和种类减少。据统计,淮河流域从20世纪80年代至今已有11个小湖泊萎缩消失,湖泊水面面积年萎缩量达0.2%(徐邦斌,2005)。闸坝修建后对其下游水生态系统有一定的不利影响,长期的调控干扰会导致水生生物群落结构单一,水生态环境显著恶化。目前,淮河流域部分区域湿地植被退化较为严重,原生植被惨遭破坏,湿地水生生物生境类型逐渐趋于单一化,水生生物种类和数量明显减少,河流径流变化直接改变土地植物覆被,严重威胁湿地及生态交错带的生物多样性。

3.4 治理策略和技术路线图

3.4.1 治理策略

"九五"以来,经过国家和地方各级政府以及全流域人民的共同努力,淮河流域水污染治理取得了明显成效,但是远未实现预期目标,流域整体水质与规划目标还有较大的差距。其根本原因是在流域层面缺乏创新性的整体治污思路与治理对策,过去"头痛医头、脚痛医脚"的局部分散、应急性及运动性的治理行动不仅收效甚微,而且造成人力、物力、财力的重复和浪费。因此,必须针对淮河流域水污染基本特征、关键问题和污染成因,提出清晰简洁的流域治理思路和策略,才能从根本上解决淮河水污染问题,实现流域水质改善和达标。通过深入研究淮河水污染关键问题及成因认识到,淮河流域水污染治理必须做到"有所为、有所不为",选择重点、攻克难点,具体治理思路为"抓住关键问题、聚焦重点区域、设立阶段目标、突破关键技术、改善流域水质",实施从污染源、河道、管理与流域综合调控的"点—线—管—面"综合治理路线。

3.4.2 重点任务设置

针对淮河流域闸坝众多、污染重,基流匮乏、风险高、生态严重退化等典型特征,制定了污染源、河道、管理与流域综合调控的"点—线—管—面"综合治理路线,选择淮河污染最严重支流贾鲁河—沙颍河和南水北调东线过水通道——南四湖为重点综合示范区,开展"大科学""大集成""大示范"与联合攻关。根据国家重点流域水污染防治规划与水专项总体阶段布局,淮河项目主要按以下三个阶段设置重点攻关任务。

第一阶段(2006~2010年):"控源减排"阶段。"十一五"期间,水专项设立了"淮河流域水污染治理技术研究与集成示范"项目,下设10个课题。主要治理污染类型是耗氧污染,主要治理对象是重污染行业废水与城镇生活污水。该阶段的重点任务是研发化工、食品加工、造纸、制革等淮河流域典型重污染行业与城镇生活污水污染负荷削减共性关键技术,大幅削减淮河耗氧污染物(COD与NH_3-N)入河负荷,治理目标是实现贾鲁河—沙颍河重污染子流域水质显著改善以及南水北调东线过水通道——南四湖稳定达到地表水Ⅲ类水质目标。

第二阶段(2011~2015年):"减负修复"阶段。"十二五"期间,水专项设立"淮河流域水质改善与水生态修复技术研究与综合示范"项目,下设8个课题。该项目主要治理污染类型是氮污染(地表水是NH_3-N,地下水是"三氮")与有机毒害污染,主要治理对象是城镇生活污水、农业面源污染与精细化工行业废水,重点治理区域是流域中游平原区的重污染子流域(沙颍河)与流域下游滨海区的重污染入海河流(清安河),治理目标是实现沙颍河入淮河干流断面水质稳定达到水功能区划水质目标(Ⅳ类)以及重污染入海河流水质显著改善。该阶段的重点任务是在淮河流域中游平原区沙颍河子流域的贾鲁河、清潩河、八里河3条重污染河流与流域下游滨海区的重污染入海河流—清安河建立4个重污染河流水污染治理综合示范区;实现河流水质稳定达标或显著改善,形成重污染河流治污模式;研发有毒有机污染物削减与风险控制、水质-水量-水生态调度、受损河流水生态修复等生态流域建设共性技术,推进典型行业共性技术产业化,创建淮河流域产业技术创新联盟。

第三阶段(2016~2020年):"综合调控"阶段。"十三五"期间,水专项设立"淮河流域重污染河流深度治理和差异化水质目标管理关键技术集成验证及推广应用"项目,下设4个课题。该项目以"水十条"对淮河流域提出的治理目标为导向,抓住流域水污染治理的关键问题,选择沙颍河为示范流域,实施"点—线—管—面"综合调控治理路线。在"点"上,集成与验证城镇污水高效脱氮除磷与再生回用、污泥资源化、农业伴生典型工业废水污染全过程控制与毒性减排、"种-养-加"农业废弃物资源循环利用等关键技术,形成系列化、规范化、标准化技术与装备,实现"控源减排"关键技术整装成套与产业化推广应用;在"线"上,集成与验证基流匮乏河流生态强化净化、多闸坝重污染河流水生态修复、轻度黑臭河流生态恢复、闸坝型河流生态完整性评价等关键技术,形成系列化、规范化的多闸坝重污染河流生态治理成套技术及装备,实现"减负修复"关键技术整装成套与规模化推广应用;在"管"上,建立差异化水质目标管理技术体系,建成业务化运行的流域多目标智能管理平台;在"面"上,构建水专项技术成果转化体系与产业化推广平台,推进水专项成果转化和推广。通过"十三五"研究,淮河项目形成流域"点—线—管—面"综合调控治理策略,支撑沙颍河及重污染支流主要水质指标达标,郑州市、周口市及阜阳市黑臭水体基本消除,沙颍河中下游水生态健康初步恢复等治理目标实现,为淮河流域各省市实施"水十条"提供科技支撑,推动流域生态文明建设与"山水林田湖"系统发展。

3.4.3　治理技术路线图

针对淮河流域闸坝型重污染河流的水质改善、突发水污染事故防控、水生态修复以及水生态系统功能恢复等重大需求,淮河流域在水专项三个五年计划分别实施了"控源减排""减负修复""综合调控"三个阶段的治理(表 3-3)。在"十一五"期间,重点突破单项关键技术,并在贾鲁河和南四湖进行关键技术的工程示范;在"十二五"期间,重点构建淮河流域水污染治理和水环境管理的技术体系,并在贾鲁河、清潩河、八里河、清安河等建立综合示范区,推广闸坝型重污染河流"三三三"治理模式;在"十三五"期间,以沙颍河为示范流域,重点开展流域水污染治理与生态修复关键技术的体系化、规范化和标准化研究,实现水环境治理技术的产业化推广和管理技术的业务化应用,形成"点—线—管—面"四位一体的流域综合调控与治理路径,实现沙颍河流域水质分阶段持续改善,从而有力推动淮河水质"变清"。

表 3-3　"十一五"至"十三五"水专项淮河项目治理技术路线图

重大需求	淮河流域闸坝型重污染河流的水质改善、突发水污染事故防控、水生态修复及水生态系统功能恢复		
阶段	"十一五" (2006~2010 年)	"十二五" (2011~2015 年)	"十三五" (2016~2020 年)
策略	控源减排	减负修复	综合调控
技术成果	①研发水污染治理与水环境管理关键技术; ②构建多闸坝重污染河流"三三三"治理模式 (示范工程)	①构建水环境治理与管理技术体系; ②推广多闸坝重污染河流"三三三"治理模式 (综合示范区)	①实现水环境治理技术的产业化推广和管理技术的业务化应用; ②实施"点—线—管—面"综合调控与治理 (示范流域)
重点区域	贾鲁河、南四湖	贾鲁河、清潩河、八里河、清安河等重污染河流	沙颍河全流域
水质治理目标	COD < 30mg/L NH_3-N < 2.0mg/L (地表水 V 类)	COD < 30mg/L NH_3-N < 1.5mg/L (地表水 Ⅳ 类)	COD < 20mg/L NH_3-N <1.0mg/L (地表水 Ⅲ 类)

3.5　关键技术研发与应用

3.5.1　流域重点污染源控制与治理

针对淮河流域典型农业伴生型重点行业废水、城市和村镇生活污水和农业面源污染,攻克了一系列重点污染源控制与治理关键技术,极大地提升了流域"控源减排"能力,实现了废水/废弃物的资源化。

(1)以"两相双循环厌氧反应器能源化-芬顿流化床深度处理-人工湿地无害化生态净化"为核心的农业伴生行业废水能源化与无害化处理技术。造纸、化工、制药、食品酿造等农业伴生行业废水常含有较高浓度硫酸盐，在厌氧条件下，高浓度硫酸盐也会产生较多的硫化氢对厌氧系统产生毒害与抑制作用，影响厌氧反应器的稳定运行。两级分离内循环厌氧反应器是在第二代厌氧反应器 UASB 基础上发展起来的新一代高效厌氧反应器，我国早期引进了国外环保公司的内循环 IC 厌氧反应器用于处理造纸、制药、化工、食品发酵等行业的高浓度有机废水，但由于其结构复杂，在废水处理工程应用上普遍会遇到易堵塞、混合传质效果差、启动慢等问题。通过技术攻关，研制出一种处理硫酸盐有机废水的两相双循环厌氧装置及处理方法，增加了传质效果，及时均匀排除老化、钙化结垢物，解决厌氧反应器布水系统钙化污泥堵塞、颗粒化程度低的问题；同时通过旋流布水以及外循环，使两相 pH 得到有效调节，厌氧反应产生的气体能够顺利导出，克服了硫化氢的累积，提高硫酸盐的浓度达 10000mg/L 以上。通过技术创新，实现了厌氧反应器的国产化，设备投资成本为国外同类产品的一半，打破国外垄断；并具有整体结构更合理、COD 容积负荷率高、基建投资与运行成本低、设备占地面积小、启动快等优点，对高浓度有机工业废水的 COD 去除率可达 70%～95%，反应器容积负荷可达 5.0～15.0kg COD/（$m^3 \cdot d$），沼气产率可达 0.4～0.5 N m^3/kg COD。

芬顿氧化法是一种经济、高效且简单的高级氧化深度处理技术，对工业尾水的 COD 去除率虽然高达 50%～70%，但是不能完全降解废水中的毒害污染物，甚至在氧化过程中产生了毒性更大的中间产物，增加工业尾水的遗传毒性。为解决传统芬顿反应器氧化效率低、污泥产生量大等缺陷，自主研制出新型芬顿流化床反应器。该反应器采用倒锥旋流布水和带负电载体，与铁离子形成具有催化活性的羟基氧化铁（FeOOH），提高了氧化效率，运行成本下降 50% 以上，污泥量减少 30% 以上。通过两相双循环厌氧反应器与芬顿流化床的联合深度处理，工业废水的 COD、NH_3-N 等水质指标可达到城镇污水国家一级 A 排放标准。然而，相对河流水质标准而言，工业尾水即使达到城镇污水国家一级 A 排放标准，仍含有较高浓度 COD、氮磷以及微量有毒有害污染物，因此通过集成人工湿地技术进一步净化，使工业尾水 COD、NH_3-N、TP 等主要水质指标提升至地表水 Ⅲ～Ⅳ类标准，完全消除排水生物急性毒性效应，突破工业废水生态安全补给的技术"瓶颈"。目前，相关技术成果已在淮河流域新密市造纸群污水处理厂等 40 余家企业工程中推广应用，年处理废水总量达 2000 万 t 以上，沼气产生量达 2400 万 m^3/a，节约电能 4000 万 kW·h。

（2）以"流化态零价铁还原-多相芬顿氧化"为核心的精细化工废水深度处理与毒性减排耦合技术及装备。零价铁还原与芬顿氧化是降解精细化工废水中难降解有机污染物的常用方法。通过研究发现，零价铁还原不能使苯环开环，难降解有机污染物还原产物仍具有较高毒性；不科学的氧化预处理不仅不能削减硝基苯、氯苯等废水中有毒污染物的毒性，还会生成毒性更大的有机物。例如，芬顿氧化用于硝基苯废水的预处理，在氧化过程中容易形成毒性更大的氧化副产物——1,3-二硝基苯。1,3-二硝基苯的毒性是硝基苯毒性的 30 倍左右。针对此问题，自主研发出适用精细化工废水生物毒性削减的"流化态零价铁还原-多相芬顿氧化"耦合技术与装备。该技术通过零价铁还原将毒害污染物转化为毒性较低、易于氧化的芳香有机物；再通过后续芬顿氧化，进一步降低废水的毒性，提高废水的可生化性，避免大量高毒性氧化副产物形成。例如，NBs 废水经该技术预处理后，急性毒性削减 72% 以上，可生化性指标（B/C 比）从 0.1 以下提高至 0.45 以上，显著提高了废水的可生化性。为解决大比重铁粉难以混合、零价铁过度消耗等工程问题，研制出笼式搅拌器、大高径比（$H/D>2$）的流化态零价铁还原反应器，不仅比传统铁炭还原减少了 1/3 零价铁的用量，还具有还原反应可控等优点。以"流化态零价铁还原-多相芬顿氧化"为核心的精细化工废水深度处理与毒性减排耦合技术及装备已推广应用于 41 个企业，处理废水约 7300 万 t/a，削减有毒有机物 COD 约 4.6 万 t/a，大幅度减少了工业毒害污染物的排放，保障了淮河流域 7 个化工园区逾千亿元产业经济的可持续发展。

（3）以"复合仿酶催化"为核心的制浆造纸行业废水深度处理与回用关键技术。该技术通过 Fe-CA 仿酶方法可以高效处理难以生物降解的木质素系物质，降低其生物毒性，增强废水的可生化性，提高后续生化处理系统对制浆造纸废水的 COD 去除率；通过磁化预处理和新型高效复合絮凝剂，改变废水中溶解态和胶体态有机污染物与水分子的结合状态，活化造纸生化尾水中残余有机污染物极性基团，改变废水表面张力、生化特性等性质，提高物化深度处理中絮凝剂与有机污染物反应的速度和反应程度，从而提高 COD 和色度的去除效果；采用固定化生物活性炭吸附废水中残余的微量有机物，解决低浓度废水生化处理由于传质速度慢造成的效率低问题，进一步去除废水中残余的微量有机物。通过复合仿酶、废水磁化、再生水梯级循环利用技术及其优化组合，形成制浆造纸行业废水深度处理与回用关键技术，实现了制浆造纸废水处理出水 COD 低于 60mg/L，色度低于 20 倍，水质满足《制浆造纸工业水污染物排放标准》（GB 3544—2008）中最严格的"水污染物特别排放限值"，制浆造纸企业节约成本 50% 以上，废水回用率大于 50%。2011 年，南四湖流域 COD 排放第一大户造纸业排放总量比 2007 年下降 56.9%，有效解决了流域内制浆造纸行业结构型污染问题。该技术已在淮河流域内外 20 余家大型制浆造纸企业推广应用，废水总处理规模超过 70 万 m³/d。

（4）以磁性树脂吸附为核心的城市污水深度处理与景观回用关键技术。磁性树脂是一类高吸附量、快沉降、易再生的磁性吸附剂，它能通过吸附与离子交换复合作用对水体中的污染物进行快速、高效去除，同时具有硬磁自聚功能，在无外界磁场的情况下，能够在水中快速沉淀、分离和再生。针对贾鲁河流域城市污水再生利用的技术需求，创新性地应用"偶联-预聚"工艺，克服了微米级永磁无机磁性材料与有机单体共聚"融合"的难题，开发出系列新型磁性离子交换与吸附粉末树脂。新型磁性树脂污水深度处理技术对生化尾水中溶解性有机物（DOM）和色度的去除显著优于传统吸附剂，对污水 COD 去除率为 40%~60%，TN 去除率 50% 以上，TP 去除率约 30%，色度去除率 80% 以上，特别是对难以处理的硝态氮有很好的去除效果，且生物毒性削减效果好，可实现生化尾水深度净化关键指标达到《地表水环境质量标准》（GB 3838—2002）近 IV 类标准的高品质再生水水质要求。该技术具有投资少（300~500 元/t）、运行成本低（0.1~0.2 元/t）、水资源回收率高（>99.5%）、占地小（仅为传统混凝法占地的 1/3）等优点，打破了国际垄断，填补了国内空白，被同行专家鉴定为国际领先技术。在装备研发上，根据自主研发的磁性树脂特性，研制出内循环拟流化床磁性树脂反应器，"颠覆"了传统树脂及反应器的使用方式，使树脂能像混凝剂一样使用。该反应器集成应用了水力旋流搅拌、体内自动循环和体外连续再生技术，避免了树脂的板结，保证了吸附系统连续运行，克服了悬浮物易对传统固定床树脂造成堵塞而使树脂失活的难题。与传统固定床吸附技术相比，该技术投资降低60%，构筑物投资削减40%；与传统臭氧-活性炭深度处理工艺相比，其处理成本下降50%以上。磁性树脂吸附技术与整装成套装备已获16项中国发明专利和4项美国发明专利，其核心技术达到国际领先水平，解决了传统吸附树脂在大水量、高浊度生化尾水中深度脱色、脱氮除磷的技术难题。目前，磁性树脂吸附材料及装备已实现了产业化生产，建成了年产200t的磁性树脂材料工业化基地以及年产30套的设备生产基地，具备了批量生产能力。其核心材料与成套装备已在河南省南三环城市污水处理厂、无锡东港污水处理厂、郑州纺织工业园区等10余项工业与城市尾水深度处理工程上应用，累计处理水量达1000万t/a，COD削减量约150t/a，实现直接经济效益约1400万元。

（5）以节地、易管、耐寒为特点的村镇生活污水处理适用性技术及模块化装备。调查发现，淮河流域小城镇污水处理厂进水COD一般在300mg/L左右，但NH₃-N浓度非常高，有的能高达80～100mg/L，是大中型城市污水处理厂进水NH₃-N的两倍左右，具有明显的高NH₃-N、低碳氮比的特征。发达国家的污水处理厂进水COD浓度通常较高，能够满足自身反硝化所需要的碳源，对于不能满足反硝化碳源的污水处理厂，通常采用甲醇、乙酸钠等作为外源投加碳源，但是我国对成本的承受能力比国外差。污水处理厂升级改造的技术关键是进一步降低出水中的NH₃-N指标，对于高NH₃-N、低碳氮比城市污水处理仍存在技术瓶颈。针对此问题，自主研发出分段进水多级A/O处理技术，其工艺主体部分由缺氧、好氧交替连接的生物处理单元和二沉池组成，二沉池的污泥一部分回流至第一级缺氧区，一部分作为剩余污泥排出，最后一格好氧池的出水直接进入二沉池，没有硝化液内回流设施，节省能耗；实现了碳源的优化分配，脱氮效率比传统A/O工艺明显提高，显著降低了处理成本。针对淮河流域村镇生活污水的高COD、高NH₃-N特点，自主研发出以"多点进水OAO高效脱氮除磷"为核心的村镇生活污水深度处理技术，其工艺系统主要由曝气池-沉淀池-缺氧池-好氧池-沉淀池组成，进水按照一定比例分别进入曝气池和缺氧池，不但实现了有机物的去除，而且对有机碳源进行了合理利用，减少了各环节对碳源的竞争。针对分散型农村生活污水处理设施运行难、管理难等问题，自主研发出适用分散型农村生活污水的腐殖填料滤池工艺处理技术。该技术利用腐殖填料中高腐殖质含量的特性，构建了腐殖质与微生物协同作用的滤池体系，具有工程投资省、运行成本低、处理效果好、不产生剩余污泥、可实现无人值守、管理简便的特点，基本上达到了我国村镇对生活污水处理技术"一省（投资省）、二低（运行成本低）、三好（处理效果好）、四易（管理维护容易）"的现实要求。目前，村镇生活污水处理适用性技术已在河南、安徽、江苏、湖北等省份140余项工程中得到推广应用，支撑了郑州市1050个村庄的农村环境综合整治工作，年污水处理规模达23.8万t，年削减COD达6300t，NH₃-N达270t。

（6）半湿润农业区"种-养-加"农业废弃物资源循环利用技术。针对淮河流域是国家重要的粮食主产区和粮食增产核心区，养殖业高度密集、污染负荷贡献大等特征，构建了半湿润农业区"秸秆养殖垫料化-节水减污养猪模式-低成本粪便有机肥加工-污水农田安全消纳"的"种-养-加"农业废弃物资源循环利用技术。针对半湿润农业区小麦-玉米轮作模式的特点，研发出"旱作农区小麦-玉米轮作体系下畜禽养殖污水农田消纳肥水一体化滴灌技术""冬小麦-夏玉米轮作畜禽粪便有机肥部分替代化学氮肥技术""冬小麦-夏玉米轮作氮肥减施增效关键技术"三项农田控氮减污施肥技术。考虑到流域中玉米秸秆和薯渣糖分含量高无法用于固化成型燃料的生产,综合利用小麦、红薯等作物秸秆,针对淮河流域生猪养殖对高养分垫料的需求,以该区域大量产出的薯渣和作物秸秆为原材料,进行以薯渣及作物秸秆为主要成分的养猪微生物异位发酵床养殖垫料的开发,通过监测由不同配比薯渣、作物秸秆、木屑组成的垫料的养殖效果,筛选出适宜的垫料组合;为了进一步提高垫料养殖的效果,构建适合薯渣-作物秸秆垫料发酵菌株的筛选及协同增效菌群,研发适宜的垫料微生物菌剂及其使用技术。针对畜禽粪便堆肥化处理发酵速度慢、堆肥周期长、臭气产生量大等问题,通过调控发酵条件、添加调理剂、高效外源微生物等提高微生物活性,缩短发酵周期、加快腐熟速度,减少臭气等污染源排放。通过调控堆肥化处理条件,如水分、pH、温度和通气量等,提高微生物活性,提前进入高温期、缩短发酵周期;通过添加适宜的调理剂和外源微生物等,进一步加快发酵速度,缩短发酵周期,提高有机肥品质,减少臭气排放;堆肥化过程中通过添加除臭微生物和使用恶臭废气生物净化技术,使有机肥生产过程环境条件达到了《恶臭污染物排放标准》(GB 14554—93)。建成100亩养殖污水滴灌水肥一体化管理示范区,500亩畜禽粪便有机肥部分替代化学氮肥、4500亩化学氮肥减量施用控氮减污施肥技术综合示范区。技术解决了农业龙头企业250万头猪/a粪污资源化与安全消纳问题,生产有机肥47万t/a,减少COD排放3500t/a、减少NH_3-N排放66t/a,直接经济效益达5000万元/a。

（7）基于"源头阻控、输移阻断"的农业面源氮污染地表水与地下水一体化控制技术。基于农田水分循环过程及地下水对地表水的补给规律,以"源头阻控、输移阻断"为核心,有效集成以硝化抑制和吸附固持为一体的氮污染物高效复合阻控技术、多形式渗透式反应墙与河滨缓冲带相耦合的浅层地下水氮污染输移阻断技术,构建了"农业面源氮污染地表水与地下水一体化控制技术"。优选和配施集硝化抑制和吸附固持于一体的氮污染物高效复合阻控剂,减缓NH_3-N硝化过程、增强NH_3-N吸附,达到土壤氮素损失控制的目的,形成氮素源头阻控、土壤淋失控制和作物高效利用的农业生产全过程的氮素综合阻控技术模式。该技术适用于小麦-玉米轮作的旱作农区,在作物不减产的情况下,较常规施氮量减少30%,下渗进入浅层地下水的硝酸盐氮污染物总量削减40%以上,相比常规技术减少投入848元/($hm^2 \cdot a$),具有较高的应用前景和环境效益。以原位生境安全、实现长效输移阻断为核心,研发了多形式渗透式反应墙与河滨缓冲带相耦合的浅层地下水氮污染输移阻断技术。以小麦秸秆等农业废弃物为基料,研发了基于农业废弃物再利用的氮污染阻断复合功能材料,通过复合功能材料的原位埋覆、构建的基于化学还原和生物反硝化相耦合的地下水硝酸盐渗透式反应墙去除技术,可实现浅层地下水向地表水的氮源输移阻断。其中,浅层地下水氮污染原位处置渗透式反应墙,应用于埋深小于6m的地下水含水层,其硝酸盐输移阻断去除率稳定达到70%以上,建设成本约1250元/m。同时,根据河流水系分级特征,因地制宜地建设河滨缓冲带,拦蓄和阻控地表径流、地下径流向河道的氮源输运,实现氮源输运的"多级控制"。农业面源氮污染地表水与地下水一体化控制技术在安徽省宿州市国家现代农业示范区进行了集成示范,实施了农田氮源阻控2000亩、浅层地下水-地表水氮污染输移阻断渗透式反应墙 1000m，依托宿州城区新汴河景观工程，建立了河滨缓冲带输移阻断工程 10km，实现了农田水分循环过程中的污染物层层削减及地下水与地表水水质的双重改善，提升了流域尺度农业面源氮污染的控制能力和水平。

3.5.2　闸坝型河流生态净化与修复

针对淮河流域闸坝型河流闸坝多、基流匮乏、污染重、生态退化等特点，自主研发出闸坝型河流水生态净化与修复关键技术，形成了淮河水生态修复范式，显著增强了闸坝型河流"减负修复"能力，实现了"臭水渠"变"水景区"。

（1）闸坝型重污染河流梯级生态净化技术。针对淮河流域河道滩地宽阔、土壤渗透性好等特点，以硫铁矿等还原性矿物为调控基质，研发了具有同步脱氮除磷的生态渗滤技术，克服了传统生态净化技术脱氮依赖有机碳源、除磷受限于基质磷吸附饱和、污染物毒性去除效果差等问题，对非常规水源补给水的 COD 去除率在 40% 左右，对 NH_3-N 去除率可达 80%，对 TP 的去除率达 90% 以上，可使劣 V 类水质的非常规水源补给水净化跃升至 III～IV 类标准，运行成本 ≤0.1 元/t。通过集成以硫铁矿物为调控基质的生态强化净化、河道淤泥就地快速干化、渗滤岛净化、人工湿地耦联组合净化等关键技术，构建了以"构造湿地生态河道强化净化-人工湿地耦联水质净化-近自然人工滩地/土壤侧渗联合净化-近自然河道污染生态削减"为核心的基流匮乏型重污染河流的梯级序列原位净化集成技术。与此同时，针对河道狭窄、渠道化，以及河道原位净化受到泄洪等一系列客观因素限制等问题，研发了污染河流的人工湿地河道异位净化技术；针对污水处理厂尾水可生化性较差、水量较大、水质劣于 V 类水、湿地基质易堵塞等特点，研发了"水流双向调节的垂直流人工湿地技术""基于生态计量化学平衡的基质配比技术"，以及"表流-潜流-稳定塘活水链工艺"。通过梯级原位净化与人工湿地异位净化工程示范，贾鲁河示范河段水体透明度平均提升 85%，COD 削减 49%，NH_3-N 削减 76%，TP 削减 35%，日净化河流水 5 万～40 万 t；示范区生物物种丰富度大幅度提高，尤其是斑嘴鸭、赤麻鸭、青脚鹬等长途迁徙鸟类成群栖息，示范区由"臭水渠"变成"水景区"。该示范工程有力支持了中国大运河通济渠郑州段的成功申遗。人工湿地异位净化技术还成功应用于淮河流域新密市双洎河人工湿地与长葛市白寨人工湿地，其中新密市双洎河人工湿地为全国日处理量最大的垂直流人工湿地，日处理水量 12 万 t，每年可为双洎河提供 4380 万 t 达标水，吨水处理成本仅为 0.1 元。

（2）闸坝型河流微生境构造与近自然生态系统恢复技术。针对淮河流域闸坝型重污染河流天然径流小、季节性或阶段性断流、降水时空分布不均匀、支流闸坝蓄水、河道阶段性水位剧烈变化导致的环境流不稳定所引起的生境退化、生物多样性下降等问题，研发了河流微生境构造技术，通过构筑小型坝堰，保证坝下的地下水位在干旱季节深度达 50～150cm，对水体进行分流与截流保存，满足河流湿地植物最低需水要求，恢复自然河流湿地植被。为保证坝区能在最干旱期有部分区域蓄水，研发了"深潭-浅滩-台地空间格局优化技术"，深潭在最干旱期间是水生生物的安全地，使河流关键物种得以存活，生物随坝区水位上涨，向浅滩与台地扩散；浅滩恢复沉水植被与挺水植被；台地恢复挺水植被及沼生植被。为提高河流生物多样性，研发了"库区生境多样性恢复技术"，基于健康自然河流结构要求，按 1∶3 的比例，营造深水区恢复沉水植被，营造浅水区恢复挺水植被；提高河流蜿蜒度，营造不同流速区域，用于恢复不同类型的水生生物。为改善河流水质，研发了"库尾沼泽植物恢复技术"，根据本土沼泽植物的需求，营造多样的微地形，进行沼泽植物的修复与配置。构建闸坝型河流近自然水生态系统，形成沼泽草甸环境。草甸沼泽环境能够有效防止水土流失，是多种水生动物的栖息地和繁殖场所，同时具有较高的生产力，有利于恢复闸坝型河流的生物多样性和生态自净功能，实现"臭水渠"转变为"水景区"。工程示范结果显示，示范段水质改善效果明显，其 COD、NH$_3$-N、TN 与 TP 分别减少了 80.05%、65.45%、42.22% 和 23.89%；同时恢复了挺水植被、鱼类、底栖动物、浮游动物、鸟类 5 大关键生物功能群，本土动植物物种丰富度提高了 40% 以上。

针对河流多样化的微地形与复杂的水环境、水资源条件，研发了"河流水生态系统食物链稳定构建技术"。基于一系列创新技术研发与示范，集成了"生境诱导的水生生物群落构建技术"，通过不同食物链阶层的生物配置与组合技术，构建了健康、稳定的生物功能群落，奠定健康水生生物群落恢复的基础，重建健康的"生产者-消费者-分解者"多级多链式复合食物链结构，保持河流水生生物多样、合理的种群结构及数量，促进健康河流水生态系统的形成和发展，提高河流自身的长效净化能力。贾鲁河工程示范河段的本土生物物种丰富度提高了 66%，沉水植被、挺水植被、底栖动物、浮游动物、鱼类、鸟类 6 大关键生物功能群落结构完整，食物链得到稳定恢复；示范区河段由劣 V 类水改善到准 IV 类水，水体 COD、NH$_3$-N 浓度分别下降了 80%、66%，贾鲁河水质与水生态质量显著好转。

（3）淮河流域（河南段）水生态修复模式。从地貌状况、水文水质状况、生物状况以及河流功能 4 个方面出发，构建了涵盖纵向连通性、断流频率、底栖动物种类数等 19 项因子的退化程度诊断指标体系，建立了水生态退化程度诊断关键技术，形成了 5 级退化诊断标准；充分考虑河流自然属性和经济社会属性双重因素，从地貌状况、水文水质状况、水生生物状况、功能状况、社会状况、经济发展和环境管理 7 个要素层构建河流水生态修复阈值指标体系，建立了水生态修复阈值辨识关键技术，形成了 4 级修复等级。利用水生态退化程度诊断和水生态修复阈值辨识关键技术，全面评估淮河流域（河南段）水生态退化状态和生态修复阈值等级，获得淮河流域（河南段）退化状态和修复等级空间分布图；在此基础上，针对淮河流域（河南段）不同退化类型、不同修复等级河流，形成 37 种水生态修复模式和一套淮河流域（河南段）水生态修复范式。此外，综合潜在工具种的耐性阈值、生境阈值和功能定位，构建了生态修复工具种的筛选和当量化评估技术体系，按照沉水植被、浮叶植被、挺水植被，对 23 种生态修复工具种进行当量评估，获得淮河流域（河南段）修复富营养化水体的工具种适应力排序，为生态修复工具种选择提供理论支撑。系统研究了多种工具种的最佳生长和建群条件，形成了一套完整的生态修复工具种工程化应用技术体系，为生态修复工具种的工程化应用提供科学依据。

3.5.3 闸坝型河流水环境管理

针对淮河流域闸坝型河流突发性污染事故发生风险高、生态用水严重不足等问题，重点突破了闸坝型河流水环境管理关键技术，提高了河流水环境管理、闸坝调度和水资源调控能力，有效防范了闸坝型河流突发污染事故发生，显著提高了河流生态用水保证率。

（1）闸坝型重污染河流"三级标准"体系构建技术。针对淮河流域内的基流匮乏型重污染河流，在系统研究了工业废水中毒害污染物对污水生物处理系统的影响，以及河流生态净化系统对非常规水源中氮、磷等营养物质与生物毒性削减净化潜力的基础上，分别编制了河南省化工、发酵类和化学合成类制药、啤酒、合成氨等工业水污染物间接排放标准6项[《啤酒工业水污染物排放标准》（DB41/681—2011）、《盐业、碱业氯化物排放标准》（DB41/276—2011）、《化学合成类制药工业水污染物间接排放标准》（DB41/756—2012）、《发酵类制药工业水污染物间接排放标准》（DB41/758—2012）、《化工行业水污染物间接排放标准》（DB41/1135—2016）、《合成氨工业水污染物排放标准》（DB41/538—2017）]以及贾鲁河、双洎河、清潩河等小流域水污染物排放标准5项[《蟒沁河流域水污染物排放标准》（DB41/776—2012）、《双洎河流域水污染物排放标准》（DB41/757—2012）、《清潩河流域水污染物排放标准》（DB41/790—2013）、《省辖海河流域水污染物排放标准》（DB41/777—2013）、《贾鲁河流域水污染物排放标准》（DB41/908—2014）]，构建了基于"行业废水间接排放标准-小流域排污标准-河流水质标准"的闸坝型重污染河流"三级标准"体系，实现了排污标准与河流自净能力以及水质目标标准的科学衔接。实施比国家标准更为严格的地方工业水污染物间接排放标准，有效控制了工业废水中有毒污染物对污水处理厂生物处理系统的冲击，保障了区域综合污水处理的稳定运行，提高了工业废水处理达标率与再生水生态利用的安全性；针对不同河流的净化能力、功能及水质目标要求，通过制定小流域污染物排放标准，保证了流域水质目标的实现；通过实施严格的贾鲁河、双洎河、清潩河等小流域水污染物排放标准，大幅度削减基流匮乏型河流的入河污染负荷，对淮河流域水环境质量显著改善，特别是重污染支流——沙颍河水质根本性好转起到重要的支撑作用。

（2）闸坝型重污染负荷河流环境流量辨识与调控管理关键技术。以典型北方水资源缺乏、水文资料缺乏的清潩河流域为研究对象，针对多闸坝（7闸2坝）、基流匮乏（上游断流频率60%、洪枯比7.35、生态需水保证率低于60%）、污染负荷高（河流污径比高达84%）等问题，以地理信息系统（GIS）为手段，采用水文比拟法和参数等值线图法确定小流域关键阶段的基础流量，考虑河流功能、保护目标以及水生态功能分区结果，提出闸坝干扰和水质污染区域生态环境功能分区体系，分别确定不同分区环境流量组成，建立水文资料缺乏流域环境流量计算体系，突破强人工干扰流域环境流量分区界定与模拟技术；建立基于河道生态环境需水保障的水资源优化配置模型，通过三次平衡分析，运用动态规划法构建了多水源条件下的水资源优化调配方案，保障河道内生态环境用水总量；从源头出发，基于分布式水文模型的流域径流推求技术，构建"产汇流"模型，采用参数移植法确定缺资料流域的径流参数，推求多年逐月径流量，并创新性提出基于图论的多闸坝河网连通性优化技术，实现闸控河网结构连通性的量化和优化，最终形成"基于区域水资源优化配置-流域环境流量需求-河网闸坝优化"的"换水+循环"环境流量调控模式。该技术形成了一套"保障-连通-调控"环境流量调控方案及模式，主要适用于水资源短缺、水文资料匮乏、人工高度干扰、径污比高的流域。依托该技术成果编制并向许昌市政府提交了《清潩河（许昌段）流域河湖水系2017—2018年度水资源优化调配方案》《清潩河（许昌段）流域2017—2018年度环境流量调控方案》，并被采纳实施。通过水资源调配方案的实施，非常规水源供水量占河湖水系供水总量的63%，节约了外调水量，实现了分质供水及水资源高效利用的目标，加强了流域水量统一调度、合理开发，有效保护了水资源；通过环境流量调控，保障了流域水质稳定在Ⅳ类，显著改善了河流水动力条件，有益于河流生态系统的恢复，对于提升水环境质量和水生态功能具有重要意义。

（3）基于"生态基流保障-大型污染事故防范-水生态安全防控"的闸坝型重污染河流水质-水量-水生态联合调度技术。针对闸坝型重污染河流的特点，通过分析生物指标的群落特征与驱动因子，建立了鱼类与关键生境因子间的非线性响应关系，突破了确定生态需水的关键技术，科学确定了淮河干支流控制断面的生态需水成果；建立了河流生态系统评价指标体系，提出了淮河流域典型水体水生态健康评价方法。基于一维和二维水动力水质模型和分布式时变增益水文模型（DTVGM），自主研发出多闸坝流域水文-水动力-水质耦合关键技术，实现了多闸坝流域水质-水量-水生态耦合模拟，在淮河干流、沙颍河、涡河水动力-水质模拟和水量-水生态中长期模拟调控中发挥了重要作用。综合考虑中长期生产、生活、生态用水分配和短期防污与生态需水应急调度两个层面的水量调配，创新了以提高生态用水保证率为主要目标的"二层-三要素"水质-水量-水生态联合调度技术。该技术具有互馈性和滚动性的特点，以流域生态用水规划配置为短期应急调度的边界条件，短期应急调度的实施结果反馈给中长期生态用水规划配置，并进行方案调整，实现了流域中长期生态用水规划配置和闸坝群短期应急调度的耦合调度，为淮河流域通过水量调度提高淮河流域生态用水保证率提供了科学依据和技术手段。紧密结合淮河流域水资源保护局的业务需求，以多闸坝河流水质-水量-水生态联合调度技术为核心，开发建立了淮河—沙颍河水质水量联合调度系统平台。该系统平台基于 BS 架构和云技术，扩展了水文-水质-水生态信息库，集成了水质-水量-水生态耦合模拟、闸坝群可调能力识别、"二层-三要素"联合调度与风险分析等功能模块，在淮河流域水资源保护局实现了业务化运行，使淮河流域突发性水污染事件发生概率下降 75%，重要水域生态用水保证率从 50%提高到 75%。

3.5.4　闸坝型重污染河流和蓄水型湖泊治污模式

以淮河流域重污染支流——贾鲁河和南水北调东线重要蓄水型湖泊——南四湖为典型示范对象，分别创新实践了闸坝型重污染河流"三三三"治理模式和蓄水型湖泊"治、用、保"治污模式，为我国同类型河流与湖泊治理提供成功经验。

（1）闸坝型重污染河流"三三三"治理模式。针对淮河流域闸坝型重污染河流天然径流少、闸坝多、非常规水补给为主等特征，以贾鲁河为典型示范河流，创新实践了基于"三级控制、三级标准、三级循环"科学衔接的河流"三三三"治污新模式。该模式的"一级控制"中，针对化工、制药、造纸等有毒有害工业废水对综合污水处理厂可能造成的冲击，制定化工制药、发酵制药等工业废水间接排放标准以及研发"零价铁还原-芬顿流化床"集成处理技术，一方面有效控制了工业废水中有毒污染物对污水处理厂生物处理系统的冲击，保证了综合性污水处理厂的稳定运行，提高了污水处理厂的达标率，另一方面提高了企业或园区的中水回用率；工业/城市尾水深度处理与再生回用的"二级控制"中，利用新型磁性树脂吸附技术以及"物化与生态"集成技术，可使区域内工业与城市尾水达到再生水景观回用标准，然后经过人工湿地净化进一步削减氮、磷以及有毒有害污染物集中排入河流，使污水处理厂非常规水源得到充分利用，保证了基流匮乏河流的生态基流，实现了区域内工业与城市尾水的景观再生回用；河流原位生态净化与水质提升的"三级控制"中，通过生境构造、基质强化脱氮除磷、水生植被恢复和生态系统构建等河流原位生态强化净化与修复关键技术，使生态补给的再生水水质由劣Ⅴ类跃升至Ⅲ～Ⅳ类，重建与恢复了贾鲁河的"肾脏"系统，实现了流域尺度上的水资源生态再生利用。综上所述，河流"三三三"治理模式通过建立"点源-区域-流域"的"三级控制"，可使"行业废水间接排放标准-小流域排污标准-河流水质标准"的"三级标准"得到有序衔接，建立了"工业园区（企业）内部废水循环利用-区域污水再生回用-流域水资源生态利用"的废水资源"三级循环"再生利用体系，实现了贾鲁河流域工业废水与城市污水大尺度再生利用，使流域污染排放总量、河流生态净化能力与河流水质目标得到科学衔接，支撑了贾鲁河流域的水环境质量改善与达标，破解了基流匮乏重污染河流的治污困境。目前 "三三三"治理模式已在沙颍河流域的清潩河与八里河、淮河下游入海河流——清安河、太湖流域永胜河以及内蒙古包头市城市河流的水环境治理中推广应用。

（2）蓄水型湖泊"治、用、保"治污模式。南水北调东线工程是解决我国北方地区水资源严重短缺问题的国家级特大基础设施项目，南四湖治污是南水北调东线工程成败的关键。南四湖流域面积辽阔，人口密度大，工业化和城镇化推进快速，产业结构偏重，流域水污染严重。在短时间内使南四湖的水质由劣Ⅴ类跃升至Ⅲ类水标准，其实现难度为国内外罕见。如何既确保调水水质达标，又保证经济发展和社会稳定，是流域治污需要破解的难题。在"十一五"期间，从南四湖实际情况出发，水专项探索建立了"治、用、保"流域综合治污模式，并在南四湖流域大规模推广应用，实现了湖区主要水质指标由劣Ⅴ类向Ⅲ类的跃升，走出一条适合南四湖流域治污的新道路。该模式中，"治"即污染治理，针对工业结构型污染突出问题，创新流域水污染物综合排放标准体系，突破制浆造纸等重点污染行业废水深度处理和城镇污水脱氮除磷高效节能等技术瓶颈，在大幅度削减点源负荷的同时，引导和推动落后生产力"转方式、调结构"。"用"即再生水循环利用，针对流域水资源短缺、水环境容量小等问题，创新区域再生水循环利用体系构建技术和管理模式，建设再生水截蓄导用设施，实现行政辖区内再生水的充分循环利用，有效实现废水和污染负荷的进一步减排，且闸坝拦蓄提高了河道水体自净能力而实现环境增容；突破再生水调蓄库塘生态构建技术，有效控制库塘内水华，确保流域再生水回用安全。"保"即生态修复和保护，针对面源污染严重、水生态系统受损严重等问题，创新生态修复与功能强化技术，在不影响地方经济发展和社会稳定的前提下，实施湖滨带规模化退耕还湿、河口人工湿地、湖区生态保育等工程，构建调水干线生态屏障，进一步减少水污染物入湖量，且提升湖滨带、入湖河口及湖区水体自净能力而实现环境增容。通过"十一五""治、用、保"治污模式实施，南四湖流域自 2008 年起第二产业比重连续多年下降，产业结构优化效果明显；2007～2011 年南四湖流域 GDP 年均增长率 15.9%（按当年价格），而全流域 COD 和 NH_3-N 年均浓度分别下降 8.6%和 26.7%，2010～2011 年枯水期南四湖水质以Ⅲ类为主，全湖 NH_3-N 达到Ⅲ类标准，即在流域经济两位数持续增长的同时，实现了流域水质持续改善。"十一五"期间，南四湖流域内修复湿地 18 余万亩，生态结构和功能逐步恢复，水体自净能力逐步提高。至 2011 年，南四湖水生高等植物物种数恢复到 70 种；多年绝迹的小银鱼、大银鱼、刀鲚等鱼类恢复生长，成为主要渔获物种；南四湖鸟类数量达到 15 万只，湿地恢复区鸟类达到 33 种；新薛河入湖口人工湿地发现 52 只珍稀水禽白枕鹤种群。综上，"治、用、保"治污模式的实施使南四湖主要水质指标由地表水劣Ⅴ类向Ⅲ类跃升，实现了流域发展方式转变，经济、社会、环境同步共赢的研究目标。与传统的流域治污模式相比，"治、用、保"治污模式最大限度地利用"用"和"保"化解了治污压力，跨越库兹涅茨（Kuznets）环境经济学壁垒，实现了流域治污以牺牲经济发展为代价向调整产业结构、优化经济发展方式的转变，为淮河流域在工业化、城镇化快速推进阶段有效解决流域环境问题提供了范例。"治、用、保"治污模式在南四湖流域取得经验后，已上升为山东省政府的治污策略，在省辖淮河、海河、小清河、半岛流域水污染控制工作中得到了广泛推广应用。2011 年，省控 59 条重点河流的 COD 平均浓度达到 27.9mg/L，NH_3-N 平均浓度达到 1.45mg/L，水环境质量总体上已恢复到 1985 年以前的水平。

3.5.5　全链式水专项成果转化与产业化体系创新

以水专项关键技术成果为依托，构建了基于"技术研发-成果孵化-联盟集成-平台推广-机制保障"的全链式成果转化与产业化创新体系，推进了磁性树脂材料、两级分离厌氧反应器、芬顿流化床、多点进水 OAO、新型腐殖质填料滤池等技术成果转化和产业化推广应用。为了加快水专项成果与市场需求对接以及与企业资本融合，先后组建了由环境保护部（现为生态环境部）批准建设的"有机化工废水污染控制与资源化产业技术创新战略联盟"与由科技部批准建设的"淮河流域再生水利用与风险控制产业技术创新战略联盟"；沿淮建成了南京大学盐城环保技术与工程研究院等 8 家水专项成果产业化推广平台。依托水专项产业化平台推广，水专项关键技术成果已在 300 项以上工程中得到应用，年处理废水总量达亿吨以上，年削减 COD 量达 20 万 t 以上，累计为淮河流域 300 余家企业节能减排、产业升级提供了专业化服务，支撑了淮河流域十大工业园区每年逾千亿典型工业行业经济的可持续发展。

通过构建基于"技术研发-成果孵化-联盟集成-平台推广-机制保障"的全链式成果转化与产业化创新体系，解决了水专项成果转化与孵化初期缺乏启动资金、成果转化产品缺乏转化平台、产业化推广缺少市场途径等"最后一公里"的瓶颈问题，建立了"政-产-学-研-用-金"六位一体的成果转化与产业化推广模式，打通了水专项关键技术从"书架"走到"货架"的产业化路径。

3.6　水专项淮河流域实施成效

3.6.1　实施成效与贡献总结

1. 产出一批高水平的淮河治污科技成果

自"十一五"以来，水专项淮河项目研究成果分别获得 2016 年、2019 年国家科学技术进步奖二等奖，2017 年国家自然科学奖二等奖和全国创新争先奖，2018 年环境保护科学技术奖一等奖，2017 年国际水利与环境工程学会（IAHR）A.T.伊本奖，2015 年、2016 年、

2018年中国专利优秀奖，2015年中国产学研合作促进会产学研合作创新与促进奖，2014年江苏省科学技术奖一等奖、山东省科学技术进步奖一等奖等10余项国家级、省部级及国际科技奖励。

2. 培养一支高层次的淮河治理科技人才团队

"十一五"至"十三五"，水专项淮河项目由南京大学、武汉大学、山东大学、郑州大学等高校、中国环境科学研究院、中国科学院生态环境研究中心、生态环境部华南环境科学研究所和南京环境科学研究所、淮河水资源保护科学研究所以及河南省生态环境科学研究院、安徽省生态环境科学研究院、江苏省环境科学研究院和山东省环境保护科学研究设计院有限公司等科研机构，江苏南大环保科技有限公司、安徽华骐环保科技股份有限公司等企业共计30余家单位3000多人共同参与完成。在水专项的支持下，先后培养了中国科学院院士1人、国家杰出青年科学基金获得者2人等一批国家级高层次人才，培育了国家重点领域创新团队1个、教育部优秀创新团队1个，累计培养青年技术骨干百名以上、博士及硕士研究生千名以上，形成了一支由院士、国家杰出青年科学基金获得者等组成的淮河流域水污染控制与治理高水平科研队伍，为淮河流域治理造就了一大批专业技术人才和管理人才。

3. 支撑一条污染最严重支流和一个输水湖泊的水质根本好转

"十一五"以来，水专项淮河项目一直选择沙颍河为重点示范流域，在流域内建成示范工程50余项和推广应用工程200余项，工程每天累计处理水量达200余万吨，在沙颍河上游郑州、中游郸城、下游阜阳建成生态治理示范及推广工程达200km以上，示范河段COD、NH₃-N和TP削减成效显著，主要水质指标达Ⅲ～Ⅳ类，满足重要断面地表水达标要求，浮游动物及底栖生物恢复效果明显，生物完整性指数提高了20%以上。沙颍河流域水生态环境多目标智能管理平台的业务化运行支撑了流域生态环境的多部门联动监督管理，提升了流域水环境管理的系统化、科学化、法治化、精细化和信息化水平，有力促进了沙颍河水质持续改善与生态健康恢复，带动了淮河流域水环境质量呈现"历史性好转"局面。其中，贾鲁河中牟陈桥断面COD从2008年的75.4mg/L下降至2020年的19.1mg/L，NH₃-N从30mg/L下降至0.47mg/L；周口西华大王庄断面COD从2009年的31.0mg/L下降至2020年的20.8mg/L，NH₃-N从6.3mg/L下降至0.31mg/L；周口沈丘纸店断面COD从2009年的23.0mg/L下降至2020年的17.8mg/L，NH₃-N从2.2mg/L下降至0.31mg/L。目前主要水质指标远优于断面考核指标要求（COD≤30mg/L，NH₃-N≤1.5mg/L），河南省郑州市、周口市和安徽省阜阳市辖内建成区黑臭水体全部消除，沙颍河中下游水生态系统健康得到初步恢复，示范河段重现了"水清岸绿、鸟鸣鱼戏、人水和谐"的优美景观，有力带动与支撑了淮河干流水质持续显著性改善。生态环境部淮河流域生态环境监督管理局监测数据统计表明，淮河项目示范流域——沙颍河对淮河干流的污染贡献由"十一五"之前的1/3已降低至当前的1/5。

在"十一五"之初，南四湖部分湖区的COD浓度高达2000mg/L，超标100倍；35个主要河流水质监测断面80%以上仍为Ⅴ类或劣Ⅴ类，湖区5个水质监测点位全部为劣Ⅴ类。经过"十一五"水专项淮河项目治理，南四湖2011年枯水期以Ⅲ类水质为主，全湖NH₃-N达到Ⅲ类水标准。自2013年南水北调东线工程通水以来，南四湖的水质稳定达到地表Ⅲ类水标准，已实现了水质10余年持续改善，确保了南水北调东线工程顺利运行。

3.6.2　流域水质改善情况

在中央及地方政府、企事业单位以及数以万计广大科研工作者的共同努力下,经过"十一五"至"十三五"的持续系统治理,在流域内豫、皖、苏、鲁四省 2006～2021 年 GDP 同比增长 300%以上以及城镇化率同比增长 20 个百分点的背景下,淮河流域水污染治理成效显著,全流域水环境质量显著改善,保障南水北调东线工程输水水质安全,重大突发性水污染事故发生情况得到有效遏制。淮河流域总体水质由 2006 年的中度污染转变为 2009 年的轻度污染;淮河干流水质呈现"好转—有所下降—明显好转—有所好转"的变化趋势, 2009 年干流水质由轻度污染升级为总体良好,2010～2021 年干流水质均保持为优,支流水质 2013 年开始由中度污染转变为轻度污染,2020 年支流水质转变为优。由图 3-6 可知,淮河流域国控断面Ⅰ～Ⅲ类水质断面比例从 2006 年的 26.0%提高到 2021 年的 80.4%;2006 年劣Ⅴ类水质断面比例为 30%,2020～2021 年劣Ⅴ类水质断面完全消除,淮河流域总体水质由原先轻度污染历史性地提升为水质良好。

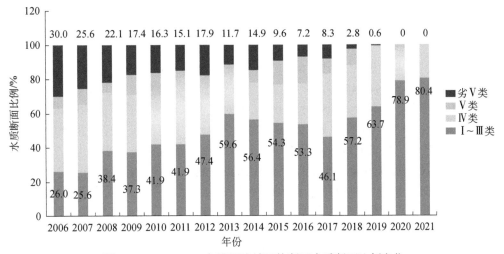

图 3-6　2006～2021 年淮河流域国控断面水质断面比例变化

3.7　未来展望与重大建议

从"九五"计划起,国家把淮河列为重点治理的"三河三湖"之一。通过"九五"至"十三五"20 多年艰苦努力,淮河水污染防治成效明显,水环境质量持续改善,水专项对水污染防治起到很好的科技支撑作用。进入"十四五"阶段,淮河治理将迎来一个战略转型"窗口期",治理战略将从污染控制与治理向水生态环境修复和保护转变,核心是要推动淮河流域绿色发展。但是,淮河水污染形势仍然严峻,离国家治理要求仍有差距。总体而言,淮河流域水环境管理方式仍较粗放,污染物排放总量控制与水质目标管理脱节问题突出;流域水环境污染压力仍处于高位,进一步改善水质难度大;水资源短缺问题依然突出,水生态受损严重;水环境安全隐患多,突发性和累积性风险并存。与此同时,淮河流域将在"十四五"进入高速发展时期,水污染空间格局将面临新的变化,治污工作复杂性与难度进一步增加。在水专项对淮河流域贾鲁河等典型闸坝型河流治理经验进行总结的基础上，对"十四五"淮河流域治理提出以下建议。

3.7.1　推行"三三三"治理模式，提高精细化管理水平

针对淮河流域沙颍河、贾鲁河等闸坝型河流闸坝多、污染重、风险高、生态退化等典型特征，水专项创新实践了基于水质目标实现与生态健康恢复的"三级控制、三级标准、三级循环"的"三三三"治理模式，河南省编制实施了化工、制药、酿造、合成氨等行业地方排污标准以及贾鲁河、双洎河、清潩河等小流域水污染物排放标准，构建了基于"行业废水间接排放标准-小流域排污标准-河流水质标准"的"三级标准"控制体系，使污染物排放标准与河流水质标准得到科学衔接，有效解决了"污染排放达标但水质不达标"问题，为河南省水环境生态补偿政策实施提供科技支撑，保障了沙颍河和贾鲁河的水质达标。建议在"十四五"阶段，针对淮河流域污染重、难达标的河流、湖泊等水体，以地方行业标准和小流域排污标准为管理抓手，并结合排污许可制度，建立水质目标与入河排污口和污染源的响应关系，积极推动流域生态补偿政策实施，构建小流域水质目标精细化管理体系。

3.7.2　推广治污关键技术，推动重点行业绿色转型升级

研究发现，农业面源污染排放的 COD 和 NH_3-N 排放量已分别占淮河流域 COD 和 NH_3-N 排放总量的 50% 和 40% 左右。食品、酿造、制革、造纸、化工等农业伴生行业是淮河流域主导产业，经济贡献率仅达 40%，但对工业点源污染贡献达 80% 以上。《全国新增 1000 亿斤粮食生产能力规划（2009—2020 年）》要求黄淮海平原承担新增 329 亿斤粮食产能建设任务，淮河流域农业及其伴生行业污染防治压力进一步增大。"十一五"以来，针对淮河农业面源污染及典型伴生行业污染问题，水专项自主研发了以"'种-养-加'农业废弃物资源循环利用和地表-地下污染一体化控制"为核心的半湿润区农业面源污染综合治理技术和以"两相双循环厌氧反应器能源化-芬顿流化床深度处理-人工湿地无害化生态净化"为核心的农业伴生行业废水资源化、能源化与无害化处理集成技术，建成示范工程及推广应用工程数十项，取得了较好的经济效益和环境效益。建议在"十四五"阶段，积极推广水专项研发的农业面源污染及伴生行业污染控制与治理技术成果，支撑淮河流域农业及其伴生工业绿色转型升级。

3.7.3　推动污水回用和生态修复，提高河流环境容量

据统计，淮河径污比为 1/8，是黄河的近 2 倍（1/15）、长江的 4 倍（1/31），淮河流域水污染治理难度极大。水专项自主研发了工业/城市尾水生态安全利用和闸坝型重污染河流生态净化与修复关键技术，实现郑州每天 100 万 t 再生水安全生态补给贾鲁河，保障了贾鲁河的水质达标和生态基本流量。建议在"十四五"阶段，淮河流域大规模建设城镇污水再生回用和河流生态修复工程，降低入河污染负荷，同时提高河流自净能力和环境容量。

3.7.4　提升科学调度和监控能力，防控水环境风险

针对淮河流域闸坝多、水旱灾害频繁、水污染重、水环境风险高等问题，建设淮河天-地-空一体化水环境监测网，建立具有高精度、高密度、分布合理、实时动态、覆盖淮河流域的水质、水量和水生态信息动态监测网，在水专项研发的以"生态基流保障-大型污染事

故防范-水生态安全防控"为核心的闸坝型重污染河流水质-水量-水生态联合调度技术的基础上，加强淮河流域水生态环境动态监测和闸坝群科学调度能力，有效防范突发性水污染事故发生，保障河流生态用水量。长期以来，淮河水体接纳了大量工业废水，尽管排放的废水已处理达标，但是排水标准大多仅要求 COD、氮、磷等常规指标达标，对高风险毒害物质造成的累积性环境风险缺乏有效监管。建议在"十四五"阶段，进一步加强治理与控制污废水中的内分泌干扰物、抗生素、硝基苯类化合物、农药、重金属等高风险毒害污染物的能力，有效防控淮河流域水环境累积性风险，保障流域人民群众的身体健康。

参 考 文 献

陈讯. 2016. 新型磁性固相萃取材料性能及其在淮河流域有机物检测中应用研究. 南京：南京大学.

程绪水，贾利，杨迪虎. 2005. 水闸防污调度对减轻淮河水污染的影响分析. 中国水利,（16）：11-13.

环境保护部. 2010. 重点流域水污染防治规划（2011-2015 年）. 北京：环境保护部污染防治司.

李平. 2013. 沙颍河水质污染联防对于淮河治理的作用与存在问题探讨. 河南水利与南水北调,（9）：43-44.

李云生，王东，张晶. 2008. 淮河流域"十一五"水污染防治规划研究报告. 北京：中国环境科学出版社,

刘鸿志.1998. 淮河流域水污染防治工作的总体回顾. 中国环境管理, 12：5-8.

水利部淮河水利委员会. 1998. 淮河流域规划纲要. 北京：中国水利水电出版社.

水利部淮河水利委员会. 2006. 淮河片水资源公报. 蚌埠：水利部淮河水利委员会.

水利部淮河水利委员会. 2007. 淮河片水资源公报. 蚌埠：水利部淮河水利委员会.

水利部淮河水利委员会. 2008. 淮河片水资源公报. 蚌埠：水利部淮河水利委员会.

水利部淮河水利委员会. 2009. 淮河片水资源公报. 蚌埠：水利部淮河水利委员会.

水利部淮河水利委员会. 2010. 淮河片水资源公报. 蚌埠：水利部淮河水利委员会.

王九大. 2001. 淮河流域水资源的可持续发展与管理. 南京：河海大学.

夏军，赵长森，刘敏，等.2008. 闸坝对河流生态影响评价研究：以蚌埠闸为例. 自然资源学报, 23（1）：48-60.

徐邦斌. 2005. 淮河流域水资源开发利用的现状、问题及对策. 中国水利,（22）：26-27.

杨功焕，庄大方. 2013. 淮河流域水环境与消化道肿瘤死亡图集. 北京：中国地图出版社.

于术桐. 2010. 淮河流域水污染控制与治理回顾及当前关键问题. 治淮,（4）：22-23.

张颖，胡金，万云，等. 2014. 基于底栖动物完整性指数 B-IBI 的淮河流域水系生态健康评价. 生态与农村环境学报, 30（3）：300-305.

张永勇，夏军，王纲胜，等. 2007. 淮河流域闸坝联合调度对河流水质影响分析. 武汉大学学报（工学版）, 40（4）：31-35.

赵金玉. 2020. 近三十年淮河流域地表水时空演变遥感监测研究. 南京：河南大学.

周亮，徐建刚，孙东琪，等. 2013. 淮河流域农业非点源污染空间特征解析及分类控制. 环境科学, 34（2）：547-554.

周亮，徐建刚. 2013. 大尺度流域水污染防治能力综合评估及动力因子分析：以淮河流域为例. 地理研究, 32（10）：1792-1801.

左其亭，陈豪，张永勇. 2015. 淮河中上游水生态健康影响因子及其健康评价. 水利学报, 46（9）：1019-1027.

张炎斋，吴培任. 2005. 淮河流域限制排污总量意见及对策建议. 治淮,（10）：6-8.

第 4 章

东江流域治理修复理论与实践

东江流域是水专项河流主题开展重点研究的"三河两江"（辽河、海河、淮河、东江、松花江）之一。东江流域经济社会发展和饮用水源功能定位，呈现出典型的高经济密度、高发展速度、高水质要求、高强度控污的高质量发展态势，对优质水源保护和水生态健康提出了更高要求。高速经济发展区域的水环境质量尚未根本性改善，高经济密度区人类活动的胁迫带来河流生态风险，高新技术产业链高风险排水的健康风险日益突出。如何控制复杂环境条件下的水环境风险，切实保障东江水源的水质安全，是极其重要的任务。"十一五""十二五"水专项东江项目的实施，从水质风险、生态风险、健康风险三个方面集成建立了包括上游水源涵养区维持生态、涵养水源，中游输水通道区控制风险、保障水质，下游高质量发展区高效控污、高质发展在内的水源型河流水环境风险上中下游分区控制工程技术体系和以"测-算-评-控"为主线的水环境综合管理技术体系，促进了以"五高"为特征的流域高质量发展，形成了水源型河流水环境风险防控新模式，保障了水源型河流高速发展过程中生态环境质量的持续改善，推动了流域环境管理从被动治污到主动控险的战略转变。

4.1 流 域 概 况

4.1.1 自然地理状况

1. 流域范围

东江流域位于广东省中部偏东区域（叶岱夫，1998），珠江三角洲的东北端，流经广东省的多个地区；发源于江西省寻乌县的桠髻钵山，分水岭高 1101.9m，其上游称寻乌水，自东北向西南流入广东省境内，至龙川县在五合圩与贝岭水汇合后称东江。东江水流经龙川、河源、紫金、博罗、惠阳至东莞石龙镇分南、北两水道注入狮子洋。其干流全长 562km（广东省内 435km），平均坡降为 0.55‰，全流域集水面积 35340km²（90%位于广东省境内，面积约 31840km²，除去入海河网部分面积约为 30010.1km²），约占珠江流域总面积的 5.96%，占广东省境内珠江流域面积的 24.3%，石龙以上集水面积为 27040km²。东江流域南临深圳和香港，西南部紧靠广州市，西北部与粤北山区韶关和清远两市相接，东部与粤东梅州和汕尾两市为邻，北部与赣南地区相接，地理坐标为 113°30′E～115°52′E，22°35′N～25°11′N。东江流域在广东省境内涉及河源市、惠州市、东莞市、深圳市、韶关市（仅有少部分）、梅州市（仅有少部分）和广州市增城区，其中惠州、东莞、深圳、广州为国家环境保护模范城市，惠州、东莞为国家水生态文明试点城市（表 4-1，图 4-1）。

表 4-1　东江流域（广东省）行政区划及其面积

行政分区		总面积/km²	东江流域面积/km²	东江流域面积占总面积比例/%	各市东江流域面积比例/%
广东省	梅州	15875.0	270.3	1.7	0.9
	河源	15642.0	13577.4	86.8	45.2
	韶关	18385.0	1259.8	6.9	4.2
	惠州	11356.0	10358.5	91.2	34.5
	深圳	1953.0	664.4	34.0	2.2
	东莞	2472.0	2241.4	90.7	7.5
	广州	7434.4	1638.3	22.0	5.5
合计		73117.4	30010.1	41.0	100.0

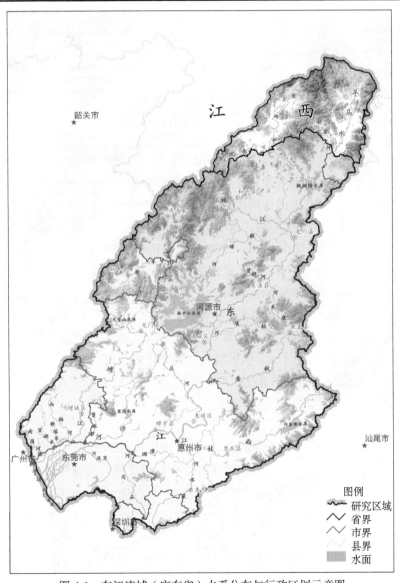

图 4-1　东江流域（广东省）水系分布与行政区划示意图

2. 地形地貌

东江流域地势东北部高,西南部低,高程 50~500m 的丘陵及低山区约占 78.1%,高程 50m 以下的平原地区约占 14.4%,高程 500m 以上的山区约占 7.5%。东江流域内共发育 5 列大致平行的东北—西南向山脉,地形特征呈现"五山夹四盆"格局。

东江流域的区域地质,上、中游以下古生界地层较发育,上中生界地层及中生界、新生界地层分布较少。古生界地层多变质岩或轻度变质,主要有长石石英砂岩、粉砂岩、片岩、页岩等。石灰岩多见于和平、连平、新丰、龙门等地,即新丰江上游及干流两岸地区(温小浩等,2009)。中生界侏罗系中,下侏罗统地层分布于干流及秋香江,为砾岩及砂页岩;上侏罗统地层在惠州以南及西枝江一带,从西到东广泛分布,为火山岩系的英安斑岩、安山玢岩、凝灰岩等。新生代古近系红色砂岩层分布于龙川、河源、惠州等地,多呈盆地沉积,丘陵地貌。燕山期花岗岩在流域的分布除佛冈—河源岩体呈东西展布外,散布各处,但与断裂构造仍有密切关系。

东江的主要断裂构造带属华夏、新华夏构造体系,走向为北东、北北东。河源断裂带属压扭性断裂带,纵贯东江干流河源以上河段并延伸至江西省南部。它控制着古近系地层的分布、部分花岗岩的侵入和东江某些河段的发育(图 4-2)。

3. 气候气象

东江流域属亚热带气候,表现为高温、多雨、湿润、日照长、霜期短、四季气候差异显著。受各种气象因素、地理位置和地形地貌影响,北部山区和东南沿海差异较大。东江流域内降水以南北暖气团交汇的锋面雨为主,多发生在 4~6 月,其次是热带气旋雨,多发生在 7~9 月,年内降水量分配不均,其中 4~9 月降水量占全年的 80% 以上,空间上分布是西南多、东北少,年降水量在 1500~2200mm,平均为 1753mm,中下游比上游多,年际变化较大,各测站最大年和最小年降水量比值为 2.45~3.59(王兆礼等,2011)。该流域多年平均水面蒸发量在 900~1200mm。流域内气温较高,年平均气温 20~22℃,年中最高气温在 7 月,平均气温 28~31℃,极端最高气温达 39.6℃(龙川站,1980 年 7 月);最低气温在 1 月,平均气温 11~15℃,极端最低气温达 -5.4℃(连平县,1955 年 1 月 22 日),受海洋性气候影响,年气温变化不大,但区域性气温变化仍较大,东北部山区冬季或有冰雪。流域内多年平均风速 2.4m/s,1 月最大,8 月最小,历史上最大风速为 27m/s(1979 年 8 月 2 日),全年最多风向是东北偏北。

4. 河流水系

东江是珠江三大水系之一,支流众多,广东省内汇入东江干流的一级支流共 48 条,其中流域面积大于 3000km² 的一级支流有新丰江、西枝江 2 条,流域面积分别为 5817km²、4156km²,流域面积在 200~3000km² 的一级支流 13 条,50~200km² 的一级支流 33 条。东江流域主要水系分布见图 4-3。

5. 降雨径流

东江流域多年平均最大 24h 暴雨量在 110~220mm。流域内分布有两个暴雨区,其中一个暴雨区为惠东县的多祝—石涧—高潭一带,1979 年 9 月暴雨期间,多祝站最大 24h 暴雨量为 670mm，石涧站最大 3 日雨量为 998mm；另一个暴雨区是博罗县的罗浮山—龙门县的铁岗、南昆山一带，1968 年 6 月暴雨期间，博罗县何家田站最大 3 日雨量为 515mm。总的来说，东江流域中下游的暴雨日数比上游多，多暴雨区和多雨区分布基本一致。

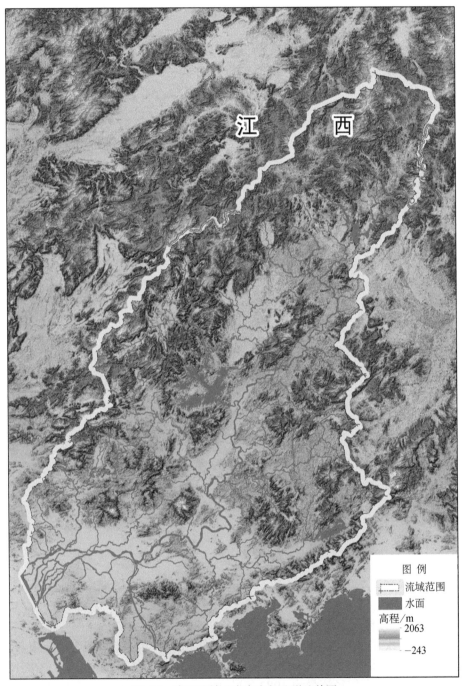

图 4-2　东江流域（广东省）地形地貌图

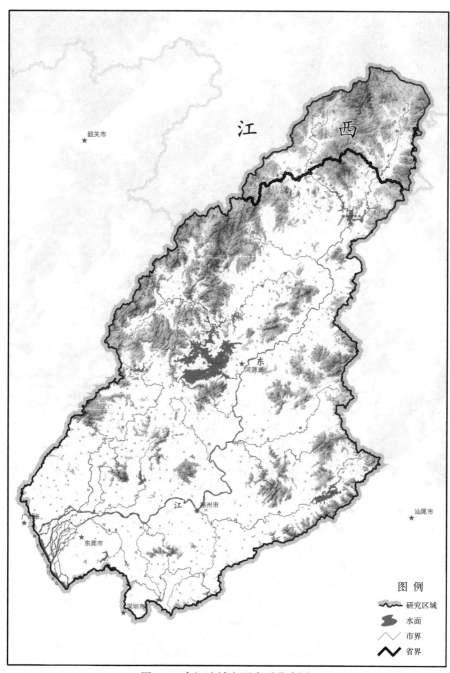

图 4-3　东江流域主要水系分布图

东江流域径流过程与降雨过程一致，时空分布不均匀。在时间分布上，4～9 月水量约占 80%，10 月至次年 3 月约占 20%；在空间分布上，博罗站多年平均径流模数为 10L/（s·km^2），流域东北部为 2510L/（s·km^2），西南部为 3510L/（s·km^2）。博罗站多年平均径流量为 238 亿 m^3，最大年径流量为 1983 年的 416 亿 m^3，最小年径流量为 1963 年的 61.4 亿 m^3（何艳虎等，2012）。

东江流域干流径流受水库大坝等水利控制性工程影响较大，新丰江及枫树坝 2 座大型水库建成前，东江干流枯水流量较小，龙川站历史最枯流量为 11.9m³/s，河源站和博罗站分别为 24.3m³/s 和 31.4m³/s；新丰江及枫树坝 2 座水库建成后，干流枯水流量一般可达 200～300m³/s（朱淑兰等，2009）。

4.1.2　主要资源状况

1. 水资源

东江流域水资源较丰富，多年平均地表水资源量 274.9 亿 m³，其中广东占 89.0%，折合径流深为 1027mm，多年平均地下水资源量 74.9 亿 m³，其中，不重复水资源量为 0.1 亿 m³。东江流域水资源以降雨补给为主，水资源量时空分布不均，年际变化较大。东江博罗站径流资料统计显示，汛期（4～9 月）径流量占全年的 71.3%，枯水期（10 月至次年 3 月）占 28.7%，年径流量极值比为 3.66。2016 年广东省各地市（梅州、韶关未统计）东江流域水资源总量见表 4-2。

表 4-2　2016 年东江流域（广东省）水资源总量

地市	降水量/亿 m³	地表水资源量/亿 m³	地下水资源量/亿 m³	地表与地下水资源不重复量/亿 m³	水资源总量/亿 m³	产水系数/亿 m³	产水模数/（万 m³/km²）
河源市	387.5	226.5	55.5	—	226.5	0.58	144.8
惠州市	302.6	181	43.9	0.14	181.1	0.60	162.1
深圳市	33.5	30.4	6.1	0.03	30.4	0.60	163.1
东莞市	60.4	33.2	7.8	0.31	33.5	0.55	135.8
广州市*	35.6	21.6	39.7	0.98	21.7	0.61	134.2

*以 2015 年数据估算。

2. 生物资源

东江流域鱼类资源丰富，从目级水平来看，鲤形目为东江流域主体鱼类，其次为鲈形目与鲇形目。流域内地形地貌复杂，保留了许多相对完好的南亚热带季风常绿阔叶林生态系统，植物种类丰富，盛产稻谷、甘蔗、花生、荔枝等。

3. 矿产资源

东江流域范围内主要有铅、锌、钨、锡、铁、煤炭及稀土类矿等矿产资源。东江源头区域范围内主要有钨和稀土类矿等矿产资源。

4.1.3　水环境特征

1. "十一五"水质特征

"十一五"期间，随着东江流域经济从下游向上游不断地梯度推进，靠近深圳、东莞、广州的东江支流区域已经出现了严重的污染态势。深圳市境内观澜河、龙岗河和坪山河布设的 10 个水质监测断面水质均超过 V 类标准，主要超标指标为 TN、NH_3-N、TP、COD_{Mn}、COD 等；东莞、广州等新发展区域的水污染状况也不容乐观。随着产业向山区和上游转移速度加快，东江上游正重复着下游曾经历过的超常规发展历程，短短几年从江西进入广东源头的部分河段的 NH_3-N 等指标已从 II 类迅速下降到 III 类、IV 类，有时甚至为 V 类（陈凡等，2014；王丽等，2015）。东江支流淡水河、新开河、石马河等污染严重，加重了东江的污染负荷，导致部分河流岸线和滩涂湿地生态系统严重受损。

2. "十二五"以来水质特征

"十二五"期间,东江干流及主要支流COD、NH₃-N、TP等水质指标浓度从上游至下游总体呈上升趋势。相对上游浰江出口、龙川铁路桥等断面,下游区域赤岗村等断面COD涨幅较大,水质较差。下游断面NH₃-N同样出现不同幅度的上升,其中泰美断面NH₃-N与TP指标接近Ⅳ类标准。东莞石马河、东莞运河等水质甚至处于劣Ⅴ类水平,大量城市内河涌在2020年之前呈现黑臭状态。

"十三五"期间,东江流域水质出现明显好转,2018年是重要的转折点。在水污染防治攻坚战的2020年,东江全流域国考断面全面消除劣Ⅴ类,干流水质总体保持Ⅱ类水平。之前的重污染河流东莞运河、石马河等水质改善显著,沙河、淡水河等分别从之前的劣Ⅴ类提升至Ⅲ类和Ⅳ类,城市建成区黑臭水体治理成效显著(图4-4~图4-6)。

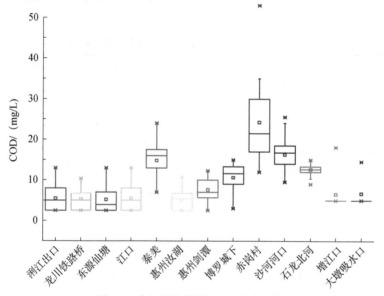

图 4-4　东江干流沿程 COD 浓度变化

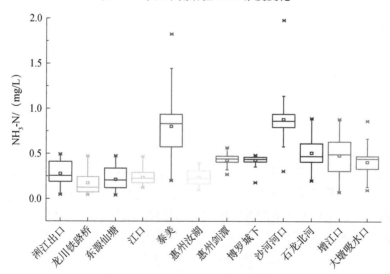

图 4-5　东江干流沿程 NH₃-N 浓度变化

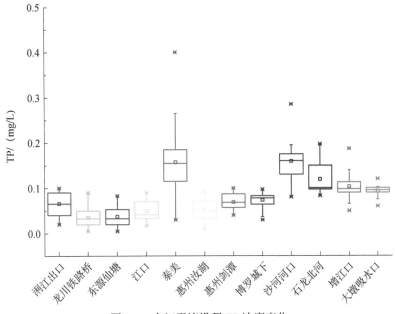

图 4-6　东江干流沿程 TP 浓度变化

4.2　关键问题诊断

4.2.1　水环境质量问题仍未根本扭转

根据东江干流河源段（上游）、惠州段（中游）和东莞段（下游）共 13 个常规监测断面 2003 年 1 月～2010 年 12 月逐月水质数据，选取 DO、COD_{Mn}、NH_3-N 和 TP 四项有机类指标进行统计分析。在东江上游河段，NH_3-N 和 TP 呈现较明显的逐年上升趋势，NH_3-N 指标 2010 年甚至出现轻微超标现象；中游河段 DO 变幅较大，仍满足地表水 Ⅱ 类要求，COD_{Mn}、TP 变化不显著可稳定优于 Ⅱ 类，NH_3-N 指标 2007 年最差，出现超标情况，2008～2009 年有所改善，基本满足 Ⅱ 类水质要求；下游河段水质较差，尤其 DO、NH_3-N 经常出现劣于 Ⅱ 类情况。

在"十一五"以及"十二五"前期，东江支流则存在大量劣 Ⅴ 类水体甚至黑臭水体。其中，淡水河、石马河是东江流域输出污染物通量最大的支流，对东江构成巨大威胁。东深供水工程太园取水口水质风险水平较高，于 2009 年 8 月前后出现水质劣于 Ⅲ 类，丰水期 DO 浓度低于枯水期，在丰水期高温季节已经不能满足 Ⅲ 类水质标准。

"十二五"伊始，东江流域水质有所改善，但是水环境质量还未根本扭转，东莞、惠州等个别国考断面未稳定消除劣 Ⅴ 类；受面源影响，初雨期间河流水质波动较大，距离"长治久清"还有不小差距。

4.2.2　潜在突发水污染事故风险增大

东江流域经过了 30 多年的高速粗放发展，已经进入环境风险高发期。东江流域仍然有大量的印染、化工、电镀等重污染企业，高风险污染行业傍河而建的布局短时间内难以根本改变。据初步调查，东江流域现有重大危险源200多家，以深、莞、惠三地最多也最集中，主要分布在东江干流、东江北干流、东江南支流、新丰江、西枝江、增江、公庄河、沙河、石马河、淡水河、寒溪水等区域。此外，东江流域还分布有大量的油库和油码头。近年来，陆续发生了多起油污染事故，如东江电厂油库受雷击油泄漏事件、龙岗河油污染事件等，对饮用水源水质构成了一定威胁。

东江流域化学危险品运输的水质风险不容忽视。由于惠州大亚湾石化产品集散的需要，物流运输日益频繁，各类化学品运输车辆一旦在桥梁上发生碰撞或翻车，将导致危险物质泄漏，对东江水源构成较大的污染威胁。

随着经济社会的进一步发展，特别是大亚湾石化工业区生产规模的不断扩大，突发性污染事件对东江水质安全的威胁越来越大，加上水环境预警与应急处置能力严重不足，应急备用水源建设滞后，存在潜在、重大的水质安全风险。

4.2.3　新污染物带来的水质风险高

东江流域呈现出耗氧有机物、营养污染物和毒害物同时存在的复合污染态势。根据水专项东江项目"十一五"期间的调查，东江流域可广泛检测到重金属、内分泌干扰物、农药、多环芳烃、持久性卤代烃、药物与个人护理品（PPCPs）等传统水厂难以去除的新型累积性污染物，尤其是双酚A和壬基酚在东江流域下游及河口段的浓度水平普遍高于世界其他地区。基于生态毒性数据与水质标准的风险评估，初步筛选出东江流域的优控污染物为Cu、Cr、Cd、Ni、Zn、Mn 6种重金属，2种邻苯二甲酸酯［邻苯二甲酸二异丁酯、邻苯二甲酸二（2-乙基己）酯］，3种多环芳烃（屈、茚并[1，2，3-c，d]芘、苯并[g，h，i]苝），毒死蜱、氟虫腈、三唑磷等7种农药，双酚A、壬基酚等5种内分泌干扰物，三氯生、（脱水）红霉素等5种药物与个人护理品以及十氯联苯、十溴联苯醚、硫丹等。这些优控污染物在东江部分河段达到高风险水平，呈现出"复合型、累积性和压缩性"的复杂特征（Chen et al.，2014）。

4.2.4　生态环境退化问题

根据水专项"十一五"期间的调查，2010年东江干流剑潭—桥头河段暴发甲藻藻华；因拦河坝群建设，东江生物群落结构发生变化，鲥鱼、花鳠等原生鱼类绝迹，土著种和洄游鱼类减少；流域内污染负荷增加以及梯级电站的拦截，导致剑潭梯级下游在夏季的DO常常小于4mg/L，对粤港供水长距离封闭管道输送水质安全构成风险。东江下游水质较差，藻类生物多样性降低，藻类的生物量增加，优势种明显，水生态风险较高，具备发生水华水生态风险的基础条件（李思阳等，2016）。

水葫芦过量繁殖也是东江流域的水生态问题。在干流上，东江流域惠州段的水葫芦分布以河流两岸及河湾处较多，剑潭大坝坝上河段较为突出。淡水河、石马河、沙河等支流的水葫芦较为密集，甚至新丰江水库入库支流的水葫芦也逐年增多。研究表明，水葫芦若长期大范围盖住江面，会导致水下的阳光、氧气不足，水葫芦死亡后会产生腐烂物质，导致耗氧量高，NH_3-N浓度高，影响水生态环境。

4.2.5　流域综合管理能力亟待加强

一是跨省、跨市重点断面及流域重点工程断面尚未实现水文水质同步监测全覆盖，重点水功能区和饮用水源地监测还需进一步加强，流域监测监控能力建设还远不能满足流域综合管理需求，统一的监控、预警、调度平台尚待进一步整合完善。二是东江流域涉及江西赣州、广东河源等革命老区、珠江三角洲及香港等地区，经济社会发展水平差异较大，需建立健全赣粤跨省水资源保护和水污染防治协作机制。三是东江流域水资源管理仍以行政手段为主，市场调节手段薄弱，没有充分发挥水价和水资源费的经济杠杆作用，水权水市场尚未建立。四是目前已经开展的东江流域水环境横向补偿机制需要进一步完善，生态补偿政策法规尚不健全，补偿关键技术支撑不足。

4.3　水环境风险成因与机制

4.3.1　高速经济发展区水污染蔓延带来水质安全风险

东江流域水质总体良好。但是，在水专项东江项目实施早期（2008～2010 年），伴随广东省产业、劳动力"双转移"战略的深入实施，河源、惠州等中上游区域进入工业化、城市化发展的"快车道"，东江流域呈现出产污量增加、排水增多、负荷增高的态势。一是入河污染通量高。2016～2018 年，东江流域入海 TN 和 TP 通量仍然维持在较高水平，东江南支流入海污染通量占整个珠江流域入海通量的 20%左右。二是面源逐步成为东江水质安全的主要影响因素。尽管东江流域点源污染治理取得明显成效，但是面源治理仍然缺乏有效手段，导致 COD_{Mn} 与 TP 在东江流域大部分断面的洪季输送通量明显大于枯季。其中，淡水河口（紫溪口）与桥头断面的 COD_{Mn} 洪季通量分别比枯季增加 4.35 倍和 3.64 倍，TP 洪季通量分别比枯季增加 1.27 倍和 1.76 倍。三是"十二五"期间，淡水河、石马河等重污染支流水质还未根本性好转。此外，"十一五"期间东江流域可广泛检出痕量毒害污染物，包括重金属、PAHs、PAEs、OCPs、PPCPs 等污染物等，严重影响到东深供水等水源安全（Pan et al.，2014；Zhao et al.，2015；王丽等，2015）。

4.3.2　高经济密度区人类活动胁迫带来河流生态风险

2018 年，河源、惠州、广州、东莞、深圳的常住人口分别为 309.39 万、483 万、1490.44 万、839.22 万、1302.66 万人，对应人口密度 197.79 人/km²、416.41 人/km²、2004.89 人/km²、3411.46 人/km²、6526.35 人/km²，从上游到下游人口密度急剧升高，极大地挤占了生态空间。一是水资源利用强度高。目前东江的水资源利用程度已接近临界水平，流域的系统生态流量，包括必要的压潮流量得不到保障。二是梯级电站开发造成生态系统碎片化。东江干流广东省境内有 12 座水电站，仅东江南支流东莞市沙田泗盛控制单元内的防洪防潮水闸就达 200 余座，梯级电站开发不仅引发水资源时空分布发生剧烈改变，也导致河流生态系统遭到一定程度的破坏，引发生物多样性下降、湿地退化、珍稀物种消失等一系列生态问题。三是河道挖沙、河床下切、潮汐影响上移等引起的下游河流水文条件变化，进一步使供水工程取水环境变差。东江流域水生态风险较高，剑潭梯级下游在夏季 DO 常常小于

4mg/L，东江干流剑潭—桥头河段的卵形隐藻已多次达到水华暴发阈值，2010 年前后该河段曾出现大面积甲藻（荀婷等，2015）。

4.3.3　新型产业排水存在较大健康风险

东江流域存在大量以高科技制造业为主的表面处理、电路板制造、印染印刷等行业。东江干流、支流与企业排水综合生物毒性测试结果显示，急性毒性检出率在 13%～18%，排水生物毒性对生态系统和饮水安全存在较大健康风险。东江流域典型行业印染、电镀、电路板制造、造纸等行业的排水具有不同程度的急性生物毒性和慢性生物毒性。急性生物毒性检测结果显示，61.9%印染排水为微毒级，23.8%排水为中毒级；52.6%电镀排水为中毒级，21.1%排水为高毒级；60%电路板制造排水为微毒级，30%排水为中毒级。慢性生物毒性检测结果显示，印染排水微毒、中毒和高毒级样品分别占 42.9%、19.1%和 14.3%，电镀排水样品分别占 0%、10.5%和 68.4%，电路板制造排水分别占 35%、30%和 25%。这些与高科技制造业相关的行业排水对水生态健康和饮用水安全产生较大威胁（李经纬等，2016）。

4.4　管控策略和技术路线图

4.4.1　总体思路

针对东江流域高质量发展要求、高经济密度、高发展速度、高水质要求、高强度控污的特点，从水质风险、生态风险、健康风险三个方面，集成创新包括控制风险（控）、维护生态（维）、保水甘甜（保）、高质发展（发）在内的水源型河流水环境风险控制工程技术体系和水环境综合管理技术体系，其中上游源头区作为水源涵养产流区侧重生态维护，中游输水通道区突出保水安全，下游受水区侧重风险控制。针对性治理和管理技术的全流域综合应用，可以促进水源型流域高质量发展，形成水源型河流水环境风险防控的"控、维、保、发"新模式，实现了从"水质管理"向"水生态管理"、从"静态管理"向"实时过程管理"、从"达标管理"向"风险管理"的重大转变，有效支撑了水专项"流域水质目标管理与监控预警技术"这一标志性成果（图 4-7）。

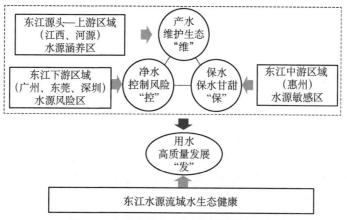

图 4-7　水源型河流水环境风险管控思路

4.4.2　目标与任务设置

1. 总体目标

1）解决水源保护与流域经济发展的根本性矛盾

针对不同区域、不同发展程度、不同模式对水环境造成的污染代价，选择水源高风险的农业区域、污染支流区、密集城镇与跨境供水工程等典型区域开展水污染控制与水质保障综合示范，解决水源保护与流域经济发展的根本性矛盾。

2）控制流域水环境风险

（1）非常规特征污染物与生态健康风险控制。在实现国家和地方节能减排目标的基础上，建立基于生态健康、支撑我国未来可持续发展的水源型河流水污染系统控制工程新体系和水环境综合管理新体系；在实现主要控制常规污染物达标排放的前提下，建立由典型产业有毒有害物减排、废水脱毒减害深度处理及资源化、受纳排水河道水质净化与生态修复以及河流生态功能恢复等组合技术构成的高功能河流水污染控制工程体系。

（2）全域实施过程控制。采取发展布局优化、产业结构升级、工程减缓、综合调控四大措施进行风险全域过程控制，并分阶段、分区域、有侧重地示范推广，保证东江作为水源型河流的高功能目标实现。

2. "十一五"任务

"十一五"阶段目标：在实现国家和地方节能减排目标的基础上，建立基于生态健康的水源型河流水环境综合管理新体系；建立由典型产业有毒有害物减排、废水脱毒减害深度处理及资源化、受纳排水河道水质净化与生态修复以及河流生态功能恢复等组合技术构成的水源型河流非常规特征污染物与生态健康风险控制体系。

根据以上目标，"十一五"东江项目设置 10 个课题，分别为：①东江源头区水污染系统控制技术集成研究与工程示范；②东江上游水污染系统控制技术集成研究与工程示范；③东江干流水质敏感区水污染系统控制技术集成研究与工程示范；④东江高速都市化支流区水污染系统控制技术集成研究与工程示范；⑤东江快速发展支流区水污染系统控制技术集成研究与工程示范；⑥东江下游优化发展都市区水污染系统控制技术集成研究与工程示范；⑦东江流域排水与水体生物毒性监测体系研究与应用示范；⑧东江优控污染物动态控制管理技术体系研究与应用示范；⑨东江水系生态系统健康监测、维持技术研究与应用示范；⑩东江流域水污染系统控制实时数字化管理体系研究与应用示范。

3. "十二五"任务

"十二五"阶段目标：针对饮用水源型河流的水质与水生态风险，开展印染、电子等典型行业及规模化农业排水控源减排与脱毒减害工程技术、排水生物毒性和优控污染物风险管理技术、水生态风险评估、水生态功能恢复技术研究；全面集成水源型河流水环境风险控制工程与管理技术体系，构建流域水环境风险实时数字化管理决策支持系统；在典型流域选择农业区域、污染支流、密集城镇与跨境供水工程等典型区域开展综合示范；通过示范并结合已有专利和专有技术，推进脱毒减害工程设备与监测设施产业化，为水源型河流的水质安全与风险控制提供前瞻性技术支持。

根据以上目标，"十二五"东江项目设置 6 个课题：①东江上游典型集水区水环境风险控制技术集成与综合示范；②工业区排水对水源型河流风险控制技术集成与综合示范；③城镇化水源集水区域水污染系统控制技术集成与综合示范；④东深供水工程水质改善技术集成与综合示范；⑤东江流域饮用水源型河流水质安全保障技术集成与综合示范；⑥东江高度集约开发区域水质风险控制与水生态功能恢复技术集成及综合示范。

4.4.3 风险管控技术路线图

根据东江水源型河流的定位以及上下游流域差异，工程治理技术的研发采取"一区一策"的技术路径。上游源头区作为产流区，应以维护生态、涵养水源和保障清洁产流为目标，重点突破农业特征污染物控制以及面源深度处理技术；中游作为输水通道区，干流水质直接影响中下游供水安全，采取提升支流水质、优化排水格局的治理策略，实现清水入江、保水安全的目标，重点研发城市排水深度净化和脱毒减害技术；下游受水区同时也是流域的高速都市化发展区，针对流域人口密集、高风险行业众多的特征，采取优化生产、生态空间以及高强度控污、重构生态的治理策略，重点突破新型行业排水脱毒减害和城市初雨面源深度净化技术，从而保障用水安全，推动流域经济社会高质量发展。

管理技术从水源型河流严格管控水环境风险的功能定位出发，从两方面开展研究。一是从优控污染物、生物毒性、水生态等方面建立以"监测、估算、评估、控制"为主线的水质风险综合管理体系，提出流域优控污染物排放限值与综合管控方案，制定典型行业排水生物毒性阈值与管理策略，形成水源型河流水华水生态风险监测技术规程以及水生态风险预警与应急调控技术方法；二是针对水源型河流水质实时安全的需求，建立具有水量水质联合调度、仿真模拟突发污染事故水质影响、预报入河排放口污染通量、优化水质与水生态风险控制措施等功能的水源型河流水质风险管理决策支持平台，实现对东江流域主要控制断面水质状况的实时监控、滚动预报和优化控制。具体风险管控技术路线见图 4-8。

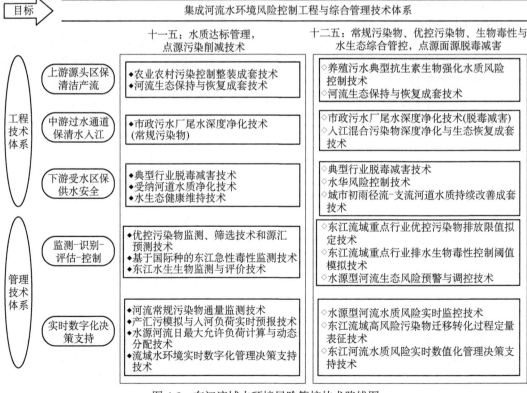

图 4-8　东江流域水环境风险管控技术路线图

4.5　关键技术研发与应用

4.5.1　水源型河流风险控制工程技术体系构建

1. 源头区-上游区域农业痕量毒害物风险控制技术

1）源头区-上游区农业农村污染全链条控制技术

南方低山丘陵果园面源污染防治技术以生态学、环境科学、水土保持学等科学原理为指导，坚持预防为主，工程、生态、农业、管理措施相结合，采取"源头减量、径流拦截、过程阻断、深度净化"系统控制技术，减少面源污染风险。该技术基于优化集成的果园面源污染系统控制技术体系，在定南县华鹏果业开发有限公司胜前基地建立了示范工程，示范区面积1000亩。在源头减量方面，化学农药有机污染物替代主要以物理、生物控虫为核心技术，采用黄板、植物源农药替代、植物趋避等生态环境保护措施，从源头减少化学农药的使用量，从而降低化学农药使用带来的有机污染风险；排水深度净化以"径流拦截-过程阻断-深度净化"为核心技术，集成了沉淀池、前置库、生态透水坝、生态沟渠、生态湿地等农业面源污染拦截与净化技术，形成了果园径流排水深度净化成套技术体系，有效减轻了果园径流排水对地表水体的面源污染负荷。第三方监测机构监测结果显示，示范区化学农药使用量较2013年（基准年）降低20%以上。地表采取"生草覆盖+植物篱"联合技术后，与清耕区域相比，径流小区汇水中TP流失损失降低86.57%、TN流失损失降低83.71%、NH_3-N流失损失降低86.13%。示范区域采取果园径流排水深度净化成套技术后，相比未采取该技术体系，果园径流排水TP入河负荷削减81.28%、TN入河负荷削减85.78%、NH_3-N入河负荷削减94.95%，大大减轻了脐橙种植区径流排水对周边地表水体的污染风险，从而有效保护了东江源头区的生态环境，提升了源头产水质量。

2）源头区-上游区生猪养殖污水典型抗生素生物强化水质风险控制技术

集成研发养殖废水特征污染物的削减技术、养殖固体废弃物高效堆肥技术和养殖业废弃物农业利用关键控制技术，形成了规模化畜禽养殖污染源头削减、过程控制、资源化利用及废水末端治理控制体系。其中，生猪清洁养殖技术开发的鸭嘴式与碗式饮水器改装的组合式饮水器能减少饮水过程污水产生量65%左右，集成水气混合栏舍冲洗方式较常压冲洗减少栏舍冲洗水产生量50%以上，通过清洁养殖设施的应用可极大地减少生猪养殖中的污水产生量；突破传统生物有机肥肥效慢、用量大、受水溶性有机碳含量低制约的问题，以高水溶性有机碳营养为突破口，通过优化堆肥工艺研发出"高水溶碳含量"的高品质堆肥，为进一步优化堆肥工艺提供了理论依据和技术支撑；集成了"预处理+厌氧+移动床生物膜反应器MBBR+氧化塘+狐尾藻生态系统"的养殖废水控制技术，在江西省定南县江西五丰牧业有限公司（年出栏生猪3.6万头）开展示范应用，经第三方监测，所有考核指标均达到排水要求。实现废水排放减少30%以上，粪便资源化利用率达96.7%；排入水环境COD减少约96%，NH_3-N减少约92%，TP减少约85%，典型抗生素减少约85%。相关研究成果在海南省、辽宁省铁岭市等地推广应用，形成了《海南省畜禽养殖污染减排技术导则》《铁岭市规模化畜禽养殖污染防治技术指南》等。

3）源头区-上游区河流生态保持与恢复技术

A. 源头矿区生态修复与重金属风险控制技术

以矿区尾矿库为主要对象，在对尾矿中重金属的释放规律进行预测的基础上，研究了新型的尾矿原位钝化技术，即三乙烯四胺基双（二硫代甲酸钠）（DTC-TETA）钝化剂钝化尾矿和尾矿堆植被复绿生态恢复技术，从源头抑制重金属释放。对于已从尾矿释放的重金属，研究了将改性玉米秸秆、花生壳等廉价的农副产品废弃物作为重金属吸附材料，拦截阻止其扩散进入矿区河流，并将上述关键技术集成形成了模块化的矿山污染综合控制技术。岿美山钨矿区示范工程综合采用尾矿原位钝化技术控制尾矿重金属释放，结合"石块清理+坡脚石堤防护+植被恢复"的生态修复技术，混种狼尾草、百喜草和多花木兰等植物种，实现了 15270m^2 尾矿堆 72%复绿；对于已释放进入尾矿库出水的重金属，采用"过滤+吸附"的工艺流程，整体实现了入河典型重金属镉的平均浓度从拦坝前 0.0048mg/L 到拦坝后 0.0020mg/L，浓度下降 58.3%，满足国家地表水Ⅲ类水质要求。

B. 面源负荷入江通量多级梯度削减技术

基于东江上游非点源氮磷污染负荷核算和东江一级支流——高埔小河水体功能分区定位分析，重点针对直接汇入东江的小流域高风险支流，突破面源负荷入江通量多级梯度削减关键技术及城镇污水高标准处理技术，形成高埔小河流域水环境综合整治达标方案。一方面，建立了基于内置填料包的波形潜流湿地组合净化技术：复合填料包是由土壤/细砂、木屑/聚己内酯、木炭和铁屑等按一定质量比混匀后填充。利用复合填料包分层装填，使潜流湿地内部形成小波形，利用穿孔花墙形成大波流动，不仅延长了污水与填料和微生物的接触时间，而且通过上向流和下向流交替的波形潜流过程改善了湿地内部的"好氧-厌氧"微区环境。另一方面，建立了河口前置库生态净化技术：将分散污水多级自然净化技术与前置库技术结合，利用入江口处的水塘，构建以砾石床、前置库、库心岛、岸边砾石净化带等为核心的河口前置库生态净化系统，形成了《高埔小河流域水环境综合整治达标方案》。依托河源市高埔小河综合整治工程，实施了高埔村支流提升净化工程以及高埔小河入江口前置库生态净化系统工程，有效削减了氮、磷等无机营养盐入江负荷，入江 COD 削减量 1118.45kg/d，NH$_3$-N 削减量 259.78kg/d，TP 削减量 13.68kg/d。

2. 中游输水通道区市政污水、混合污水脱毒减害成套技术

1）沿江城市污水处理厂尾水脱毒减害技术

A. 层叠构筑湿地-模块化滤床组合系统

针对沿江城镇污水处理厂出水难以达到地表水环境质量标准，其直排进入东江的常规及痕量有毒有害污染物风险未得到有效控制的问题，研发了层叠构筑湿地-模块化滤床组合系统，开展了高效协同处理营养盐、抗生素、药物与个人护理用品等新型有机污染物的工艺研究，攻克了层叠式构筑湿地深度处理、模块化滤式生物床处理、生物法-人工湿地组合工艺等单项关键技术，集成形成了同时脱除营养物和特征污染物的层叠式构筑湿地技术。以惠州市第四污水处理厂尾水为对象，建立了 5000m^3/d 的高效去除尾水营养盐和持久性有毒污染物的层叠组合式复合构筑湿地示范工程。该示范工程可使执行国家一级 A 排放标准的污水处理厂尾水 TN 平均去除率为 52%，出水主要指标达《地表水环境质量标准》（GB 3838—2002）Ⅱ类或Ⅲ类标准，脱氮效率在 50%以上，对罗红霉素、红霉素等和内分

泌干扰物（双酚 A）都有良好的去除效果。

B. 大掺量印染废水市政污水处理厂稳定运行工艺技术

针对流域内唯一的市政污水处理厂永和污水处理厂受纳大掺量印染工业废水的特点以及高标准排放需求，研发大掺量印染废水市政污水处理厂提标稳定运行、痕量毒害污染物高效削减等技术以及工艺优化，集成形成了以"预处理工艺+水解酸化加好氧 CEAO 综合处理工艺+深度处理工艺"为核心的大掺量印染废水市政污水处理厂稳定运行工艺，主要工艺流程为"混凝沉淀+水解酸化+好氧工艺+沉淀+混凝沉淀+'V'形滤池+新型 UV"。该工艺通过前后两段混凝处理工序增强了整个污水处理系统的稳定性和安全性，并且去除部分难降解污染物，提高了抗负荷能力和处理效率；厌氧段采用脉冲布水方式，污泥流失少，可保证污泥浓度以及泥水混合效果；污水在好氧池的流动呈现出整体推流而在不同区域内为完全混合的复杂流态，使出水水质比较稳定；曝气系统采用管式微孔曝气器，可提高充氧效率，减少供气量；过滤采用"V"形滤池形式，通过与末端的新型紫外消毒技术联用，实现尾水深度处理。该工艺适用于大掺量印染废水提标及脱毒减害处理，印染废水最大混掺比例可达 80%，进水水质指标可满足 pH 在 9～11、COD≤800mg/L、BOD5≤280mg/L、SS≤300mg/L、NH$_3$-N≤25mg/L、色度≤500（倍）、S^{2-}≤3mg/L。其排水常规指标优于国家一级 A 排放标准，特征污染物内分泌干扰物（EDCs）（壬基酚、双酚 A）等去除率达 90%以上。

利用该工艺在广州新塘永和污水处理厂建成大掺量印染废水的污水处理厂稳定运行及管控示范工程，规模达 50000t/d，其排水常规指标优于国家一级 A 排放标准的同时，EDCs（壬基酚、双酚 A）、三氯生、水杨酸、双氯芬酸等削减 90%以上。示范工程近四年共处理印染工业废水约 6400 万 t，占流域工业废水总量 50%以上，年减排 COD、NH$_3$-N、TP 约 7500t、110t、84t。工程出水经专管排入下游温涌等河涌作为生态补水，排除水源保护区排水风险，为保障流域支柱产业健康发展、官湖河水质升级改善以及东江北干流水质安全作出了重要贡献。

C. 受纳综合工业尾水的市政污水处理厂尾水深度净化技术

小金河流域内五金、印刷电路板（PCB）、宝石等加工制造业长期无序发展，排放的废水中痕量毒害污染物含量高，流域内城镇污水处理厂受纳综合工业尾水通过常规工艺难以有效处理，排水风险较高。针对该问题，研发出了基于新型陶粒催化剂的 H$_2$O$_2$/O$_3$ 多相催化氧化技术，该技术以臭氧氧化为基础，辅以双氧水和自主研发的负载有金属的固体陶粒催化剂形成多相氧化体系，对含有综合工业尾水的市政污水尾水进行强化脱毒减害，在最佳条件下，痕量毒害污染物可实现 85%以上的去除率。该技术具有臭氧利用率高、氧化性能好、处理效率高、无污泥产生、无二次污染且价格低廉等优势。利用该技术在惠州江北水质净化厂建成尾水脱毒减害示范工程一项，工程规模 5000m^3/d。其排水常规指标优于国家一级 A 排放标准的同时，实现壬基酚、双酚 A 等痕量毒害污染物削减 70%以上，有效防控流域内综合工业排水污染。

2）入江混合污染物深度净化与水生态恢复成套技术

A. 多级强化净化和河口湿地修复技术

针对东江部分支流水体 COD、NH$_3$-N、TP，以及有毒有害污染物等指标长期超标，某些入江支流和河涌生态系统健康受损、生态功能丧失、内源污染负荷大量累积的现状，以入东江支流水口渠为对象，开发了以河流复合污染控制与生态修复为核心的多级强化净化和河口湿地修复技术。该技术针对水口渠段渠道内原有覆盖面较大的凤眼莲等植物特征，采取部分空间填充碎石、陶粒混合填料，保留的植物段与填料段形成硝化、反硝化多级串联处理方式；利用软性骨料和植物根系固土护坡，采用自然材料和碎石层覆盖技术在坡岸建立隔离槽与过滤带，雨水径流经过隔离槽和过滤带的截留和吸收作用削减污染物的含量，再经过生态氧化床的进一步降解后进入河道。通过河道生态修复工程的进行，水口渠段进入新开河的氮、磷实现一定程度的削减，TN 去除率将近 50%，NH$_3$-N 去除率近 70%，出水基本上达到地表水 V 类水标准，TP 去除率亦近 70%，出水基本上达到地表水 IV 类水标准。

B. 高污染负荷支流污染治理与水体功能恢复成套技术

针对淡水河截污不彻底、雨期面源污染突出，导致河道水污染严重，并对东江干流饮用水水源造成重大影响的情况，在截污、排污监管等传统控污的基础上，对污染河流水质开展了持续净化集成技术研究，开发了一种河湾水质持续净化系统并建立了示范工程。该示范工程占地 1200m^2，设计规模为 600m^3/d，利用自然湾畔等低洼地建设，具备沉砂、二级生化和沉淀以及深度净化等功能，通过河道翻板闸或橡胶坝等水工构筑物的配合，可满足旱季河水全部或部分自流进、出处理系统，雨季优先行洪。该系统采用一体化设计，结构紧凑，可因地制宜、灵活选取组合不同的水质净化单元操作，在具备优良的水质净化能力的同时，有良好的景观美化效果。示范工程运行以来，对河道 COD 的去除率为 48.19%，TN 的去除率为 70.09%，NH$_3$-N 的去除率为 80.15%，TP 的去除率为 67.93%。除此之外，示范工程对河水中的 PAHs 具有良好的净化作用，对其处理效率达 40%以上，对河水中多溴联苯醚和双酚 A 的去除率为 90%以上。该示范工程吨水投资在 200～500 元，吨水运行费用 0.20 元左右。

3. 下游区域典型行业排水脱毒减害、初雨面源深度净化成套技术

1）典型行业排水脱毒减害成套技术

A. 信息技术行业新型有机污染物脱毒减害深度处理技术

惠州市第七综合污水处理厂建立了万 t/d 级信息技术行业新型有机污染物脱毒减害深度处理示范工程，实现重金属、TN、环境持久性污染物和环境内分泌干扰物等有毒有害物削减 90%以上。

B. 基于特种环境纳米复合材料的电镀综合废水脱毒减害技术

针对电镀废水中重金属镍形态复杂、难以深度去除的治理难点，研发出高选择性除重金属新型树脂基纳米复合材料，并开发了以"强化破络+树脂吸附"为核心的物理化学深度除镍技术，突破了络合态重金属镍深度去除等技术难题，使总镍浓度稳定低于 0.1mg/L，确保稳定达到电镀行业废水排放标准。针对电镀废水常规处理工艺难以保证 TP 稳定达标等问题，研发了特种除磷新型树脂基纳米复合材料，并开发出以"臭氧氧化-树脂吸附"为核心的物理化学深度除磷技术，通过高级氧化将水体中的非正磷酸盐转化为正磷酸盐，并经特种环境纳米复合材料吸附去除，实现外排水 TP 稳定低于 0.3mg/L、达到地表水 IV 类排放标准。

依托龙溪电镀基地废水处理厂升级改造工程，应用研发的集成工艺重点对废水处理厂

生化后外排废水进行深度除镍、磷升级改造，工程处理规模达 4000m³/d。稳定运行以来，其综合排水中 Ni 等重金属，以及 TP、COD、NH₃-N 等主要排水指标达到地表水Ⅳ类和电镀行业排放限值较严的标准，EDCs（壬基酚、双酚 A）等痕量毒害物削减 60% 以上。示范工程年处理废水约 146 万 t，占园区废水总量 33% 以上，占外排废水总量 80%，减排 Ni、TP、COD、NH₃-N 分别约 300t、1t、300t、10t，有效保障东深供水安全。

C. 机械电子、精细化工、漂染等行业废水脱毒减害技术

a. 机械电子行业废水脱毒减排深度处理集成工艺技术

在机械电子行业废水中，重金属含量高且呈现出稳定的络合状态，常规的中和沉淀法以及硫化物沉淀法难以有效破络，而只有破络后的游离态重金属离子才能被进一步有效处置，因此破络是关键的第一步。针对上述问题，研发了铁碳微电解三相流化床破络技术。

与传统固定床微电解反应器且混合投加铁屑与炭粉的工艺相比，铁碳微电解三相流化床破络技术具有三个技术优势：一是通过将微电解处理后的出水回流，实现铁碳填料在反应床层内的流态化，增加水流的紊动，提高废水与填料的接触概率，从而提高污染物与填料间的传质效率；二是采用研发的新型铁碳一体化填料，避免铁与炭在流化床内分离、微电池回路变差、反应速度减慢的现象；三是通过在流化床内曝气，产生三相流，提高了微电解填料流态化的可能性，拉大了铁与碳之间的电势，从而提高了反应效率。实际运行效果表明，当进水 Cu²⁺浓度为 20～160mg/L 时，出水 Cu²⁺浓度小于 0.5mg/L，平均去除率达到 98.91%。

针对破络后游离重金属离子，研发了新型重金属捕集剂——四硫代联氨基甲酸（TBA）和壳聚糖交联沸石重金属吸附剂。应用 TBA 处理 128mg/L 的游离 Cu²⁺PCB 废水，出水 Cu²⁺均小于 0.5mg/L。该重金属捕集剂溶性好，捕集效率高，可在 pH<5 下使用，投加量仅为市面上常规重金属捕集剂的 1/5；同时研发了新型壳聚糖交联沸石重金属吸附剂，对 Cd²⁺、Ni²⁺及 Cu²⁺的吸附容量可达到 84.0mg/g、79.5mg/g 及 67.5mg/g（干重）。用 0.05mol/L H₂SO₄对壳聚糖交联沸石解吸后，对 Cu²⁺和 Ni²⁺的吸附可使用 5 次以上，吸附容量基本无衰减。该重金属吸附剂结构稳定、性能优良，能高效去除水中痕量的金属离子，同时对 COD、NH₃-N 也有一定的去除效果。

在单元技术突破的基础上，集成出"铁碳微电解破络—重金属捕集+混凝（沉淀/过滤）—接触氧化（沉淀）—改性壳聚糖吸附" 机械电子行业废水脱毒减排深度处理工艺。经该工艺示范工程处理后，出水优于国家《污水综合排放标准》（GB 8978—1996）中的一级排放标准和广东省《水污染物排放限值》（DB44/26—2001）第二时段的一级排放标准以及《电镀污染物排放标准》（GB 21900—2008）中的第三级标准。

依托依利安达（广州）电子有限公司废水处理站，建成了 1000m³/d 的机械电子行业废水脱毒减排与深度处理回用示范工程。连续 6 个月运行的第三方监测结果表明，示范工程出水实现了在达标基础上的再减排和深度脱毒目标。

b. 精细化工行业废水脱毒减排深度处理集成工艺技术

精细化工行业废水具有成分复杂、COD 浓度高、可生化性差、毒性大、盐度高等特点，采用传统的生化处理方法很难奏效。当前国内外普遍采用"物化+生化"组合工艺或直接采用物化方法处理精细化工废水，其中物化方法中最常见的是催化氧化法和强化絮凝法。然

而，催化氧化法和强化絮凝法在工程应用中目前还存在一系列问题。例如，催化氧化法存在催化剂易流失、氧化效率低与成本高等问题，强化絮凝法存在易受水质波动、残留絮凝剂会导致二次污染等问题。针对精细化工行业废水中的有机胶体和重金属，将经过碱性变性的淀粉与铁盐、铝盐进行复配制备得到高电荷密度的淀粉基复合絮凝剂，利用复合絮凝剂中铝、铁水解产生类似于双亲分子的络离子和多核络离子，对胶体产生"吸附电中和"作用，同时复合絮凝剂能提供大量的高分子疏水性氢氧化物聚合体，通过羟基桥联作用与胶体形成架桥聚凝体。该絮凝剂对精细化工行业废水脱色率和 COD 去除效率高、沉降速度快、污泥量少、pH 适用范围广、无二次污染。处理 pH 为 6、Pb^{2+} 浓度为 50mg/L 的含铅废水时，絮凝剂投加量 100mg/L，Pb^{2+} 去除率 99.94%。针对精细化工行业废水中的苯系污染物，利用接枝了氨丙基硅氧烷的改性 TiO_2 纳米管的表面伯胺基与 PU 薄膜表面引入的异氰酸酯基团发生反应，使 TiO_2 纳米管负载于 PU 薄膜表面，得到以聚氨酯薄膜为基体的负载型 TiO_2 纳米管复合掺杂催化剂；以钛网做阳极，铂电极做阴极，采用阳极氧化法制备了以金属钛网为基体的负载型 TiO_2 纳米管复合掺杂催化剂。利用金属钛网负载型 TiO_2 催化剂与光-芬顿法联用，可以起到协同作用，与单纯芬顿试剂氧化技术相比，氧化效率提高 23%，并能有效破坏苯环结构。该技术可降解难以降解的有机物，并能氧化破坏重金属络合物、有机物配体。

在单元技术突破的基础上，集成出"强化絮凝—深度催化氧化—选择性吸附"精细化工行业废水脱毒减排深度处理集成工艺技术。依托安美特（中国）化学有限公司污水处理站，建成了 100m³/d 的精细化工行业废水脱毒减排与深度处理回用示范工程。连续 6 个月运行的第三方监测结果表明，示范工程出水实现了达标基础上的再减排与深度脱毒目标。

c. 漂染行业废水脱毒减害深度处理集成工艺技术

针对漂染行业废水中的多环芳烃污染物，研发了电-磁-MBR 脱毒深度处理技术。石墨电极微电流刺激微生物活性、活性炭磁性载体增加微生物量，强化了 MBR 对毒害物的降解效率；电极、磁种与 MBR 联用，可以起到协同增效作用，对菲的平均去除率达到 94.83%。对萘的平均去除率达到 59.0%，萘、菲等有毒污染物去除率比常规 MBR 提高 20% 以上，有效实现了漂染废水的脱毒减害，大大降低了该行业毒害性物质对东江干流水质安全的风险。

在单元技术突破的基础上，集成出"催化臭氧氧化—新型 MBR"漂染行业废水脱毒减害深度处理集成工艺技术。科技查新结果表明，该工艺在国内外具有新颖性。依托新洲环保工业园污水处理厂，建成了 500m³/d 的示范工程。连续 6 个月运行的第三方监测结果表明，示范工程出水达标，并实现了再减排与深度脱毒目标。

2）城市初雨径流（面源）-支流河道（线源）水质持续改善技术

A. 工业区雨水净化调蓄与河道水质保障技术

针对工业区雨水面源污染负荷较高（占入河污染负荷的 25%～40%）、雨源型河道径流量小、非雨季缺乏新鲜补水等问题，开发了"工业区雨水净化调蓄与河道水质保障技术"。该技术以"高效原位截分反应器—植物稳定塘—强化人工湿地—调蓄库"组合工艺为核心，采用高效原位截（污）分（质）反应器去除面源初雨水中的大部分污染物，利用植物稳定塘和强化人工湿地进行复氧和循环持续净化处理，利用调蓄库的调节功能，实施水质水量联合控制排水。结合区域河库流量联合调控调度与补给方案实施生态基流补给，达到改善河道水质的目的。目前，该技术已应用于深圳坪山聚龙山湿地公园（A 区）5000t/d 规模的工程示范，可去除初期雨水中 50% 以上的氮磷、90% 以上的 COD 和 SS，另外对壬基酚和双酚 A 等毒害性有机物的去除率高于 40%，有效控制了工业区初雨排水风险。该技术可结合城镇河道"蓝线规划"因地制宜地利用城郊小山塘（库）、滩涂地等地理条件，达到雨水调蓄净化的目的，为保障河道水质提供技术支撑。

B. 都市型水库面源优化调控技术

采用污染负荷精细模拟与调控技术对各水文单元的产流进行了优化调控，对连片生态控制区的清洁径流建设截流系统直接汇入水库；在连片建成区与水库之间建设防护河，对水库实施"铁桶式"保护，将受面源微污染的产流汇入水库下游的大沙河用于生态补水。实施上述工程后，所有点源和微污染雨水不再进入水库，西丽水库水质明显提升，TN 已基本达到 III 类，其他水质指标已稳定达到 II 类，同时每年为大沙河生态补水 430 万 m³，保障大沙河水质稳定达到 V 类，走出了一条"让保护更严格，让发展更充分"的新道路，解决了困扰南山北部片区多年的保护和发展双重难题，取得了巨大的环境效益、经济效益与社会效益。

3）构建营养盐及水华风险控制技术

A. 调水工程多级快滤吸附氧化水质风险应急技术

针对东深供水工程来水有机物、氮磷营养盐及藻类密度偏高引起潜在突发性水华风险问题，开发了快滤、吸附和氧化的三级去藻组合工艺方案，研制出精度为 0.5～20μm 的多级袋式过滤系统，高效、快速、持久地分级去除来水中不同粒径范围的悬浮颗粒物、胶体和藻细胞；研发了具有高效脱氮除磷去藻效果的自然曝气内循环滤式生物模块反应器，进一步削减水体氮磷营养盐含量；优化了臭氧工艺反应器结构设计参数，提高了水气接触面积和臭氧反应效率，强化了臭氧对有机污染物、NH_3-N 的降解能力；形成了"多级快滤+强化氧化+深度吸附"水质风险应急处理集成技术，出水水质 $COD_{Mn} \leqslant 4mg/L$、$BOD_5 \leqslant 3mg/L$、NH_3-N$\leqslant 0.5mg/L$、叶绿素≤10 μg/L，主要指标稳定达到地表水 II 类标准，综合富营养指数控制在 II 类中营养水平，实现了调水工程水华风险高效、快速控制及水质达到地表水 II 类的目标。该技术应用于水库来水风险应急处理示范工程。示范工程位于东深供水雁田水库，处理对象为水库来水，处理规模 2000m³/d，出水 COD_{Mn}、BOD_5、NH_3-N、DO、pH 等指标达到 II 类标准，较传统技术占地面积减少 30%～40%、建设成本降低 15%～20%。

B. 水库富藻区营养盐攫取与生态系统原位修复技术

针对东深供水水库营养盐偏高、藻华易发的风险问题，研发了活性覆盖材料、水生植物修复专利技术，结合生态软隔离带专利技术，集成"边坡营养盐拦截-底质内源覆盖-水生植物攫取-食物网调控"的水质改善与生态原位修复技术。通过在库岸区构建有隔离槽和植物带的生态软隔离坡面，利用软性骨料和植物根系固土护坡，实现对边坡面源污染的拦截；设计"多介质立体化"原位处理工艺，研究不同覆盖材料对底质氮磷释放及重金属吸收的影响，筛选出危害小、再生率高的环境协调型覆盖材料（沸石、椰壳活性炭、沙砾）；挑选具有强效吸收能力的水生植物物种，重建以沉水植物、挺水植物、浮叶植物及复合生态浮床为核心的植物群落，削减水体氮磷营养盐含量，抑制藻类光合作用，降低藻华暴发风险；利用食物网生态调控技术，构建以浮游动物、大型底栖动物、肉食性鱼类为核心的动物群落，对富藻区水生食物网进行生物操纵，达到改善水质、维持生态稳定、增加生物多样性的目的。该技术应用于水库富藻区氮磷营养盐攫取与水质改善技术示范工程。示范工程位于深圳雁田水库，建设面积 $10000m^2$。经过生态修复，水体中 COD_{Mn}、BOD_5、NH_3-N、TN、TP 等主要指标达到《地表水环境质量标准》（GB 3838—2002）Ⅱ 类标准，沉水植物覆盖率达 90%，有效地降低了水体中藻类（尤其是蓝藻）和藻毒素含量，鱼类和大型底栖动物的多样性增加，修复后的生态系统物质循环和能量流动模式（Ecopath 软件模拟）向成熟方向发展，食物网结构趋于完善，原位生态修复效果显著。该技术解决了水库藻华易发、内源释放难控、水质多变等问题。

　　4）受纳河段水质净化技术

　　研发了重污染河道旁路水质净化与生态修复成套技术，解决局部区域支流复合污染难题，为河道水环境质量改善和水环境生态功能恢复提供技术支撑。针对部分区域产业无序发展、基础设施不完善、支流跨界复合污染严重等问题，根据研究示范区跨界河流限期整治的迫切需求，研发了"高效悬挂链曝气生物接触氧化-潜流人工湿地"技术。该技术应用了增强生物膜活性的高效节能曝气生化系统，结合后续的高负荷潜流人工湿地，达到高效硝化除氨的目的，强化了对常规主要指标及壬基酚和双酚 A 等特征污染物的去除，确保达到治污工程阶段性目标，逐步改善污染河道水质，控制排水风险。该技术具有投资省、运行成本低、高效、节能节地等特点，根据方案比选及实际工程案例分析结果，采用该技术工程投资可降低 30%～35%；运行综合处理成本降低 35% 左右。该技术成功应用于惠阳区丁山河等 3 条跨界重污染支流的水环境综合整治工程，项目总处理规模为 7 万 t/d。因地制宜地采用河湾型旁路净化系统设计，合理利用河道周边地形条件。在进水水质为劣Ⅴ类的情况下，处理后，COD、TP 等主要指标达到地表水Ⅴ类标准，跨界断面控制性指标 NH_3-N 降至 4.5mg/L 以下，壬基酚、双酚 A 等特征污染物削减 70% 以上；每年可削减入河 COD 511t、NH_3-N 76t、TP 12t 以上，区域水质得到进一步改善，为重污染河道（黑臭水体）水环境综合整治和水质改善提供工程技术支撑。

4.5.2　水源型河流水质风险控制综合管理技术体系构建

　　1. 水源型河流水质风险综合管理技术体系

　　1）水源型河流优控污染物风险管理技术

　　A. 东江流域优控污染物监测技术

　　建立了检测新污染物在水体和沉积物中的 4 种分析方法，分别为：水、颗粒物、沉积物中酚类和酸性药物的测定采用气相色谱质谱联用（GC-MS）法；水、颗粒物、沉积物中内分泌干扰物、药物与个人护理品、除草剂的测定采用液相色谱二级质谱（LC-MS/MS）法；水、颗粒物、沉积物中抗生素的测定采用 LC-MS/MS 法；水、颗粒物、沉积物中目前在用农药的测定采用 GC-MS 法。

　　在国家标准、美国国家环境保护局、欧盟委员会、经济合作与发展组织（OECD）、国际标准化组织（ISO）等现有分析方法的基础上，改进了检测水体和沉积物中重金属、多环芳烃类、多氯联苯、多溴联苯醚、有机氯农药、邻苯二甲酸酯类物质的 8 种分析方

法，分别为：水、沉积物中重金属、酸性可挥发性硫化物的前处理及监测分析采用电感
耦合等离子体-质谱（ICP-MS）法，水、颗粒物和沉积物中砷和汞的分析检测采用原子荧
光法，水、颗粒物和沉积物中多环芳烃类、多氯联苯、多溴联苯醚、有机氯农药的分析
检测均采用 GC-MS 法，水、颗粒物和沉积物中邻苯二甲酸酯类物质分析检测采用液相色
谱 LC 法。通过与文献报道和标准比对，以上方法分别形成可应用到流域痕量毒害污染监
测的技术规范。

B. 东江流域优控污染物筛选技术

通过对流域水系中毒害污染物的全面监测和筛查（图 4-9），获得基于风险评价的东江
水系优控污染物清单（27 种），包括 Cu、Mn 等 9 种金属、3 种邻苯二甲酸酯、3 种多环芳
烃、十溴联苯醚、硫丹、4 种目前在用农药、双酚 A、壬基酚、三氯生、红霉素等，不仅有
国控指标，还含有若干新污染物，体现了东江流域污染特征。

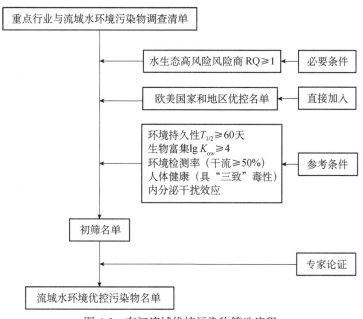

图 4-9 东江流域优控污染物筛选流程

C. 东江流域优控污染物源汇动态预测技术

开发并建立了东江流域典型污染物多环芳烃和环境雌激素的多介质归趋模型，分为大
气、水、土壤、沉积物四个主相，通过搜集整理东江流域的物理参数、热力学参数、动力
学参数，形成了一套东江流域污染物的源汇模拟技术，模拟得到东江流域多环芳烃和环境
雌激素的县级排放源清单，与实测结果一致。该项源汇模拟技术是自原来用于大区域 POPs
多介质归趋改进之后，适用于流域尺度污染物归趋模拟的适用性创新技术。通过系统的监
测和评估，明确了重点行业点源、城市和农业面源优控污染物的排放特征；获得了东江各
子流域重点行业优控污染物排放负荷清单以及东江各子流域城市与农业面源优控污染物
排放负荷清单。

D. 东江流域优控污染物风险评估技术

在综合欧美等发达国家和地区毒害污染物生态风险评价方法的基础上，通过预测环境浓度（PEC）或测定环境浓度（MEC）进行暴露评价，以生态毒性的剂量效应关系对预测无影响浓度（PNEC）进行影响评价，然后以风险商（RQ）进行风险表征，据此提出了我国开展流域水体和沉积物中毒害污染物的风险评价体系，针对东江流域水质特点，推导出200余种毒害污染物的 PNEC 值，并建立了毒害污染物生态毒性数据库，集成了流域毒害污染物风险评估技术 1 套。首次评估了东江全流域干支流痕量毒害物风险，通过 RQ 法将风险划分为高、低两级，确定了东江下游、河口段和纳排水支流淡水河、石马河和东莞运河为痕量毒害物的高风险区域。

E. 东江流域重点行业优控污染物排放限值拟定技术

以东江优控污染物的"监测-估算-评估-控制"技术为主线，针对"十一五"水专项东江项目筛选出来的 27 种优控污染物，通过系统监测和评估，明确了每一个子流域内重点行业点源、城市和农业面源优控污染物的排放特征；采用基于化学品生命周期的重点行业优控污染物排放量核算方法，获得了东江各子流域重点行业优控污染物排放负荷清单；借助东江流域产汇污模型估算了东江各子流域城市与农业面源优控污染物排放负荷清单，该清单为惠州市制定优控污染物控制标准及方案提供了技术支持；成果还应用于我国流域抗生素、激素等毒害物的排放量估算，抗生素排放量估算的相关成果得到政府、中央电视台等国内外媒体的广泛关注，促进和推动了国家及时提出对抗生素的强化监管措施；采用基于 RQ 的流域化学品生态风险评估方法，评估了东江主要支流河涌优控污染物的生态风险等级；基于东江流域重点行业优控污染物排放特征以及生态风险评估结果，拟定了东江流域重点行业优控污染物排放限值；通过集成应用东江项目的治理技术，提出了东江流域种植、养殖、印染、电子等重点行业和面源优控污染物总体控制方案，研究成果在《惠州市水质风险控制策略与行动计划》中得到应用，该行动计划的实施保障了东江淡水河、东深供水工程和东江干流惠州段的优控污染物达到推荐的排放限值要求。

2）水源型河流生物毒性风险管理技术

A. 东江本地种培育和繁殖技术

国际通用种培育和繁殖技术：已引进 4 个国际通用生物种，包括淡水发光菌、普通小球藻、大型溞和青鳉，在实验室条件下完成了养殖和繁殖/增殖条件的确认和优化，并形成了培育和繁殖条件。东江代表种培育和繁殖技术：采集了东江干流和支流 10 个断面不同营养级的水生生物，进行了分析和调查，依据调查结果和东江流域历史资料，确定了东江流域四尾栅藻、美丽胶网藻、四膜虫、轮虫、青虾和唐鱼等代表性水生生物种实验室的驯化和养殖条件。

B. 工业排水和纳污水体生物毒性测试技术

形成国际通用种（淡水发光菌、普通小球藻、大型溞和青鳉）生物毒性测试方法，并应用于东江干流、支流、河涌水体生物毒性筛查，获得上述水体生物毒性分布水平；筛查了流域内 5 个典型行业的工业排水生物毒性，获得全面生物毒性分布水平，发现电镀、电子行业存在较大排水生物毒性；形成了快速生物测试技术及相关试剂盒，主要包括环境雌激素物质快速检测试剂盒方法开发与应用、微生物快速检测排水中微量有毒物质的技术规范和试剂盒产品研制。

C. 重点行业排水综合毒性甄别和减排评估技术

构建了综合毒性甄别技术。第一阶段为毒物特性测试，运用各种物理化学方法改变疑似有毒物质的毒性，通过受试生物的致死率或其他指标的改变初步判断该物质是否是造成废水具有毒性的主要原因；第二阶段为毒物的鉴定分析，在初步确定了有毒物质的类别之后，综合运用各种化学分析手段和生物毒性试验进一步确定有毒物质的种类、含量及对受试生物的危害程度等；第三阶段为毒物确证试验，检验鉴别结果正确与否。构建了综合毒性减排评估技术：工业原材料分析、工业工艺流程分析、工业排水毒性甄别、工业排水的减排模拟示范装置、工业排水的减排后排水二次确认和构建工业排水综合毒性减排评估技术指南。将综合毒性甄别和减排评估技术在印染、电子和电镀行业排水中进行应用，阐明了致毒因子关系。

D. 东江流域重点行业排水生物毒性控制阈值拟定技术

基于最敏感物种测试指标计算方法，评估了电子行业、制浆造纸和污水处理行业排水的综合毒性。工业废水综合毒性评估是在生物毒性测试和毒性降解性评估的基础上，将急性毒性和短期慢性毒性测试结果转换成毒性单位（toxic unit，TU）以评价水质，相同情况下采用急性毒性单位 TUa 和慢性毒性单位 TUc 表示毒性大小。基于以上生物毒性测试方法，以东江最敏感物种/指标为基准，拟定了典型行业排水生物毒性阈值，其中电子行业的生物毒性阈值为 8.1，制浆造纸行业的生物毒性阈值为 4.5，城市污水处理厂的生物毒性阈值为 4.0，纺织染整行业的生物毒性阈值为 3.9。采用建立的生物毒性测试、评估技术方法对东江项目淡水河、东深供水工程、东江干流惠州段 3 个示范工程开展了脱毒绩效评估，针对东江流域印染、电子、生活污水处理厂等行业特点，分别提出了源头控制和末端治理的生物毒性管理策略，能够为东江流域典型行业生物毒性管理提供技术支持。

3）水源型河流水生态风险管理技术

A. 东江水系典型水生生物健康监测关键技术

针对国内尚无河流水生生态监测规范与方法体系等问题，在基本掌握东江主要生物类群群落结构特征的基础上，突破了东江藻类、底栖生物、鱼类等水生生物健康监测关键技术，编制完成东江水系水生生物鉴定与监测技术规程并开展技术示范，为从生物学视角监控和评估环境质量提供技术支撑，填补了我国至今尚无完整河流生物监测技术规范的空白。这对于完善我国现行水体环境监测技术体系，关注多种生态胁迫对水环境造成的累积效应及引起的水质总体退化，推进我国水环境前瞻性管理具有重要引领作用。①东江生态系统健康的藻类鉴定系统与监测规范：结合美国、欧洲等国际最新分类评估系统和我国习惯分类方法，首次系统编制包括浮游藻类、着生软体藻类和着生硅藻的东江藻类鉴定系统，分类鉴定浮游藻类 167 个属（种）、底栖硅藻 426 个种（其中 50% 以上为我国河流新记录种），并制定相应监测技术规范。该技术规范对热带亚热带河流藻类调查鉴定具有普适性、可操作性、重复性和误差可控性。②东江水系底栖动物鉴定系统和监测规范：依据国际底栖动物分类最新成果和我国现有分类方法体系，系统编制包括寡毛类、软体动物、水生昆虫及其他类群动物的东江底栖动物鉴定系统，快速、准确鉴定出无脊椎动物 209 个分类单元，包括寡毛类 4 科 26 种、软体动物 2 纲 14 科 32 种、水生昆虫 10 目 46 科 133 属种、其他类群动物 7 纲 13 科 18 属种，并制定相应监测技术规范。该规范包括调查方法、监测内容、标本鉴定、数据分析等过程的定性或定量描述，结果具有准确性、可比性和可重复性。③东江水系鱼类鉴定系统与监测规范：在参考和借鉴国内外不同水域鱼类调查和监测方法的基础上，编制由鱼类名录、鉴定图谱和检索系统组成的东江水系鱼类鉴定系统，完成东江本土鱼类的全面调查，鉴定出鱼类 113 种，分属于 8 目 22 科 66 属，并编制相应调查监测规范，包括调查内容、监测时间及频次、样区选择与捕捞方法、数据分析等，保证取得的数据具有准确性、可比性和可重复性。

B. 东江水系典型水生生物快速评估关键技术

在东江河流生态系统大规模调查的基础上，利用河流生物群落具有整合不同时间尺度上各种化学、生物和物理影响的能力，选择不同生物类群中特异性生物指示物种，突破底栖硅藻健康评价、浮游藻类多样性评价、底栖动物综合评价、鱼类生态完整性评价和东江河流生态系统健康快速评价等关键技术，应用于研究东江生物群落对人类活动的响应，诊断河流退化原因，从而对退化河流生态系统的保护和恢复起到很好的指导作用。该成套技术方法体系是对河流生态系统特征的综合评价，对于构建一套适用于我国的河流生态系统健康评价理论体系、从河流健康角度评价河流的生态环境质量、建立河流恢复后评估的方法和程序具有重要的技术支撑作用，并为广泛开展河流恢复项目提供基础数据和决策依据。①东江生态系统健康的底栖硅藻生物指数（IBD）评价技术：藻类处于河流生态系统食物链的始端，可为水质变化提供早期预警信息，是河流健康监测评估的主要指示类群之一。借助排序、聚类和回归等统计分析方法，研发硅藻 IBD 指数和计算软件，评估东江流域生态健康状况，健康以上河流断面占总调查点位的 72.6%，整体生态状况良好。底栖硅藻作为河流生态健康的指示生物，是河流生物监测的研究热点，但在我国尚属起步阶段。②东江生态系统健康的底栖动物监测评估指标体系：底栖无脊椎动物结构的变化能反映河段生境条件的变化，是河流水质状况常用的一项监测评估指标。根据东江底栖动物数据结构，通过物种多样性指标、丰度指标、耐污参数、功能摄食类群参数的筛选，构建大型底栖无脊椎动物生物完整性指数（B-IBI），并对东江流域各河段健康状况评价分类，其中健康等级在中等以上河段的比例为 84%。该监测指标体系选择的指标简单易测，适合我国大型河流生态系统健康的评估。③东江生态系统健康的鱼类完整性评价技术：处于营养顶级的鱼类反映了整个水生态系统的健康状况，也是河流健康评价的重要指示生物。采用鱼类个体生态学矩阵、G-F 指数、经典生物多样性指数以及生物完整性指数（IBI）等方法构建适合东江干流和支流可涉水区域生态健康的鱼类评价指标体系。研究结果显示，干流区域受水坝影响明显，较小支流遭受严重的人为干扰。该评价体系不但体现生态系统健康水质状况等化学特性，而且充分反映水文水动力等河流物理条件，是构成水生态系统健康综合评价体系的重要组成部分。④东江生态系统健康快速评价方法标准：通过东江生态环境背景调查，构建包括河流水文生境状况、水体理化特征、水生生物特性和水体服务功能等多指标评价方法标准。使用评价标准对河流生物、化学以及形态特征指标进行打分，将各项得分累计后的总分作为评价河流健康状况的依据，评价河流生态环境现状与质量，诊断河流水质状况及变化趋势，并试图找出对水质状况有重要影响的环境因素。据此对东江干流及支流的河流健康状况进行综合评价，结果显示，东江河流生态系统整体处于健康状态，下游河段水生生物健康与水文生境状况的评价等级低于上游区段。该方法标准具有简单、快速和规范化、能够提供直接易解释结果的优点，并能评价长期河流管理和恢复中管理干预的有效性，其结果有助于确定河流生态保护的目标，评估河流恢复的有效性，从而引导可持续发展的河流管理。

应用研发的东江生态系统健康监测与快速评估关键技术，编制完成包括生物物种名录、图谱和检索系统在内的鉴定系统8套及河流调查、监测技术规程6套。所提出的成套河流水生生物监测与快速评估技术规范已列入广东省地方标准建设体系，并将应用于广东省《南粤水更清行动计划（2012～2020年）》的实施。

C. 东江流域生态水文调控与重要功能鱼类种群恢复关键技术

根据河流水质污染控制、生态系统健康和服务功能的监测及评价结果，结合生态学原理和生态工程措施，探索性开展以维持河流生态系统健康、保障河流水质改善及服务功能正常发挥的生态和水文调控关键技术研究，初步建立以鱼类产卵环境为主的生态修复和水文水动力过程调控为支撑的河流生态系统健康维持技术体系，为东江生态系统结构和功能以及受干扰后的自我恢复、形成稳定的生物系统提供技术支撑。①东江水生态系统健康维持的生态水文、水动力过程调控：以鱼类生境需求为调控边界，建立东江流域水文调控模型，对东江流域重要水源水库进行生态调度，河源站、博罗站生态需水量保证率接近100%；并开展生态水动力调控技术探索性研究，建立东江重要支流观澜河生态水文水动力调控示范工程，实现示范河段河流水动力增强20%以上，自净能力提高50%，浮游生物、底栖动物和鱼类群落物种恢复的预期目标。②东江重要功能鱼类种群产卵环境恢复技术：针对不同产卵属性鱼类受损的产卵环境，创新性提出重要功能鱼类种群产卵环境修复思路，探索性开展适合于东江水系特点的鱼类生态完整性恢复与维持技术研究，建立人工鱼巢和砂砾基质鱼类产卵场示范工程，通过人工干预与维护，鱼类群落恢复能够在大尺度和长时间过程内影响整个东江生态系统，达到优化和完善生物群落结构的目的，实现东江水生生物群落结构优化和稳定化的预期目标。

利用研发的东江流域生态水文调控与重要功能鱼类种群恢复关键技术，开展东江中游"重要鱼类产卵地环境的生态修复以及重要鱼类类群的种群增殖"示范工程，初步实现东江生态系统受干扰后自我恢复、生态系统稳定和生态系统结构优化；同时在东江重要支流观澜河3km范围内建立"生态系统修复和水文水动力过程调控"示范工程，通过溢流堰生态调流、生态护岸生态调流和闸门控制的"人造洪峰"生态调控，实现河流生态系统的恢复与稳定。

D. 水源型河流生态风险预警与调控技术

在"十一五"东江项目水生生物监测与评估成果的基础上，系统开展了东江典型河段2011～2014年长时间序列的水质和水生态状况监测，综合分析了经济社会、水文气象、污染源、水质与水生态等因素的变化特征，集成了东江水华水生态风险识别技术，评估了东江流域水华水生态风险水平，从空间上识别了东江干流惠州剑潭河段为水华水生态风险重点监控区域；《水华程度分级与监测技术规程》正式印发，有力推动了东江流域水生态风险监测工作；从时间序列上识别出东江惠州河段在每年枯水期3～5月藻细胞密度较高且水动力条件较弱，水华风险较高，筛选出影响浮游藻类生长的关键环境因素为TP、流量和流速。基于东江水华高风险季节和关键影响因素的分析成果，形成了东江水华水生态风险预警技术方法，依据 TP、叶绿素、温度、流速等监测数据可对东江水华水生态风险进行快速预警，为防控流域水华水生态风险赢得宝贵时间。针对东江流域惠州河段水生态异常造成的水华风险，综合应用室内模拟试验、现场实测、数值模拟等手段研究了藻类水华发生的水动力条件，初步明确东江干流藻类水华发生的敏感流速为 0.07～0.08m/s。

2. 水源型河流水质风险管理决策支持技术体系

1）水源型河流水质风险实时监控技术

建立了一整套适合不同水文条件和污染特征河段的水质风险实时监控技术。以水专项东江项目为依托，在东岸、龙川新村、新丰江水库建立了水质风险实时监控示范站。通过对研发集成的水质实时监控设备开展适应性研究与示范，依据现场应用情况对设备进行持续的改进与升级，形成了性能可靠、技术先进的水质实时监控平台。

（1）东岸示范站：重点示范东江干流宽阔河段污染物通量与流域典型毒害物在线监控技术和感潮河段流量在线测量与率定技术。监测指标有水温、pH、DO、电导率、浊度、COD_{Mn}、NH_3-N、TP、TN、生物综合毒性等。率定技术采用的是基于遗传神经网络（GA/BP-ANN）模型的水文在线监测数据率定验证模型。该模型的基本思路是利用实测数据，采用逆向误差传递神经网络（BP-ANN）模型逼近东江上游径流与下游河口潮汐过程的非线性、时滞叠加映射关系，构建流量在线率定模型。同时，基于遗传算法（GA）多维并行寻优特点，改进 BP-ANN 模型逆向误差修正算法，避免 BP-ANN 模型在参数优化过程中陷入局部极值的"最优假象"。通过算法改进和实测结果试算，发现改进后的模型能较好地提高拟合和预测精度，为后续在线率定技术的实现打下了良好的基础。

（2）龙川新村示范站：重点示范农业区、林业区水质风险监控技术和跨省界河流水质风险实时监控技术。监测指标有水温、pH、DO、电导率、浊度、COD_{Mn}、NH_3-N、TP、铜、铅、锌、镉、氰化物、挥发酚、六价铬、铁、锰、砷、流量共 19 项。率定采用走航式声学多普勒流速剖面仪（ADCP）（M9）测流设备实测流量计算出的断面平均流速与雷达流量监测系统同步测出的指标流速建立相关关系。流量测验中，严格执行《声学多普勒流量测验规范》（SL 337—2006）。雷达流量监测系统安装以来，总共收集了 6 份实测资料，均为走航式 ADCP（M9）施测；流速变幅为 0.39～0.51m/s；雷达波测流流速变幅为 0.35～0.49m/s。采用 Excel 自动定线率定出中低和中高流速级 V 指标－V 平均两条关系曲线。拟合结果表明，走航平均流速与雷达波测定的平均流速呈较高线性相关关系（R^2=0.9066），说明雷达波定点测流流速近似断面平均流速。

（3）新丰江水库示范站：采用了湖库型水源水质预警监测技术。监测指标有 pH、电导率、DO、浊度、温度、叶绿素、蓝绿藻、COD_{Mn}、NH_3-N、TP、TN、氰化物、挥发酚、石油类、六价铬、铜、锌、镉、铅、氟化物、砷等 21 项指标。新丰江水库水质自动站试运行近半，经过标样核查、加标回收及实际水样比对等质控测试后，各项监测指标均达到国家水站验收相关技术标准和规范要求。

2）东江流域高风险污染物迁移转化过程定量表征技术

在开展东江干流及石马河、淡水河等重污染支流水文水质与污染通量长期系统观测的基础上，形成了适用于东江的河流剖面流量过程曲线推算方法，建立了支流汇水量与污染物通量的核算技术，识别了东江流域不同季节氮磷生物地球化学循环过程及氮磷等营养盐输出通量总体特征和规律。

通过开展不同降雨条件和不同地类野外径流场观测，在坡面尺度开展了 NH_3-N、TP 等常规污染物与 Zn、Cu、壬基酚等东江流域高风险污染物输出规律研究，结合干支流悬浮物、沉积物和水体中污染物占比，掌握了东江流域主要高风险污染物在水体和沉积物中的时空变化规律。通过室内模拟实验、室外光照实验验证、东江实际水体中的室外光降解实验，较准确地确定了 5 种抗生素、1 种农药的直接光降解半衰期与 5 种胺类化合物的间接光降解半衰期，并建立了适用于东江流域内可发生光降解有机物的光降解经验公式，可以预测有机物在不同时空尺度下的降解半衰期。

通过现场水质、沉积物观测，以及外加重金属的室内模拟实验，研究了重金属 Cr、Mn、Zn 在模拟水体（实验室配水）、东江实际水体中的水-沉积物界面分配系数（K_d）在各采样点的变化情况，计算确定了东江重金属在水-沉积物的分配系数，基本阐明了东江流域部分重金属的迁移、转化机理和风险水平。

研发了华南地区感潮闸控河流水环境精细化模拟技术，有效提高了东江水质模拟精度。通过扩展模拟范围、改进模型结构、细化污染源强、优化模型参数等边界条件，有效提高了华南地区水源型河流水质模型精度，实现了东江流域典型年份（2017 年平水年）、典型断面模拟与实测的常规污染物（DO、COD、NH_3-N 和 TP）浓度日均值误差范围达到 20% 以内。目前，该项模拟技术已广泛应用于东江流域水环境管理，在惠州市、东莞市未达标水体达标方案编制、东江干流低 DO 调控、东江-沙河水系连通工程与石马河河口东江水源保护工程优化、河源水质变化趋势研判等水环境管理案例中得到应用，有力地支撑了东江流域生态保护和水质改善工作，得到广东省生态环境厅、深圳市南山区人民政府、博罗县人民政府、惠州市生态环境局等的高度评价和认可。

改进了华南地区水源型河流支流河涌产汇污模拟技术，有效提高了东江流域主要污染物通量的模拟精度。基于东江流域 5 个典型下垫面野外径流场实验成果以及石马河、淡水河、沙河 3 个典型子流域产汇污机理以及污染负荷变化规律的长期观测成果，应用"坡面-水文单元-小流域"的流域分级理论，从"计算单元-模型输入-参数优化-输出统计"等方面提出了综合自然地理与经济社会数据、多尺度模型空间离散化和参数全局优化于一体的精细化模拟方法。在上述技术研发和改进的基础上，建立了东江流域分布式产汇污机理模型，实现了精度要求。目前，该项模拟技术已广泛应用于东江流域水环境管理，为东江流域水环境挂图作战管理平台建设、东江水源水质风险分析评估、沙河水环境精准治理等工作提供了重要技术支撑。

耦合中尺度气象数值模拟、流域产汇污模拟与河流水动力水质模拟技术，建立了华南地区感潮河流水环境实时滚动预报系统。通过研发河流-海洋大区域模型潮位边界预报、上游边界水量水质预报、数据同化及参数实时校正等关键技术，并耦合中尺度气象数值模型、流域产汇污模型与河流水动力水质模型，实现了东江流域 7 天水环境实时滚动预报。通过龙川新村、临江、剑潭和桥头 4 个站点模拟结果与实测结果的对比分析，逐步优化、细化各水文单元的模型参数，实现了东江流域主要水质监测断面未来 7 天的水文水质实时滚动预报，预报精度基本满足水源型河流水质管理要求。

建立了高风险污染物迁移转化过程定量表征技术，引入以质量平衡方程和污染物通量为核心的逸度模型，建立了东江流域高风险污染物多介质环境模型，综合考虑高风险污染物进入环境后会在空气、水、土壤、沉积物等环境下发生迁移、扩散和转化过程，实现高风险污染物多介质归趋模拟；建立了综合考虑产汇流空间分异性以及产汇污"源-汇"特征的东江流域典型重金属非点源数值模型，该模型可用于研究不同水文气象条件下多种重金属（Cu、Pb、Zn、Cr、As）污染物随土壤侵蚀及地表径流的输移规律，为华南地区饮用水源型河流的特征污染物非点源数值模拟提供重要参考。

3）东江流域水质风险实时数字化管理决策支持技术

在"十一五"水专项东江项目研究成果的基础上，创新集成了东江流域环境大数据管理、数据科学分析、水质目标管理与水质风险管理等模块，建成了水源型河流水质风险实时数字化管理决策支持平台，为东江流域水质目标常态化管理与水质风险预警处置管理提供了先进实用的科学决策支持工具。该平台具备了水质风险实时滚动预报预警、水源地水量水质联合调度、风险源追踪、突发事故水质影响仿真模拟、主要入河支流污染通量预报、水质与水生态风险控制措施优化等功能，实现了对东江流域主要控制断面水质状况的实时监控、滚动预报和优化控制，显著提升了东江流域粤港供水有限公司等业务部门的风险防控和决策支持能力。研发的水质达标管理技术、水源型流域产汇污模拟与污染负荷调控技术、水质风险预警技术等已在国家颁布的《水体达标方案编制技术指南》，广东省制定实施水污染防治行动计划、《南粤水更清行动计划》修订，以及东江流域深圳、惠州、东莞、河源等地市的水体达标方案编制与实施、饮用水源保护区专项整治行动等工作中得到推广应用，为国家和地方实施水污染防治行动计划提供了重要的科学支撑，取得了显著的环境效益、经济效益与社会效益。

主要的研发成果包括以下几个方面。

（1）拓展完善了流域水质风险数据库及其实时管理系统。在东江流域现有环境数据库的基础上，拓展了对有机毒害物、生物毒性以及水生态数据的管理功能。优控污染物数据包括农药、主要工业化学品、高风险污染物，农药风险分布、工业源化学品、面源优控污染物、点源（三种农药和重金属）等；水生态数据包含大型底栖生物、浮游动物、水生植物、鱼类、大型溞实验数据，生物毒性、青鳉鱼实验数据，浮游植物定性数据等。数据库以 GIS 为载体研发以流域为对象的数据仓库技术和数据挖掘技术，构建了融遥感数据、基础地理信息、经济社会信息以及土地利用、水文气象、污染源、风险源、水质、水生态质量等于一体的数据平台。

（2）完善了水环境风险模型库及其实时管理系统。在建立了东江快速发展子流域产汇污模型、大流域尺度水动力与常规污染物水质模型以及局部水域高维水动力与水质模型等模型库管理系统的基础上，扩展了气象预报模型、典型毒害物水质模型等模型库管理功能。产汇污模型方面，在东江石马河、淡水河子流域产汇污模型的基础上，扩展研发了气象预报模块、典型毒害物模块，改进了 TOPMODEL 模块、RULSE-EMC 模块，形成了东江全流域产汇污模型。河流水质模型方面，在"十一五"期间建立的东江剑潭以下 SOBEK1D 河网常规水质模型等的基础上，扩展研发了典型毒害物、水生态、泥沙、闸坝调度等模块，形成了上至枫树坝水库、下至珠江河口的东江全流域 2D-3D 水动力与水质模型，形成了适应水源型河流水质风险管理的水环境模型库管理系统。

通过对流域气象模型、产汇污模型、水动力模型与水质模型的无缝耦合，实现了各类模型的数据输入与编辑、计算进程控制、模拟结果可视化与统计分析、模拟精度检验等功能，有效提高了水源型流域水环境模拟系统的实用性和可操作性，为水源地水量与水质联合调度、仿真模拟突发污染事故的水质影响、预报主要入河排放口的污染通量、优化水质与水生态风险控制措施等功能提供了快速数值计算支持。

（3）建立了水源型河流水质风险知识库及其管理系统。通过人工收集及系统自动搜索功能，构建了水源型河流水质风险知识库，该知识库覆盖了法律法规、规划方案、技术指南、准则规范、水质风险评价数据及处理处置技术等资料，集成了水质风险管理相关的知识与水质风险分析方法。已构建知识库具备"知识模糊查询"及"专家在线答疑"两大功能，构建数据水质风险知识库"法律与规划""准则与规范""方法与指南"三大类，合计相关文件158条、名词解释474个，知识库每月定期更新1次。根据流域特点划分典型水质风险区域，并结合各区域水环境风险源数据库，分析了各类风险源性质与处理措施，厘清了各水环境风险源传播途径与控制策略，分析了潜在风险承受者的敏感性与应对措施，结合水质风险模型库与数据库的相关分析，定量或半定量分析了水质风险发生的概率及其影响后果，为优化水质与水生态风险控制措施的管理系统功能提供相关支持。

（4）研发了水源型河流水环境风险实时预报与控制决策支持系统。以流域重大风险源与河流水质风险的实时监控平台为依托，研发了水源型河流水环境风险实时预警技术；以入河污染负荷实时预报系统为依托，研发了水源型河流水环境风险的预报技术；以水质风险实时管理为核心，研发了"三库"（数据库、知识库、模型库）实时连接技术，实现了水源型河流水环境风险实时预报、溯源追踪、突发水污染事故的水质影响仿真模拟、水质与水生态风险控制措施优化等功能，并能够对水源地水量与水质联合调度、供水设施深度净化等风险控制措施的效果进行定量评估与分析，为水源型河流水质风险控制提供实时数字化管理决策支持工具。

4.5.3　技术成果应用

项目研究成果在东江流域水环境风险评估、低DO综合调控、东江流域沙河水质治理、深圳西丽水库水源水质保障工程等水源安全保障方面得到示范应用；在支撑饮用水水源安全保障和水生态风险防范、广东省水污染防治攻坚战、长江经济带生态环境保护修复等方面得到广泛推广应用。

1. 为东江流域水源安全保障提供了科技支撑

依托东江水质风险管理决策支持系统，构建了沙河流域水环境精准治理挂图作战管理平台，推动开展了散乱污清理、养殖业清理、自备水源清理、排放总量减排等专项行动，实施重点工程挂图作战、拉条挂账的全过程管理，显著提升了沙河流域治理的系统化、科学化、精细化与信息化水平，推动沙河流域水环境质量得到显著改善。

研发的华南地区感潮闸控河流高精度水环境模拟技术在东江沙河流域水质达标风险分析、东江低DO调控管理、惠州水源地调整及其水质风险分析等东江流域所涉地市的水环境管理中得到应用，为水源地水质保障、流域水污染防治等工作提供了重要技术支撑并得到了广泛认可。针对 2018 年 7～8 月，东江剑潭以下河段 DO 持续偏低，导致粤港供水水源及下游沿江水厂水源水质超标（Ⅳ～劣Ⅴ类）问题，采用华南地区感潮闸控河流高精度水环境模拟技术，以 DO 改善为主要约束条件，优化比选多闸坝联合调控、水库水量调度等提高水体 DO 的可行方案，提出了东江剑潭以上河段水库水量调度的具体方案，得到了广东省生态环境厅、广东省水利厅的认可。

2. 为实施国家"水十条"重点任务提供了科技支撑

为强化"水十条"中关于不达标水体水质目标管理的有关要求，2015 年编制完成《水体达标方案编制技术指南》（简称达标指南）。达标指南运用了"十一五""十二五"水专项东江水动力水质模型构建、污染排放与水质响应关系模型构建、污染物通量监控技术等相关研究成果，在指导各地编制不达标水体水质达标方案中发挥了重要作用：一是促进各地水环境管理实现由总量控制为核心向改善环境质量为核心的战略转型；二是体现精细化、网格化管理需求，作为"细胞工程"，达标方案与相关规划、计划和各类工作方案实现无缝链接；三是积累储备地方"项目库"，为将来申报中央财政支持奠定基础；四是为实施排污许可证制度、分配许可排放量提供了技术依据。此外，协助各地达标方案编制实施，建成"全国水质达标管理信息系统"，指导 29 个省 197 个市编制完成 335 个达标方案。

为落实"水十条"关于率先开展东江流域生态安全调查与评估，制定生态环境保护方案的重要任务，以建立的水质风险实时数字化等管理技术体系为依托，优化东江流域生态安全评估体系并持续开展评估，推动实现东江全流域尺度水生态环境完整性和水质风险控制精细化管理。编制完成的《东江流域生态环境保护方案》《东江流域生态安全调查与评估研究报告》为广东省生态环境厅开展东江流域生态安全保护与水污染防治工作提供了重要的科学依据与指导，对开展良好水体生态安全调查与评估及生态环境保护具有技术借鉴意义。

为系统保障国土江河生态安全，推动水污染防治行动计划实施，加快推进财政政策整合，财政部联合生态环境部、水利部搭建国土江河综合整治平台。东江流域率先开展国土江河综合整治工作，以水专项研究成果为基础，分析诊断东江流域在水资源、水环境、水生态和水灾害方面的现状与问题；以解决流域存在的主要问题为导向，提出试点目标、重点任务和治理保护措施；梳理优化工程治理项目布局，完成《国土江河综合整治东江流域试点总体方案》和 2014～2016 年实施方案，投入中央资金 7.4 亿元，带动地方投入超过 100 亿元。

为落实"水十条"关于加强珠江三角洲水质风险防控能力，基于取得的成果，已多次与生态环境部水生态环境司、生态环境部信息中心对接系统平台主要功能，平台的水质滚动预报、智能形势研判等关键技术将在全国水生态环境"一张图"建设中以及珠江流域生态环境大数据系统中得到实际应用。

3. 为广东省实施"水十条"提供了科技支撑

根据"水十条"要求，采用污染负荷精细模拟与调控技术、水环境智能研判与分析技术等创新手段，开展广东省水环境形势分析，分流域、分控制单元制定水污染防治目标、重要任务、重点工程，并基于重点任务制定广东省"水十条"考核规定，同时形成《南粤水更清行动计划》第三方评估指标体系并开展实际业务，全力支撑广东省"水十条"、《南粤水更清行动计划》修订、未达标水体水环境达标管理等各项工作开展。通过开展上述工作，对标"四个走在全国前列"的重要要求，在"十二五"工作的基础上，进一步科学明确了广东省水污染防治工作的总体目标、路线图、施工图和时间表。编制完成的《广东省水污染防治工作方案》《广东省水污染防治工作考核办法》及目标任务细化分解方案，《南粤水更清行动计划（修订本）（2017—2020年）》《南粤水更清行动计划2016年实施情况第三方评估技术报告》《南粤水更清行动计划2016年实施效果第三方评估指标体系与实施细则》《南粤水更清行动计划2016年实施情况第三方评估成果报告》等均已印发或公开发布实施。

研发的污染负荷精细模拟与调控技术、水环境智能研判与分析技术等为东江沙河河口、沙田泗盛等国考断面水质达标方案编制等工作提供了有力的科技支撑，《东莞市水污染防治行动计划实施方案》《惠州市水污染防治工作方案》《中山市水污染防治行动计划实施方案》《潮州市水污染防治行动实施方案》《揭阳市水污染防治行动计划实施方案》相继印发实施，有效削减了COD、$NH_3\text{-}N$、TP等污染负荷，促使全省水环境质量得到阶段性改善。

4.6　水专项东江流域实施成效

水专项东江项目累计突破关键技术100余项，申请或授权国家发明专利240余项，获得软件著作权16余项，出版专著17余部，制定标准、规范、指南等33余项，发表核心论文达到600多篇，其中SCI论文100余篇。该项目累计建成示范工程56项。依托对水源型河流风险控制工程技术体系与水环境综合管理技术体系的研发与集成，水专项东江项目推进东江流域水质10年来总体呈现稳中趋好态势，干流水体富营养化程度有所减轻，毒害污染物指标大幅度降低，保障东深供水工程水质安全，杜绝污染断水事故的发生，充分彰显了水专项东江项目科技支撑和引领流域产业结构调整、工业污染源治理、环境基础设施建设和升级改造等一系列水环境治理行动的成效，推动了流域经济社会与生态环境的协同共进，有力支撑了"控、维、保、发"治理策略下"发展持续"的目标实现，具体表现在以下几个方面。

4.6.1　维持高发展速度下东江水质稳中趋好态势

2006~2020年，东江流域广东省五市的GDP已从1.5万亿元增长至6.8万亿元，经济的超常规高速发展使东江流域的水资源利用率长期处于高位。在严峻的污染形势下，通过水专项东江项目的技术支撑作用，流域在"十一五"期间实现示范河流（段）目标污染物负荷入河削减20%以上，COD、$NH_3\text{-}N$、TP及TN污染物等入河负荷年削减量分别达3000t/a、480t/a、60t/a和700t/a；定南河、石马河、淡水河、高埔河等严重污染支流的水质得到根本改善，水质功能明显提升，流域干流水质全面达到功能区要求，水源风险大幅度降低。"十二五"期间进一步实现东江流域主要水库水质优于Ⅱ类、干流水质优于Ⅲ类水平，针对江西赣州、河源东江段的种植面源和养殖源采取精准管控，实现了东江源头-上游水源集水区的来水水质良好，河源市龙川铁路桥干流国考断面长期维持Ⅱ类水质目标。

建成河源市高埔小河综合整治工程，重点支流高埔河入江负荷削减量 COD 达 1118.45kg/d、NH$_3$-N 达 259.78kg/d、TP 达 13.68kg/d；通过典型行业废水系统管控集成关键技术的构建以及示范工程建设，推进东江中游输水通道以及下游排水区域典型行业废水排放稳定达标，东江中下游支流水质得到保障，支撑干流水质改善；建成惠州龙溪电镀基地废水处理示范工程，年处理废水约 146 万 t，占园区废水总量 33% 以上，占外排废水总量 80%，减排 COD、NH$_3$-N、TP 约 300t、10t、1t；构建污水处理厂尾水生态净化成套技术，应用于深圳坪山区聚龙山湿地公园尾水深度处理工程，年入河削减 COD 640t/a、NH$_3$-N 137t/a、TP 54t/a 以上。

4.6.2   推进高经济密度背景下东江水生态健康不断恢复

自"十一五"以来，东江流域地区人口呈现爆发性增长，中下游的广深莞惠四市常住总人口由 2006 年的 2872 万人增至 2020 年的 4000 余万人，人口密度达到 1764 人/km^2，是全国平均人口密度的 12 倍，人均 GDP 增长 3 倍。在人类活动干扰日益频繁的背景下，水专项科技支撑东江生态环境保护工作取得显著成效，"十一五"期间建立了完整的东江藻类、底栖生物、鱼类生物监测技术以及生态系统健康评估系统，并建成多个生态健康维持示范工程，深圳观澜河支流经水力-生境-水生物联合调控，生物物种多样性增加 15%～40%。"十二五"期间将水生态风险管控体系向全流域推广，通过源头-上游水源集水区受纳河流生态保持与恢复技术，东江源头的岿美山钨矿与马蹄坳稀土尾矿区的示范工程实现了超过 3 万 m^2 尾矿堆的复绿，基本建成生态公园，形成了具有草灌乔多层次、生态功能良好的植物群落，有效控制了水土流失，保障了产流区水质安全，体现了山水林田湖草的系统治理思路；针对下游高度集约开发区域构建生态功能恢复技术，深圳丁山河与大康河支流经生态重建示范工程建设，对照基准年 2015 年水生生物监测情况，流域水生生物物种丰度提高 82.7%，水生生物多样性指数提高 46.5%，水生植物覆盖度增加 42.9%，底栖动物耐污种数量降低 32%，底栖动物清洁种增加 6 种，开始出现四节蜉属、中国长足摇蚊、花翅前突摇蚊等清洁种；土著鱼类增加 10 种，鲮、鲢、泥鳅等在河道中重新出现，生态系统完整性得到不断恢复。

1. 完善高功能水体要求下东江水源健康风险有效管控

东江流域是广州、深圳、香港等粤港澳大湾区重要城市不可替代的饮用水源地，《粤港澳大湾区发展规划纲要》中明确提出加强饮用水水源地和备用水源安全保障达标建设及环境风险防控工程建设，保障珠三角以及港澳供水安全的规划目标，这一目标进一步凸显了东江高功能水体的定位要求。水专项东江项目的实施在经济可持续发展的同时保障了东江作为饮用水源的供水安全，为满足高功能水体要求，实现大湾区水环境规划目标提供了有力的技术支撑。通过集成典型行业优控污染物识别、监测及脱毒减害技术，建成广州新塘永和印染废水处理示范工程，污水处理厂排水中的 EDCs（壬基酚、双酚 A）、三氯生、水杨酸、双氯芬酸等痕量毒害物削减 90% 以上，建成机械电子、精细化工和漂染 3 个典型行业废水深度处理示范工程，每年削减汇入东江的重金属铜 183.7kg、镍 29.4kg、苯系物 34.25kg；通过建立东深供水工程取水河段的水质实时预警与应急处置调度系统，东深供水工程水源水质达标率从 79% 提高到 99%，供水停机天数减少了 30%；集成东深供水工程水质改善技术，建成东深供水雁田水库水质改善示范工程，建设面积 10000m²，经过修复的水体 COD、BOD₅、NH₃-N、TP、TN 等主要指标达到地表水 Ⅱ 类标准，"十二五"以来水质保持稳定并持续改善，沉水植物覆盖率达 90%，有效地降低了水体中藻类（尤其是蓝藻）和藻毒素含量，确保了东深供水安全。

2. 推动流域水环境管理能力不断提升

建立了东江流域包括优控污染物控制管理、生物毒性监控管理、水生态风险预警控制以及水质风险实时数字化管理在内的综合管理技术体系，搭建水源型水环境风险实时数字化管理决策支持系统并业务化运行，实现全流域尺度水质风险控制的精细化管理，为南方水源型河流水环境管理提供了参考模板，为国家水环境管理进入流域风险控制新阶段奠定了技术基础，对我国未来经济社会与水环境协调发展进行了前瞻性探索。

4.7　未来展望与重大建议

东江作为我国最有代表性的饮用水源型河流，在水质、生态、健康等水环境风险方面面临巨大挑战。国家高度重视东江水环境风险管控工作，支持东江流域作为水专项实施的风险管理模式中最重要的流域之一。从国家"十一五"规划起，水专项东江项目实施多年，科技支撑流域水生态环境保护工作和治理能力提升，东江干流水环境质量稳中有升，支流污染状况明显改善，水环境风险综合管理体系初步建立，有效提升了东江水环境风险管控能力。未来东江作为支撑粤港澳大湾区和中国特色社会主义先行示范区建设的水源保障优先地位更加突出。"十四五"期间，进一步提升东江流域水环境风险全过程管控能力、推动水源型流域高质量发展成为东江流域水环境保护关注的重点。

4.7.1　完善水质风险管理体系，提升全过程管控水平

针对东江流域"五高"特征，水专项东江项目提出了水源型河流水环境风险控制工程技术体系和水环境综合管理技术体系，有效支撑了东江流域水环境风险管理。针对东江流域更高的水环境风险管控需求，建议规划建设超标污染物、优控污染物、生物毒性等风险特征指标监测与调控体系；实施流域环境痕量污染物全过程风险防控，构建水源型河流环境痕量污染物（ETPs）管控技术体系，逐步实现"源头—过程—末端"及"生态风险识别—评估—调控"的全过程风险防控；完善以"藻类-底栖生物-鱼类"生物完整性为目标的水源型河流生态健康评价与生态保护体系，维护饮用水源河流生态健康；进一步完善水环境风险实时监控、预报和优化控制体系，提升全流域水环境风险管控精细化、信息化、智能化水平。

4.7.2　控制毒害物风险，促进绿色高质量发展

水专项东江项目集成研发的工程治理技术体系采取"一区一策"的技术路径，上游源头区作为产流区重点突破农业特征污染物控制以及面源深度处理技术；中游作为输水通道区重点研发城市排水深度净化和脱毒减害技术；下游受水区重点突破新型行业排水脱毒减害和城市初雨面源深度净化技术，从而保障用水安全，推动流域经济社会高质量发展。建

议积极推动水源型流域水污染防治绿色技术创新，进一步推进东江流域"一区一策"工程治理技术体系的应用；加快典型行业-园区-污水处理厂废水"三级脱毒减害"绿色技术创新，积极推进生态东江饮用水源流域建设，促进绿色产业发展；制定东江流域绿色发展规划，引导流域产业绿色发展，推进生态环境保护与产业建设统筹兼顾、协调发展。

4.7.3　依托水专项基础，加快出台风险管控技术标准

水专项东江项目提出了东江流域重点行业排水优控污染物排放限值；建立了东江流域本地种生物毒性测试技术方法和典型行业排水生物降解效应评估标准方法，拟定了集中式污水处理、电子、印染等典型行业排水生物毒性阈值；提出了东江流域优控污染物、生物毒性综合管理策略；形成了全国首部河流水华监测技术规范《水华程度分级与监测技术规程》，并在实际管理工作中得到了一定程度的应用，为地方水环境风险管控提供技术路径。建议加快出台水源流域风险管控技术标准，借鉴欧美水质标准，完善以排污许可制为核心的固定源排放管控机制，建立并完善流域综合排放标准、行业排放标准各有侧重、相互配合的排放标准体系，并通过排污许可证落实到每个排污单位，对固定源的高风险污染物排放实施有效管控；加快出台饮用水源河流风险管控技术标准，结合东江流域水环境质量和水污染物排放标准，在东江开展水功能区与环境功能区的融合研究，为国家实施环境管理战略转型提供技术支撑。

4.7.4　探索国土空间精细管控，促进大湾区保护和发展

依托水专项研究成果，开展了深圳西丽水库水源保护区国土空间精细化管控探索与实践。通过国土空间精细化管控，对水库实施"铁桶式"保护的同时，预留了发展用地。广东省领导批示该项工作走出了一条"让保护更严格，让发展更充分"的新道路，解决了困扰南山北部片区多年的保护和发展双重难题，环境效益、经济效益与社会效益显著。建议探索研究更加科学、适应高密度、高质量发展区域实际情况的水源保护区区划方法体系；完善饮用水源保护区和生态保护红线国土空间管控措施，建立"一区一策"水源安全保障制度；探索研究饮用水源保护区土地利用类型管控措施；以营造水质提升、水量不减、生态良好、和谐有序的饮用水源保护区为首要目标，优化国土空间布局，合理布局绿色产业，并配套相应环保设施，实现饮用水源保护区及其周边区域的生态环境保护更严格、经济社会发展更高质。

参 考 文 献

陈凡, 胡芳, 聂小保, 等. 2014. 东江惠州段水质污染特征分析及其防治建议. 环境科学与技术, 37 (12): 112-117.

苟婷, 许振成, 李杰, 等. 2015. 珠江流域西江支流贺江浮游藻类群落特征及水质分析. 湖泊科学, 27 (3): 412-420.

何艳虎, 陈晓宏, 林凯荣, 等. 2012. 东江流域气象要素季节性变化与径流响应关系分析. 水资源研究, 1: 227-233.

李经纬，刘小燕，王美欢，等. 2016. 抗生素在水环境中的分布及其毒性效应研究进展. 广州化工，44（17）：10-13.

李思阳，张娟，姚玲爱，等. 2016. 西枝江流域浮游植物群落结构特征与主要环境因子的关系研究. 环境科学学报，36（6）：1939-1947.

王丽，陈凡，马千里，等. 2015. 东江淡水河流域地表水和沉积物重金属污染特征及风险评价. 环境化学，34（9）：1671-1684.

王兆礼，覃杰香，陈晓宏. 2011. 东江流域枯水期最长连续无降水日数的变化特征. 地理研究，（9）：153-161.

温小浩，李保生，郑琰明，等. 2009. 岭南东江流域一级阶地网纹红土的时代及其粒度特征. 地理与地理信息科学，25（5）：59-63.

叶岱夫. 1998. 广东东江流域文化地理研究与区域经济展望. 人文地理，（4）：57-60.

朱淑兰，陈晓宏，何玲. 2009. 东江流域三大水库枯季径流调节效果评价. 广东水利水电，（8）：9-11.

Chen Z F, Ying G G, Liu Y S, et al. 2014. Triclosan as a surrogate for household biocides: An investigation into biocides in aquatic environments of a highly urbanized region. Water Research, 58: 269-279.

Pan C G, Zhao J L, Liu Y S, et al. 2014. Bioaccumulation and risk assessment of per- and polyfluoroalkyl substances in wild freshwater fish from rivers in the Pearl River Delta region, South China. Ecotoxicology and Environmental Safety, 107: 192-199.

Zhao J, Liu Y, Liu W, et al. 2015. Tissue-specific bioaccumulation of human and veterinary antibiotics in bile, plasma, liver and muscle tissues of wild fish from a highly urbanized region. Environmental Pollution, 198: 15-24.

第二篇

重点河流水生态完整性评价研究与示范

● **本篇概述**

河流水生态系统完整性评价是衡量河流健康状况的工具。水专项河流主题"十二五"期间在松花江流域和辽河流域辽河保护区开展了水生态系统完整性评价的理论方法研究与实践，主要工作如下。

1. 松花江流域水生态系统完整性评价

（1）分析陆-岸-水-生物时空变化，揭示了松花江水生态系统退化过程。通过对全流域及滨岸带景观格局、水化学、水生生物的数据收集与现场调查，由陆及岸再及水，对松花江水生态退化状况进行系统诊断。陆域生态系统方面，1995～2015年，松花江全流域水域与湿地减少，占比由36.83%降至30.81%；农田和人工表面增加，占比分别由32.94%和29.87%增加到33.91%和35.74%；20年间，流域景观生态系统的破碎度加剧，斑块形状趋于复杂化，景观更加多样化，陆域景观格局变化和滨岸带土地利用强度增大导致面源污染阻滞能力、防洪调蓄能力以及河流连通性降低。空间上，松花江上游区域人为影响较少，为物种提供了良好栖境；下游区域人为影响增强，为经济社会发展提供支撑。水化学方面，自2003年以来，松花江水质逐渐变好。DO浓度升高，NH_3-N、COD_{Mn}、TN、TP等浓度持续降低，但个别支流、城市河段污染仍较重。不同污染物呈现不同时空变化特征，其中以NH_3-N、COD_{Mn}的变化最具代表性。NH_3-N为典型的点源控制特征，城市下游断面在冰封期污染加重；COD_{Mn}为典型的面源控制特征，平原地区断面在丰水期污染加重。水生生物方面，松花江鱼类资源衰退严重，有20种历史记录的鱼类物种在调查中未获得，其中大型鱼类占 13 种。调查获得的大型鱼类食性较为单一，摄食生态位宽度较窄，适应能力较弱，种群结构容易遭到破坏。与大型鱼类资源呈现衰退趋势不同，小型鱼类资源近年来呈增加迹象。大型底栖动物共鉴定出 209 个分类单元，密度和生物量相对历史数据均较低，浮游植物、浮游动物与 20 世纪 80 年代的调查数据基本一致。

（2）基于陆-岸-水-生物关系分析，筛选构建了松花江水生态完整性评价指标体系。针对当前河流生态健康评价普遍存在指标不足、适用性差等问题，依据胁迫-状态-响应模型原理，综合运用统计学、分子生物学等方法，对松花江流域陆（经济社会、陆域景观格局）-岸（滨岸带景观格局）-水（水化学指标）-生物（水生生物）等要素进行指标提取分析，揭示不同生态指标对人类活动的响应关系及特征，进而筛选构建了松花江水生态完整性评价指标体系。陆域人口增加、建设用地扩张、农田开垦对流域生态系统影响显著，是松花江陆域景观变化的主要驱动力，同时也影响水质，进而影响水生生物群落结构。在平原地区，人口分布对河流中 DO、TP 和石油类等指标有较显著的影响；平原地区农业和城镇用地边缘密度是影响有机污染物和营养物的主导因素；景观形状指数在丰水期对 COD_{Mn}、硝态氮和铅具有较大影响；最大斑块指数在丰水期与 DO、石油类和阴离子表面活性剂具有较大关系。在丘陵山区，农业用地和城镇用地景观格局指数对水质的影响降低，而林地景观格局指数对水质的影响增强。人类活动扰动造成的水体营养水平增加是浮游动物、甲藻、微生物群落退化的主要原因。指示物种组成的明显变化也反映出人类活动扰动强度，在较小扰动区域以后生的节肢动物为主，在高度扰动区域，喜好高有机质环境的轮虫、原生动物纤毛虫指示种大量增加，同时其他后生类的指示种减少。基于以上分析，按丘陵山区、平原地区两种类型分别构建了松花江水生态完整性评价指标体系，与之对应的物理指标有 12 项、11 项，化学指标有 14 项、16 项，生物指标有 4 项、3 项。

（3）基于流域特点，筛选了水生态完整性评价参照点位，构建了区域化的评价标准（参照值）。制定符合流域特点的评价标准是松花江水生态完整性评价的重要一环，而参照点位的筛选则是决定评价标准是否科学合理的关键。综合考虑松花江不同水生生物类群对物理生境的需求，构建了物理生境打分规则，运用生境打分的方式进行参照点位初步筛选。此外，基于松花江生态系统退化原因分析，将岸线类型、农田及污染源分布作为反映人类活动强度的指示指标，用于参照点位的最终筛选。经筛选，二松源头天池西、二松天池北坡、墙缝、白山大桥断面，嫩江上游加格达奇上、苗圃、桔源林场断面，牡丹江上游牡丹江源头，梧桐河的友好、梧桐河口内断面，汤旺河的汤旺河口内断面等 15 个断面（河段）受人类活动影响小，作为参照点位，计算获得了不同指标的参照值。

（4）基于物理、化学、生物三类要素的胁迫-响应关系，构建了生态完整性评价模型。随着水生态环境保护工作的深入，仅用化学指标已无法客观评价松花江水生态环境质量。作为生态系统中的核心要素，生物的生存状态在水生态环境质量评价中不可替代，必须予以充分考量。基于物理、化学、生物三类要素的胁迫-响应关系，运用主观-客观赋权法确定各要素、各指标评估权重，形成完整性指数计算模型，并进行分级标准划定，构建了松花江水生态完整性评价模型。该评价模型可实现对物理、化学、生物三类要素 30 余个指标的标准化与综合计算，改进以往仅凭水化学指标进行评价的方式，使物理、化学、生物三类要素相辅相成，有助于客观评价松花江水生态系统受损程度与水生态恢复成效。

（5）开展松花江水生态完整性评价。基于上述构建的松花江水生态完整性评价方法，完成了松花江水生态受损原因诊断及完整性评价，支撑松花江由水质管理向水生态管理实现战略性转变。评价结果表明，松花江流域物理完整性整体处于Ⅲ级状态，其中评价等级为优的点位占比6.7%，良占比16.2%，中占比40.6%，差占比29.7%，劣占比6.8%。其空间上呈现出在丘陵山区河流源头或上游，人类活动少，植被覆盖好，评价等级较高；在河流中下游，受人类活动干扰较大，评价等级较低。松花江流域化学完整性整体处于Ⅱ级状态，部分区域处于Ⅰ级状态，个别区域处于Ⅲ级状态。其空间上呈现出在丘陵山区河流化学完整性较好，而平原地区的城市河段化学完整性相对较差；嫩江左岸及源头地区，松花江吉林省段源头以及牡丹江源头化学完整性较好。松花江流域生物完整性总体处于Ⅲ级状态，五类等级点位占比分别为16.7%、33.3%、14.8%、24.1%和11.1%。其空间上呈现出支流优于干流、上游优于中下游的格局。松花江流域水生态完整性整体为Ⅲ级状态，其中嫩江上游支流甘河、呼兰河上游为Ⅱ级，水生态完整性较好；松花江干流哈尔滨段、伊通河为Ⅳ级。

2. 辽河流域辽河保护区水生态系统完整性评价

（1）揭示了辽河保护区生态系统演变与发展过程。1986～2015年，辽河干流生态系统格局的变化主要受到生态保护策略与人口增加等因素的影响。辽河干流地区生态系统格局相对简单，但是自然因素、经济社会、政策对土地利用变化的影响使得生态环境发生变化。1986～2015年，辽河保护区共转变土地利用面积284.8km^2，在1999年启动的退耕还林和2010年辽河干流围栏封育政策的推动下，部分农田转变为草地、林地和湿地，草地、灌丛转变为林地。在景观水平方面，流域生态系统平均斑块面积减小，斑块数量、斑块密度增加。辽河干流生态系统的总体破碎化程度高，景观多样性低。就各类生态系统来看，林地、灌丛、草地、农田的平均斑块面积减小，斑块数量、斑块密度增加，景观破碎度升高；而湿地景观破碎度降低。生态系统景观破碎化程度增高，景观多样性降低。上、中、下游生态系统格局、构成差异较大。2015年，上游草地、林地、灌丛面积比例分布比较均匀，说明其各生态系统类型之间均衡协调发展，受人类活动影响较小；中游林地、农田面积差别较小，草地相对较多；下游受水产养殖业不断扩张的影响，湿地面积处于三个河段区位中最高水平，但林地面积比例在各生态系统类型中最低。生态保护策略是影响辽河干流生态系统变化的第一驱动力，人口激增为第二驱动力。2011～2014年的植物群落跟踪研究表明，经过封育辽河保护区植被群落恢复良好，呈现越来越稳定的状态。2015年，多年生禾本科植物出现频率明显提高，并形成稳定群落，另外，在福德店调查发现多年生草本植物花蔺，标志着该区域水质与生态系统完整性达到良好水平。以植物群落为代表的辽河干流生态系统正处于以草本植物占优势的次生正向演替初级阶段，向灌草丛为主要优势种的中级阶段方向演替。为保护辽河流域生态系统的可持续发展，需划定生态保护红线，合理规划土地利用，禁止重要湿地的开发。

（2）阐明了辽河保护区生态环境退化机制和主要影响因子。第一是生活污水与工业废水排放，造成水体中TN、耗氧有机物、重金属污染，以及水质恶化和DO氧亏，破坏了保护区水体化学完整性。第二是人为过度干扰和破坏，河岸带甚至河道内的开垦、挖沙，导致河岸带不稳定，生物栖息地生境破碎化；闸坝等水利工程破坏了河流连通性，阻隔了生物迁徙通道；另外，北方季节性河流的水量季节性变化较大，导致汛期河岸带破坏严重，以上自然因素和人为因素的叠加造成河流物理完整性的破坏。第三是随着植被群落生境退化，物种生存和栖息适宜的环境和机会减少，造成植物、鱼类、底栖生物多样性、指示物种数量、珍稀物种数量的减少和组成结构的变化，生物完整性降低。

（3）基于物理-化学-生物完整性评价成果，筛选构建了辽河保护区水生态完整性评价指标体系。根据生态系统完整性的定义内涵，参考国内外典型研究成果和专家意见，遵循易于理解、易被接受、容易监测、能较好表征河流状态、便于作为管理目标和拟定相应对策等原则，并结合辽河保护区自身特点，基于物理、化学、生物完整性评价指标进行优化，建立辽河保护区生态系统完整性评价指标体系。其中，物理完整性部分指标为河岸带稳定性、栖境破碎度、廊道连通性、防洪固沙指数、景观多样性；化学完整性指标包括DO、TN、TP、氮磷比、耗氧有机污染物状况、重金属污染状况；生物完整性指标包括植物多样性、鱼类物种丰富度、底栖多样性、指示物种数量、珍稀物种数量。对于各级评价因子，采用"优（Ⅰ）、良（Ⅱ）、一般（Ⅲ）、差（Ⅳ）、极差（Ⅴ）"五个级别进行描述，指标层的指标基本涵盖了河流生态系统完整性评价的主要方面，利用指标层的指标进行分级描述。

（4）开展辽河保护区水生态完整性评价。2015年，辽河保护区生态系统完整性的评价结果整体表现为"良"和"一般"，评价为"良"的点位共计9个，占总评价点位的53%，包括福德店、三河下拉、通江口、双安桥、蔡牛、石佛寺、毓宝台、红庙子、大张；评价为"一般"的点位共计8个，占总评价点位的47%，包括哈大高铁、汎河、马虎山大桥、巨流河、满都户、达牛、盘山闸、曙光大桥。2012年与2015年的生态系统完整性相比，明显提升的点位个数共计10个，占总评价区域的58.8%，包括福德店、哈大高铁、双安桥、蔡牛、石佛寺、毓宝台、红庙子、达牛、大张、盘山闸。物理完整性中所有点位均有不同程度的改善，评价结果明显变好的点位共计13个，占评价区域的76.5%，主要表现为河岸带稳定性与景观多样性的提升；化学完整性的评价结果有不同程度改善，其中明显上升的点位共计6个，占评价区域的35%；生物完整性的改善更为明显，点位共计15个，占评价区域的88.23%，主要表现为指示物种数量和底栖多样性提升。根据辽河保护区生态系统完整性评价结果可知，随着治理保护工作的深入，辽河保护区自2010年划区设局以后，生态系统完整性均表现出不同程度的改善，最为明显的为石佛寺、红庙子、达牛、大张、毓宝台、福德店、哈大高铁。

（5）制定了辽河保护区生态系统完整性恢复对策。根据辽河保护区生态系统完整性评价结果与各河段景观空间分异性和组织关联性，提出保护区各河段聚类整合分区管理策略。将辽河保护区划分为一般控制区、生态旅游开放区、湿地生态功能区和生物多样性保育区四类生态功能区。一般控制区，是指控制支流、排干入干流河口水质污染和垃圾等进入河流，以及控制封育区至保护区边界范围内面源污染的区域。生态旅游开放区，是指在严格保护辽河生态环境的基础上，重要交通节点、水利工程、渡口等周边人类活动较为频繁地区适度开放的景观区域。湿地生态功能区，是指保护区内面积较大的人工湿地或天然湿地等景观区，采取适宜的手段不断提升生境质量，设定功能界限控制人类活动远离湿地植物群落。生物多样性保育区，也称绝对保护区，是指辽河保护区指示生物或国家保护生物集中分布景观区，采取封闭管理，在生物敏感季节禁止人类活动。

第 5 章

松花江流域水生态完整性评价研究与示范

随着经济社会持续高速发展，城镇化率进一步提高，以及国家粮食基地重点建设地区的进一步强化，流域生态环境形势更为严峻，生物多样性急剧减少，珍稀鱼类几近绝迹，松花江环境保护工作面临巨大挑战。近年来，由于国家和地方对松花江流域环境保护的重视和环保投入的加大，特别是"让松花江休养生息"理念的贯彻执行，松花江流域水质整体趋于好转，"十一五""十二五"期间松花江水生态逐步得到恢复，为流域水生态恢复奠定了基础。但与 20 世纪 60～70 年代相比，松花江流域仍然面临水生生物生境受损、珍稀鱼类减少、生物多样性降低等水生态系统退化问题（刘录三等，2022）。

5.1 河流水生态完整性评价研究进展

河流生态系统是包含物理、化学和生物组成及其相互作用的复杂且重要的系统，作为重要的生态廊道，在整个生态系统中发挥着重要的生态功能。它不仅对周围环境的生态系统具有调节作用，还能为动物提供栖息地。河流本身不存在完整性的问题，因为水生动植物本来就是根据河段、流域、区域乃至整个地球的自然变化而产生、成长和繁衍。但长期以来，由于人类活动强度不断增加，水生动植物自然生存所依赖的水质、栖息环境不断发生变化，变化程度远远超出自然变化的程度，从而出现生态系统完整性受损的情况。因此，有学者提出生态完整性的概念，并在人类对生态系统认识不断加深的过程中逐步完善（Dudgeon et al., 2006；O'Brien et al., 2016；Wang et al., 2014）。

生态完整性概念最早可以追溯到 Leopold 于 1949 年提出的土地道德定义，他初步提出完整性概念，在此后的几十年里，没有对这个概念做出进一步明确的定义。

美国 1972 年的《联邦水污染控制法》规定"法案的目标是恢复与维持水体的化学、物理及生物的完整性"，一般认为，健康的河流生态系统应具有结构完整性（即化学、物理、生物三方面的完整性）和功能完整性（生态学进程），具体表现为：河流生态系统具有稳定性和可持续性，即在时间上具有维持其组织结构、自我调节和对胁迫的恢复能力与抗干扰能力，以及维持自身发展和进化的能力。

Karr 和 Dudley（1981）给出生态完整性的定义：完整性是支持和保持一个平衡的、综合的、适宜的生物系统的能力。而这个生物系统与其所处自然生境一样，具有物种构成、多样性和功能组织的特点。其基本思想一直为后来的研究者所普遍接受。此后，Karr 在研究生态完整性在水资源管理中的重要性时，认为生态完整性是一种生态质量，处于完整的和很少需要外部支撑的没有遭受分割的状态。1997 年，生态完整性的定义被写入奥地利标准（Austrian Standards）M6232 中，指能够维持所有内部和外部群落过程和属性，并且在与周围环境相互作用过程中，生物群落能与相应的水环境相协调。而 Müller（1998）提议，如果在一个小的扰动后，能够维持自组织和稳定的状态，以及有足够的适宜能力来继续自组织发展的话，就称为生态完整性，并且正是这些特点，说明了生态完整性是可持续发展的一个生态学分支。

截至目前，不同学者对生态完整性的认识和理解仍有不同的看法，但总的来说可以概括如下：生态完整性是物理、化学和生物完整性之和，是与某一原始的状态相比，质量和状态没有遭受破坏的一种状态。一个生态系统只要能够保持其复杂性和自组织的能力以及结构和功能的多样性，并且随着时间的推移，能维持生态系统的自组织的复杂性，那么它就具有完整性（罗跃初等，2002；周莹等，2013；金小伟等，2017；陈凯等，2018）。

生态系统的复杂性决定了对其进行完整性评价、预测是很困难的，但在人类进行生态环境保护与管理时，需要充分了解生态系统的状态及变化趋势，才能更好地制定保护目标和措施。因此，开展生态系统完整性评价方法研究并进行相关评价成为近年来的研究热点。生态完整性评价时，通常采用多个有代表性的生态指标来对生态系统的组成、状态以及功能进行评价，并通过一定的数学方法进行综合以反映生态完整性状况。该评价过程主要包括评价指标、评价标准以及评价模型的筛选和构建。

5.1.1　评价指标

1. 生物指标

水生生态系统常用不同的生物群落指数来评价生物完整性，主要有鱼类群落生物完整性指数（fish index of biotic integrity，FIBI）、附着生物完整性指数（periphyton index of biotic integrity，PIBI）、EPT[蜉蝣目（Ephemeroptera）-襀翅目（Plecoptera）-毛翅目（Trichoptera）]物种丰富度指数和无脊椎动物群落指数（invertebrate community index，ICI）等（薛浩等，2017；陈凯等，2018）。

Karr 建立的生物完整性指数（IBI）用鱼类群落的种类丰富度、组成、指示物种的数量和丰富度、营养组织和功能、生殖行为、鱼类个体的健康状况等指标来指示温暖、激流水体的生物完整性；鱼的种类和数量受河流长度、流域面积和所在区域的影响，使 IBI 在使用时受到一定限制。随着 IBI 的广泛运用，次级指标特别是指示物种也随着评价区的实际情况得到调整，以用于不同性质的水体。PIBI 用能够反映环境退化状况的硅藻群落及其性质来评价溪流的生物完整性，用到 10 个次级指标；硅藻群落的种类和数量受到河流长度或流域面积的影响较小，使得 PIBI 可以应用于更广泛的地理区域，但是样品的采集和鉴别较困难。水中蜉蝣目、襀翅目和毛翅目等大多数种对水体污染敏感，并且容易鉴别，其 EPT 物种丰富度指数也常用来评价水生生态系统的生物完整性；EPT 物种丰富度和摇蚊丰富度的比值可以用来指示生物群落结构（敏感种和耐受种的比例）的变化，比值越高，生物完整性越高。水体无脊椎动物群落由于样品容易采集和鉴别，并且可以反映水体沉积物的污染状况，ICI 常常被用作生物监测的重要指标；ICI 由 10 个次级指标组成，指示夏季（6 月15 日至 9 月 30 日）水底无脊椎动物群落的质量状况和水体生物完整性状况。

2. 物理指标

物理完整性可以用定性生境评价指数（qualitative habitat evaluation index，QHEI）和物

理生境指数（physical habitat index，PHI）评价。QHEI 由美国俄亥俄州环境保护署建立并不断完善，用来评价河流生物栖息地的物理环境性质；通过对 QHEI 六大类次级指标的评价，可以得出水生栖息地环境品质的好坏，得分越高代表栖息地环境品质越好，栖息地物理完整性也越高。PHI 是近年来美国学者在评价小溪流物理生境时提出来的一个综合指数，从内流生境、滨岸带生境、沉积物性质和水道完整性等几个方面选择评价指标，在对马里兰州可涉水淡水溪流进行评价时，PHI 同 IBI 之间表现出很好的相关性，表明 PHI 能从溪流物理生境的角度反映溪流的生态完整性状况。

3. 化学指标

化学完整性目前主要集中在水化学水质的研究上，表征化学完整性的指标普遍都会选取常规水质理化指标，通过水质理化要素可以洞察对生态系统的物理和化学过程造成影响的压力因素，水质参数对水生生物类群具有潜在的影响，8 种理化参数对于流域生物存在潜在影响，因此水质理化指标被用于评估水环境质量并反映水生态系统健康状况。目前国内外研究中较为常用的理化参数包括物理参数（温度、电导率、悬移质、浊度、颜色等）、化学参数（pH、碱度、硬度、盐度、BOD_5、DO）以及水体中营养物质和持久性污染物的含量等（程佩瑄等，2020）。理化参数的监测具有速度快、简单方便等优点，并能反映污染物在水体中存在的形式和组分，而且发展至今已形成较多非常实用的水质理化指标监测及评估体系。

根据不同的水体类型以及不同的水质目标，选取合适的、具有代表性的化学指标。张远等（2013）在辽河流域河流健康综合评价中，选取了营养盐指标（TP、磷酸盐等 6 项参数）以及基本水质指标（电导率、DO、浊度等 19 项参数）来体现和评价流域的化学完整性；以土地利用作为首要压力参数，利用总体线性回归模型法，筛选对土地利用具有显著响应关系的水质参数作为评价指标；最终选定了电导率、DO 等 5 个水质参数以及 TP、BOD_5、高锰酸钾指数这 3 个营养盐参数。廖静秋等（2014）在对滇池的水生态系统进行健康评价时，根据水质状态和生态特性，制定了将化学指标作为水体健康驱动因素、水生生物作为水生态系统综合响应群体的逻辑框架，构建了化学与生物复合指标体系；根据滇池地区工业化不高以及湖泊水体蓄积营养物的特征，在化学指标层中设计了营养盐指标和氧平衡两个因素，并用 TN 和 TP 作为营养盐的表征指标，用 DO、COD_{Mn} 和 NH_3-N 作为氧平衡的表征指标。郝利霞等（2014）在海河流域河流生态系统健康评价中，化学完整性评价由常规理化指标（DO、电导率、COD）和营养盐指标（NH_3-N、TN、TP）两部分决定，选取的原则是根据数据采集的难易程度以及海河流域的实际情况；将各指标的浓度标准化后，分别计算水质指标和营养盐指标的得分值，并按等权平均计算河流生态系统的化学完整性指数；通过化学完整性评价发现，营养盐是影响海河流域河流生态系统健康的关键因子。黄琪等（2016）在长江中下游四大淡水湖生态系统完整性评价中，选取 DO 和电导率来表征水质状况，计算富营养化指数来表征营养状况，以水质状况和富营养化指数来评价湖泊的化学完整性。张凤玲等（2005）以水环境质量作为城市河湖生态系统评价指标体系中的要素层之一，包含地表水质、水营养状况以及底质污染状况，分别以《地表水环境质量标准》（GB 3838—2002）、营养状态指数（TSI）以及底质污染指数 P 来计算和说明。Wang 等（2014）对 2010 年全国试行的生态完整性监测评价方案做出了解读，方案中关于化学完整性的指标不仅包括水体中的常规指标，还加强了对鱼类组织所含重金属、VOCs 以及 POPs 的监测。

欧盟《水框架指令》（WFD）确定了五类支撑生物要素的水质理化指标：透明度、热力学状况、含氧状况、盐度以及营养指标。这里"支撑"的意思是这些理化指标的值可以使一个生物群落处于一个特定的生态状况，反映了生物群落事实上是它们所处的物理化学环境的产物。WFD 将化学指标的使用分为两个层面：一是理化状况影响生物质量状况，以物理化学参数（主要与富营养化相关）表征，如营养物质、DO 等；二是化学状况的分类，仅依据优先控制污染物的状况。

奥地利根据奥地利标准（Austrian standard）M6232 建立了河流生态完整性评价准则，在化学完整性评价中，要求加入的参数主要为常规水质理化参数、营养物质等。美国于 1989 年提出并开始实行环境监测与评价项目（EMAP），为水体的生态状况及其趋势以及完整性的评价提供支撑，同时监测环境压力以及人为压力因素之间的联系和发展趋势。这个项目将监测指标分为两大类：压力指标和状态指标。水质的理化状况、营养状况以及有毒物质属于压力指标，用来诊断生物群落被损害的原因。特征污染物以及有毒有害物质也会被选择加入化学指标体系中，在对比利时的河流进行生态完整性评价时，不仅使用了常规理化指标来评价水体化学状况，还认为在农业活动较多的地区，农药可通过地表径流以及浸出作用流入地表水，同时对水生生物产生巨大毒性，因此营养物以及农药指标对于当地水质化学状况评价也很重要。国外学者对生态完整性的研究不仅局限于河流，在湖泊水体以及海洋中各有体现。在新西兰湖泊生态完整性评价中，化学状况主要体现在其富营养化程度上，因此选取营养级指数 trophic level index 中所要求的指标进行评价。利用人为压力因素对所有指标进行筛选，发现理化指标相对于生物指标而言，与人为压力因素的关联更加紧密。在对南非 Motiv 河口和 Amatigulu 河口的生态完整性进行评价时，水体同时具有点源污染和面源污染的特点，主要选取了体现系统变化的因子（盐度、DO、温度和 pH）以及体现营养状况的无机氮和磷。对墨西哥西南海岸生态系统的健康状况进行评估时，在涨潮期和低潮期分别采样，并最终与参照点做比较。Herrera-Silveira 等（2009）主要评价研究区域的水质化学状况、浮游植物和沉水植物，选取的水质指标主要用以反映水体的富营养化程度，除了美国 EPA 规定的几种可溶性无机营养物[NO_3^-、NO_2^-、NH_4^+ 和溶解性活性磷（SRP）]以外，还有早期用于表征海洋水环境健康状况的叶绿素 a、SRP 以及溶解性硅酸盐（SRSi）。SRP 和 SRSi 在此研究区域是限制性的营养盐因子，原因在于研究区域位于尤卡坦半岛，属于喀斯特地貌，SRP 可能会沉淀在用以形成磷灰石的碳酸钙中；而 SRSi 可以被用来作为地下水溢出的追踪物。由此，来自大陆的污水会产生高浓度的 SRP，使机会种增加，改变浮游植物的种群组成，导致赤潮产生。

5.1.2　评价标准

1. 环境质量标准

水质标准是国家、部门或地区规定的各种用水在物理学、化学、生物学性质方面所应达到的要求。它是在水质基准的基础上产生的具有法律效力的强制性法令，是判断水质是否适用的尺度，是水质规划目标和水质管理的技术基础。对于不同用途的水质，水质标准有不同的要求，因此在水生态完整性评价时，可以引用现行国家、地方水质标准作为量化水生态完整性状态的"尺子"。目前中国已制定、颁布了一系列水质标准，使水质管理有了法律依据。但由于我国标准制定技术尚不完善，现行标准尚未充分考虑流域、区域特点，存在"一刀切"的缺陷，在水质管理中可能存在"过保护"或"欠保护"的问题。

2. 参照状态

大多数生态评价都是直接或间接地将当前水体生态状况、结构、组成、功能和多样性与原始的未受污染的或不受人类干扰的参照状态相比较，参照状态一直是贯穿水生态完整性评价方法发展的核心要素。美国、欧盟、澳大利亚等国家和地区对参照状态的概念有不同的认识和理解。美国《清洁水法》（CWA）及支撑其实践的快速生物监测规程（rapid bioassessment protocols，RBPs）规定参照状态为"某一特定区域内生物潜力达到最高的最佳条件"；欧盟将参照状态定义为"无显著或最小人类活动干扰的状态"，即水文要素、一般物理化学元素和生物质量元素等完全或几乎不受人为干扰；澳大利亚水改革框架（WRF）则定义参照状态为"栖息地未受干扰，维持水生态系统关键生态过程、生物组成多样性及其功能的状态"。

目前国内外研究确定参照状态的方法主要分为以下几类：①基于自然环境设置的分类方法（如参照点位法、历史数据法等）；②使用分类和连续可变环境属性作为输入的模型方法；③专家判断法，即提供描述性判断，一般作为辅助手段确定非定量指标。

河流的栖息地作为河流生态系统的组成部分能为河内生物提供生活环境的相关物理、化学和生物特性，因此河流栖息地的好坏影响着水资源的质量和固有水生生物群落的健康状况。随着河流健康理论的发展，人们意识到栖息地环境是保持河流生态完整性的一个必要条件，对其进行评价可有助于表征河流生态系统的健康程度。而河流生态系统的参照位点是指完全不受干扰或者可以达到最佳状态的点位，因此，目前国内外在评价河流的生态健康时，普遍选择建立以栖息地评价为基础的指标体系来筛选参照点位。国内在河流健康和完整性评价中大多采用由郑丙辉等建立的栖息地评价打分方法选择参照点位（薛浩等，2018，2020a，2020b）。评价指标体系由地质、栖息地复杂性、速度-深度（V/D）结合特性、堤岸稳定性、河道变化、河水水量状况、植被多样性、水质状况、人类活动强度和河岸土地利用类型 10 个指标构成。研究人员通过现场调查目测评分的方式进行评价，小于 25%分位数值为好的等级，可以作为参照点。此方法的优点在于较为直观和快速，但缺点在于有些点位存在的问题不能通过现场目视发现。汇水区上游的土地利用方式同样影响着河流的水质状况以及生态状况，如源头采矿等，因此应该在汇水区的尺度上将人类活动指标如土地利用类型比例等指标考虑进来，并作为强制退出项，若超过一定的标准则不能认为是参照点位（罗跃初等，2002；周莹等，2013）。

参照点位法使用范围较为广泛，但有研究表明，由于一些流域的地形地貌、土壤类型、自然植被、气候条件等生态特性存在较大的空间变异性，不能建立统一的参照状态。Smith 和 Tran（2013）发现在发达国家，河流的参照点位由于一些流域特征，如气候、水文、自然植被、土壤和石头的天然矿物质等因素，营养盐浓度变化较大。

5.1.3 综合评价模型

为了提高评价结果的可读性、可比性，评价者需要采用特定的数学方法对各项指标的评价结果进行综合，最终完成评价结果的表征。目前常用的方法有算术平均法、加权平均法、多元统计法和综合评价模型等。算术平均法将各项指标简单加和平均，但是存在两个问题：①把各个指标对生态完整性的贡献率等同看待，而实际上不同指标对生态完整性的影响大小不同；②采用的指标不可能都是统计学独立的，评价没有考虑协方差对评价结果的影响。加权平均法则克服了算术平均法存在的不足，依据主、客观方法对不同指标进行赋权，以此更加准确或更有说服力地对系统进行描述。

多指标的综合评价中，确定各项指标的权重是非常重要的环节。权重的计算方法主要包括主观赋权法和客观赋权法，其中主观赋权法有德尔菲法、层次分析法、直接构权法和极值迭代法等。主观赋权法根据决策者的主观臆想确定权重，受决策者的主观经验影响较大，因此主观性较强。客观赋权法有熵权法、主成分分析法以及因子分析法等。客观赋权法是根据实际数据经过数学理论和算法确定权重，不受决策者主观因素的影响。但客观赋权法在评价时未考虑评价指标间的差异性，评价结果有可能与人们的认知存在较大差异。因此，进行指标体系构建时，同时应用两种方法对指标进行赋权较为全面合理。

综上所述，开展松花江流域水生态退化原因分析，构建松花江流域水生态完整性评价方法并进行评价是实施松花江流域水生态保护与修复工作的重要前提与基础，是推进生态文明建设的具体工作。

5.2　研究目标与内容

5.2.1　研究目标

针对松花江流域水生态完整性受损现状，研究其退化过程，诊断、识别其受损的主要胁迫因素，构建松花江流域水生态完整性评价技术体系，形成一套多目标-多情景-分阶段的松花江流域水生态恢复关键技术，并在松花江流域特定江段进行示范。

具体而言，研究目标包括建立松花江流域不同水体类型的水生态完整性参照状态，构建松花江流域水生态完整性评价指标体系、评价方法与评价等级；形成松花江流域水生态完整性评价报告与图件；提出松花江流域水生态完整性评价技术指南，包括评价指标筛选方法、评价标准确定、评价方法选择等。

5.2.2　研究内容与技术路线

1. 松花江流域物理完整性评价技术

在松花江流域水生态系统退化影响因子识别的基础上，研究制定物理完整性评价指标的筛选原则；通过数值分布特征分析、识别能力分析、冗余度分析、信噪比分析等一系列统计分析过程，筛选并构建松花江流域物理完整性评价核心指标体系，候选指标包括水文状况、河道形态、滨岸带结构和陆域结构等；选择基本未受人为干扰或遭受人为干扰较少的典型区域，进行上述各项物理完整性指标的测定，作为流域参照值，结合遥感和 GIS 技术，根据松花江流域 20～30 年遥感影像资料，确定各个分区物理完整性评价阈值；确定各项物理完整性评价指标的量化方法，并结合算术平均法、加权平均法、多元统计法、综合评价模型等数学方法对指标进行无量纲化，为每项指标对应的具体环境压力设定不同的分类等级，再根据已有的文献资料和数据结构，为主要的物理完整性指标设定对应的权重，最终计算点位的得分，从而建立一套完整的物理完整性评价计分体系。

2. 松花江流域化学完整性评价技术

针对松花江流域的水生态功能分区，基于典型区域的水化学及水污染特征，研究制定化学完整性评价指标的筛选原则，筛选并构建松花江流域化学完整性评价核心指标体系；在松花江流域的各个水生态功能分区，选择基本未受人为干扰或遭受人为干扰较少的典型区域，进行化学水质参数的测定，作为流域本底参照值，结合"十一五"研究成果和"六五"期间建立的松花江流域元素背景值，确定各个区段化学完整性评价阈值；参照物理完整性赋分方法，建立一套完整的化学完整性评价计分体系。

3. 松花江流域生物完整性评价技术

针对不同生物类群、不同生态指标对环境压力的敏感程度存在显著差异这一问题，研究制定生物完整性评价指标的筛选原则，筛选并构建松花江流域生物完整性评价核心指标体系，候选参数包括物种丰富度、物种组成、耐受性、生物多样性、习性/食性等方面的参数；在松花江流域的各个水生态功能分区，选择基本未受人为干扰或遭受人为干扰较少的典型区域，进行大型底栖动物、着生藻类等生物类群调查，计算上述各项生物指标，作为流域本底参照值，结合"十一五"研究成果和松花江流域水生生物历史调查资料，确定各个区段生物完整性评价阈值；参照物理完整性赋分方法，建立一套完整的生物完整性评价计分体系。

4. 松花江流域水生态完整性评价技术

参考国内外已有水生态完整性评价指标体系，基于松花江水生态功能分区，以小流域为评价单元，从流域水生态系统的结构、功能、过程及存在的主要问题调查与研究着手，按水域、滨岸带和陆域的空间构成，根据各项指标所反映的环境压力，在物理、化学、生物指标体系中做进一步的筛选、优化、组合，结合主观赋权法和客观赋权法确定各层次指标的权重，在物理完整性、化学完整性及生物完整性评价的基础上，构建不同等级尺度的流域水生态完整性评价技术框架，提出松花江流域水生态完整性综合评价方法，以反映松花江流域各个水生态功能区的水生态完整性状况。基于松花江流域生态系统特征，针对松花江一、二级不同水生态功能分区，利用数理统计、文献调研、专家评定等手段，开展不同类型河段水生态完整性的基准值研究，提出不同等级和空间尺度的标准分级原则，确定相应的水生态完整性评价标准值，并对松花江流域各个水生态功能区的水生态完整性状态做出相应的评价。

5. 技术路线

松花江流域水生态完整性评价技术路线见图5-1。

在前期文献调研和总结的基础上，结合全流域采样分析，分析松花江流域物理生境、水质、水生生物变化趋势，诊断流域水生态系统退化原因；构建包括物理、化学、生物在内的候选指标，通过统计分析和专家判断构建适用于松花江流域的水生态完整性评价指标体系，建立评价标准和评估模型，进行松花江流域水生态完整性评价。

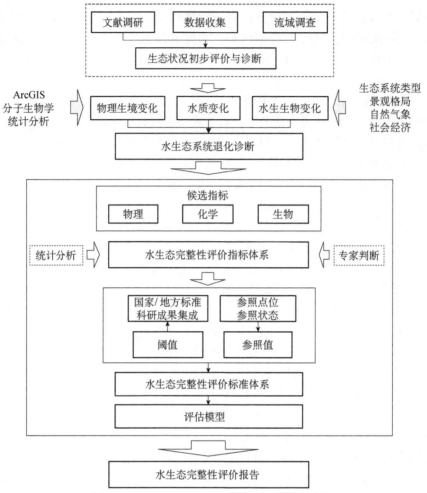

图 5-1　松花江流域水生态完整性评价技术路线

5.2.3　评价方法构建

1. 物理完整性评价方法

1）物理指标

目前，国际上普遍认可的河流物理完整性评价方法包括美国 EPA 推荐的河流快速生物评价方法和澳大利亚的溪流状态指数（index of stream condition，ISC）指数评价方法等。基于本研究中松花江流域水生态退化原因诊断分析，参考美国 EPA 快速生物评价方法，采用专家经验判断法选择指标（表 5-1）。根据研究区域的地形地貌特征，将松花江干流及支流分为山区河流和平原河流两部分进行物理指标评价。山区河流按照表 5-2 标准进行评估打分，平原河流按照表 5-3 标准进行打分。

表 5-1　松花江流域物理完整性指标

方案层	要素层	指标层
水生态物理指标	地形地貌	河床底质
		栖境复杂性
		V/D 结合特性

续表

方案层	要素层	指标层
水生态物理指标	地形地貌	河流蜿蜒度
		河岸稳定性
	水文特征	河水水量状况
	河岸植被	植被多样性
	水质	河水透明度、气味特征
	人类干扰	人类活动强度
		河流连通性
		渠道化状况
		河岸土地利用类型

表 5-2　山区河流物理指标评估打分表

评价指标	好（4分）	较好（3分）	一般（2分）	差（1分）
河床底质	75%以上是碎石、鹅卵石、大石、泥、沙等沉积物分布面积低于25%	50%～75%是碎石、鹅卵石、大石、泥、沙等沉积物分布面积低于50%	25%～50%是碎石、鹅卵石、大石，其余为泥、沙等沉积物	碎石、鹅卵石、大石小于25%，其余为泥、沙等沉积物
栖境复杂性	有水生植被、枯枝落叶、倒木、倒凹河岸和巨石等各种小栖境	有水生植被、枯枝落叶和倒凹河岸等小栖境	以1种或2种小栖境为主	以1种小栖境为主，底质多以淤泥或细沙为主
V/D结合特性	河流流速及水深性状包含慢-深、慢-浅、快-深和快-浅4种类型，近乎平均分布	只有3种类型出现	只有2种类型出现	只有1种类型出现
河流蜿蜒度	>1.80	1.50～1.80	1.15～1.50	<1.15
河岸稳定性	河岸稳定，无侵蚀痕迹，观察范围内（>100m）小于5%河岸受到损害	比较稳定，观察范围内有5%～30%的河岸出现侵蚀现象	观察范围内30%～50%的河岸发生侵蚀，且洪水期可能会有较大隐患	观察范围内50%以上的河岸发生侵蚀
河水水量状况	水量较大，河水淹没到河岸两侧，或仅有少量的河道暴露	水量比较大，河水淹没75%左右的河道	水量一般，河水淹没25%～75%的河道	水量很小，河道干涸
植被多样性	河岸周围植被种类多，面积大，河岸植被覆盖50%以上	河岸周围植被种类比较多，面积一般，河岸植被覆盖25%～50%	河岸周围植被种类比较少，面积较小，河岸植被覆盖少于25%	河岸几乎无植被覆盖
河水透明度、气味特征	很清澈，无任何异味，河水静置后无沉淀物质	较清澈，轻微异味，河水静置后有少量的沉淀物质	较浑浊，有异味，河水静置后有沉淀物质	很浑浊，有大量的刺激性气体溢出，河水静置后沉淀物很多
人类活动强度	无人类活动干扰或少有人类活动	人类干扰较小，有少量的步行者或自行车通过	人类干扰较大，少量机动车通过	人类干扰很大，交通必经之路，或为城镇河段，或有采砂等活动
河流连通性	闸坝数量≤0.003座/km	0.003座/km<闸坝数量≤0.009座/km	0.009座/km<闸坝数量≤0.015座/km	闸坝数量>0.015座/km

续表

评价指标	好（4分）	较好（3分）	一般（2分）	差（1分）
渠道化状况	河道维持自然状态，没有渠道化	河道小部分渠道化，对水生生物影响较小	渠道化程度较高，如两岸有筑堤或桥梁支柱，对水生生物有一定影响	绝大部分河岸固化（水泥等），栖境完全改变，对水生生物影响严重
河岸土地利用类型	河岸两侧无耕地，土壤营养丰富	河岸一侧无耕地，另一侧为耕地	河岸两侧为耕地，需要施加化肥和农药	河岸两侧为耕作废弃的裸露土壤层，营养物质很少

表5-3 平原河流物理指标评估打分表

评价指标	好（4分）	较好（3分）	一般（2分）	差（1分）
河床底质	75%以上是碎石、鹅卵石、大石，泥、沙等沉积物分布面积低于25%	50%～75%是碎石、鹅卵石、大石，泥、沙等沉积物分布面积低于50%	25%～50%是碎石、鹅卵石、大石，其余为泥、沙等沉积物	碎石、鹅卵石、大石小于25%，其余为泥、沙等沉积物
V/D 结合特性	河流流速及水深性状包含慢-深、慢-浅、快-深和快-浅4种类型，近乎平均分布	只有3种类型出现	只有2种类型出现	只有1种类型出现
河流蜿蜒度	>1.80	1.50～1.80	1.15～1.50	<1.15
河岸稳定性	河岸稳定，无侵蚀痕迹，观察范围内（>300m）小于10%河岸受到损害	比较稳定，观察范围内有10%～35%的河岸出现侵蚀现象	观察范围内35%～60%的河岸发生侵蚀，且洪水期可能会有较大隐患	观察范围内60%以上的河岸发生侵蚀
河水水量状况	水量较大，河水淹没到河岸两侧，或仅有少量的河道暴露	水量比较大，河水淹没75%左右的河道	水量一般，河水淹没25%～75%的河道	水量很小，河道干涸
植被多样性	河岸周围植被种类很多，面积大，河岸植被覆盖50%以上	河岸周围植被种类比较多，面积一般，河岸植被覆盖25%～50%	河岸周围植被种类比较少，面积较小，河岸植被覆盖少于25%	河岸几乎无植被覆盖
河水透明度、气味特征	很清澈，无任何异味，河水静置后无沉淀物质	较清澈，轻微异味，河水静置后有少量的沉淀物质	较浑浊，有异味，河水静置后有沉淀物质	很浑浊，有大量的刺激性气体溢出，河水静置后沉淀物很多
人类活动强度	无人类活动干扰或少有人类活动	人类干扰较小，有少量的步行者或自行车通过	人类干扰较大，少量机动车通过	人类干扰很大，交通必经之路，或为城镇河段，或有采砂等活动
河流连通性	闸坝数量≤0.003 座/km	0.003 座/km<闸坝数量≤0.009 座/km	0.009 座/km<闸坝数量≤0.015 座/km	闸坝数量>0.015 座/km
渠道化状况	河道维持自然状态，没有渠道化	河道小部分渠道化，对水生生物影响较小	渠道化程度较高，如两岸有筑堤或桥梁支柱，对水生生物有一定影响	绝大部分河岸固化（水泥等），栖境完全改变，对水生生物影响严重
河岸土地利用类型	河岸两侧无耕地，土壤营养丰富	河岸一侧无耕地，另一侧为耕地	河岸两侧为耕地，需要施加化肥和农药	河岸两侧为耕作废弃的裸露土壤层，营养物质很少

河床底质是底栖生物的生存基质，影响其生存和繁衍，河流生物栖息空间与底质类型有直接的关系，底质类型异质性越大，生物多样性越丰富。栖境复杂性指底栖生物生境组成类型的多样性和复杂程度，其复杂程度与生物生存环境的适宜性有很大的关系，栖息地越复杂，越能降低物种的竞争程度。河流速度-深度（V/D）的结合特性主要有 4 种方式：慢-深、慢-浅、快-深和快-浅，不同的速度-深度结合也代表着生境的异质性，多样化的速度-深度组合可以令同一个河段容纳不同的生物群落。河流蜿蜒度是测量点之间河流实际长度与直线距离的比值，蜿蜒度越高通常表明河道越自然。河岸稳定性是指河岸耐受侵蚀的潜力，河岸越稳定，河道就越不容易发生改变，减少了对河流生境的破坏。河水水量状况指河水充满整个河道的程度，水量过少会限制底质为河流水生生物提供生存环境。植被多样性指河岸带植被数量的丰富度和物种多样性，河岸植被多样性可间接影响河流生物的生存环境。水质状况指河流水质的好坏，主要是定性判断河水浊度、色度和气味。人类干扰包括行人车辆通行、挖沙等活动。河流连通性是指纵向连通性，以百公里闸坝数量来表征，河流上闸坝越多，对水文连通和生物连通的影响越大。渠道化状况指人类对河道结构改造的程度与影响。河道两岸建堤坝和河流中央修建闸坝、造桥等人为改造都会破坏河道的天然结构，阻断河流与沿岸陆域之间的水体循环。河岸土地利用类型指农业用地对植被造成的破坏，从而改变河道本身的基质特征，使河流生态系统遭到破坏。

　　2）物理完整性评价指标权重及计算过程

　　用熵权法计算各指标及要素的权重（表 5-4 和表 5-5），按式（5-1）计算获得物理指标值。

$$\mathrm{IPI} = W_i \sum_{i=1}^{n} S_i \tag{5-1}$$

式中，IPI 为物理指标综合指数值，其值大小在 0～1；W_i 为评价指标在综合评价指标中的权重值，其值大小在 0～1；S_i 为评价指标的标准化值，其值大小在 0～1。

表 5-4　山区河流物理指标评估权重

要素层	指标层	权重
地形地貌	河床底质	0.170
	栖境复杂性	0.112
	V/D 结合特性	0.097
	河流蜿蜒度	0.151
	河岸稳定性	0.044
水文特征	河水水量状况	0.055
河岸植被	植被多样性	0.023
水质	河水透明度、气味特征	0.049
人类干扰	人类活动强度	0.092
	河流连通性	0.098
	渠道化状况	0.036
	河岸土地利用类型	0.073

表 5-5 平原河流物理指标评估权重

要素层	指标层	权重
地形地貌	河床底质	0.200
	V/D 结合特性	0.108
	河流蜿蜒度	0.117
	河岸稳定性	0.055
水文特征	河水水量状况	0.045
河岸植被	植被多样性	0.057
水质	河水透明度、气味特征	0.046
人类干扰	人类活动强度	0.078
	河流连通性	0.125
	渠道化状况	0.062
	河岸土地利用类型	0.107

3）评价等级划分

松花江流域河流物理完整性评价按山区河流和平原河流分别建立评价等级标准。以所有指标值的 95 分位数为最佳,以其与最低值之间的 5 等分来划分评价等级阈值,等级划分详见表 5-6 和表 5-7。5 个等级分别为优、良、中、差、劣。

表 5-6 松花江流域山区河流物理完整性评价结果等级划分

序号	山区河流物理完整性综合指数值	完整性状况	等级
1	（0.90，1]	优	I
2	（0.79，0.90]	良	II
3	（0.68，0.79]	中	III
4	（0.57，0.68]	差	IV
5	（0，0.57]	劣	V

表 5-7 松花江流域平原河流物理完整性评价结果等级划分

序号	平原河流物理完整性综合指数值	完整性状况	等级
1	（0.75，1]	优	I
2	（0.67，0.75]	良	II
3	（0.59，0.67]	中	III
4	（0.51，0.59]	差	IV
5	（0，0.51]	劣	V

根据以上方法得出山区河流和平原河流的物理完整性指数,绘制所有山区和平原点位指数的累计曲线,取其 75%分位数作为参照状态,则山区河流物理完整性指数参照状态值为 0.832,平原河流物理完整性指数参照状态值为 0.712,其值皆介于"良"的等级阈值之间。

2. 化学完整性评价方法

1）化学指标

A. 数据来源

a. 水质数据

（1）现场监测与分析。2016 年 7 月、9 月和 2017 年 3 月、7 月、9 月分别在松花江流域布点并进行地表水采样。水样在大约河面下 0.3m 处采集，存放在 0.5L 或 1.5L 的塑料瓶中，随后放入保温箱保存，水样运回实验室，在 0～4℃储存，及时检测分析。水温（ T ）、DO、pH 和电导率（EC）使用手持式多参数水质分析仪（YSI）在野外实地测定。COD、COD_{Mn}、NH_3-N、硝酸盐氮（NO_3^--N）、TN、TP、重金属（Cu、Zn、Pb、Cr）、阴离子、多环芳烃类（PAHs）等指标采用国家标准方法以及美国 EPA 的方法进行测定。

（2）历史水质数据的收集。收集了 2003～2018 年松花江流域国控点位（图 5-2）的历史水质数据，按照丰水期、平水期和枯水期的类别对其进行分类，历史水质数据来源于中国环境监测总站。

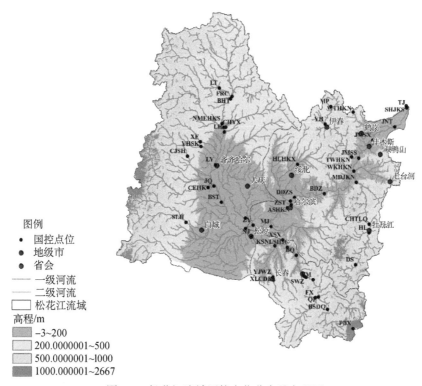

图 5-2　松花江流域国控点位分布及高程图
图中英文注记为监测点位的中文名称汉语拼音首字母组合

b. 人类活动数据

（1）景观特征数据。景观特征数据包括景观组成（土地利用）和景观格局数据。

利用 ArcGIS 10.2 的 hydrology 工具，对 30m 空间分辨率的数字高程模型（DEM）进行子流域提取，共提取了 257 个子流域，其中 58 个有点位分布的子流域被选为研究对象；对 30m 空间分辨率的 DEM 进行坡度分析，结合海拔，将各子流域分为平原（200m 以下）、丘陵（200～500m）和山地（500m 以上），由于位于山区的点位较少，因此将山区和丘陵的点位合并为一个分区进行分析；分别获取 2005 年和 2015 年的土地利用数据，各子流域土地利用类型比例利用 ArcGIS 10.2 中 zonal statistics 工具进行分区统计；对 2005 年和 2015 年的土地利用类型进行转移矩阵分析，探究 10 年来松花江流域景观组成的变化趋势。土地利用原始数据来自资源环境科学数据平台（http://www.resdc.cn）。由于土地利用类型在

5 年内的变化不大，本研究选用 2015 年的土地利用数据来分析 2010～2018 年景观特征对水质的影响。土地利用类型被分为以下 6 类：耕地（AR），林地（FO），草地（GR），水域（WA），城乡、工矿、居民用地（UR）和未利用地（UN）。利用景观格局指数来定量分析景观格局空间配置特征，包括斑块大小、形状、结构和景观多样性，并从景观水平和类型水平两方面选取相关的景观格局指数。蔓延度（CONTAG）、散布与并列指数（IJI）和香农多样性指数（SHDI）仅在景观水平上提取；斑块密度（PD）、景观形状指数（LSI）和边缘密度（ED）在类型与景观水平上提取；最大斑块指数（LPI）仅在类型水平上提取。利用FRAGSTATS 4.0 软件来计算各子流域景观格局指数。本研究选取的景观格局指数的具体意义见表 5-8。

表 5-8　景观格局指数意义描述

	参数	描述	简写	备注
土地利用	耕地	种植农作物的土地，包括旱地和水田（%）	AR	
	林地	指生长乔木、灌木、竹类，以及沿海红树林等林业用地（%）	FO	
	草地	指以生长草本植物为主，覆盖度在 5%以上的各类草地，包括以牧草为主的灌丛草地和郁闭度在 10%以下的疏林草地	GR	
	水域	指天然陆地水域和水利设施用地	WA	
	城乡、工矿、居民用地	指城乡居民点及其以外的工矿、交通等用地	UR	
	未利用地	目前还未利用的土地，包括难利用的土地	UN	
景观格局	斑块密度	单位面积斑块数量（个/100hm²）	PD、1PD、2PD、3PD、5PD	1、2、3、5 分别代表耕地，林地，草地和城乡、工矿、居民用地
	边缘密度	景观每公顷边缘部分的总长度（m/hm²）	ED、1ED、2ED、3ED、5ED	
	景观形状指数	反映景观的破碎化程度	LSI、1LSI、2LSI、3LSI、5LSI	
	最大斑块指数	某一斑块类型中的最大斑块占整个景观面积的比例	1LPI、2LPI、3LPI、5LPI	
	蔓延度	景观里不同斑块类型的团聚程度或延展趋势	CONTAG	
	散布与并列指数	各个斑块类型间的总体散布与并列状况，值越大说明与越多斑块邻近	IJI	
	香农多样性指数	反映景观要素的多少和景观要素所占比例的变化	SHDI	
经济社会	人口密度	单位面积人口数量（人/km²）	POP	

（2）经济社会特征。分别选取 2005 年和 2015 年的人口密度，利用 ArcGIS 10.2 中zonal statistics 工具计算各子流域的人口密度。

以 2010～2018 年的水质数据为基础，利用皮尔逊（Pearson）相关性分析 21 世纪初变量间的相关关系，（$p<0.01$，$p<0.05$ 双尾），并剔除所有与水质指标没有显著相关的人为因素指标。

以 2005 年和 2015 年的松花江土地利用类型分布为研究对象，利用 ArcGIS 10.2 对松花江流域进行土地利用转移矩阵分析，探究 2005～2015 年松花江土地利用类型的变化趋势；利用箱形图表征松花江流域平原地区和丘陵山区的景观格局特征。

B. 指标筛选

河流水质在流域尺度受复杂的自然因素与人为因素的影响。自然因素主要包括地形和气候变化等，但在短短的十几年内，自然因素的影响相对较小；人为因素主要包括经济社会变化（如人口密度变化、经济密度变化）、土地利用变化、景观格局变化等。有研究表明，水质退化及其变化特征主要受到土地不合理利用、人口增长、城市化以及农业和工业活动等人为因素的影响，此外，流域内景观格局的变化是人类活动的宏观表现，是影响非点源污染负荷的主要因素之一。

本研究根据指标筛选的原则，将指标的筛选过程分为定性筛选和定量筛选两部分。其中，定性筛选主要依据现有数据，结合专家经验判断，对指标进行初筛。而定量筛选则是结合一定的统计分析方法，对现有数据进行定量分析，将判断水质参数对人为干扰的敏感性作为筛选指标的标准，建立水质参数与人为因素的响应关系。

a. 定性筛选

（1）对研究流域近10～15年的历史数据进行时空趋势分析，揭示各水质指标的时空变化规律，识别随时间和空间变化较大的污染物以及超标率较高的污染物。

（2）对典型污染物进行水生态风险评估，识别存在生态风险的污染物。

（3）通过专家咨询，由相关领域专家选出合适的指标。

b. 定量筛选

偏最小二乘回归（PLSR）是一种新型的多元统计数据分析方法，具有传统多元回归方法不具备的许多优点，较好地解决了许多多元线性回归难以解决的问题：①提供了一种多因变量对多自变量的回归建模方法；②可以有效地解决变量之间的多重相关性问题，它利用对系统中的数据信息进行分解和筛选的方式，提取对因变量解释性最强的综合变量，辨识系统中的信息与噪声，从而更好地克服变量多重相关性在系统建模中的不良作用，适合在样本容量小于变量个数的情况下进行回归建模；③可以集多元线性回归分析、典型相关分析和主成分分析的基本功能于一体，将建模预测类型的数据分析方法与非模型式的数据认识性分析方法有机结合起来。综上所述，PLSR与多元回归方法相比更适用于松花江流域水质指标与人为因素的响应关系分析。

通过PLSR方法可得到一个重要的判别指标——变量投影重要性（variable importance in the projection，VIP），根据VIP值的大小，可以确定在具有多重共线性的不同自变量中，哪些是对因变量最具有解释意义的自变量，也就是说，人为因素对水质指标影响的大小，可以通过其对水质指标影响的VIP值表示。对于用来解释因变量y_k的第j个自变量x_j，其VIP值的计算如式（5-2）所示：

$$VIP_j = \left[p\sum_{h=1}^{m}\sum_{k} R^2(y_k, t_h)w_{hj}^2 \Big/ \sum_{h=1}^{m}\sum_{k} R^2(y_k, t_h) \right]^{1/2} \tag{5-2}$$

式中，p为自变量个数；m为从自变量中提取的成分个数；k为第k个因变量；t_h为自变量的第h个成分；$R^2(y_k, t_h)$为y_k与t_h之间的相关系数的平方；w_{hj}^2为自变量x_j对构造t_h

成分的贡献权重。

若 VIP≥1，表示自变量对因变量具有显著解释意义；若 0.80≤VIP<1，表示自变量对因变量具有中等程度的解释意义；若 VIP<0.80，则表示自变量对因变量不具备明显解释意义。水质指标中，若所对应模型中 VIP>0.8 的人为因素指标所占比例大于 1/2，则此水质指标对人为因素的响应能力较好，对其干扰较为敏感，可选为化学完整性评价的指标。

利用回归模型分析人为压力与水质指标之间的关系，识别对人为压力响应较大的水质指标。符合以上任意条件的指标即为流域化学完整性评价指标。根据指标筛选的代表性原则以及松花江流域水质的时空变异特征进行分析，由于 Hg、As、Si、Cr、硫化物和氰化物在大多数点位都未检出，且不具有时空差异性，因此剔出指标体系，化学指标筛选方法见图 5-3。

将余下所有水质指标逐个与人为因素指标建立 PLSR 模型，人为因素指标全部进入模型，过程中不进行剔除，最后获得模型的交叉有效性 Q^2cum 须大于 0.05 以保证模型的显著性；计算每个水质指标所对应的人为因素指标的 VIP，若水质指标所响应的 VIP>0.8 的人为因素指标占所有指标的比例大于等于 1/2，即有至少 13 个人为因素指标的 VIP>0.8，说明这些水质指标对人为因素的响应能力较好，对人为干扰较为敏感，因此这些指标可被选入松花江流域水生态化学完整性评价指标体系。松花江流域丰水期和平水期水质指标对人为因素响应能力如表 5-9 和表 5-10 所示。

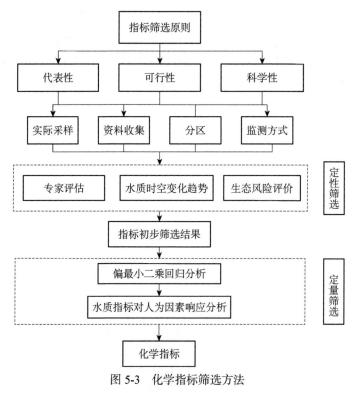

图 5-3 　化学指标筛选方法

表 5-9　松花江流域丰水期水质指标对人为因素响应能力

指标	平原地区			丘陵山区		
	Q^2cum	VIP>0.8 个数	VIP_{max}	Q^2cum	VIP>0.8 个数	VIP_{max}
pH	0.21	13	2PD（2.26）	0.19	13	2LSI（2.28）
EC	0.28	15	3ED（1.79）	0.21	18	5LSI（1.81）
DO	0.30	13	5LPI（2.55）	0.27	13	1LPI（1.77）
COD	0.17	14	1ED（1.94）	0.24	17	1LPI（1.71）
COD_{Mn}	0.18	13	5LSI（2.18）	0.21	13	3LPI（1.95）
BOD_5	0.12	13	1ED（2.23）	0.21	13	5ED（1.79）
NH_3-N	0.43	14	1ED（2.21）	0.24	14	5LSI（1.89）
NO_3^--N	0.11	13	LSI（2.42）	0.21	13	CONTAG（2.01）
TN	0.32	14	1ED（1.81）	0.23	15	2LSI（1.93）
TP	0.34	14	1ED（2.19）	0.25	14	2LPI（1.80）
石油类	0.33	13	5LPI（2.47）	0.22	15	1PD（2.08）
挥发酚	0.38	13	5ED（1.95）	0.15	13	UR（1.86）
Pb	0.27	13	5LSI（2.12）	0.11	12	5LSI（2.11）
Cu	0.19	15	UR（1.96）	—	—	—
Zn	0.39	13	3LPI（1.85）	0.25	13	GR（2.10）
Cd	0.26	13	1ED（1.99）	0.27	13	2PD（2.28）
阴离子表面活性剂	0.21	13	5LPI（1.62）	0.24	13	FO（2.40）
F^-	0.27	10	3PD（2.89）	0.15	11	5ED（1.94）
SO_4^{2-}	—	—	—	—	—	—
Cl^-	—	—	—	—	—	—

注："—"表示模型的 $Q^2cum<0.05$，模型没有显著意义。

表 5-10　松花江流域平水期水质指标对人为因素响应能力

指标	平原地区			丘陵山区		
	Q^2cum	VIP>0.8 个数	VIP_{max}	Q^2cum	VIP>0.8 个数	VIP_{max}
pH	0.28	15	3ED（1.88）	0.37	15	2LSI（1.78）
EC	0.37	13	5PD（1.90）	0.39	17	5LSI（1.62）
DO	0.24	17	CONTAG（1.65）	0.24	13	5LSI（2.31）
COD	0.28	14	IJI（1.98）	0.21	13	2PD（1.97）
COD_{Mn}	0.27	14	IJI（2.11）	0.37	13	GR（1.93）
BOD_5	0.34	15	1ED（1.87）	0.35	14	UR（1.85）
NH_3-N	0.32	14	5ED（1.92）	0.37	13	1LPI（2.21）
NO_3^--N	0.26	14	PD（1.99）	0.43	16	5ED（1.73）
TN	0.35	14	5ED（1.89）	0.25	18	5LSI（1.88）
TP	0.31	16	1ED（1.96）	0.29	13	2LPI（1.78）
石油类	0.29	14	2PD（2.03）	0.29	17	2LPI（1.78）
挥发酚	0.18	14	5ED（2.02）	0.19	13	1LPI（3.77）
Pb	0.24	13	3PD（1.87）	—	—	—

续表

指标	平原地区			丘陵山区		
	Q²cum	VIP>0.8 个数	VIPmax	Q²cum	VIP>0.8 个数	VIPmax
Cu	0.29	16	1PD（1.83）	—	—	—
Zn	0.23	16	ED（1.90）	0.26	14	3PD（2.20）
Cd	0.29	13	UR（1.87）	0.46	17	3PD（1.64）
阴离子表面活性剂	0.25	14	5ED（1.71）	0.39	13	2PD（1.79）
F⁻	—	—	—	0.27	12	1PD（2.71）
SO₄²⁻	0.19	12	1LPI（1.98）	0.22	11	IJI（1.79）
Cl⁻	0.17	11	1LPI（1.66）	0.11	12	5LSI（2.07）

注："—"表示模型的 $Q^2cum<0.05$，模型没有显著意义。

由表 5-9 和表 5-10 可知，松花江流域水质指标在不同地区对人为干扰因素的响应具有差异性，重金属元素 Pb 和 Cu，仅在平原河流对人为因素敏感。虽然阴离子 F^-、Cl^- 和 SO_4^{2-} 在人为因素对水质的定量评估分析中，获得了 PLSR 的最理想模型，证明其对某些人为因素具有较好的响应能力，但在指标筛选的原则下，对人为因素的响应和敏感性未达到设立的标准，因此这些指标未入选化学完整性指标体系。张远等（2013）对辽河流域河流健康指标进行筛选时，认为阴阳离子主要反映河流自然地质的特征，尽管与土地利用等人为干扰因素相关性较大，但在河流健康评价中并不具有实际意义，对人为因素的响应可能是一种假象。通过剔除对人为因素干扰不敏感的水质指标，最终获得松花江流域平原地区和丘陵山区的水生态化学完整性评价指标体系（表 5-11）。

表 5-11　松花江流域水生态化学完整性评价指标体系

	一级指标	二级指标	区域
水生态化学完整性	理化状况	pH	全流域
		EC	全流域
		DO	全流域
	有机污染状况	COD	全流域
		CODMn	全流域
		BOD₅	全流域
		阴离子表面活性剂	全流域
	营养盐污染状况	NH₃-N	全流域
		NO₃⁻-N	全流域
		TN	全流域
		TP	全流域
	重金属污染状况	Pb	平原河流
		Cu	平原河流
		Zn	全流域
		Cd	全流域
	有毒有机污染物状况	石油类	全流域
		挥发酚	全流域

2）评价标准

A. 水质标准

目前松花江流域按照《地表水环境质量标准》（GB 3838—2002）实施管理与考核，未制定地方水环境质量标准。与本研究中筛选的 17 个化学指标相比，除 EC、TN、NO_3^--N 外，其余 14 项指标在《地表水环境质量标准》（GB 3838—2002）中均有做出规定，各指标标准值如表 5-12 所示。

表 5-12　《地表水环境质量标准》（GB 3838—2002）中的标准值

指标	I 类/（mg/L）	III 类/（mg/L）	V 类/（mg/L）
pH	6～9	6～9	6～9
DO	7.5	5	2
COD_{Mn}	2	6	15
COD	15	20	40
BOD_5	3	4	10
NH_3-N	0.15	1.0	2.0
TP	0.02	0.2	0.4
Cd	0.001	0.005	0.01
Cu	0.01	1.0	1.0
Pb	0.01	0.05	0.1
Zn	0.05	1.0	2.0
挥发酚	0.002	0.005	0.1
石油类	0.05	0.05	1.0
阴离子表面活性剂	0.2	0.2	0.3
EC	—	—	—
NO_3^--N	—	—	—
TN	—	—	—

B. 参照点位与参照状态

a. 物理完整性参照点位与参照状态

遵循前面所述参照点位选择原则，首先，按照一定的自然环境特征如地形、气候等因素对流域进行分区，再在此基础上选取参照位点。其次，尝试探讨并在原有栖境评价指标体系的基础上增加面源污染以及土地利用状况指标。也就是说，先通过栖境评价指标体系打分获取参照点位，再经过面源污染以及土地利用状况指标的筛选，若有一项不符合此标准则剔除该参照点位。

b. 化学完整性评价参照点

确定参照状态的目的在于明确流域水生态系统中的化学要素能够达到的最佳状态，或者期望达到的最佳状态，通过生态完整性评价可以得知现在的水生态系统的化学状况与参照状态之间的差距，因此参照状态的确定有助于提高水生态完整性评价的精确性和准确性。

参照状态的确定往往要依赖于参照点位的选取，因此参照点位的选择尤为重要。研究可知，参照点位指不受损害或受到极小损害且对该水体或邻近水体的生物学完整性具有代表性的具体地点，参照点位应为水体内最接近自然的点。我国在生态完整性评价研究中主要采用栖境评价指标体系对调查点位进行打分，采取累计求和的方式计算栖息地综合指数，根据综合指数值的分布范围划分栖息地环境等级，认为小于25%分位数值为好的等级，处于25%分位数的点位可以被选为参照点位。然而，栖境评价指标体系打分较为主观，对化学指标的参照状态针对性不强，没有考虑调查点位上游土地利用情况以及点源排放对水体的影响，因此需要在此基础上对参照点位选取标准进行改进。

基于以上问题，本研究尝试探讨并在原有栖境评价指标体系的基础上进行改进，增加了面源污染以及土地利用状况与点源污染的相关标准。

优先选择参照点位法选择参照点位，参照状态确定流程如图5-4所示。以美国EPA 2000年提出的参照点或观测点频数分布曲线法为基础确定参照值，先计算流域和参照点位的频数分布率，再根据实际情况选取合适的频数分布率作为参照值。美国EPA所制定的参照值确定方法主要分为两种情况：一是选取参照点位频率分布曲线的上25%点位；二是选取所有水体数据的频率分布曲线的下25%点位。美国EPA认为在这个百分比的参照状态与干扰最小的点位相关，并且对指定用途具有保护性作用，还可以提供弹性的管理，但这种方法不一定适用于所有河流。按照美国EPA制定营养物基准的经验，当指标在流域所选取的参照点位个数超过总采样点个数的10%时，可以选择参照点位频数分布率作为该指标的参照状态。但如果确定出全流域指标的参照状态，却不能从参照点位的频数分布中找到一个近似的数值与之对应，可以认为该指标所反映的生态环境结构与功能受到了影响，不再适宜用参照点位的频数分布率作为参照状态，就必须选择现有目标流域全流域的频数分布率作为该指标的参照状态。

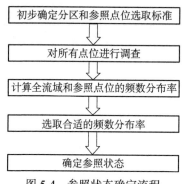

图5-4　参照状态确定流程

选取合适的频数分布率作为指标的参照状态，是一个较难确定的问题。在很多流域中，很难找到一个不受人类活动干扰或干扰情况下的"自然"状态，即便是选出来的参照点位也只有部分指标能满足参照状态的要求。因此，频数分布法针对各个指标需要确定不同的百分位点，来达到参照状态的要求（图5-4）。

首先将松花江流域所有参照点位按照地形和海拔分为丘陵山区河流点位和平原地区河流点位，通过现场实际调查和栖境评分表对参照点位进行打分，得到评价结果为"好"的参照点位，再利用表5-13中面源污染和土地利用标准进一步筛选参照点位，最后得到松花江流域的参照点位如表5-14所示。

表 5-13　流域化学完整性参照点位选取标准

要素	标准
面源污染和土地利用	1. 汇水区耕地（旱地）<20%，并且与滨岸带不连通
	2. 汇水区水田<3%，并且不与滨岸带连通
	3. 汇水区城镇用地<1%
	4. 没有明显的畜牧活动
	5. 汇水区天然土地利用覆盖>80%
点源污染	1. 没有较大的排污口
	2. 没有已知的泄漏事件或污染事件

表 5-14　松花江流域参照点位筛选结果

点位编号	点位名称	经度（°E）	纬度（°N）	分区	点位属性
1	加格达奇上	123.78	50.55	丘陵山区	国控点位
7	苗圃	129.29	48.27	丘陵山区	国控点位
8	桔源林场	129.36	48.64	丘陵山区	采样点
9	友好	128.86	47.82	丘陵山区	采样点/国控点位
16	梧桐河口内	130.16	47.95	丘陵山区	国控点位
27	汤旺河口内	129.64	46.73	丘陵山区	采样点/国控点位
70	牡丹江源头	127.85	47.11	丘陵山区	采样点
80	白山大桥	127.22	42.73	丘陵山区	国控点位
81	墙缝	126.98	43.12	丘陵山区	国控点位
85	二松天池北坡	128.09	42.36	丘陵山区	采样点
86	二松源头天池西	127.76	42.04	丘陵山区	采样点

　　表 5-14 中所有的参照点位都位于丘陵山区，而平原地区没有符合标准的参照点位。参照点位筛选过程中可以发现，确定参照点位的最主要限制性因素是农业的影响，即耕地面积比例，其次为城镇面积比例。其原因可能在于松花江流域的平原地区主要土地利用类型为农业用地，农业生产集约化程度高，农事活动导致营养盐、农药等物质通过点源和非点源的方式进入河流，过程中还对滨岸带植被以及河道形态造成一定的影响。此外，大城市主要集中在平原地区，人口密度与丘陵山区相比较大，经济发展相对快速，因此在平原地区基本找不到不受人为干扰的参照点位。

　　c. 参照值的确定

　　以松花江流域 2003～2018 年的水质数据为基础，分别确定不同分区以及不同季节各水质指标的参照状态。以参照点位累计频率 25%～75% 的特征值作为参照状态的变化范围，其中 DO 作为正向指标，取累计频率为 25% 的特征值作为参照状态的最高值；在平原地区无法找到完全不受人类干扰的参照点位，因此选用全部调查点位 25% 频数分布法确定水质指标的参照状态，以累计频率 5%～50% 的特征值作为参照状态的变化范围，相应地，DO 取累计频率为 75% 的特征值作为参照状态，结果如表 5-15 所示。

表 5-15 松花江流域水生态化学完整性参照状态

序号	指标	水期	平原地区		丘陵山区	
			参照值	变化范围	参照值	变化范围
1	EC/（ms/cm）	丰水期	14.8	7.10～19.99	10.42	8.12～12.93
		平水期	15.5	7.51～20.50	11.35	8.68～13.30
		枯水期	19.7	8.74～25.20	12.5	11.25～14.35
2	DO/（mg/L）	丰水期	8.2	7.30～9.75	8.4	7.70～9.46
		平水期	9.44	8.13～11.29	9.25	7.80～10.50
		枯水期	9.08	8.28～12.49	9.6	8.30～10.85
3	COD/（mg/L）	丰水期	15.98	11.70～18.99	18	12.89～20.00
		平水期	15	11.00～18.60	17	11.89～20.99
		枯水期	13.9	11.00～18.00	13.75	11.47～18.00
4	COD$_{Mn}$/（mg/L）	丰水期	5.1	3.80～5.70	5.9	4.55～9.12
		平水期	4.87	3.49～5.60	5.13	4.30～6.58
		枯水期	4.24	3.00～5.20	4.9	4.36～5.50
5	BOD$_5$/（mg/L）	丰水期	1.67	0.92～2.54	1.5	1.0～2.10
		平水期	1.75	0.96～2.60	1.7	1.0～2.30
		枯水期	2.03	1.00～2.79	1	1～2.30
6	NH$_3$-N/（mg/L）	丰水期	0.27	0.11～0.49	0.32	0.15～0.60
		平水期	0.29	0.13～0.51	0.28	0.17～0.59
		枯水期	0.49	0.16～0.89	0.28	0.12～0.50
7	NO$_3^-$-N/（mg/L）	丰水期	0.25	0.047～0.62	0.26	0.18～0.37
		平水期	0.25	0.040～0.68	0.29	0.23～0.40
		枯水期	0.43	0.09～0.71	0.24	0.21～0.32
8	TN/（mg/L）	丰水期	1.13	0.63～1.74	0.86	0.74～1.13
		平水期	1	0.54～1.66	1.03	0.80～1.42
		枯水期	1.28	0.72～1.76	1.15	0.78～1.16
9	TP/（mg/L）	丰水期	0.08	0.03～0.14	0.05	0.040～0.078
		平水期	0.08	0.038～0.13	0.06	0.036～0.086
		枯水期	0.07	0.033～0.11	0.04	0.02～0.06
10	石油类/（mg/L）	丰水期	0.01	—	0.01	—
		平水期	0.01	—	0.01	—
		枯水期	0.01	—	0.01	—
11	挥发酚/（μg/L）	丰水期	0.01	—	0.01	—
		平水期	0.01	—	0.01	—
		枯水期	0.01	—	0.01	—
12	Pb/（μg/L）	丰水期	0.5	0.2～0.7	—	—
		平水期	0.5	0.2～1.0	—	—
		枯水期	0.5	0.2～0.9	—	—
13	Cu/（μg/L）	丰水期	0.5	0.5～1.8	—	—
		平水期	0.5	0.5～1.7	—	—
		枯水期	0.5	0.5～1.0	—	—
14	Zn/（μg/L）	丰水期	9.5	1.5～14	5.0	—
		平水期	10	1.5～15.9	5.0	—
		枯水期	10	2.0～12.5	2.0	—

序号	指标	水期	平原地区		丘陵山区	
			参照值	变化范围	参照值	变化范围
15	Cd/（μg/L）	丰水期	0.049	0.019～0.049	0.049	0.019～0.05
		平水期	0.049	0.019～0.049	0.049	0.019～0.05
		枯水期	0.049	0.019～0.049	0.040	0.030～0.05
16	阴离子表面活性剂/（mg/L）	丰水期	0.025	0.025～0.030	0.025	0.025～0.030
		平水期	0.025	0.025～0.030	0.025	0.025～0.030
		枯水期	0.025	0.025～0.050	0.025	0.025～0.030

由表 5-15 可知，水质理化指标（EC、DO）、有机污染指标（COD、COD_{Mn}）以及营养类（NH_3-N、TN、TP）的参照值具有较为明显的季节和空间差异，重金属指标（Pb、Cu、Zn、Cd）、有毒有机类指标（挥发酚和石油类）和阴离子表面活性剂的参照值季节和空间差异不明显。松花江流域的 TN 和 COD_{Mn} 的参照值在丘陵山区和平原地区都较高，TN 接近或超过地表水 Ⅲ 类的标准，COD_{Mn} 在丘陵山区的参照值则高于平原地区，且在丰水期接近于地表水 Ⅲ 类标准。然而，丘陵山区的参照点位大多位于河流上游，如位于小兴安岭腹地的汤旺河口内、桔源林场以及大兴安岭地区的加格达奇上等，这些点位栖境良好，森林覆盖率高，符合参照点位选取的标准，但均体现出 COD_{Mn} 浓度较高甚至超标的现象。原因可能在于，森林覆盖较高的区域土壤中有机质含量较高，丰水期由于降雨频繁、雨量大，在降雨初始冲刷效应的作用下，土壤中的有机质随地表径流大量进入河道，造成河流中有机物含量增加，COD_{Mn} 升高。

d. 化学指标评价阈值

将参照值、现有地表水环境质量标准进行比较发现，NH_3-N 在三个水期的参照值均低于Ⅰ类水标准值，三个水期的基准值高于Ⅰ类水标准值，低于Ⅲ类水标准值。考虑到现有地表水环境质量标准正在修订过程中，因此本研究将《地表水环境质量标准》（GB 3838—2002）作为规范性引用文件，并响应其修订。因此，最终选择《地表水环境质量标准》（GB 3838—2002）中 Ⅴ 类水体标准值作为化学指标评价阈值。

对于 EC 和 NO_3^--N，通过建立水质指标和人为因素之间的偏最小二乘法回归（PLSR）模型，来确定其阈值，见表 5-16 和表 5-17。人为因素对水质的定量评估中，EC、NO_3^--N 在开展 PLSR 模型分析时，指标值经过对数转换。河流水生态化学完整性的阈值表示河流的化学状况由"完整"变为"不完整"的临界状态，因此可以认为，当流域人类干扰达到最大时，所获得的水质参数值为此指标的阈值。EC 的回归模型在平原地区包含两个显著的自变量，分别是城乡、工矿、居民用地（UR）和草地边缘密度（3ED），当人类活动最大时，认为 UR 达到 100%，而 3ED 为 0；在丘陵山区的显著自变量为耕地（AR）和林地（FO），当人类干扰最大时，认为 AR 达到 100%，而 FO 为 0。丰水期 NO_3^--N 的回归模型在平原地区主要包含 AR 和农田最大斑块指数（1LPI），当 AR 和 1LPI 最大时，则表示人类干扰为最大；在丘陵山区主要包括蔓延度（CONTAG）和 FO 两个自变量，CONTAG 越大则表明斑块的蔓延度越大，优势斑块之间的连接性越好，因此当 CONTAG 趋于 0 时，则表示斑块之间的连接性较差，景观表现出多种要素形成的密集格局，景观的破碎化较高，因此当 CONTAG 为 0 时，人类干扰最大。NO_3^--N 的回归模型在平水期主要与 UR 和林地边缘密度（2ED）有关，当 UR 为 100%，2ED 为 0 时，人类干扰达到最大。

表 5-16 丰水期 EC 与 NO₃⁻-N 与人为因素的 PLSR 分析结果

区域	水质指标	回归模型	R^2
平原地区	lg EC/（ms/cm）	$0.106\ UR-0.114 \times 3ED-8.65$	0.55
	lg NO₃⁻-N/（mg/L）	$0.183\ AR+0.149 \times 1LPI-32.79$	0.67
丘陵山区	lg EC/（ms/cm）	$-0.332\ FO+0.211AR-19.2$	0.65
	lg NO₃⁻-N/（mg/L）	$-0.329\ CONTAG-0.315\ FO+0.37$	0.63

表 5-17 平水期 EC 与 NO₃⁻-N 与人为因素的 PLSR 分析结果

区域	水质指标	回归模型	R^2
平原地区	lg EC/（ms/cm）	$-0.165 \times 3ED+0.156\ UR-13.68$	0.53
	lg NO₃⁻-N/（mg/L）	$0.314\ UR-0.284 \times 2ED-31.02$	0.51
丘陵山区	lg EC/（ms/cm）	$-0.204\ FO+0.192\ AR-17.28$	0.56
	lg NO₃⁻-N/（mg/L）	$-0.209 \times 2ED+0.199\ UR-19.54$	0.46

利用 EC 和 NO₃⁻-N 的回归模型，得到了松花江流域 EC 和 NO₃⁻-N 的水生态化学完整性阈值。松花江流域在冬季河流冰封，地表径流几乎没有，人为因素对河流的影响大大削弱，因此在枯水期 EC 和 NO₃⁻-N 的阈值通过查阅文献资料确定，如表 5-18 和表 5-19 所示。

表 5-18 EC 和 NO₃⁻-N 的水生态化学完整性阈值

指标	水期	平原地区阈值	丘陵山区阈值
EC/（ms/cm）	丰水期	89.1	79.4
	平水期	87.09	83.17
	枯水期	90	90
NO₃⁻-N/（mg/L）	丰水期	2.57	2.32
	平水期	2.40	2.29
	枯水期	2.00	2.00

表 5-19 松花江流域水生态完整性化学指标阈值

序号	指标	水期	参照值		阈值
			平原地区	丘陵山区	
1	EC/（ms/cm）	丰水期	14.8	10.42	79.4
		平水期	15.5	11.35	83.17
		枯水期	19.7	12.5	90
2	DO/（mg/L）	丰水期	8.2	8.4	2
		平水期	9.44	9.25	2
		枯水期	9.08	9.6	2
3	COD/（mg/L）	丰水期	15.98	18	40
		平水期	15	17	40
		枯水期	13.9	13.75	40

序号	指标	水期	参照值		阈值
			平原地区	丘陵山区	
4	COD$_{Mn}$/（mg/L）	丰水期	5.1	5.9	15
		平水期	4.87	5.13	15
		枯水期	4.24	4.9	15
5	BOD$_5$/（mg/L）	丰水期	1.67	1.5	10
		平水期	1.75	1.7	10
		枯水期	2.03	1	10
6	NH$_3$-N/（mg/L）	丰水期	0.27	0.32	2
		平水期	0.29	0.28	2
		枯水期	0.49	0.28	2
7	NO$_3^-$-N/（mg/L）	丰水期	0.25	0.26	2.32
		平水期	0.25	0.29	2.29
		枯水期	0.43	0.24	2.00
8	TN/（mg/L）	丰水期	1.13	0.86	2
		平水期	1	1.03	2
		枯水期	1.28	1.15	2
9	TP/（mg/L）	丰水期	0.08	0.05	0.4
		平水期	0.08	0.06	0.4
		枯水期	0.07	0.04	0.4
10	石油类/（mg/L）	丰水期	0.02	0.005	1.0
		平水期	0.02	0.005	1.0
		枯水期	0.02	0.005	1.0
11	挥发酚/（μg/L）	丰水期	0.1	—	0.1
		平水期	0.2	—	0.1
		枯水期	0.2	—	0.1
12	Pb/（μg/L）	丰水期	0.5	—	100
		平水期	0.5	—	100
		枯水期	0.5	—	100
13	Cu/（μg/L）	丰水期	0.5	—	1000
		平水期	0.5	—	1000
		枯水期	0.5	—	1000
14	Zn/（μg/L）	丰水期	9.5	—	2000
		平水期	10	—	2000
		枯水期	10	—	2000
15	Cd/（μg/L）	丰水期	0.049	0.049	10
		平水期	0.049	0.049	10
		枯水期	0.049	0.040	10
16	阴离子表面活性剂/（mg/L）	丰水期	0.025	0.025	0.3
		平水期	0.025	0.025	0.3
		枯水期	0.025	0.025	0.3

3）评价模型

A. 指标标准化

通常用数据标准化法来消除各指标属性不同导致的不可评价性，一般又可将各个指标划分为正向指标、负向指标以及双向指标，并对不同属性指标采取不同的标准化方法，进行标准化处理，使得处理后数值便于比较和计算。所谓正向指标即数值越大代表质量越好，数值越小代表质量越差；负向指标反之；双向指标则表示水体中该指标存在一个最佳的理想值或最佳范围，当偏离该理想值或者最佳范围时，水生态系统的质量均变差。本研究采用确定的参照状态（不受人类干扰的最佳状态）和阈值（指标等级最差状态值）对各类指标进行标准化。

a. 正向指标

水质指标中的正向指标仅有 DO。

$$S_{DO} = \frac{DO - DO_{min}}{DO_{max} - DO_{min}} \tag{5-3}$$

式中，S_{DO} 为 DO 浓度的标准化值；DO_{max} 为 DO 浓度参照值；DO_{min} 为 DO 浓度阈值；DO 为断面 DO 浓度。

b. 负向指标

其他大部分水质指标均为负向指标，即指标值越小越好。

$$S_i = \frac{D_{max} - D_i}{D_{max} - D_{min}} \tag{5-4}$$

式中，S_i 为水质指标浓度的标准化值；D_{max} 为各水质指标的阈值；D_{min} 为各水质指标的参照值；D_i 为断面水质指标的浓度。

c. 双向指标

pH 是水质指标中唯一的双向指标，即它的理想状态处于一个范围，依据《地表水环境质量标准》（GB 3838—2002），pH 的最佳范围为 6～9。

$$S_{pH} = \frac{7.0 - D_{pH}}{7.0 - D_{min}} (D_{pH} \leqslant 7) \tag{5-5}$$

$$S_{pH} = \frac{D_{pH} - 7.0}{D_{max} - 7.0} (D_{pH} > 7) \tag{5-6}$$

化学指标评估方法如式（5-7）所示：

$$CII = \sum_{i=1}^{n} W_i \cdot S_i \tag{5-7}$$

式中，CII 为化学指标综合指数值；W_i 为各化学指标权重值；S_i 为各化学指标标准化值。

B. 评价指标权重的确定

本研究采用的主观赋权法为层次分析法（AHP）。层次分析法是一种简便、灵活的多维准则决策的数学方法，它可以实现由定性到定量的转化，把复杂的问题系统化、层次化。基于流域水生态化学完整性评价的要求，本研究将建立一套关于水生态系统的各因子递进层次结构模型，由专家根据经验对每一层次的因素进行逐条比较，得到其关于上一层次因子重要性比较的标度。

由于主观赋权法的局限性，本研究在方案-要素-指标的指标体系结构基础上设置结构方程模型（structural equation modeling，SEM）来确定指标的权重。SEM 包括测量模型和结构模型两部分，测量模型反映的是观察变量（量表或问卷等测量工具所得的数据）与潜变量（观察变量间所形成的特质或抽象概念）之间的相互关系，反映了潜变量如何被相对应的显性指标所测量或概念化；而结构模型则反映潜变量之间的关系，以及模型中其他变量无法解释的变量部分。测量模型如式（5-8）和式（5-9）所示：

$$y = \wedge_y \eta + \varepsilon \tag{5-8}$$

$$x = \wedge_x \xi + \delta \tag{5-9}$$

式中，内因潜变量 η 连接到内生标识，即观测变量 y；外因潜变量 ξ 连接到外生标识，即观测量 x；$\wedge_x$ 和 $\wedge_y$ 分别为反映 x 对 ξ 和 y 对 η 关系强弱程度的系数矩阵，可以理解为相关系数；ε 和 δ 分别为测量误差。

结构模型如式（5-10）所示：

$$\eta = B\eta + \Gamma\xi + \zeta \tag{5-10}$$

式中，内因潜变量和外因潜变量之间通过系数 B 和 Γ 及误差向量联系起来，Γ 为外因潜变量对内因潜变量的影响；B 为内因潜变量之间的相互影响；ζ 为误差项。

流域水生态化学完整性是一个抽象的概念，包含并受多种要素的影响，这些因素之间互相关联。以目标-流域-水-要素的指标体系为基础构建水生态化学完整性的 SEM，将理化状况、营养盐污染状况、有机污染状况、重金属污染状况和有毒有机污染物状况设为潜变量，各自包含的指标为观测变量，通过对结构模型的拟合和路径分析，获得观测变量与潜变量、潜变量与潜变量关系的路径系数，计算水生态化学完整性评价指标体系中方案层和指标层的权重系数，具体方法如下。

假定理化状况、营养盐污染状况、有机污染状况、重金属污染状况、有毒有机污染物状况的路径系数分别为 λ_1、λ_2、λ_3、λ_4、λ_5，5 个潜变量的权重为 $W_i = \lambda_i / \sum_{i=1}^{5} \lambda_i$。理化状况、营养盐污染状况、有机污染状况、重金属污染状况和有毒有机污染物状况各观测变量（指标）的路径系数分别为 $\omega_{ji}(j=1,2,3,4,5)$。

对应指标层的权重计算公式为

$$w_{ji} = \omega_{ji} / \sum_{i=1}^{n} \omega_{ji} (j=1,2,3,4,5) \tag{5-11}$$

根据建立的指标体系，以松花江流域 2010～2018 年水质数据为基础，利用 AMOS 7.0 软件分别构建以目标-要素-指标为框架的平原地区和丘陵山区水生态化学完整性 SEM，并对方程进行拟合和路径分析，确定潜变量（方案层）与观测变量（指标层）之间的路径系数，从而计算指标层和方案层各指标的权重。为保持指标的量纲一致，在分析之前对指标进行标准化。

a. SEM 适配度检验

AMOS 提供了多种模型拟合指数，用于判定模型的拟合优度，一般选用的模型拟合指数主要包括相对拟合指数（RFI）、绝对适配度系数中的卡方检验（χ^2）、均方根残差（RMR）、拟合良好性指标（GFI）和近似均方根误差（RMSEA），增值适配度系数中的标准拟合指数（NFI）、非标准拟合指数（TLI）、增值拟合指数（IFI）以及比较拟合指数（CFI），简约适配度系数中的简约调整规准适配指数（PNFI）和简约调整比较适配指数（PCFI）。平原地区以及丘陵山区的 SEM 适配度检验结果如表 5-20 和表 5-21 所示。从表中可知，两个模型的整体适配度 χ^2 分别为 24.31 和 14.88，显著性概率值分别为 $p=0.067$ 和 $p=0.065$，均大于 0.05，接受虚无假设，假设理论模型与实际数据间可以契合。从其他适配度指标来看，除 RMR 以外，其他适配度指数都符合标准，说明模型基本上可以达到适配标准，所建理论模型与实际数据相符合，路径分析模型具有显著意义。

表 5-20　平原地区 SEM 适配度检验结果

	统计检验量	适配的标准值或临界值	检验结果	模型适配判断
绝对适配度系数	χ^2	$p>0.05$（未达显著水平）	24.31（$p=0.067>0.05$）	是
	RMR	<0.05	0.088	否
	RMSEA	<0.08	0.04	是
	GFI	>0.90	0.963	是
增值适配度系数	NFI	>0.90	0.976	是
	RFI	>0.90	0.934	是
	IFI	>0.90	0.981	是
	TLI	>0.90	0.940	是
	CFI	>0.90	0.981	是
简约适配度系数	PNFI	>0.50	0.653	是
	PCFI	>0.50	0.656	是

表 5-21　丘陵山区 SEM 适配度检验结果

	统计检验量	适配的标准值或临界值	检验结果	模型适配判断
绝对适配度系数	χ^2	$p>0.05$（未达显著水平）	14.88（$p=0.065>0.05$）	是
	RMR	<0.05	0.074	否
	RMSEA	<0.08	0.069	是
	GFI	>0.90	0.932	是
增值适配度系数	NFI	>0.90	0.950	是
	RFI	>0.90	0.909	是
	IFI	>0.90	0.977	是
	TLI	>0.90	0.926	是
	CFI	>0.90	0.972	是
简约适配度系数	PNFI	>0.50	0.745	是
	PCFI	>0.50	0.526	是

b. SEM 路径分析

运用 AMOS 7.0 软件对构建的 SEM 进行路径分析，平原地区和丘陵山区 SEM 路径分析如图 5-5 和图 5-6 所示。可以看出，不论在平原地区还是丘陵山区，理化状况、营养盐污染状况、有机污染状况、重金属污染状况和有毒有机污染物状况均对松花江流域水生态的化学完整性具有负向影响。观测变量中只有 DO 对所影响的潜变量理化状况具有负向影响，其他观测变量均对所影响的潜变量有正向影响，可以确定假设模型与实际情况是相符合的。模型路径系数检验结果如表 5-22 所示。

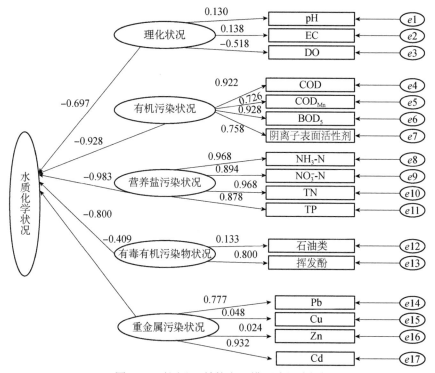

图 5-5 平原地区结构方程模型路径分析

椭圆代表潜变量；矩形代表观测变量；$e1 \sim e17$ 表示残差；图中数字为路径系数，是标准化后的系数

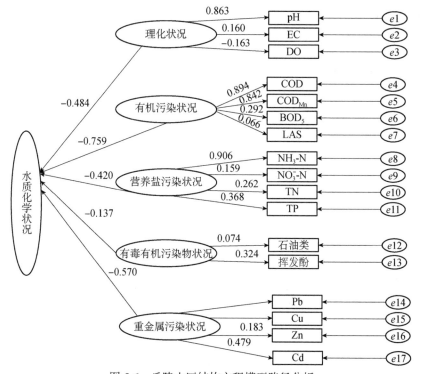

图 5-6 丘陵山区结构方程模型路径分析

椭圆代表潜变量；矩形代表观测变量；$e1 \sim e17$ 表示残差；图中数字为路径系数，是标准化后的系数

表 5-22　模型路径系数检验结果

变量关系	平原		山区	
	显著性	标准化路径系数	显著性	标准化路径系数
化学完整性→有机污染	***	−0.928	***	−0.759
化学完整性→营养盐污染	***	−0.983	***	−0.420
化学完整性→重金属污染	***	−0.409	***	−0.570
化学完整性→理化	***	−0.697	0.017	−0.484
化学完整性→有毒有机污染物	***	−0.800	0.538	−0.137
COD←有机污染	***	0.922	***	0.894
COD_{Mn}←有机污染	***	0.726	***	0.842
BOD_5←有机污染	***	0.928	***	0.292
阴离子表面活性剂←有机污染	***	0.758	0.045	0.066
NH_3-N←营养盐污染	***	0.968	***	0.906
NO_3^--N←营养盐污染	***	0.894	0.122	0.159
TN←营养盐污染	***	0.968	***	0.262
TP←营养盐污染	***	0.878	***	0.368
Pb←重金属污染	***	0.777	—	—
Cu←重金属污染	0.038	0.048	—	—
Zn←重金属污染	0.306	0.024	***	0.183
Cd←重金属染污	***	0.932	***	0.479
pH←理化	***	0.130	0.014	0.863
EC←理化	***	0.138	***	0.160
DO←理化	***	−0.518	***	−0.163
石油类←有毒有机污染物	***	0.133	0.538	0.074
挥发酚←有毒有机污染物	***	0.800	***	0.324

***显著性水平 $p<0.01$。

c. 确定评价指标的权重

根据本研究中权重的确定方法，利用构建的结构方程观测变量和潜变量、潜变量和潜变量之间的路径系数进行权重的计算，计算结果如表 5-23 所示。

表 5-23　松花江流域水生态化学完整性指标权重（平原地区/丘陵山区）

要素层	准则层	指标层
水生态化学完整性	理化状况（0.1826/0.2042）	pH（0.1654/0.6711）
		EC（0.1756/0.1244）
		DO（0.6590/0.2045）
	有机污染状况（0.2431/0.3203）	COD（0.2765/0.4269）
		COD_{Mn}（0.2178/0.4021）
		BOD_5（0.2783/0.1394）

续表

要素层	准则层	指标层
水生态化学完整性	有机污染状况（0.2431/0.3203）	阴离子表面活性剂（0.2273/0.0315）
	营养盐污染状况（0.2575/0.1772）	NH$_3$-N（0.2611/0.5345）
		NO$_3^-$-N（0.2411/0.0938）
		TN（0.2611/0.1546）
		TP（0.2368/0.2171）
	重金属污染状况（0.1342/0.2405）	Pb（0.4363/0）
		Cu（0.0269/0）
		Zn（0.0135/0.2764）
		Cd（0.5233/0.7236）
	有毒有机污染物状况（0.1826/0.0579）	石油类（0.1426/0.1859）
		挥发酚（0.8574/0.8141）

C. 评价周期

一般来讲，受季节及污染排放负荷变化影响，河流水体中化学物质（污染物）的含量通常呈现一定的季节变化特征。松花江水体污染物呈现较为明显的水期特征。通常认为水生态系统对污染物的负面影响具有一定的耐受能力，当污染物的负面影响持续时间在某一限度内，且在足够长的时间内不再发生，其能够自我修复，不会对水生态平衡产生不可接受的影响。因此，污染物对水生态系统的影响程度与负面影响的强度、持续时间、发生频次有很大关系。因此，美国EPA在水质基准中除了对浓度阈值做出规定外，还包括频率和周期，即在规定时间内，水体中污染物超过阈值的次数不得超过规定次数，否则会对生态系统造成不可逆的负面影响。当前我国在环境管理中采用年均值对水质进行管理与考核，对整个水生态系统的考虑还不够全面。本研究对水体化学指标的评价结合我国与美国EPA的方法，以1年作为评价周期，一年内分3个水期对水体化学指标进行评价。

4）评价等级划分

化学指标经标准化后，计算化学完整性指数，其值域为[0，1]，对值域进行五等分，得到化学完整性状况等级（表5-24）。

表5-24 松花江流域河流化学指标评价结果等级划分

序号	化学指标综合指数值	完整性状况	等级
1	（0.8，1]	优	I
2	（0.6，0.8]	良	II
3	（0.4，0.6]	中	III
4	（0.2，0.4]	差	IV
5	（0，0.2]	劣	V

3. 生物完整性评价方法

在河流生物完整性评价中，大型底栖动物和着生藻类是被广泛应用且取得良好效果的类群，其他生物类群如浮游动物和浮游植物在实践中应用较少，因此本研究主要采用大型底栖动物和着生藻类两个类群来进行评价。鱼类也是生物完整性评价常用类群，但因鱼类调查所需人力、时间成本及费用较高，本研究中鱼类采样点位大大少于大型底栖动物、着生藻类等的调查点位，鱼类生物评价内容仅作为生物完整性评价方法的补充。

1）生物指标

根据国内外文献调研，选取以下大型底栖动物及着生藻类参数作为松花江流域生物完整性评价候选指标（表 5-25）。

表 5-25　松花江流域生物完整性评价候选指标

方案层	要素层	指标层
水生态生物完整性	物种组成	种类总数
		大型底栖动物种类数
		着生藻类种类数
		EPT 种类数
		蜉蝣目种类数
		摇蚊种类数
		甲壳和软体动物种类数
		EPT 百分比
		蜉蝣目百分比
		摇蚊百分比
		非昆虫类百分比
		甲壳和软体动物百分比
		寡毛纲及蛭纲百分比
		大型底栖动物前 3 位优势种百分比
		硅藻种类数
		绿藻种类数
		蓝藻种类数
		着生藻类属的总数
		硅藻属的总数
		绿藻属的总数
		蓝藻属的总数
		硅藻种类数百分比
		绿藻种类数百分比
		蓝藻种类数百分比
		硅藻商指数
		运动型硅藻密度百分比
	现存量参数	大型底栖动物密度
		大型底栖动物生物量
		着生藻类密度
		着生藻类生物量
		叶绿素 a 含量
		去灰干重（AFDM）

续表

方案层	要素层	指标层
水生态生物完整性	现存量参数	自养指数
		有机质比例
		硅藻密度百分比
		绿藻密度百分比
		蓝藻密度百分比
		桥弯藻密度百分比
		菱形藻密度百分比
		舟形藻密度百分比
		曲克藻密度百分比
		硅藻属指数
	生物多样性指数	大型底栖动物香农-维纳（Shannon-Wiener）指数
		大型底栖动物马加利夫（Margalef）丰富度指数
		大型底栖动物皮洛（Pielou）均匀度指数
		着生藻类 Shannon-Wiener 指数
		着生藻类 Margalef 丰富度指数
		着生藻类 Pielou 均匀度指数
	敏感和耐污特性	大型底栖动物敏感种百分比
		大型底栖动物耐受种百分比
		大型底栖动物兼性种百分比
		大型底栖动物优势种百分比
		大型底栖动物希而森霍夫指数（HBI）
		大型底栖动物生物监测工作组记分（BMWP）
		大型底栖动物每个分类单元的平均记分（ASPT）
	功能摄食类型	大型底栖动物集食者与滤食者百分比
		大型底栖动物捕食者百分比
		大型底栖动物撕食者与刮食者百分比
		大型底栖动物黏附者百分比

A. 参照点位选择

生物完整性评价的参照点位选择物理完整性指数高于其参照值的点位，且水化学指标 COD、NH_3-N 和 TP 指标不得低于地表水IV类标准，得到丘陵山区和平原地区河流参照点位信息如表 5-26 和表 5-27 所示。

表 5-26　丘陵山区河流参照点位信息

参照点位	物理完整性指数等级	物理完整性指数值	COD/（mg/L）	NH_3-N/（mg/L）	TP/（mg/L）
新兴林场	优	0.983	23.35	0.314	0.050
东股流	优	0.918	10.20	0.245	0.013
长白山西坡	优	0.909	10.00	0.033	0.050
长白山北坡	良	0.870	10.21	0.006	0.009

续表

参照点位	物理完整性指数等级	物理完整性指数值	COD/（mg/L）	NH₃-N/（mg/L）	TP/（mg/L）
斯木科	良	0.868	13.56	0.165	0.075
二道白河	良	0.848	10.35	0.261	0.036
巴林	良	0.834	18.00	0.044	0.014
牡丹江源头	良	0.832	18.00	0.039	0.030

表 5-27　平原地区河流参照点位信息

参照点位	物理完整性指数等级	物理完整性指数值	COD/（mg/L）	NH₃-N/（mg/L）	TP/（mg/L）
汤旺河口内	优	0.807	17.45	0.694	0.030
金沙	优	0.792	16.94	0.415	0.031
大顶子山	优	0.755	16.97	0.431	0.063
讷谟尔河中游	良	0.743	18.56	0.313	0.076
朱顺屯	良	0.735	19.47	0.279	0.083
阿什河中游	良	0.730	10.00	0.375	0.110
浏园	良	0.729	18.57	0.387	0.042
博霍头	良	0.729	15.67	0.387	0.047
庆阳	良	0.717	16.50	0.255	0.163

B. 指标筛选方法

第一步采用数值分布范围分析方法进行指标筛选，当数值变化范围极小、数值分布较散、标准差大时对候选指标进行剔除。

第二步采用箱形图及 IQ 值记分法（图 5-7），判断哪些生物参数能够最佳区分参照点位和受损点位；绘制参数值与各类环境压力之间的关系图，或采用多变量排序模型，阐明候选生物参数与环境之间的响应关系。选择具有最强识别力的生物参数，可以为评价未知点位的生物状态提供最优置信度。在这一步骤中，参照点位选择物理完整性评价等级为无干扰或轻微干扰等级的点位，并且水化学指标满足以下条件：丘陵山区河流，NH₃-N 和 TP 指标满足地表水 Ⅱ 类水质标准，鉴于松花江流域河流 COD 浓度普遍偏高，参照点位 COD 要求低于 25mg/L；平原地区河流，NH₃-N 和 TP 指标满足地表水 Ⅲ 类水质标准，COD 浓度低于 25mg/L。

第三步对剩余指标进行皮尔逊相关性分析，对于相关系数|r|> 0.75 的指标，选择其中之一即可。

经过以上 3 个步骤，最后留下的指标即可作为生物完整性评价的核心指标。

C. 指标筛选过程

生物指标对丘陵山区河流和平原地区河流分别评价。经指标值分布范围分析，剔除一部分分布范围过窄或离散的指标，山区河流指标经箱形图分析（图 5-8），尚余大型底栖动物敏感种百分比、大型底栖动物优势种百分比、大型底栖动物黏附者百分比、大型底栖动物 ASPT、着生藻类种类数、硅藻种类数、绿藻种类数、蓝藻种类数、着生藻类属的总数、硅藻属的总数、绿藻属的总数、蓝藻属的总数等。再经指标间相关性分析（表 5-28），最后筛选出核心指标为大型底栖动物敏感种百分比、大型底栖动物 ASPT 和硅藻种类数。

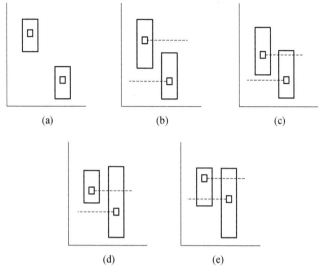

图 5-7 参数 IQ 值记分法

箱体表示 25%至 75%分位数值分布范围，箱体内小方块表示中位数，IQ≥2 的参数方可通过筛选。(a) IQ=3 分，箱体无任何重叠；(b) IQ=2 分，箱体有小部分重叠，但中位数都在对方箱体之外；(c) IQ=1 分，箱体大部分重叠，但至少有一方的中位数处于对方箱体范围外；(d) 和 (e) IQ=0 分，一方箱体在另一方箱体范围内，或双方的中位数都在对方箱体范围内

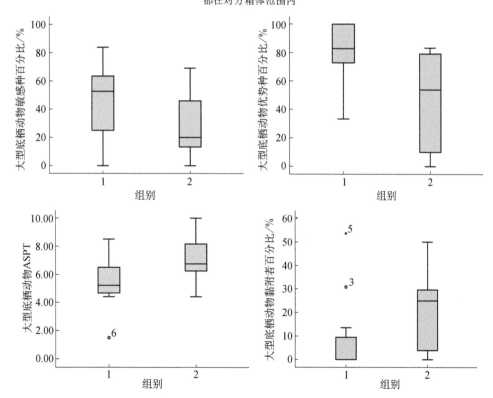

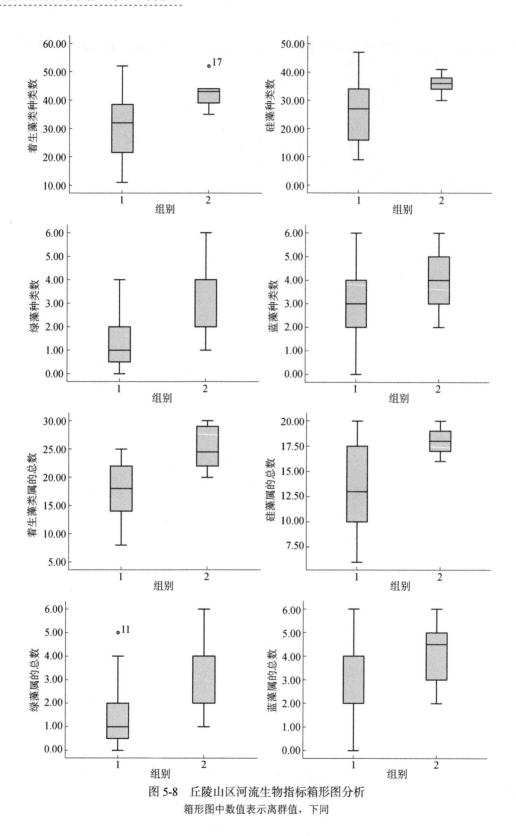

图 5-8 丘陵山区河流生物指标箱形图分析

箱形图中数值表示离群值，下同

表 5-28 丘陵山区河流生物指标相关分析

	大型底栖动物黏附者百分比	大型底栖动物敏感种百分比	大型底栖动物优势种百分比	着生藻类种类数	硅藻种类数	着生藻类属的总数	硅藻属的总数	绿藻属的总数	蓝藻属的总数
大型底栖动物 ASPT	0.611**	0.328	−0497*	0.012	0.07	0.214	0.073	0.147	0.42
大型底栖动物黏附者百分比		0.2	−0.346	0.174	0.151	0.216	0.182	0.076	0.201
大型底栖动物敏感种百分比			0.121	−0.198	−0.203	−0.17	−0.159	−0.284	0.106
大型底栖动物优势种百分比				−0.216	−0.214	−0.287	−0.31	−0.152	−0.031
着生藻类种类数					0.977**	0.910**	0.887**	0.458*	0.468*
硅藻种类数						0.829**	0.904**	0.286	0.298
着生藻类属的总数							0.889**	0.625**	0.629**
硅藻属的总数								0.269	0.275
绿藻属的总数									0.568**

*在 0.05 的水平上有显著差异；**在 0.01 的水平上有显著差异。

平原地区河流生物指标经箱形图（图 5-9）分析，仅剩大型底栖动物优势种百分比和蓝藻种类数百分比。经相关分析，二者无显著相关，所以平原河流生物评价核心指标为大型底栖动物优势种百分比和蓝藻种类数百分比（表 5-29）。

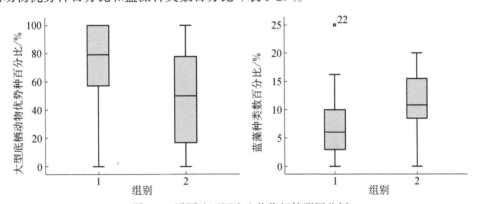

图 5-9 平原地区河流生物指标箱形图分析

表 5-29 平原地区河流生物指标相关分析

		蓝藻种类数百分比	大型底栖动物优势种百分比
蓝藻种类数百分比	相关系数 r	1	−0.251
	双尾显著性检验 p	—	0.114
	N	43	41

2）指标赋分及计算

对生物指标进行记分的目的是统一评价量纲，标准化值计算如式（5-12）所示：

$$V_i' = \frac{V_i}{V_{95\%R}} \tag{5-12}$$

式中，V_i' 为指标的标准化值；$V_{95\%R}$ 为参照点位指标 95% 分位值；V_i 为指标实测值。

对反向生物指标的标准化值的计算方法如式（5-13）所示：

$$V'_i = 1 - \frac{V_i}{V_{95\%i}} \qquad (5\text{-}13)$$

式中，$V_{95\%i}$表示监测点位指标95%分位值。

松花江干流及支流分山区河流和平原河流两部分进行生物完整性评价。山区河流的核心指标为硅藻种类数、大型底栖动物敏感种百分比和大型底栖动物ASPT，平原河流核心指标为大型底栖动物优势种百分比和蓝藻种类数百分比。按照式（5-14）计算获得生物完整性指数。

生物完整性指数计算如式（5-14）所示：

$$\text{IBI} = \sum_{i=1}^{n} W_i \cdot S_i \qquad (5\text{-}14)$$

式中，IBI为生物指标综合指数值；W_i为各生物指标权重值；S_i为各生物指标按照前述标准化方法计算获得的标准化值。

硅藻种类数：

$$S_i = V_i/46.8 \qquad (5\text{-}15)$$

大型底栖动物敏感种百分比：

$$S_i = V_i/0.8361 \qquad (5\text{-}16)$$

大型底栖动物ASPT：

$$S_i = V_i/9.97 \qquad (5\text{-}17)$$

大型底栖动物优势种百分比：

$$S_i = 1 - V_i \qquad (5\text{-}18)$$

蓝藻种类数百分比：

$$S_i = 1 - V_i/0.2 \qquad (5\text{-}19)$$

绘制山区河流和平原河流生物完整性评价各核心指标所有点位值的累计曲线，分别取正向指标的75%分位数和负向指标的25%分位数为参照状态值，则山区河流核心指标硅藻种类数、大型底栖动物敏感种百分比和大型底栖动物ASPT的参照状态值分别为38、55%和6.95；平原河流核心指标大型底栖动物优势种百分比和蓝藻种类数百分比的参照状态值分别为50%和0.05。

3）评价等级划分

生物指标的评价标准，采用所有点位参数值分布的95%分位数法来划分，即以95%分位数为最佳值，低于该值的分布范围进行五等分，靠近95%分位数值的一等分代表点位所受干扰较小。松花江流域河流生物指标评价按山区河流和平原河流分别建立评价等级标准，见表5-30和表5-31。

表5-30　松花江流域山区河流生物指标评价结果等级划分

序号	山区河流生物指标综合指数值	完整性状况	等级
1	（0.672, 1]	优	I
2	（0.504, 0.672]	良	II
3	（0.336, 0.504]	中	III
4	（0.168, 0.336]	差	IV
5	（0, 0.168]	劣	V

表 5-31　松花江流域平原河流生物指标评价结果等级划分

序号	平原河流生物指标综合指数值	完整性状况	等级
1	（0.660，1]	优	Ⅰ
2	（0.495，0.660]	良	Ⅱ
3	（0.330，0.495]	中	Ⅲ
4	（0.165，0.330]	差	Ⅳ
5	（0，0.165]	劣	Ⅴ

4. 流域水生态完整性评价技术流程

松花江流域水生态完整性评价技术流程见图 5-10。

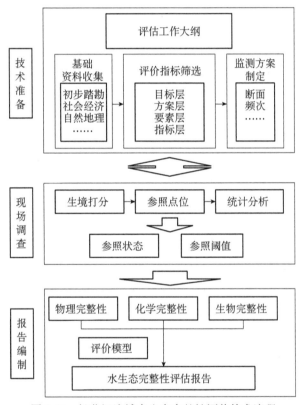

图 5-10　松花江流域水生态完整性评价技术流程

1）技术准备

技术准备工作的目的是形成评估工作大纲，具体包括基础资料收集、评价指标筛选、监测方案制定。

历史资料收集是指收集可追溯历史的物种结构、数量、优势种类以及各种物种分布范围。流域自然概况包括水系地理位置、水文水资源、水生生物资源等。经济社会包括人口、经济发展和产业布局情况，土地利用情况。流域产业现状包括流域特征污染物、污染物排放量。监测方案是根据评价指标筛选情况，在水系中设置监测点位，确定监测频次，并选择适当的监测方法，形成监测方案。

2）现场调查

根据水生态完整性评估工作大纲，组织开展水生态完整性调查监测工作。根据现场实际情况，判断现场调研可行性，必要时对监测方案做进一步调整。

一般以 1 年为一个评价周期，化学指标调查分丰水期、平水期、枯水期 3 个水期进行调查；生物指标、物理指标在每年 6～9 月进行调查。

河流生境调查参照《河流水生态环境质量监测技术指南（试行）》进行。

化学指标采样、分析测试方法参照《水和废水监测分析方法》。

水生生物调查方法参照《流域水生态环境监测与评价技术指南（试行）》。

3）报告编制

系统整理分析各评估指标调查监测数据，对各项指标进行赋分，最终评价水生态完整性状况，编制评价报告。

5. 评价方法小结

根据松花江流域生态环境特征，结合已有研究成果，运用主、客观法建立了松花江流域水生态完整性评价技术方法，包括评价指标、评价标准、评价模型。松花江流域开展水生态完整性评价时，在空间上分为丘陵山区、平原地区；在时间上，物理、生物指标每 1 年评价 1 次，化学指标分丰水期、平水期、枯水期 3 个水期进行评价，经综合后获得最终的松花江流域水生态完整性评价结果。经筛选后，共获得物理指标丘陵山区 12 项，平原地区 11 项；化学指标丘陵山区 14 项，平原地区 16 项；生物指标丘陵山区 4 项，平原地区 3 项。经筛选，共有加格达奇上、苗圃、桔源林场、友好、梧桐河口内、汤旺河口内、牡丹江源头、白山大桥、墙缝、二松天池北坡和二松源头天池西 11 个参照点位，在此基础上，最终获得不同指标的参照值、参照标准。不同分区、不同季节间各指标的参照状态值存在显著的差异，体现了流域本身自然条件变化的特性，也说明对流域进行分区、分期和制定适宜的管理措施非常必要（刘录三等，2022）。

5.3 松花江流域水生态完整性评价

5.3.1 现场调研

根据前文技术流程要求开展现场调查。

5.3.2 物理完整性评价结果

1. 山区河流物理完整性评价结果

根据 2016～2018 年 5 次的调查结果，2016 年 7 月的 11 个山区河流点位物理完整性评价平均值为 0.699，评价等级为中，二道松花江源头的两个点位长白山北坡和长白山西坡，以及呼兰河源头的铁力上评价等级最高，为良；科洛河大桥和牡丹江口内评价等级最低，为劣。2016 年 9 月 11 个山区河流点位有效数据显示，山区河流点位物理完整性评价平均值为 0.708，等级为中，二道松花江源头的两个点位长白山西坡和二道白河，呼兰河源头的铁力上评价等级最高，为良；本次调查无评价等级为劣的点位，共有 6 个点位评价等级为差，分别为桔源林场、科洛河大桥、门鲁河大桥、大山嘴子、牡丹江源头和牡丹江口内。2017 年 6 月调查获得 11 个山区河流点位有效数据显示，山区河流点位物理完整性评价平均值在历次调查中得分最高，达 0.823，评价等级为良，其中呼兰河源头的点位铁力上和伊春河上游的胜利上评价等级最高，为优；评价等级最低为中，共 5 个点位，分别为建农、东兴屯、良种村、加格达奇上和创业村。2017 年 9 月调查获得 7 个山区河流点位，其物理完整性评价平均值为 0.764，等级为中，牡丹江支流上游点位新兴林场评价得分最高，达 0.983，等级为优；牡丹江中游的点位温春大桥评价得分最低，为 0.652，等级为差。2018 年 7 月调查获得 13 个山区河流点位，其物理完整性评价平均值为 0.751，等级为中，二道松花江源头的两个点位长白山西坡和二道白河，呼兰河源头的铁力上评价等级最高，为优；牡丹江中游的点位柴河大桥评价得分最低，为 0.527，等级为劣。

综合 5 次调查数据，松花江流域山区河流点位物理完整性评价平均值为 0.748，等级为中。其中，评价等级为优的占 15.1%，评价等级为良的占 22.6%，评价等级为中的占 32.1%，评价级为差的占 22.6%，评价等级为劣的占 7.6%（图 5-11）。

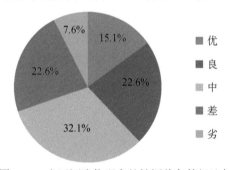

图 5-11　山区河流物理完整性评价各等级比例

2. 平原河流物理完整性评价结果

2016 年 7 月调查获得 29 个平原河流点位有效数据。平原河流点位物理完整性评价平均值为 0.605，评价等级为中。汤旺河中下游点位汤旺河口内评价等级最高，为优；松花江入黑龙江河口处的点位同江，牡丹江下游点位牡丹江口上，以及倭肯河中游点位评价等级最低，为劣。2016 年 9 月调查获得 19 个平原河流点位有效数据，9 月平原河流点位物理完整性评价结果与 7 月相近，平均值为 0.614，评价等级为中。汤旺河中下游点位汤旺河口内评价等级最高，为优；倭肯河中游点位评价等级最低，为劣。2017 年 6 月调查获得 12 个平原河流点位有效数据，平原河流点位物理完整性评价平均值为 0.606，等级为中。其中，嫩江支流诺敏河上游点位斯木科评价等级最高，为优；呼兰河中下游点位兰前头村评价等级最低，为劣。2017 年 9 月调查获得 11 个平原河流点位有效数据，平原河流点位物理完整性评价平均值为 0.675，等级为良。倭肯河上游点位金沙、蛤蟆河上游点位桦树青年点和干流的大顶子山评价等级最高，为优；呼兰河中游点位评价等级最低，为差。2018 年 7 月调查获得 29 个平原河流点位有效数据，平原河流点位物理完整性评价平均值为 0.594，等级为中。其中，汤旺河中下游点位汤旺河口内评价得分最高，为 0.765，等级为优；松花江入黑龙江河口处的点位同江，松花江干流中游点位朱顺屯，柳河中游点位、伊通河下游点位万金塔以及嫩江下游点位江桥评价等级最低,为劣。

　　综合 5 次调查数据,松花江流域平原河流点位物理完整性评价平均值为 0.611,等级为中。其中,评价等级为优的占 7%,评价等级为良的占 15%,评价等级为中的占 30%,评价等级为差的占 38%,评价等级为劣的占 10%(图 5-12)。

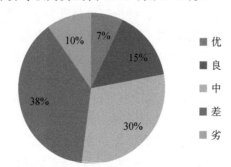

图 5-12　平原河流物理完整性评价各等级比例

　　从空间分布来看,山区河流物理完整性评价等级高的基本位于河流源头,接近平原的点位则评价等级较低。平原河流物理完整性评价等级高的基本位于河流中上游,而人类干扰较大的中下游点位则评价等级较低。松花江流域物理完整性评价结果如图 5-13 所示。

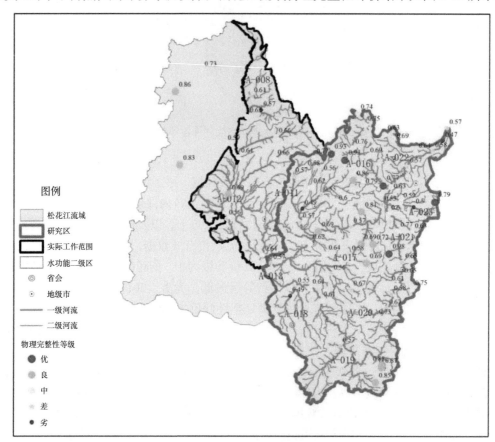

图 5-13　松花江流域物理完整性评价结果

5.3.3　化学完整性评价结果

利用 ArcGIS 10.2 中的空间分析工具对 2016 年丰水期、平水期和枯水期水生态化学完整性综合评价指数值进行空间插值，插值方法为反距离权重法（IDW），结果如图 5-14～图 5-16 所示。松花江流域在丰水期有 19.8% 的点位水生态化学完整性状况达到了"优"以上，72.8% 的点位化学完整性为"良"的状态，而有 7.4% 的点位化学完整性仅为"中"，说明这部分区域已受到一定程度的人为活动干扰，对水生生态系统的健康已造成一定的影响。松花江流域在平水期有 25% 的点位可以达到"优"的状态，有 67.5% 的点位化学完整性为"良"的状态，化学完整性状况为"中"的点位占 7.5%。枯水期松花江流域有 28.1% 的点位可以达到"优"的状态，化学完整性状态为"良"，占所有点位的 65.6%，有 6.3% 的点位化学完整性状况为"中"。评价结果表明，松花江流域在各个季节的水生态化学完整性大部分为"优"和"良"的状态，少部分点位的化学完整性处于"中"的状态。

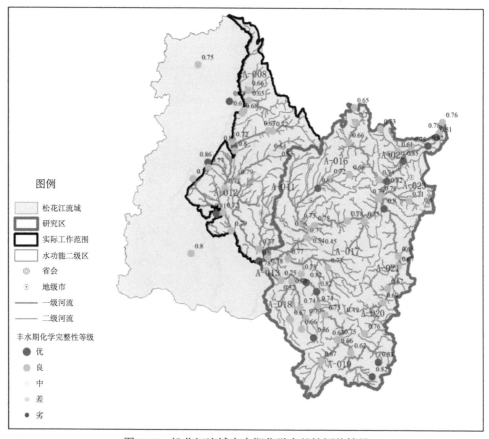

图 5-14　松花江流域丰水期化学完整性评价结果

松花江流域水生态化学完整性综合指数在各个季节均表现出较为明显的空间差异。松花江干流区域中下游的化学完整性要明显好于上游地区，嫩江流域左岸的化学完整性明显优于右岸。在丰水期，部分以林地为主要土地利用类型，并位于山区源头处的区域化学完整性程度不高，此外，松花江支流的化学完整性明显低于干流。尤其是伊通河流域、阿什河流域和饮马河流域，大部分化学完整性为"中"的点位位于这些区域。这些流域不仅流经哈尔滨、长春、吉林等大城市，还具有较高比例的农业用地，因此人类活动干扰较大。城市和农村生活污水的排放以及丰水期降水增加产生的农业面源的影响导致河流中有机污染状况和营养盐污染状况变差，进而影响河流的化学完整性。在平水期，松花江流域丘陵山区的水生态化学完整性状况明显好于平原地区，流域中化学完整性状况较差的区域主要位于乌裕尔河流域、阿什河流域、伊通河流域、饮马河流域以及倭肯河流域。这说明虽然在平水期，降水有所减少，径流作用减弱，但由于松嫩平原和三江平原分布有多处大型灌区，农事活动产生的肥料、杀虫剂等仍然可通过灌溉渠道进入河流，而平水期河流水位降低，水量减少，对污染物的稀释作用减弱，化学完整性受到一定的影响。在枯水期，松花江流域化学完整性状况表现较差的区域主要位于阿什河流域和伊通河流域。其主要原因可能是枯水期，河流封冻，地表径流减少，且无法进入河流，因此面源污染对水环境的影响减弱，主要影响流域化学完整性的是生活污水及工业废水的排放。并且在枯水期，化学完整性整体表现出丘陵山区好于平原地区的趋势。

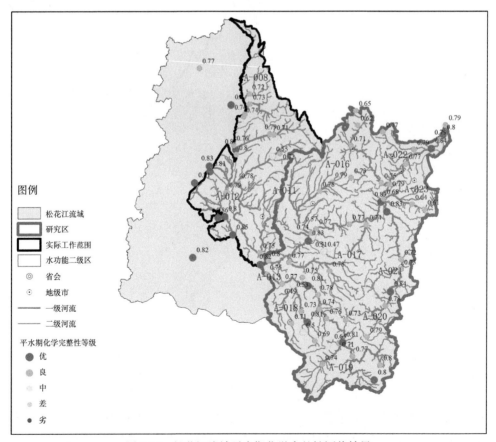

图 5-15　松花江流域平水期化学完整性评价结果

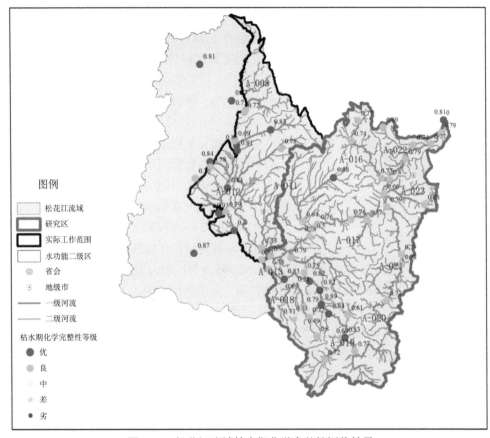

图 5-16 松花江流域枯水期化学完整性评价结果

5.3.4 生物完整性评价结果

松花江流域调查点位分为山区河流点位和平原河流点位，根据 5.2.3 节的评价等级划分标准分别进行评价。

1. 山区河流生物完整性评价结果

2016～2018 年 5 次调查结果显示，2016 年 7 月山区河流生物完整性评价平均值为 0.566，评价等级为良，其中评价结果最好的点位为牡丹江源头（0.801，优），最差点位为牡丹江口内（0.150，劣）；优、良、中、差、劣 5 个等级点位占比分别为 10.0%、60.0%、20.0%、0% 和 10.0%。2016 年 9 月山区河流生物完整性评价平均值为 0.593，评价等级为良，其中评价值最高的点位为大山嘴子（0.801，优），最差的点位为柴河大桥（0.336，差）；优、良、中、差 4 个等级点位占比分别为 28.6%、42.9%、14.3%、14.3%，无劣等级点位。2017 年 6 月山区河流生物完整性评价平均值为 0.697，评价等级为优，其中评价值最高的点位为加格达奇上（0.890，优），最差的点位为柴河大桥（0.408，中）；优、良、中等级点位占比分别为 62.5%、25.0%、12.5%，无差和劣点位。2017 年 9 月山区河流生物完整性评价平均值为 0.549，评价等级为良，其中评价值最高的点位为铁力上（0.838，优），最差的点位为忠义堡（0.281，差）；优、良、中、差等级点位占比分别为 11.1%、55.6%、22.2% 和 11.1%，无劣点位。2018 年 7 月山区河流生物完整性评价平均值为 0.586，评价等级为良，其中评价值最高的点位为长白山西坡（0.699，优），最差的点位为铁力上（0.513，良），全部点位评价等级为优和良，占比分别为22.2%和77.8%。

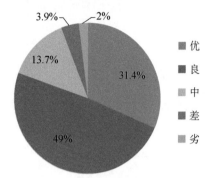

图 5-17　山区河流生物完整性评价各
等级比例

综合 5 次调查数据发现，松花江流域山区河流点位生物完整性评价平均值为 0.611，总体评价等级为良。其中，评价等级为优的占 31.4%，评价等级为良的占 49.0%，评价等级为中的占 13.7%，评价等级为差的占 3.9%，评价等级为劣的占 2.0%（图 5-17）。

通过生物完整性指数与环境因子的相关性分析，表明物理完整性指标河水水量状况与生物完整性指数存在极显著正相关（$p=0.008$，$n=42$），与生物完整性指数的核心指标大型底栖动物敏感种百分比显著正相关（$p=0.013$，$n=42$），而河岸土地利用类型与另外一个核心指标硅藻种类数存在极显著正相关关系（$p=0.007$，$n=42$）。在生物指标中，大型底栖动物种类数（$p=0.006$，$n=51$）和大型底栖动物生物量（$p=0.002$，$n=51$）与生物完整性指数存在极显著正相关关系。在山区河流中，大型底栖动物种类数及大型底栖动物生物量的增加主要体现在蜉蝣目、毛翅目和襀翅目这类对环境胁迫较为敏感的物种上，而大型底栖动物敏感种百分比则正是山区河流点位的核心指标之一。

2. 平原河流生物完整性评价结果

2016～2018 年 5 次调查结果显示，2016 年 7 月平原河流生物完整性评价平均值为 0.484，评价等级为中，其中评价结果最好的点位为溪浪口（0.846，优），最差的点位为牡丹江口上（0，劣）；优、良、中、差、劣 5 个等级点位占比分别为 27.8%、16.7%、27.8%、5.6% 和 22.2%。2016 年 9 月平原河流生物完整性评价平均值为 0.449，评价等级为中，其中评价结果最好的点位为柳河中游（0.833，优），最差的点位为朱顺屯（0，劣）；优、良、中、差、劣 5 个等级点位占比分别为 9.5%、47.6%、14.3%、23.8% 和 4.8%。2017 年 6 月平原河流生物完整性评价平均值为 0.368，评价等级为中，其中评价结果最好的点位为宝山（0.711，优），最差的点位为于广屯（0.162，劣）；优、良、中、差、劣 5 个等级点位占比分别为 9.1%、0%、45.5%、36.4% 和 9.1%。2017 年 9 月平原河流生物完整性评价平均值为 0.430，评价等级为中，其中评价结果最好的点位为金沙（0.664，优），最差的点位为湖水一村（0.174，差）；优、良、中、差 4 个等级点位占比分别为 7.1%、21.4%、28.6%、42.9%，无劣等级点位。2018 年 7 月平原河流生物完整性评价平均值为 0.360，评价等级为中，其中评价结果最好的点位为宝山（0.754，优），最差的点位为松林（0.136，劣）；优、良、中、差、劣 5 个等级点位占比分别为 9.1%、22.7%、9.1%、50.0% 和 9.1%。

综合 5 次调查数据发现，松花江流域平原河流点位生物完整性评价平均值为 0.42，总体评价等级为中。其中，评价等级为优的占 12.8%，评价等级为良的占 24.4%，评价等级为中的占 22.1%，评价等级为差的占 31.4%，评价等级为劣的占 9.3%（图 5-18）。

生物完整性指数与环境因子的相关性分析表明，物理完整性指标河床底质与生物完整性指数显著正相关（$p=0.038$，$n=71$），可能与多变的河床底质为底栖动物提供更好的遮蔽和取食场所，为着生藻类提供附着基质有关。在生物指标中，生物完整性指数与大型底栖动物 Shannon-Wiener 指数显著正相关（$p=0.04$，$n=86$），与大型底栖动物 Margalef 丰富度指数（$p=0.002$，$n=78$）和大型底栖动物 Pielou 均匀度指数（$p=0.009$，$n=72$）呈极显著正相关。这是因为平原河流中，大型底栖动物优势种百分比是生物完整性指数的核心指标之一，大型底栖动物生物多样性指数高，则其优势种百分比低。由于大型底栖动物优势种百分比是一个负向指标，因此与大型底栖动物 Shannon-Wiener 指数、大型底栖动物 Margalef 丰富度指数和大型底栖动物 Pielou 均匀度指数呈正相关关系。从空间分布来看，山区河流生物完整性评价等级高的基本位于河流源头，呈现河流源头优于中下游的格局。平原河流生物完整性评价结果空间分布上呈现支流优于干流，上游优于中下游的格局。松花江流域生物完整性评价结果如下（图 5-19）。

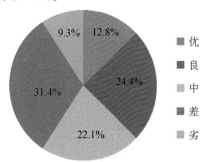

图 5-18 平原河流生物完整性评价各等级比例

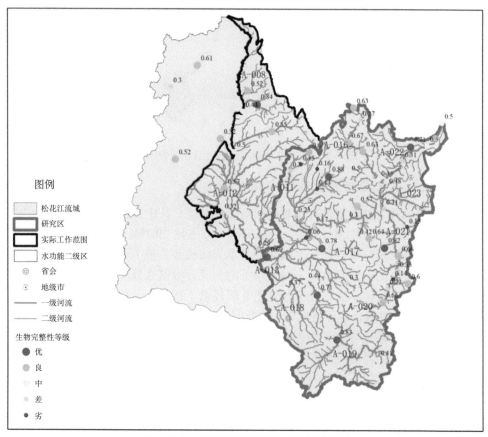

图 5-19 松花江流域生物完整性评价结果

5.3.5　流域水生态完整性评价结果

按照本研究建立的技术流程对松花江流域水生态完整性进行评价，结果如图 5-20 所示。从评价结果来看，松花江流域水生态完整性整体为Ⅲ级轻度受损状态，个别区域如嫩江上游支流甘河区域、呼兰河上游区域为Ⅱ级，水生态完整性较好；松花江干流哈尔滨段、伊通河水生态完整性为Ⅳ级，处于中度受损状态。

图 5-20　松花江流域水生态完整性评价结果

5.3.6　流域水生态完整性评价小结

松花江流域物理完整性整体处于Ⅲ级轻度干扰状态，其中评价等级为优的点位占总数的 6.7%，良占比 16.2%，中占比最高，达 40.6%，差占比 29.7%，劣占比 6.8%。从空间分布来看，山区河流物理完整性评价等级高的基本为河流源头或上游，人类活动少，植被覆盖好。而评价等级低的点位基本位于河流中下游，流经城镇或处于交通要道，受人类活动干扰较大。松花江流域化学完整性整体处于Ⅱ级轻微干扰状态，部分区域处于Ⅰ级无干扰状态，个别区域处于Ⅲ级轻度干扰状态。从空间分布来看，丘陵山区河流化学完整性较好，而平原地区的城市河段化学完整性相对较差，伊通河流域、饮马河流域、阿什河流域、倭肯河流域以及乌裕尔河流域受到一定程度的人类活动影响；嫩江左岸以及嫩江源头地区，松花江吉林省段源头地区以及牡丹江源头地区化学完整性较好。从时间来看，丰水期、平水期、枯水期三个水期的化学完整性基本接近。松花江流域生物完整性评价平均值为 0.467，总体评价等级为轻度受损，空间分布上呈现支流优于干流、上游优于中下游的格局，优、良、中、差、劣 5 个等级点位占比分别为 16.7%、33.3%、14.8%、24.1% 和 11.1%。松花江流域水生态完整性整体为Ⅲ级轻度受损状态，个别区域如嫩江上游支流甘河区域、呼兰河上游区域为Ⅱ级，水生态完整性较好；松花江干流哈尔滨段、伊通河水生态完整性为Ⅳ级，处于中度受损状态。

5.4　主要成果与应用推广

5.4.1　主要成果总结

构建了松花江流域河流水生态完整性评价技术方法，提升和丰富松花江流域生态环境管理手段。基于典型区域的物理生境、水化学及水生生物群落特征，采用主-客观相结合的方式，利用数值分布特征分析、识别能力分析、冗余度分析、信噪比分析等一系列统计分析方法，识别人类经济社会活动与水体水质指标之间的响应，筛选并构建松花江流域水生态完整性评价核心指标体系；选择基本未受人为干扰或遭受人为活动影响较少的典型区域，进行各项指标的测定或估算，作为流域参照状态；结合流域地形地貌、元素背景值、水生生物区系特征等，确定水生态完整性评价阈值；通过专家经验判断法对各指标评估权重进行确定，形成评估模型，最终构建松花江流域水生态完整性评价技术，并形成《松花江水生态完整性评价技术指南（建议稿）》。该成果支撑了松花江流域水生态系统退化过程及其驱动机制研究，可在一定程度上揭示环境压力与水生态响应因子的关系，改进以往仅凭水化学指标进行评价的方式，有助于客观评价松花江流域水生态系统受损程度与水生态恢复成效，有效提升和进一步丰富松花江流域生态环境管理手段。

经研究筛选，获得松花江丘陵山区、平原地区物理指标 12 项、11 项，化学指标 14 项、16 项，生物指标 4 项、3 项。经筛选，加格达奇上、苗圃、桔源林场、友好、梧桐河口内、汤旺河口内、牡丹江源头、白山大桥、墙缝、二松天池北坡和二松源头天池西共 11 个点位受人类活动轻微影响，可作为参照点位，通过计算最终获得不同指标的参照值。松花江流域开展水生态完整性评价时，在空间上分为丘陵山区、平原地区；在时间上，物理、生物指标每 1 年评价 1 次，化学指标分丰水期、平水期、枯水期 3 个水期进行评价，经综合后获得松花江流域水生态完整性评价结果。

5.4.2　成果推广应用

1. 开展松花江水生态完整性评价，支撑松花江水生态恢复总体方案制定

基于本研究建立的水生态完整性评价方法，开展松花江流域水生态完整性评价。松花江流域物理完整性整体处于中级状态，其中评价等级为优的点位占总数的 6.7%，良占比 16.2%，中占比最高，达 40.6%，差占比 29.7%，劣占比 6.8%。从空间分布来看，山区河流物理完整性评价等级高的基本为河流源头或上游，人类活动少，植被覆盖好。而评价等级低的点位基本位于河流中下游，流经城镇或处于交通要道，受人类活动干扰较大。松花江流域化学完整性整体处于良级状态，部分区域处于优级状态，个别区域处于中级状态。从空间分布来看，丘陵山区河流化学完整性较好，而平原地区的城市河段化学完整性相对较

差，伊通河、饮马河、阿什河、倭肯河以及乌裕尔河受到一定程度的人类活动影响；嫩江左岸以及嫩江源头地区，松花江吉林省段源头地区以及牡丹江源头地区化学完整性较好。从时间来看，三个水期基本接近。松花江生物完整性评价平均值为0.467，总体评价等级为轻度受损，空间分布上呈现支流优于干流，上游优于中下游的格局。优、良、中、差、劣5个等级点位占比分别为16.7%、33.3%、14.8%、24.1%和11.1%。松花江水生态完整性整体为中级状态，个别区域为嫩江上游支流甘河区域、呼兰河上游区域为良级，水生态完整性较好；松花江干流哈尔滨段、伊通河水生态完整性为劣级。

2. 开展镜泊湖水生态完整性评价，支撑生态环境保护总体规划编制

研发的松花江流域水生态完整性评价技术已在《镜泊湖生态环境保护总体规划（2018—2025年）》中得到推广应用。通过物理、化学、生物三个方面对镜泊湖开展了水生态完整性评价，给出镜泊湖水生态现状，指出下一步生态环境保护工作的重点，并提出了关于镜泊湖生态环境保护的建议，有效支撑了牡丹江市生态环境局在镜泊湖开展水生态保护工作（图5-21）。

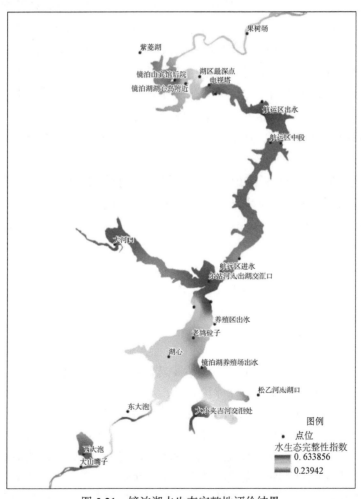

图 5-21　镜泊湖水生态完整性评价结果

参 考 文 献

陈凯，陈求稳，于海燕，等. 2018. 应用生物完整性指数评价我国河流的生态健康. 中国环境科学，38（4）：1589-1600.

程佩瑄，孟凡生，王业耀，等. 2020. 基于底栖动物的松花江流域不同地形分区水质指标阈值研究. 环境科学研究，33（9）：2061-2073.

郝利霞，孙然好，陈利顶. 2014. 海河流域河流生态系统健康评价. 环境科学，1（10）：3692-3701.

黄琪，高俊峰，张艳会，等. 2016. 长江中下游四大淡水湖生态系统完整性评价. 生态学报，36（1）：118-126.

金小伟，王业耀，王备新，等. 2017. 我国流域水生态完整性评价方法构建. 中国环境监测，33（1）：75-81.

刘录三，王瑜，王海燕，等. 2022. 松花江水生态完整性评价与生态恢复关键技术研究及示范. 北京：中国环境出版集团.

罗跃初，周忠轩，孙轶，等. 2002. 流域生态系统健康评价方法. 生态学报，23（8）：1606-1614.

廖静秋，曹晓峰，汪杰，等. 2014. 基于化学与生物复合指标的流域水生态系统健康评价：以滇池为例. 环境科学学报，34（7）：1845-1852.

薛浩，郑丙辉，孟凡生，等. 2017. 河流生物完整性指数评价研究进展. 南水北调与水利科技，15（S1）：79-85.

薛浩，郑丙辉，孟凡生，等. 2018. 基于着生硅藻指数的梧桐河流域水生态健康评价. 生态毒理学报，13（4）：83-90.

薛浩，郑丙辉，孟凡生，等. 2020a. 甘河着生藻类群落结构及其与环境因子的关系. 生态环境学报，29（2）：328-336.

薛浩，王业耀，孟凡生，等. 2020b. 汤旺河着生硅藻群落及其与环境因子的关系. 环境科学，41（3）：1256-1264.

周莹，渠晓东，赵瑞，等. 2013. 河流健康评价中不同标准化方法的应用与比较. 环境科学研究，26（4）：410-417.

张远，赵瑞，渠晓东，等. 2013. 辽河流域河流健康综合评价方法研究. 中国工程科学，15（3）：11-18.

张凤玲，刘静玲，杨志峰. 2005. 城市河湖生态系统健康评价：以北京市"六海"为例. 生态学报，25（11）：3019-3027.

Dudgeon D，Arthington A H，Gessner M O，et al. 2006. Freshwater biodiversity：Importance，threats，status and conservation challenges. Biological Reviews，81（2）：163-182.

Herrera-Silveira J A，Morales-Ojeda S M，Borja A，et al. 2009. Evaluation of the health status of a coastal ecosystem in southeast Mexico：Assessment of water quality，phytoplankton and submerged aquatic vegetation. Marine Pollution Bulletin，59（1-3）：72-86.

Karr J R，Dudley D R. 1981. Ecological perspective on water quality goals. Environmental Management，5（1）：55-68.

Müller F. 1998. Gradients in ecological systems. Ecological Modelling，108（13）：3-21.

O'Brien A，Townsend K，Hale R，et al. 2016. How is ecosystem health defined and measured？A critical review of freshwater and estuarine studies. Ecological Indicators，69：722-729.

Smith A J，Tran C P. 2013. A weight-of-evidence approach to define nutrient criteria protective of aquatic life in large rivers. Journal of the North American Benthological Society，29：875-891.

Wang Y，Teng E，Liu T，et al. 2014. A national pilot scheme for monitoring and assessment of ecological integrity of surface waters in China. Environmental Development，10：104-107.

第 6 章

辽河流域水生态完整性评价研究与示范

辽河流域是我国七大江河流域之一，为实现辽河流域生态保护和恢复的目标，辽宁省于 2010 年划定全长 538km，总面积 1869km² 的辽河保护区（图 6-1），设立辽河保护区管理局，承担水利、环保、国土、交通、林业、农业、渔业等部门相关监督管理和行政执法职责。辽河保护区先后实施了 2 个五年规划，大力开展生态修复保护工作，使保护区生态迅速恢复，生物多样性明显增多。为了深入研究大型河流生态保护的原理，探索治理保护修复经验，"十二五"水专项设置了辽河保护区课题，开展了生态系统完整性评价研究，以建立适合辽河流域的水生态完整性评价理论方法，为保护工作提供更好的科技支撑。

图 6-1　辽河保护区范围示意图

6.1　研 究 背 景

6.1.1　河流生态系统完整性内涵

生态系统是一个包含物理、化学和生物及其相互作用的复杂系统。生态系统完整性主要包括生态系统结构的完整性以及结构的合理性、生态系统功能的健全以及功能的正常发挥（黄宝荣等，2006）。从"系统"的角度考察生态系统完整性，包括三个层次：一是组成系统的成分是否完整，即系统是否具有本土的全部物种；二是系统的组织结构是否完整；三是系统的功能是否健康。正如 Kay 等（1999）指出的"考察完整性要考察生态系统的组织状态，这包括系统结构的完整和功能的健康"。前两个层次是对系统组成完整的要求，后一个层次则是对系统成分间的作用和过程完整的要求。

目前，人们主要从两个不同的角度来理解生态系统完整性的内涵。一个是从生态系统组成要素，即结构视角的完整性来阐释生态系统的完整性，认为生态系统完整性是生态系统在特定地理区域的最优化状态，在这种状态下，生态系统具备区域自然生境所包含的全部本土生物多样性和生态学进程，其结构和功能没有受到人类活动胁迫的损害，本地物种处在能够持续繁衍的种群水平。从结构的视角来看，生态系统完整性强调生态系统的"全部"，包括物种、景观元素和过程，或者表述为成分、组成和过程。这一定义强调维持完整的生物群落，所以生物多样性是生态系统完整性量度的重要指标（Baskin，1994）。另一个是从生态系统的系统特性来阐释生态系统完整性，认为生态系统完整性主要体现在以下三方面：①在常规条件下维持最优化运作的能力，即生态系统健康；②在不断变化的条件下抵抗人类胁迫和维持最优化运作的能力，即抵抗力及恢复力；③继续进化和发展的能力，即自组织能力。可见，从功能的视角考察完整性，注重生态系统的整体特性。生态系统是不断演化和进化的，环境的演变、物种的消亡和新生是生态系统固有的属性[①]。功能的视角是整体论，认为生态系统完整性指"一种就系统所处的地理位置来说，最佳的演化状态"。

本研究提出河流生态系统完整性主要包括生态系统的功能和结构两个方面，功能一方面要求生态系统功能健全，另一方面要求生态系统功能可以正常发挥；结构一方面要求结构合理，另一方面要求结构完整。

6.1.2　国内外生态系统完整性研究方法

根据国内外研究的现状，生态系统完整性的评价方法主要有四大类，分别是多指标方法、预测模型方法、生物评价法和指数评价法，也有许多学者对以上方法的缺点进行修正，提出了创新的方法。

1. 多指标方法

常用的多指标方法有以下几类，如表 6-1 所示。

表 6-1　多指标方法的分类

方法名称	内容	评价与特点
溪流健康指数法	构建包括河流水文特征、物理构造特征、河岸带状况、水质参数、水生生物 5 个方面总共 19 项指标的评价指标体系	最具代表性的方法，通过对澳大利亚维多利亚流域 80 多条河流进行实证研究，结果表明：此方法有助于确定河流恢复的评价，提高未来河流管理的有效性（王国胜，2007）
澳大利亚的生境预测模型	在河岸带评价方面，生境预测模型更加注重廊道宽度、河岸植被与土壤状况的考察	近年来新发展的河流物理生境评价方法（Greenway，2003）
生境评价程序	美国自然资源保护局提出用于调查野生动植物生境，包括农田生境、牧草生境、针叶林生境、阔叶林生境以及河流滨岸带	采用专家评分法获取各生境的分值，并加以比较，河流滨岸带的评价因子包括植被物种组成、滨岸带宽度、放牧情况和树木林冠遮荫状况（Paul，2005）
英国城市河流调查法	勃兰登堡实行河流生境质量调查，对城市河流生境进行综合评价，充分考虑城市区域内人类活动的干扰强度，河岸带植被是其主要评价指标	进一步修正河流生境调查法中的一些缺陷，使其更适用于城市河流，并更好地为河流管理决策服务，在河岸带评价方面更加强调护岸的固化程度（Whigham，1999）

---

① King A W. 1991. Ecological integrity and the management of ecosystems：Considerations of scale and hierarchy.

续表

方法名称	内容	评价与特点
南非河流健康计划	该计划选用河流无脊椎动物鱼类、河岸植被、生境完整性、水质水文形态等河流生境状况作为河流健康的评价指标	该计划是河流生物监测的框架（Decamps，1997）

多指标方法是通过将监测点的一些生物特征指标与参考点的特征指标进行比对，累加得分进行健康评价。该类方法在澳大利亚和美国应用较为广泛，是针对河流各方面特征的综合评价，其结果更有说服力、客观以及全面，是河流健康状况评价的一种发展方向。

多指标方法虽然是现今广泛应用的评价方法，但在应用过程中，其评价标准的确定过程较难、准确度欠缺，而且会掩盖单个因子的信息（苏云和汪冬冬，2012）。尹津航等（2012）在评价河流健康的过程中认为，多指标方法将不同的学科结合起来，然后在建立指标体系的基础上，综合其系统内的复杂信息，并结合其他综合预测方法进行评价，是一种有效的评价方法，在评价河流生态系统中，使用此方法可以提高评价的精度。

2. 预测模型方法

预测模型方法是国内学者应用最为广泛的方法，通过建立预测模型对生态系统进行健康评价。一般来说，首先根据不同类型的河流、河岸带的特征进行判断，其次确定评价指标，并进行现场勘探和采集样本测试，最后进行评价。此方法简单易行，具有普遍性；缺点在于指标选取、权重确定以及指标重要程度衡量缺乏确切的标准。常用的预测方法主要有模糊综合评判法、层次分析法、灰色综合评判法、聚类分析法、贴近度分析法。

在河岸带评价实践中，系统评价方法的选择与系统评价模型的建立均以指标体系建立为基础。指标体系在评价过程中所选的指标不同往往反映了具体的评价对象、评价目标以及评价者知识背景和理论依据的差异，合理的指标体系既要反映总体健康水平或服务功能水平，又要反映系统健康变化的趋势（边博和程小娟，2006）。

1）模糊综合评判法

模糊综合评判法具有模型简单，容易掌握，对多因素、多层次的复杂问题评判效果较好的特点；缺点为权重确认的过程中容易受专家主观意识影响而带来偏差，且不能反映各指标在统计数据中的相互关系。

张龙江（2001）应用模糊综合加权平均模型对环境质量进行评价，通过对连续几年的数据进行分析，既能判别环境质量类别，又能判别环境质量污染的变化趋势，为环境质量管理提供依据，该模型适用于各个领域的环境质量评价。夏继红和严忠民（2006）认为，由于影响河岸带生态系统的众多因素具有明显的层次性，河岸带生态系统综合评价指标体系应该具有目标层、子目标层、准则层、指标层四个层次；以河岸带评价为目标层，以河岸带各种功能为子目标层，以各子目标层的特征与影响因素为准则层和指标层，并应用模糊综合评判法确定权重对河岸带进行评价。尤洋等（2009）采用分层模糊评价，首先确定模糊合成算子，其次进行计算，得出指标的模糊综合评价矩阵，汇总计算结果，由各个指标模糊运算结果生成一级评价结果，最后根据最大隶属度原则评价区域的河流健康状况水平。

2）层次分析法

层次分析法是河岸带生态系统评价中常用的一种方法，其优点在于进行系统性的分析时，是一个简单实用的决策方法，可以将定量信息与定性信息有机地结合在一起；缺点在于数据统计量大且权重难以确定、特征值和特征向量的精确求法比较复杂等。

因此，许多学者将其他综合评价方法和层次分析法相结合，修正层次分析法的缺陷，提高了评价的准确性和客观性。蔡守华和胡欣（2008）认为河流健康评价方法使用层次分析法确定评价指标权重，再根据规定方法以及时间与空间尺度确定各评价指标的分值。彭静等（2008）认为河岸带生态功能中水文、物理化学、生物栖息地质量以及生物特性等状态之间存在相互影响，表现出各自不同的、随时间动态变化的规律。河岸带生态功能评价应由河岸带水文评估、物理化学评估、生物栖息地质量评估、生物特性评估等单项评价结果组成，以层次分析法为基础，可以有效地对河流生态功能状况进行综合评价。杜洋和徐慧（2008）运用层次分析法进行河流健康评价，通过专家给出判断矩阵计算各指标权重，判断矩阵构建之后，求权重的问题就转化为如何计算判断矩阵最大特征根和对应的特征向量。

侯景艳和张玉龙（2007）认为河岸带生态评价应使用层次分析-模糊综合评判法，并应用此综合方法评价浑河沈阳段健康状况，得出了浑河沈阳段健康状况为"病态"的结论。尹津航等（2012）将层次分析法与模糊综合评判法相结合，对目标区域水生态健康状况进行评价，结果较准确地反映出评价对象的生态环境现状，可以为生态环境综合治理提供科学依据。王拯（1999）将层次分析法和指数法相结合，尝试对环境、经济、社会协调发展的复合生态系统进行评价，通过建立层次结构，充分运用层次分析法确定大类指标和中类指标的权重值，并在此基础上，给出各类指数的基本运算公式，最终确定综合指数，根据指标体系框架建立一个三层次的评价指数结构，最后以总评价指数来评价环境、经济、社会协调发展的程度。王国胜（2007）运用层次分析-模糊综合评价模型，将模糊数学与系统分析方法结合到一起并进行实例分析，建立指标体系，使用模型对研究对象进行评价。陈秀铜和李璐（2011）认为层次分析-模糊数学法较全面地考虑系统内的多种影响因素，避免仅考虑少数几种判断依据所带来的局限性，通过层次结构分析较为客观地给出各种影响因素的影响度，为提高河岸带评价的可靠性创造条件。王国玉和李湛东（2008）认为河岸带生态系统具有层次结构体系，指标体系构建所选取的指标应从不同方面反映评价目标的自然性，根据评价目标，按科学性、可表征性、可度量性和可操作性的原则从河岸带多种生态特征因子中选取河岸弯曲度、河岸断面几何形态、河岸带宽度、河岸带群落物种多样性、均匀度、郁闭度、顶级适应值、乡土树种比例、种群级、实生幼株丰富度、形态指标、色彩指标、动物指标13个因子，运用层次分析法构建河岸带评价指标体系，并运用层次分析法确定各指标的权重，对河岸带生态系统进行评价。

3）灰色综合评判法

灰色综合评判法是灰色系统理论中的一种因素分析法。从思路上看，其属于几何范畴，认为多个统计数列所构成的曲线几何形状越接近，则变化态势越接近，其关联度就越大。河岸带研究中有许多灰色概念，如污染程度、水质等级，所以有许多水质评价都适用于灰色系统的评价。该方法首先以国家制定的水质分级标准制定标准，然后将各级水质标准与监测点的水质实测值进行比较，得出结果，划分出类别（吴雅琴，1998）。灰色综合评判法是用灰色系统的方法来评价河流水体状况，能够使用灰色综合评判法的理由在于水质的评价本身就具有部分信息不确定的特点，那么就可以运用灰色系统来进行综合评价。现阶段，河岸带水质评价的方法有很多，典型的方法有单因子评价法、污染指数法、层次分析法、模糊数学评价法、灰色系统评价法等。这些方法中，单因子评价法过于保守；污染指数法不能给出河岸带不同断面不同水质类别之间的序化关系信息；层次分析法中权重的确定主观因素较强；模糊数学评价法计算较复杂，概念也不够直观；灰色系统评价法在评价水质时较为科学合理。灰色综合评判法因其对样本要求不高、计算量不大、定性定量分析一致等特点，在诸多领域得到广泛应用（陈玲等，2012）。索贵彬（2006）应用了灰色层次分析评价模型，认为灰色层次分析方法最大限度利用了各种灰度的评价信息，避免了评价结果失效问题，并能与河岸带生态系统相适应。罗彬源（2008）认为，在河流健康综合评价过程中，通过确立各评价指标的健康参考值，并运用层次分析法确定评价指标体系的指标权重，建立了河流健康多层次灰度关联综合评价模型。

4）聚类分析法

聚类分析法是指通过计算对象或指标间距离或相似系数而进行系统聚类的方法。其原理与方法为，相邻两个对象之间的距离或者相似系数越接近，则越能划分为同一种类。其优点是解决相关程度大的评价对象时，可以通过 SPSS 软件实现；缺点是需要大量的数据作为支持，而且此方法只能反映出评价对象在数值上的一种趋势，而不能很好地反映客观发展水平。在环境评价中，该方法多用于对指标体系中的指标筛选以及在水质评价中与指标相关性大的评价行为。张旋等（2010）为探讨一种适用于大尺度、多断面和长时间的水质评价方法，用层次聚类分析将 2006～2008 年海河 5 个监测断面的 165 个水质样本分为 20 组，并用方差分析验证了结果的可靠性。任泽等（2011）依据 2009 年洱海流域 62 个样点的水质调查数据，应用聚类分析法对洱海流域水质时空变化特征进行分析，分析结果表明聚类准确率达 95.2%。范良千等（2013）利用太湖梅梁湾区域 9 个监测点数据，以主成分分析探讨主要污染来源，以聚类分析划分监测点类别并识别其空间相似性，通过比对各类别监测点数据，讨论了污染物类别及浓度变化情况。

5）贴近度分析法

贴近度分析法是以模糊数学为基础建立起来的，优点主要体现在组合权向量与原权向量之间的贴近程度。其过程只需使用权重信息，结果不会由于属性值的不同而受到影响，方案数量的多少、属性值的大小变化不会对求解结果有较大的影响，此种方法意义明确、计算简单、概念清晰、原理直观。

王凤祥和张松滨（1991）以灰色系统理论为基础，经过实例验证后提出了共斜率灰色

贴近度分析法，此方法可以提高分析的灵敏度，是对灰色聚类理论的一种改进。张文鸽等
（2006）为了达到能够对水环境质量进行评价的目的，使用了模糊贴近度方法，并进行实例
验证，表明此方法原理易懂、计算方法简单，能较准确地反映水环境的污染程度。黄胜等
（1996）从实际情况分析，认为模糊贴近度模式不仅考虑了环境单元与某类水质标准单元相
应参数值之间的贴近度，而且根据环境单元隶属于某类水质做了粗略分类，为进一步聚类
分析奠定了基础。因此，采用贴近度立矩聚类分析，亦是对模糊贴近度模式的完善。郭小
青（2005）根据城市内河水污染特性利用贴近度分析法对其监测断面进行分析，得到水质
优化设置方案。实际运行表明，该方案简易可行，并可推广到其他相似水域的水质监测点
优化。欧氏空间的贴近度法实质上是一种多目标优化方法，它可用于聚类也可用于排序应
用，实例表明，将其应用于城市内河水质监测布点优化是成功的，优化结果是可以接受的。
贴近度分析法计算意义明确，概念清楚、灵活、简便，能很好地推广到其他环境监测的优
化布点工作中，同时从贴近度定义中不难看出，它充分挖掘了样本数据所蕴含的丰富信息，
是一种较好的数据处理方法。

3. 生物评价法

河流生物群落具有综合不同时空尺度上各类化学、物理因素影响的能力，面对外界环
境条件的变化（如化学污染、物理生境破坏、水资源过度开采等），生物群落可通过自身
结构和功能特性的调整来适应变化，并对多种外界胁迫所产生的累积效应做出反应。因
此，利用生物评价法评价河流健康状况，应为一种更加科学的评价方式。生物评价法应用
较多的有以下四类：指示生物法、生物指数法、物种多样性指数法、群落功能法。此外，
还有许多其他种类的生物评价法，包括 King 指数、群落学指标评价、Goodnight 修正指数
评价、生物完整性指数评价、污染耐受指数评价、均匀度指数评价、底栖动物群落恢复指
数评价。

4. 指数评价法

国内外学者应用指数评价法举例如表 6-2 所示。指数评价法是以评价目的、评价对象
特点、要求选择评价指标，再以评价标准衡量系统状态的一种评价方法，在生态经济评价、
环境质量评价、综合考核管理等领域使用较多。指数评价法分为多因子评价和单因子评价
两类，多因子评价相较于单因子评价更具有优势，根据不同评价对象的特点，选取所要采
用指数的种类，能够减少在实际应用中的难度。

表 6-2　国内外学者应用指数评价法举例

方法	描述	评价
综合指数法	综合水质指数科学合理地涵盖了综合水质类别、定量污染程度、水环境功能区达标等水环境管理信息，其特点是既能定性评价，也能定量评价	既不会因个别水质指标较差就否定综合水质，又能对综合水质做出合理的评价；既可以用于一条河流不同断面水质的客观比较，又可以用于不同河流水质的评价分析
河流无脊椎动物预测、分类系统模型	河流无脊椎动物预测和分类系统模型，是利用大型无脊椎动物单因子指标评估河流的健康状况	国外的应用较多

续表

方法	描述	评价
熵权指数综合评价法、澳大利亚河流预测模型	满足人类社会合理需求的能力和生态系统本身自我维持与更新的能力，在选择河岸带生态系统健康评价指标和评价方法时，应综合考虑自然因素和社会因素，宏观与微观相结合，熵权综合健康指数法就是为满足这一要求	较多应用于湖泊生态系统的评价中

通过分析国内外河岸带评价方法的应用现状，根据其理论基础、基本原理、优缺点、应用条件，对其应用现状进行总结，发现主要问题有以下两方面。

1）研究方法缺乏全面性

对河岸带评价方法进行比较可知，20世纪初期，国内外学者主要采用多指标方法，以建立指标体系为框架，选取具有不同说明能力的指标，逐一对评价对象进行评价。近年来，国内的学者采用较多的评价方法是预测模型方法，通过建立预测模型对评价对象的不同侧面进行评价，最终得到评价结果，主要集中在对模型精度的修正。此外，非环境学研究领域的学者多采用生物评价法和指数评价法，他们以专业知识为基础，使用较为单一的数学模型，对评价对象进行评价。

2）研究方法的选取受所处领域的限制

河岸带评价方法的不足主要体现在生物评价法和指数评价法使用的过程中。例如，研究生物学领域的学者在选取评价方法的过程中，更多地考虑生物多样性、生物链动态平衡等生物学理论因素对河岸带健康状况的影响，对河流生境类型、河流水质变化、河岸带土壤负荷量、河岸带植被特征等指标考虑较少。

6.1.3 辽河保护区生态系统完整性现状特征

通过2012～2015年对辽河保护区进行野外实地调查与文献调研可知，辽河保护区生态系统结构完整性现状表现为不同河段河流连通性受到阻碍，生境破碎度较围封初期有所改善，植物、鸟类、鱼类物种多样性明显增加，水体中生源物质的组成与结构仍处于较低水平，多数河段未达到中等水平。由于物种多样性和河岸带植被覆盖度的恢复，辽河保护区生物多样性维护功能有所提升，水土保持功能、防洪固沙功能和固碳功能明显增强。

6.2　辽河保护区生态系统完整性评价

6.2.1　指标体系构建

1. 指标选取

通过对生态系统完整性内涵的理解，总结以上研究提出的评价指标体系，从物理、化学和生物三个方面进行指标筛选。物理完整性部分主要包括水文水资源特征、河型河势和生境特征三个方面。水文水资源特征主要包括流速、流量过程变异程度、水土流失率、生态流量满足程度等；河型河势主要包括河岸线变化、河槽变化、河道稳定性、输沙平衡度、河岸稳定性、河流蜿蜒率等；生境特征主要包括栖境复杂性、横向连通性、河岸带土地利用类型情况、河岸浅滩、深潭、边滩指数等。化学完整性部分主要从生源物质和污染物质两方面考虑，生源物质类指标主要包括水中的 DO、TN、TP、氮磷比、硅和碳元素，污染物质类指标主要包括耗氧有机污染物（高锰酸盐指数、BOD、COD、NH_3-N、挥发酚、多氯联苯等）和耗氧无机污染物（重金属等）两大类。生物完整性主要从物种组成结构与功能来考虑，包括植物多样性、鱼类物种丰富度、底栖多样性、指示物种数量、珍稀物种数量。

基于指标筛选的科学性、可行性和目的性三个原则对候选指标进行筛选，确定辽河保护区生态系统完整性评价中物理完整性指标为河岸带稳定性、栖境破碎度、廊道连通性、防洪固沙指数、景观多样性；化学完整性指标包括 DO、TN、TP、氮磷比、耗氧有机污染物状况、重金属污染状况；生物完整性指标包括植物多样性、鱼类物种丰富度、底栖多样性、指示物种数量、珍稀物种数量。

2. 指标阐释

1）物理完整性指标

A. 河岸带稳定性

河岸带稳定性根据河（湖、库）岸坡侵蚀现状（包括已经发生的或潜在发生的河岸侵蚀）进行评估，评估要素包括岸坡倾角、河岸基质、岸坡植被覆盖度和坡脚冲刷强度，采用式（6-1）计算。

$$BSr = (SAr+SCr+SMr+STr) / 4 \qquad (6\text{-}1)$$

式中，BSr 为河岸带稳定性指标赋分；SAr 为岸坡倾角分值；SCr 为岸坡植被覆盖度分值；SMr 为河岸基质分值；STr 为坡脚冲刷强度分值。

B. 栖境破碎度

栖境破碎度是指栖息地被分割的破碎程度，在一定程度上反映了人为干扰强度对栖息地的影响，计算公式为

$$F = (N_p-1) / N_c \qquad (6\text{-}2)$$

式中，F 为栖境破碎度指数；N_p 为被测区域中某种栖息地总斑块数量；N_c 为被测区域总面积与最小斑块面积的比值。

F 的值域为[0，1]，F 值越大，栖境破碎化程度越大；0 表示栖境完全未被破坏，1 表示被完全破坏。

C. 廊道连通性

廊道连通性是指廊道上各点的连通程度，对于健康河岸带物种迁移及生境保护都十分重要。在大小斑块间构建廊道并予以连通，在一定程度上可以增强物质流、能量流、信息流的传递，提高物种的多样性。

廊道连通性是用来衡量廊道网络连通性、复杂度的一个指标；廊道有无断开、障碍物的多少，则是确定廊道的通道和屏障功能的重要因素。其主要是通过廊道中断开节点的数量来衡量廊道的连通程度，廊道中断开的节点越多，则廊道的连通程度就越差，对动植物种群的迁移、繁衍、生物链的循环、迁徙路径等方面所发挥的作用就越微弱。

D. 防洪固沙指数

防洪固沙指数采用防洪工程达标率来反映，指标计算方法如式（6-3）所示：

$$防洪固沙指数 = \frac{达标堤防长度}{堤防总长度} \times 100\% \tag{6-3}$$

研究显示，生物对水体流速的要求具有显著的阈值性。辽河保护区的主要鱼种包括鳙鱼、鲢鱼、鲤鱼、鲫鱼、草鱼等，文献记载鱼类产卵及生存所需的最适宜流速为 0.2～0.6m³/s（郑丙辉等，2007），目前我国淡水人工养殖场采用的水流流速为 0.12～0.7m³/s（孙涛和杨志峰，2005）。本书在综合考虑辽河保护区实际情况的基础上，确定适宜本流域生物生存的流速要求为 0.2～0.6m³/s。

E. 景观多样性

景观多样性反映了斑块数目的多少以及斑块之间的大小变化，是景观复杂程度的一个量度。景观多样性的数值越大说明抵抗人类干扰的能力越强，反之越弱，计算公式为

$$H = -\sum_{i=1}^{m} P_i \times \ln P_i \tag{6-4}$$

式中，H 为景观多样性指数；P_i 为群落斑块类型 i 所占总面积的比例；m 为斑块类型数量。

2）化学完整性指标

A. DO

溶解在水中的分子态氧被称为 DO，天然水中的 DO 含量取决于水体和大气中氧的平衡，清洁地表水 DO 一般接近于饱和状态，海水或河水中由于藻类植物的生长，DO 可能过饱和。而当水体在受到有机、无机还原物质的污染时，水体中的 DO 会降低；当大气中的氧来不及补充时，水中的 DO 逐渐降低，以致趋近于零，此时厌氧细菌就会大量繁殖、活动，从而会造成水质恶化，导致鱼虾死亡。

废水中 DO 的含量取决于废水排出前的处理工艺过程，一般 DO 含量较低。而河流中鱼虾大量死亡多是由于水体接受大量的污水，水体中的耗氧性物质大量增多，大量消耗水体中的氧，从而导致水体 DO 含量降低，造成鱼虾死亡。同时，水体 DO 的浓度对河流底质中锰、磷、氮的存在形态有至关重要的影响，因此，DO 是评价水质的重要指标之一。

B. TN

水中的 TN 含量是衡量水质的重要指标之一。TN 的定义是水中无机氮和有机氮的总量，包括 NO_3^-、NO_2^- 和 NH_4^+ 等无机氮和蛋白质、氨基酸、有机胺等有机氮，以每升水含氮毫克数进行计算，常被用来表示水体受营养物质污染的程度。

C. TP

在天然水和废水中，磷几乎都以各种磷酸盐的形式存在，它们分为正磷酸盐、缩合磷酸盐和有机结合的磷，它们存在于溶液中、腐殖质粒子中或水生生物中。一般在天然水中的磷酸盐含量不高，化肥、冶炼、合成洗涤剂等行业的工业废水及生活污水中含有大量的磷。磷是生物生长的必需元素之一，但是如果水体中的磷含量过高，会造成藻类植物的过度繁殖，甚至达到危害的程度，使湖泊、河流透明度降低和水质变坏。因此，水体中的磷含量是评价水质的一个重要指标。

D. 氮磷比

氮磷比表示由于水体中浮游植物同时消耗氮和磷，使氮和磷以同样的方式变化，故使氮磷比保持恒定。氮磷比能反映浮游植物生长的总效应。

E. 耗氧有机污染物状况

对 COD_{Mn}、COD、BOD_5、NH_3-N 分别赋分。根据水质监测资料，分别整理统计评价 12 个月的月均浓度，按照汛期和非汛期进行平均，分别对水质项目汛期与非汛期赋分，取其最低赋分为水质项目的赋分，最后取 4 项的平均值作为耗氧有机污染物状况赋分。

$$OCP_r = \frac{COD_{Mnr} + COD_r + BOD_{5r} + NH_3\text{-}N_r}{4} \qquad (6\text{-}5)$$

式中，OCP_r 为耗氧有机污染物状况赋分；COD_{Mnr} 为高锰酸盐指数赋分；COD_r 为化学需氧量赋分；BOD_{5r} 为五日生化需氧量赋分；NH_3-N_r 为氨氮赋分。

F. 重金属污染状况

对镉、铜、砷、铬、铅、锌分别赋分。根据水质监测资料，分别整理统计评价 12 个月的月均浓度，按照汛期和非汛期进行平均，分别对水质项目汛期与非汛期赋分，取其最低赋分为水质项目的赋分，最后取 6 项水质项目的最低赋分作为重金属污染状况赋分。

$$HMP_r = \min(CD_r, CU_r, AS_r, CR_r, PB_r, ZN_r) \qquad (6\text{-}6)$$

式中，HMP_r 为重金属污染状况赋分；CD_r 为镉赋分；CU_r 为汞赋分；AS_r 为砷赋分；CR_r 为铬赋分；PB_r 为铅赋分；ZN_r 为锌赋分。

3）生物完整性指标

A. 植物多样性

香农-维纳指数是用于反映植物群落局域生境内多样性（α-多样性）的指数。

香农-维纳指数的公式为

$$H' = -\sum P_i' \cdot \ln P_i' \qquad (6\text{-}7)$$

式中，H' 为植物群落香农-维纳指数；P_i' 为物种 i 的重要值。

B. 鱼类物种丰富度

选取鱼类物种丰富度进行综合评估，表征鱼类物种完整性的状况。选取的指标为物种丰富度，即为物种数 S。

C. 底栖动物多样性

选取反映底栖动物多样性的指标进行综合评估，表征底栖动物的物种多样性状况，采用香农-维纳指数进行计算：

$$H'' = -\sum P_i'' \log_2 P_i'', \quad P_i'' = \frac{N_i}{N} \qquad (6\text{-}8)$$

式中，H'' 为底栖动物香农-维纳指数；P_i'' 为物种 i 的重要值；N_i 为物种 i 的个体数；N 为总个体数。

D. 指示物种数量

指示物种法是由 Leopold 提出的，是指采用一些指示类群来监测生态系统健康的方法。指示物种是指其生物学或生态学特性（如出现与缺失、种群密度、传布和繁殖成功率）可表征其他物种或环境状况所具有的、难以直接测度或测度费用太高的物种。

E. 珍稀物种数量

珍稀物种数量通常是指列入国家珍稀濒危物种名录的珍贵、稀有和濒临绝种的动植物种得到有效保护的比例。调查这些物种的种群数量变化，并关注其分布范围与栖息生境的变化。珍稀濒危物种名录主要参考《中国物种红色名录》《国家重点保护野生植物名录》《国家重点保护野生动物名录》以及地方重点保护野生动植物物种名录等，评价区域内分布的指示物种应作为调查的重点对象。旗舰种通常仅分布于某些特殊的生态系统中，并成为这些特殊生态系统存在的标志性物种，如大熊猫、金丝猴、老虎等。旗舰种的选择还需要参考它们的种群规模是否正在缩减或濒危，以及其吸引公众关注的能力，尤其是当这些物种又属于国家的特有种时，其凝聚关注的能力更高，更能引起公众对其进行保护的关注。

6.2.2　指标数据获取

生态系统完整性评价指标中河岸带稳定性、廊道连通性、防风固沙指数、DO、TN、TP、氮磷比、耗氧有机污染物状况、重金属污染状况、植物多样性、鱼类物种丰富度、底栖多样性、指示物种数量和珍稀物种数量指标均需要现场调查获取原始数据及样品材料，经实验室处理计算分析获得。栖境破碎度、景观多样性等可基于 Landsat 及谷歌卫星影像数据，通过 ArcGIS 软件解译获得。2012 年、2015 年辽河保护区生态系统完整性指标层数据见表 6-3、表 6-4。

表 6-3　2012 年辽河保护区生态系统完整性指标层数据

点位	河岸带稳定性	栖境破碎度	廊道连通性	防洪固沙指数	景观多样性	DO	TN	TP	氮磷比	耗氧有机污染物状况	重金属污染状况	植物多样性	鱼类物种丰富度	底栖多样性	指示物种数量	珍稀物种数量
福德店	0.50	1.00	0.00	0.75	0.25	1.00	0.50	0.75	0.75	0.33	0.25	0.75	0.50	0.50	0.50	0.50
三河下拉	0.50	1.00	0.00	1.00	0.25	1.00	0.50	0.50	0.00	0.25	0.00	0.75	0.50	0.50	0.50	0.50
通江口	0.75	0.75	0.00	0.75	0.25	1.00	0.25	0.25	0.00	0.33	0.00	0.75	1.00	0.50	0.50	0.25
哈大高铁	0.63	0.75	0.00	0.75	0.50	1.00	0.00	0.00	0.00	0.25	0.00	0.25	0.25	0.25	0.00	0.25
双安桥	0.50	0.75	0.25	1.00	0.75	1.00	0.00	0.25	0.00	0.17	0.00	0.50	0.50	0.50	0.00	0.25
蔡牛	0.50	0.75	0.25	1.00	0.25	1.00	0.00	0.25	0.00	0.33	0.00	1.00	0.50	0.50	0.00	0.50
汎河	0.50	1.00	0.25	1.00	0.25	1.00	0.00	0.25	0.75	0.00	0.00	0.50	0.25	0.50	0.00	0.50
石佛寺	0.50	1.00	0.25	1.00	0.25	1.00	0.00	0.25	0.00	0.00	1.00	0.75	0.50	0.50	0.50	0.50
马虎山大桥	0.56	0.50	0.75	0.75	0.00	1.00	0.50	0.50	0.00	0.58	0.00	0.50	0.25	0.50	0.50	0.50
巨流河	0.63	0.50	0.75	0.75	0.00	1.00	0.50	0.50	0.50	0.17	0.00	0.75	0.50	0.50	0.50	0.50
毓宝台	0.50	0.40	0.75	1.00	0.25	1.00	0.50	0.50	0.75	0.42	1.00	0.50	0.50	0.25	0.50	0.50
满都户	0.50	0.25	0.75	0.75	0.25	1.00	0.50	0.50	0.00	0.25	0.00	0.75	0.50	0.25	0.50	0.50
红庙子	0.63	0.75	0.25	0.75	0.25	1.00	0.50	0.50	0.00	0.33	0.00	0.50	0.25	0.50	0.50	0.50
达牛	0.50	0.25	0.25	1.00	0.50	1.00	0.00	0.50	0.25	0.00	0.25	0.00	0.50	0.50	0.50	0.00
大张	0.50	0.75	0.25	1.00	0.25	1.00	0.00	0.50	0.00	0.17	0.00	0.50	0.25	0.50	0.50	0.50

续表

点位	河岸带稳定性	栖境破碎度	廊道连通性	防洪固沙指数	景观多样性	DO	TN	TP	氮磷比	耗氧有机污染物状况	重金属污染状况	植物多样性	鱼类物种丰富度	底栖多样性	指示物种数量	珍稀物种数量
盘山闸	0.50	0.75	0.25	1.00	0.00	1.00	0.25	0.25	0.00	0.25	0.00	0.25	0.00	0.25	0.00	0.75
曙光大桥	0.50	0.75	0.25	1.00	0.75	1.00	0.50	0.00	0.00	0.25	0.00	0.50	0.00	0.50	0.00	0.25

表 6-4　2015 年辽河保护区生态系统完整性指标层数据

点位	河岸带稳定性	栖境破碎度	廊道连通性	防洪固沙指数	景观多样性	DO	TN	TP	氮磷比	耗氧有机污染物状况	重金属污染状况	植物多样性	鱼类物种丰富度	底栖多样性	指示物种数量	珍稀物种数量
福德店	0.750	1.000	0.250	1.000	1.000	1.000	0.500	0.500	0.000	0.417	1.000	0.500	0.750	0.750	1.000	1.000
三河下拉	0.500	1.000	0.250	1.000	0.750	1.000	0.000	0.250	0.750	0.583	1.000	0.750	1.000	1.000	0.500	0.750
通江口	0.750	1.000	0.250	1.000	0.750	1.000	0.000	0.500	0.750	0.667	1.000	0.250	1.000	0.750	1.000	1.000
哈大高铁	0.688	1.000	0.250	1.000	0.750	1.000	0.000	0.000	0.000	0.583	1.000	0.250	0.500	1.000	0.500	0.250
双安桥	0.500	1.000	0.500	1.000	0.750	1.000	0.000	0.000	0.000	0.500	1.000	0.750	0.750	1.000	0.500	0.250
蔡牛	0.500	1.000	0.500	1.000	1.000	1.000	0.000	0.000	0.000	0.667	1.000	0.000	0.500	0.500	1.000	0.750
汛河	0.500	1.000	0.500	1.000	0.750	1.000	0.250	0.250	0.000	0.583	1.000	0.000	0.500	0.750	0.500	1.000
石佛寺	0.500	0.750	0.500	1.000	0.750	1.000	0.250	0.250	0.000	0.583	0.000	0.500	0.500	1.000	1.000	1.000
马虎山大桥	0.688	1.000	1.000	1.000	0.750	1.000	0.000	0.500	0.250	0.833	1.000	0.250	0.250	1.000	0.500	0.250
巨流河	0.875	1.000	0.750	1.000	1.000	1.000	0.000	0.250	0.750	0.417	1.000	0.250	0.500	1.000	0.500	0.250
毓宝台	0.500	1.000	1.000	1.000	1.000	1.000	0.000	0.000	0.000	0.583	1.000	0.000	0.500	0.250	0.500	0.000
满都户	0.688	0.750	0.500	1.000	1.000	1.000	0.000	0.000	0.000	0.583	1.000	0.000	0.250	1.000	0.750	0.500
红庙子	0.875	0.750	0.750	1.000	1.000	1.000	0.000	0.250	0.000	0.667	1.000	0.000	0.250	0.750	1.000	0.500
达牛	0.500	1.000	0.500	1.000	0.750	1.000	0.000	0.000	0.000	0.583	0.000	0.500	0.000	1.000	0.500	0.250
大张	0.500	1.000	0.500	1.000	1.000	1.000	0.000	0.000	0.000	0.500	1.000	0.000	0.500	0.750	0.500	0.500
盘山闸	0.500	1.000	0.500	1.000	0.750	1.000	0.000	0.000	0.750	0.417	1.000	0.500	0.250	0.250	0.750	0.500
曙光大桥	0.500	1.000	0.500	1.000	1.000	1.000	0.000	0.000	0.000	0.583	1.000	0.250	0.250	0.750	0.500	0.500

6.2.3　指标标准确定

1. 河流生态系统完整性评价指标标准确定依据

河流生态系统完整性评价是以评价指标的层次结构、等级划分以及等级标准的确定为基础的。根据已建立的河流生态系统完整性评价指标体系，确定各个指标的评价标准，主要依据为以下几方面。

（1）国内外标准值。具体包括澳大利亚的溪流状况指数 ISC、美国的快速生物评估规程 RBPs、英国的河流生境调查 RHS、瑞典的河岸带河道和环境清单 RCE、南非的河流健康计划 RHP 等标准，我国的《地表水环境质量标准》（GB 3838—2002）、《地下水质量标准》（GB/T 14848—2017）和《土壤环境质量 农用地土壤污染风险管控标准（试行）》（GB 15618—2018）。

（2）行业和地方标准。包括环境影响评价技术导则、辽宁省河湖（库）健康评价导则等。

（3）辽河保护区背景值。将评价区域植物多样性、鱼类物种丰富度、底栖多样性的背景值和本底值作为评价标准。

2. 河流生态系统完整性指标标准

对于各级评价因子，采用"优（Ⅰ）、良（Ⅱ）、一般（Ⅲ）、差（Ⅳ）、极差（Ⅴ）"五个级别进行描述，指标层的指标基本涵盖了河流生态系统完整性评价的主要方面，利用指标层的指标进行分级描述，具体指标分级和标准如表 6-5 所示。

表 6-5　生态系统完整性评价标准

状态层	指标层		优（Ⅰ）	良（Ⅱ）	一般（Ⅲ）	差（Ⅳ）	极差（Ⅴ）
物理完整性	河岸带稳定性	岸坡倾角	0°～5°	5°～15°	15°～30°	30°～45°	>45°
		岸坡植被覆盖度	≥90%	75%～90%	50%～75%	25%～50%	<25%
		河岸基质	基岩	岩土河岸	黏土河岸	非黏土河岸	其他
		坡脚冲刷强度	无冲刷迹象	轻度冲刷	中度冲刷	重度冲刷	极重度冲刷
	栖境破碎度		≤0.2	0.2<N≤0.4	0.4<N≤0.6	0.6<N≤0.8	>0.8
	廊道连通性		河岸廊道畅通	河岸廊道畅通，仅有少量障碍物	河岸廊道中断1～2次	河岸廊道中断3～5次	河岸廊道中断5次以上
	防洪固沙指数		90%～100%	80%～90%	70%～80%	60%～70%	<60%
	景观多样性		>3.0	2.0～3.0	1.0～2.0	0～1.0	0
化学完整性	DO		≥7.5	6～7.5	5～6	2～5	<2
	TP		≤0.2	0.2～0.5	0.5～1.0	1.0～1.5	>1.5
	TN		≤0.02	0.02～0.1	0.1～0.2	0.2～0.3	>0.3
	氮磷比		16	10≤x<16 或 20≥x>16	x>20 或 x<10		
	耗氧有机污染物状况	COD	≤15	15～20	20～30	30～40	>40
		BOD$_5$	≤2	2～3	3～5	5～10	>10
		NH$_3$-N	≤0.15	0.15～0.5	0.5～1.0	1.0～1.5	>1.5
	重金属污染状况	镉	0.001	0.005	0.005	0.005	0.01
		铜	0.01	1	1	1	1
		砷	0.05	0.05	0.05	0.1	0.1
		铬	0.01	0.05	0.05	0.05	0.1
		铅	0.01	0.01	0.05	0.05	0.1
		锌	0.05	1	1	2	2

续表

状态层	指标层	优（Ⅰ）	良（Ⅱ）	一般（Ⅲ）	差（Ⅳ）	极差（Ⅴ）
生物完整性	植物多样性	>2	2≥x>1.5	1.5≥x>1	1≥x>0.5	x≤0.5
	鱼类物种丰富度	>16	12<S≤16	8<S≤12	4<S≤8	S≤4
	底栖多样性	>3.66	2.75~3.66	1.83~2.75	0.92~1.83	0~0.92
	指示物种数量*	1.0	0.75	0.5	0.5	0.5
	珍稀物种数量	含有国家重点一级保护类动、植物	含有国家重点二级保护类动、植物	含有一种或几种区域性珍稀濒危动、植物	含有一种或几种地方级保护动、植物	含有一种地方级保护动、植物，但在我国较为常见

* 指示物种数量赋值分别参照：①国家重点保护野生动物名录的一级动物；②世界自然保护联盟 IUCN 濒危物种红色名录濒危等级为 CR 或 EN 的物种；③列入濒危野生动植物种国际贸易公约 CITES 附录Ⅰ中的物种。赋值规则：满足以上①和②的赋值 1.0；满足①但不满足②的，或者同时满足②和③的，赋值 0.75；其他情况赋值 0.5。

6.2.4　指标权重确定

1. 指标权重方法确定

1）专家调查法

专家调查法是一个较科学合理的方法，依据德尔菲法的基本原理，选择各方面的专家，采取独立填表选择权数的形式，然后将他们各自选取的权数进行整理和统计分析，最后确定出各因素、各指标的权重。该方法集合了各方面专家的智慧和意见，并运用数理统计的方法进行检验和修正。

然而，该方法的主观性较大，与专家的选取有直接关系，并且不能保证各指标之间的权重关系满足一致性，故不采用该种方法。

2）主成分分析法

主成分分析法是通过因子矩阵的旋转得到因子变量和原变量的关系，然后将 m 个主成分的方差贡献率作为权重，给出一个综合评价值。其思想就是从简化方差和协方差的结构考虑降维，即在一定的约束条件下，把代表各原始变量的各指标通过旋转而得到一组具有某种良好方差性质的新变量，再从中选取前几个变量来代替原变量。其局限性在于主成分分析法仅能得到有限的主成分的权重，而无法获得各个独立指标的客观权重，故不采用该种方法。

3）熵权法

熵权法是指用来判断某个指标的离散程度的数学方法，离散程度越大，则该指标对综合评价的影响越大。

在信息论中，熵是对不确定性的一种度量。信息量越大，不确定性就越小，熵就越小；信息量越小，不确定性越大，熵也越大。根据熵的特性，可以通过计算熵值来判断一个事件的随机性及无序程度，也可以用熵值来判断某个指标的离散程度，指标的离散程度越大，该指标对综合评价的影响越大。因此，可根据各项指标的变异程度，利用信息熵这个工具，计算出各个指标的权重，为多指标综合评价提供依据。

熵权法存在两个缺点：一是缺乏各指标之间的横向比较，这一点正是物理完整性中各层次指标间权重确定的关键之处；二是各指标的权重随着样本的变化而变化，权重依赖于样本，在应用上受到限制，权重稳定性较差，故不采用该种方法。

4）层次分析法

层次分析法是由美国学者萨蒂最早提出的一种定性与定量分析相结合的多目标评价决策方法，它是把所研究的复杂系统分解为基本构成因素，并按因素间的相互支配和隶属关系分成不同的层次，按问题要达到的目标、所要采取的策略、存在的约束及准则、要选用的方案和措施等，依次分为目标层、准则层及指标层等，当某一个层次包含的因素较多时，可将该层次进一步划分为若干子层次，由此构成一个影响综合评价的递阶层次结构；然后进行因素间的两两比较确定每一层次因素的相对重要性，构造各层元素对上一层次某元素的判断矩阵，通过求矩阵最大特征值及其对应的特征向量，表达出每一层次全部元素相对重要性次序的权值（即层次元素单排序），继而求出各层次元素的总排序，从而为选择最优方案提供决策依据。

这种方法避免了两种倾向，既不单纯地追求高深数学，又不片面地只注重行为、逻辑、推理，而是把复杂的系统整体分解清晰，把多目标、多准则的决策问题转化为多层次、单目标的两两对比，然后只需要进行简单的数学运算。因此，本研究采用该种方法进行指标权重的确定。

2. 指标权重计算

权重是针对某一指标而言，某一指标的权重是指该指标在整体评价中的相对重要程度。本书通过层次分析法和专家调查法分别对物理完整性、化学完整性和生物完整性各评价指标进行权重赋值（表6-6）。

表6-6　专家评分表

准则层	专家1	专家2	专家3	专家4	专家5	专家6	专家7	平均得分	指标层	专家1	专家2	专家3	专家4	专家5	专家6	专家7	平均得分
物理完整性	8	7	3	6	8	9	6	7	河岸带稳定性	7	7	1	7	7	9	7	6
									栖境破碎度	7	7	2	6	6	8	9	6
									廊道连通性	9	7	1	5	6	8	9	6
									防洪固沙指数	8	5	2	5	7	8	9	6
									景观多样性	9	4	2	4	8	7	4	5
化学完整性	9	6	4	7	7	7	8	7	DO	9	8	3	8	7	9	6	7
									TN	8	8	2	6	7	7	6	6
									TP	8	6	2	5	4	6	3	5
									氮磷比	7	8	1	7	3	7	3	5
									耗氧有机污染物状况	8	6	1	9	8	7	7	7
									重金属污染状况	9	6	1	8	4	6	5	6
生物完整性	9	8	3	10	7	8	8	8	植物多样性	9	7	3	7	8	9	6	7
									鱼类物种丰富度	8	7	2	8	8	9	7	7
									底栖多样性	8	7	2	8	8	6	7	7

续表

准则层	专家1	专家2	专家3	专家4	专家5	专家6	专家7	平均得分	指标层	专家1	专家2	专家3	专家4	专家5	专家6	专家7	平均得分
生物完整性	9	8	3	10	7	8	8	8	指示物种数量	9	8	2	8	7	7	10	7
									珍稀物种数量	9	6	1	7	3	8	7	6

1）生态系统完整性准则层权重计算

构造目标层对各准则层的判断矩阵，对化学完整性、物理完整性和生物完整性进行两两比较，物理完整性和化学完整性同等重要，生物完整性比物理完整性、化学完整性稍重要，由此根据分级比例标度参考表得出单个指标的相对重要性，并构建判断矩阵，见表6-7。

表6-7　判断矩阵 A-B

A	B₁（物理）	B₂（化学）	B₃（生物）
B₁（物理）	1	1	1/2
B₂（化学）	1	1	1/2
B₃（生物）	2	2	1

（1）由判断矩阵得出

$$b_1 = \prod_{j=1}^{3} a_{1j} = \left(1 \times 1 \times \frac{1}{2}\right)^{\frac{1}{3}} \approx 0.794$$

$$b_2 = \prod_{j=1}^{3} a_{2j} = \left(1 \times 1 \times \frac{1}{2}\right)^{\frac{1}{3}} \approx 0.794$$

$$b_3 = \prod_{j=1}^{3} a_{3j} = \left(2 \times 2 \times 1\right)^{\frac{1}{3}} \approx 1.587$$

（2）由（1）计算得 w_i：

$$w_1 = \frac{b_1}{\sum_{i=1}^{3} b_i} = \frac{0.794}{0.794 + 0.794 + 1.587} \approx 0.25$$

$$w_2 = \frac{b_2}{\sum_{i=1}^{3} b_i} = \frac{0.794}{0.794 + 0.794 + 1.587} \approx 0.25$$

$$w_3 = \frac{b_3}{\sum_{i=1}^{3} b_i} = \frac{1.587}{0.794 + 0.794 + 1.587} \approx 0.50$$

式中，b_i 表示某一层次中第 i 个因素相对于上一层次第 j 个因素的权重；w_i 表示第 i 个因素相对于总目标的权重，也就是该因素在整个层次结构中的重要性；a_{ij} 表示第 i 个因素相对于第 j 个因素的相对重要性，是通过专家判断得出的数值，用于构造判断矩阵。

矩阵 A 的特征向量为 $w = (0.25, 0.25, 0.50)^{\mathrm{T}}$。

$$Aw = \begin{bmatrix} 1 & 1 & \frac{1}{2} \\ 1 & 1 & \frac{1}{2} \\ 2 & 2 & 1 \end{bmatrix} \begin{bmatrix} 0.25 \\ 0.25 \\ 0.50 \end{bmatrix} = \begin{bmatrix} 0.75 \\ 0.75 \\ 1.50 \end{bmatrix}$$

计算判断矩阵的最大特征根 $\lambda_{\max}$：

$$\lambda_{\max} = \frac{1}{3}\left(\frac{0.75}{0.25} + \frac{0.75}{0.25} + \frac{1.50}{0.50}\right) = 3$$

对判断矩阵进行一致性检验：

$$CI = \frac{\lambda_{\max} - n}{n - 1} = \frac{3 - 3}{3 - 1} = 0$$

CI 为一致性指标，当 $n=3$ 时，平均随机一致性指标 RI=0.52，$CI/RI = 0 < 0.1$，所以判断矩阵有满意的一致性。

2）物理完整性权重计算

构造物理完整性各指标层相对于准则层的判断矩阵 B_1-C，对河岸带稳定性、栖境破碎度、廊道连通性、防洪固沙指数和景观多样性进行两两比较，认为河岸带稳定性、栖境破碎度、廊道连通性、防洪固沙指数同等重要，且比景观多样性稍重要，由此根据分级比例标度参考表得出单个指标的相对重要性，并构建判断矩阵，见表 6-8。

表 6-8　判断矩阵 B_1-C

B_1	C_1（河岸带稳定性）	C_2（栖境破碎度）	C_3（廊道连通性）	C_4（防洪固沙指数）	C_5（景观多样性）
C_1（河岸带稳定性）	1	1	1	1	2
C_2（栖境破碎度）	1	1	1	1	2
C_3（廊道连通性）	1	1	1	1	2
C_4（防洪固沙指数）	1	1	1	1	2
C_5（景观多样性）	1/2	1/2	1/2	1/2	1

根据表 6-8 的判断矩阵求各指标的权重系数。

（1）求得 b_i 如下：

$$b_1 = \prod_{j=1}^{5} a_{1j} = \left(1 \times 1 \times 1 \times 1 \times 2\right)^{\frac{1}{5}} \approx 1.149$$

$$b_2 = b_3 = b_4 = b_1 \approx 1.149$$

$$b_5 = \prod_{j=1}^{5} a_{5j} = \left(\frac{1}{2} \times \frac{1}{2} \times \frac{1}{2} \times \frac{1}{2} \times 1\right)^{\frac{1}{5}} \approx 0.574$$

（2）求得 w_i 如下：

$$w_1 = \frac{b_1}{\sum_{i=1}^{5} b_i} = \frac{1.149}{1.149 + 1.149 + 1.149 + 1.149 + 0.574} \approx 0.222$$

$$w_2 = w_3 = w_4 = w_1 \approx 0.222$$

$$w_5 = \frac{b_5}{\sum_{i=1}^{5} b_i} = \frac{0.574}{1.149 + 1.149 + 1.149 + 1.149 + 0.574} \approx 0.111$$

所以，矩阵 A 的特征向量为 $w = (0.222, 0.222, 0.222, 0.222, 0.111)^{\mathrm{T}}$。

$$Aw = \begin{bmatrix} 1 & 1 & 1 & 1 & 2 \\ 1 & 1 & 1 & 1 & 2 \\ 1 & 1 & 1 & 1 & 2 \\ 1 & 1 & 1 & 1 & 2 \\ \frac{1}{2} & \frac{1}{2} & \frac{1}{2} & \frac{1}{2} & 1 \end{bmatrix} \begin{bmatrix} 0.222 \\ 0.222 \\ 0.222 \\ 0.222 \\ 0.111 \end{bmatrix} = \begin{bmatrix} 1.110 \\ 1.110 \\ 1.110 \\ 1.110 \\ 0.555 \end{bmatrix}$$

计算判断矩阵的最大特征根 λ_{max}：

$$\lambda_{max} = \frac{1}{5}\left(\frac{1.110}{0.222} + \frac{1.110}{0.222} + \frac{1.110}{0.222} + \frac{1.110}{0.222} + \frac{0.555}{0.111} \right) \approx 5$$

对判断矩阵进行一致性检验：

$$CI = \frac{\lambda_{max} - n}{n - 1} = \frac{5 - 5}{5 - 1} = 0$$

当 $n=5$ 时，RI=1.12，$CI / RI = 0 < 0.1$，所以判断矩阵有满意的一致性。

3）化学完整性权重计算

构造化学完整性各指标层相对于准则层的判断矩阵 B_2-C，对 DO、TN、TP、氮磷比、耗氧有机污染物状况、重金属污染状况进行两两比较，认为 DO、耗氧有机污染物状况同等重要，比 TN 和重金属污染状况稍重要，TN 和重金属污染状况同等重要，TN 比 TP 和氮磷比稍重要，TP 与氮磷比同等重要，由此根据分级比例标度参考表得出单个指标的相对重要性，并构建判断矩阵，见表 6-9。

表 6-9 判断矩阵 B_2-C

B_2	C_1（DO）	C_2（TN）	C_3（TP）	C_4（氮磷比）	C_5（耗氧有机污染物状况）	C_6（重金属污染状况）
C_1（DO）	1	2	3	3	1	2
C_2（TN）	1/2	1	2	2	1/2	1
C_3（TP）	1/3	1/2	1	1	1/3	1/2
C_4（氮磷比）	1/3	1/2	1	1	1/3	1/2
C_5（耗氧有机污染物状况）	1	2	3	3	1	2
C_6（重金属污染状况）	1/2	1	2	2	1/2	1

根据表 6-9 的判断矩阵求各指标的权重系数。

（1）求得 b_i 如下：

$$b_1 = \prod_{j=1}^{6} a_{1j} = (1 \times 2 \times 3 \times 3 \times 1 \times 2)^{\frac{1}{6}} \approx 1.817$$

$$b_2 = \prod_{j=1}^{6} a_{2j} = \left(\frac{1}{2} \times 1 \times 2 \times 2 \times \frac{1}{2} \times 1 \right)^{\frac{1}{6}} = 1$$

$$b_3 = \prod_{j=1}^{6} a_{3j} = \left(\frac{1}{3} \times \frac{1}{2} \times 1 \times 1 \times \frac{1}{3} \times \frac{1}{2} \right)^{\frac{1}{6}} \approx 0.550$$

同理 $b_4 \approx 0.550$，$b_5 \approx 1.817$，$b_6 = 1$。

（2）求得 w_i 如下：

$$w_1 = \frac{b_1}{\sum\limits_{i=1}^{6} b_i} = \frac{1.817}{1.817 + 1 + 0.550 + 0.550 + 1.817 + 1} \approx 0.270$$

$$w_2 = \frac{b_2}{\sum\limits_{i=1}^{6} b_i} = \frac{1}{1.817 + 1 + 0.550 + 0.550 + 1.807 + 1} \approx 0.148$$

$$w_3 = \frac{b_3}{\sum\limits_{i=1}^{6} b_i} = \frac{0.550}{1.817 + 1 + 0.550 + 0.550 + 1.807 + 1} \approx 0.082$$

同理 $w_4 \approx 0.082$，$w_5 \approx 0.270$，$w_6 \approx 0.148$。

所以，矩阵 A 的特征向量为 $w = (0.270, 0.148, 0.082, 0.082, 0.270, 0.148)^{\mathrm{T}}$。

$$Aw = \begin{bmatrix} 1 & 2 & 3 & 3 & 1 & 2 \\ \frac{1}{2} & 1 & 2 & 2 & \frac{1}{2} & 1 \\ \frac{1}{3} & \frac{1}{2} & 1 & 1 & \frac{1}{3} & \frac{1}{2} \\ \frac{1}{3} & \frac{1}{2} & 1 & 1 & \frac{1}{3} & \frac{1}{2} \\ 1 & 2 & 3 & 3 & 1 & 2 \\ \frac{1}{2} & 1 & 2 & 2 & \frac{1}{2} & 1 \end{bmatrix} \begin{bmatrix} 0.270 \\ 0.148 \\ 0.082 \\ 0.082 \\ 0.270 \\ 0.148 \end{bmatrix} = \begin{bmatrix} 1.624 \\ 0.894 \\ 0.492 \\ 0.492 \\ 1.624 \\ 0.894 \end{bmatrix}$$

计算判断矩阵的最大特征根 $\lambda_{\max}$：

$$\lambda_{\max} = \frac{1}{6}\left(\frac{1.624}{0.270} + \frac{0.894}{0.148} + \frac{0.492}{0.082} + \frac{0.492}{0.082} + \frac{1.624}{0.270} + \frac{0.894}{0.148} \right) \approx 6.018$$

对判断矩阵进行一致性检验：

$$\mathrm{CI} = \frac{\lambda_{\max} - n}{n - 1} = \frac{6.018 - 6}{6 - 1} \approx 0.004$$

当 $n=6$ 时，RI=1.16，$\mathrm{CI}/\mathrm{RI} \approx 0.003 < 0.1$，所以判断矩阵有满意的一致性。

4）生物完整性权重计算

构造生物完整性各指标层相对于准则层的判断矩阵 B_3-C，对植物多样性、鱼类物种丰富度、底栖多样性、指示物种数量和珍稀物种数量进行两两比较，认为植物多样性、鱼类物种丰富度、底栖多样性和指示物种数量同等重要，比珍稀物种数量稍重要，由此根据分级比例标度参考表得出单个指标的相对重要性，并构建判断矩阵，见表 6-10。

表 6-10　判断矩阵 B_3-C

B_3	C_1 （植物多样性）	C_2 （鱼类物种丰富度）	C_3 （底栖多样性）	C_4 （指示物种数量）	C_5 （珍稀物种数量）
C_1（植物多样性）	1	1	1	1	2
C_2（鱼类物种丰富度）	1	1	1	1	2

续表

B_3	C_1 （植物多样性）	C_2 （鱼类物种丰富度）	C_3 （底栖多样性）	C_4 （指示物种数量）	C_5 （珍稀物种数量）
C_3（底栖多样性）	1	1	1	1	2
C_4（指示物种数量）	1	1	1	1	2
C_5（珍稀物种数量）	1/2	1/2	1/2	1/2	1

根据表 6-10 的判断矩阵求各指标的权重系数。

（1）求得 b_i 如下：

$$b_1 = \prod_{j=1}^{5} a_{1j} = \left(1 \times 1 \times 1 \times 1 \times 2\right)^{\frac{1}{5}} \approx 1.149$$

$$b_2 = b_3 = b_4 = b_1 \approx 1.149$$

$$b_5 = \prod_{j=1}^{5} a_{5j} = \left(\frac{1}{2} \times \frac{1}{2} \times \frac{1}{2} \times \frac{1}{2} \times 1\right)^{\frac{1}{5}} \approx 0.574$$

（2）求得 w_i 如下：

$$w_1 = \frac{b_1}{\sum\limits_{i=1}^{5} b_i} = \frac{1.149}{1.149 + 1.149 + 1.149 + 1.149 + 0.574} \approx 0.222$$

$$w_2 = w_3 = w_4 = w_5 \approx 0.222$$

$$w_5 = \frac{b_5}{\sum\limits_{i=1}^{5} b_i} = \frac{0.574}{1.149 + 1.149 + 1.149 + 1.149 + 0.574} \approx 0.111$$

所以，矩阵 A 的特征向量为 $w = (0.222, 0.222, 0.222, 0.222, 0.111)^{\mathrm{T}}$。

$$Aw = \begin{bmatrix} 1 & 1 & 1 & 1 & 2 \\ 1 & 1 & 1 & 1 & 2 \\ 1 & 1 & 1 & 1 & 2 \\ 1 & 1 & 1 & 1 & 2 \\ \frac{1}{2} & \frac{1}{2} & \frac{1}{2} & \frac{1}{2} & 1 \end{bmatrix} \begin{bmatrix} 0.222 \\ 0.222 \\ 0.222 \\ 0.222 \\ 0.111 \end{bmatrix} = \begin{bmatrix} 1.110 \\ 1.110 \\ 1.110 \\ 1.110 \\ 0.555 \end{bmatrix}$$

计算判断矩阵的最大特征根 $\lambda_{\max}$：

$$\lambda_{\max} = \frac{1}{5}\left(\frac{1.110}{0.222} + \frac{1.110}{0.222} + \frac{1.110}{0.222} + \frac{1.110}{0.222} + \frac{0.555}{0.111}\right) \approx 5$$

对判断矩阵进行一致性检验：

$$CI = \frac{\lambda_{\max} - n}{n-1} = \frac{5-5}{5-1} = 0$$

当 $n=5$ 时，RI=1.12，$CI/RI = 0 < 0.1$，所以判断矩阵有满意的一致性。

根据以上计算结果得出生态系统完整性评价指标权重赋值，如表 6-11 所示。

表 6-11　生态系统完整性评价指标权重赋值

准则层	权重	指标层	权重
物理完整性评价	0.25	河岸带稳定性	0.222
		栖境破碎度	0.222
		廊道连通性	0.222
		防洪固沙指数	0.222
		景观多样性	0.111
化学完整性评价	0.25	DO	0.270
		TN	0.148
		TP	0.082
		氮磷比	0.082
		耗氧有机污染物状况	0.270
		重金属污染状况	0.148
生物完整性评价	0.50	植物多样性	0.222
		鱼类物种丰富度	0.222
		底栖多样性	0.222
		指示物种数量	0.222
		珍稀物种数量	0.111

综合以上所有结果，对目标总排序进行一致性检验：

$$CI_总=0.25×0+0.25×0.004+0.5×0=0.001$$
$$RI_总=0.25×1.12+0.25×1.16+0.5×1.12=1.13$$
$$CR_总=CI_总/RI_总=0.001/1.13≈0.0009<0.1$$

以上检验结果表明，层次总排序具有满意的一致性。

6.2.5　评价方法理论筛选

贴近度分析法是基于模糊理论的一种评价方法，该方法得出的评价结果往往偏于乐观，不能准确反映评价地点的实际情况，具有一定的误导性，不能对辽河保护区各点位生态系统完整性情况做出更加准确的差异化显示。

模糊综合评判法的评价结果过于模糊和极端，对指标数据值域有所要求，适合评估有明确指标标准范围的数据，对于某些意义重大且标准值无法确定其上限或下限的指标，则不能很准确地对完整性进行评估。

综合指数评价法采用指标数据与权重之间加权求和的方式，不局限于指标是否量化。其评价结果基于每个指标的权重不同，会随着每个指标的变化而变化，评价结果与实际情况相符。该方法的关键之处在于指标体系建立之前需进行实地调查与专家咨询，创建更加符合研究区域的指标权重，故建议选择综合指数评价法进行生态系统完整性评价。

6.2.6　评价结果

各个点位生态系统完整性评价结果见表 6-12～表 6-45。

表 6-12 2012 年福德店生态系统完整性评价结果

指标层	调查数据	指标层数据	准则层	准则层数据	准则层评价结果	生态系统完整性数据	生态系统完整性评价结果
河岸带稳定性（0.222）	0.500	0.111	物理完整性（0.250）	0.528	一般	0.553	一般
栖境破碎度（0.222）	1.000	0.222					
廊道连通性（0.222）	0.000	0.000					
防洪固沙指数（0.222）	0.750	0.167					
景观多样性（0.111）	0.250	0.028					
DO（0.270）	1.000	0.270	化学完整性（0.250）	0.593	一般		
TN（0.148）	0.500	0.074					
TP（0.082）	0.750	0.061					
氮磷比（0.082）	0.750	0.061					
耗氧有机污染物状况（0.270）	0.333	0.090					
重金属污染状况（0.148）	0.250	0.037					
植物多样性（0.222）	0.750	0.167	生物完整性（0.500）	0.556	一般		
鱼类物种丰富度（0.222）	0.500	0.111					
底栖多样性（0.222）	0.500	0.111					
指示物种数量（0.222）	0.500	0.111					
珍稀物种数量（0.111）	0.500	0.056					

表 6-13 2015 年福德店生态系统完整性评价结果

指标层	调查数据	指标层数据	准则层	准则层数据	准则层评价结果	生态系统完整性数据	生态系统完整性评价结果
河岸带稳定性（0.222）	0.750	0.167	物理完整性（0.250）	0.778	良	0.732	良
栖境破碎度（0.222）	1.000	0.222					
廊道连通性（0.222）	0.250	0.056					
防洪固沙指数（0.222）	1.000	0.222					
景观多样性（0.111）	1.000	0.111					

续表

指标层	调查数据	指标层数据	准则层	准则层数据	准则层评价结果	生态系统完整性数据	生态系统完整性评价结果
DO（0.270）	1.000	0.270	化学完整性（0.250）	0.571	一般		
TN（0.148）	0.500	0.074					
TP（0.082）	0.500	0.041					
氮磷比（0.082）	0.000	0.000					
耗氧有机污染物状况（0.270）	0.417	0.112					
重金属污染状况（0.148）	0.500	0.074				0.732	良
植物多样性（0.222）	0.500	0.111	生物完整性（0.500）	0.778	良		
鱼类物种丰富度（0.222）	0.750	0.167					
底栖多样性（0.222）	0.750	0.167					
指示物种数量（0.222）	1.000	0.222					
珍稀物种数量（0.111）	1.000	0.111					

表 6-14　2012 年三河下拉生态系统完整性评价结果

指标层	调查数据	指标层数据	准则层	准则层数据	准则层评价结果	生态系统完整性数据	生态系统完整性评价结果
河岸带稳定性（0.222）	0.500	0.111	物理完整性（0.250）	0.583	一般		
栖境破碎度（0.222）	1.000	0.222					
廊道连通性（0.222）	0.000	0.000					
防洪固沙指数（0.222）	1.000	0.222					
景观多样性（0.111）	0.250	0.028				0.625	良
DO（0.270）	1.000	0.270	化学完整性（0.250）	0.411	一般		
TN（0.148）	0.500	0.074					
TP（0.082）	0.000	0.000					
氮磷比（0.082）	0.000	0.000					
耗氧有机污染物状况（0.270）	0.250	0.067					
重金属污染状况（0.148）	0.000	0.000					

续表

指标层	调查数据	指标层数据	准则层	准则层数据	准则层评价结果	生态系统完整性数据	生态系统完整性评价结果
植物多样性（0.222）	0.750	0.167	生物完整性（0.500）	0.667	良	0.625	良
鱼类物种丰富度（0.222）	1.000	0.222					
底栖多样性（0.222）	0.500	0.111					
指示物种数量（0.222）	0.500	0.111					
珍稀物种数量（0.111）	0.500	0.056					

表 6-15　2015 年三河下拉生态系统完整性评价结果

指标层	调查数据	指标层数据	准则层	准则层数据	准则层评价结果	生态系统完整性数据	生态系统完整性评价结果
河岸带稳定性（0.222）	0.500	0.111	物理完整性（0.250）	0.694	良	0.679	良
栖境破碎度（0.222）	1.000	0.222					
廊道连通性（0.222）	0.250	0.056					
防洪固沙指数（0.222）	1.000	0.222					
景观多样性（0.111）	0.750	0.083					
DO（0.270）	1.000	0.270	化学完整性（0.250）	0.582	一般		
TN（0.148）	0.000	0.000					
TP（0.082）	0.250	0.020					
氮磷比（0.082）	0.750	0.061					
耗氧有机污染物状况（0.270）	0.583	0.157					
重金属污染状况（0.148）	0.500	0.074					
植物多样性（0.222）	0.750	0.167	生物完整性（0.500）	0.805	优		
鱼类物种丰富度（0.222）	1.000	0.222					
底栖多样性（0.222）	1.000	0.222					
指示物种数量（0.222）	0.500	0.111					
珍稀物种数量（0.111）	0.750	0.083					

表 6-16　2012 年通江口生态系统完整性评价结果

指标层	调查数据	指标层数据	准则层	准则层数据	准则层评价结果	生态系统完整性数据	生态系统完整性评价结果
河岸带稳定性（0.222）	0.750	0.167	物理完整性（0.250）	0.529	一般		
栖境破碎度（0.222）	0.750	0.167					
廊道连通性（0.222）	0.000	0.000					
防洪固沙指数（0.222）	0.750	0.167					
景观多样性（0.111）	0.250	0.028					
DO（0.270）	1.000	0.270	化学完整性（0.250）	0.417	一般	0.608	良
TN（0.148）	0.250	0.037					
TP（0.082）	0.250	0.020					
氮磷比（0.082）	0.000	0.000					
耗氧有机污染物状况（0.270）	0.333	0.090					
重金属污染状况（0.148）	0.000	0.000					
植物多样性（0.222）	0.750	0.167	生物完整性（0.500）	0.639	良		
鱼类物种丰富度（0.222）	1.000	0.222					
底栖多样性（0.222）	0.500	0.111					
指示物种数量（0.222）	0.500	0.111					
珍稀物种数量（0.111）	0.250	0.028					

表 6-17　2015 年通江口生态系统完整性评价结果

指标层	调查数据	指标层数据	准则层	准则层数据	准则层评价结果	生态系统完整性数据	生态系统完整性评价结果
河岸带稳定性（0.222）	0.750	0.167	物理完整性（0.250）	0.750	良	0.681	良
栖境破碎度（0.222）	1.000	0.222					
廊道连通性（0.222）	0.250	0.056					
防洪固沙指数（0.222）	1.000	0.222					
景观多样性（0.111）	0.750	0.083					

续表

指标层	调查数据	指标层数据	准则层	准则层数据	准则层评价结果	生态系统完整性数据	生态系统完整性评价结果
DO（0.270）	1.000	0.270	化学完整性（0.250）	0.626	良	0.681	良
TN（0.148）	0.000	0.000					
TP（0.082）	0.500	0.041					
氮磷比（0.082）	0.750	0.061					
耗氧有机污染物状况（0.270）	0.667	0.180					
重金属污染状况（0.148）	0.500	0.074					
植物多样性（0.222）	0.250	0.056	生物完整性（0.500）	0.778	良		
鱼类物种丰富度（0.222）	1.000	0.222					
底栖多样性（0.222）	0.750	0.167					
指示物种数量（0.222）	1.000	0.222					
珍稀物种数量（0.111）	1.000	0.111					

表6-18　2012年哈大高铁生态系统完整性评价结果

指标层	调查数据	指标层数据	准则层	准则层数据	准则层评价结果	生态系统完整性数据	生态系统完整性评价结果
河岸带稳定性（0.222）	0.625	0.139	物理完整性（0.250）	0.585	一般	0.368	差
栖境破碎度（0.222）	0.750	0.167					
廊道连通性（0.222）	0.250	0.056					
防洪固沙指数（0.222）	0.750	0.167					
景观多样性（0.111）	0.500	0.056					
DO（0.270）	1.000	0.270	化学完整性（0.250）	0.337	差		
TN（0.148）	0.000	0.000					
TP（0.082）	0.000	0.000					
氮磷比（0.082）	0.000	0.000					
耗氧有机污染物状况（0.270）	0.250	0.067					
重金属污染状况（0.148）	0.000	0.000					

续表

指标层	调查数据	指标层数据	准则层	准则层数据	准则层评价结果	生态系统完整性数据	生态系统完整性评价结果
植物多样性（0.222）	0.250	0.056	生物完整性（0.500）	0.196	极差	0.368	差
鱼类物种丰富度（0.222）	0.250	0.056					
底栖多样性（0.222）	0.250	0.056					
指示物种数量（0.222）	0.000	0.000					
珍稀物种数量（0.111）	0.250	0.028					

表 6-19　2015 年哈大高铁生态系统完整性评价结果

指标层	调查数据	指标层数据	准则层	准则层数据	准则层评价结果	生态系统完整性数据	生态系统完整性评价结果
河岸带稳定性（0.222）	0.688	0.153	物理完整性（0.250）	0.791	良	0.546	一般
栖境破碎度（0.222）	1.000	0.222					
廊道连通性（0.222）	0.500	0.111					
防洪固沙指数（0.222）	1.000	0.222					
景观多样性（0.111）	0.750	0.083					
DO（0.270）	1.000	0.270	化学完整性（0.250）	0.501	一般		
TN（0.148）	0.000	0.000					
TP（0.082）	0.000	0.000					
氮磷比（0.082）	0.000	0.000					
耗氧有机污染物状况（0.270）	0.583	0.157					
重金属污染状况（0.148）	0.500	0.074					
植物多样性（0.222）	0.250	0.056	生物完整性（0.500）	0.528	一般		
鱼类物种丰富度（0.222）	0.500	0.111					
底栖多样性（0.222）	1.000	0.222					
指示物种数量（0.222）	0.500	0.111					
珍稀物种数量（0.111）	0.250	0.028					

表 6-20　2012 年双安桥生态系统完整性评价结果

指标层	调查数据	指标层数据	准则层	准则层数据	准则层评价结果	生态系统完整性数据	生态系统完整性评价结果
河岸带稳定性（0.222）	0.500	0.111	物理完整性（0.250）	0.639	良		
栖境破碎度（0.222）	0.750	0.167					
廊道连通性（0.222）	0.250	0.056					
防洪固沙指数（0.222）	1.000	0.222					
景观多样性（0.111）	0.750	0.083					
DO（0.270）	1.000	0.270	化学完整性（0.250）	0.335	差	0.460	一般
TN（0.148）	0.000	0.000					
TP（0.082）	0.250	0.020					
氮磷比（0.082）	0.000	0.000					
耗氧有机污染物状况（0.270）	0.167	0.045					
重金属污染状况（0.148）	0.000	0.000					
植物多样性（0.222）	0.500	0.111	生物完整性（0.500）	0.361	差		
鱼类物种丰富度（0.222）	0.500	0.111					
底栖多样性（0.222）	0.500	0.111					
指示物种数量（0.222）	0.000	0.000					
珍稀物种数量（0.111）	0.250	0.028					

表 6-21　2015 年双安桥生态系统完整性评价结果

指标层	调查数据	指标层数据	准则层	准则层数据	准则层评价结果	生态系统完整性数据	生态系统完整性评价结果
河岸带稳定性（0.222）	0.500	0.111	物理完整性（0.250）	0.749	良	0.619	良
栖境破碎度（0.222）	1.000	0.222					
廊道连通性（0.222）	0.500	0.111					
防洪固沙指数（0.222）	1.000	0.222					
景观多样性（0.111）	0.750	0.083					

续表

指标层	调查数据	指标层数据	准则层	准则层数据	准则层评价结果	生态系统完整性数据	生态系统完整性评价结果
DO（0.270）	1.000	0.270	化学完整性（0.250）	0.479	一般		
TN（0.148）	0.000	0.000					
TP（0.082）	0.000	0.000					
氮磷比（0.082）	0.000	0.000					
耗氧有机污染物状况（0.270）	0.500	0.135				0.619	良
重金属污染状况（0.148）	0.500	0.074					
植物多样性（0.222）	0.750	0.167	生物完整性（0.500）	0.695	良		
鱼类物种丰富度（0.222）	0.750	0.167					
底栖多样性（0.222）	1.000	0.222					
指示物种数量（0.222）	0.500	0.111					
珍稀物种数量（0.111）	0.250	0.028					

表 6-22　2012 年蔡牛生态系统完整性评价结果

指标层	调查数据	指标层数据	准则层	准则层数据	准则层评价结果	生态系统完整性数据	生态系统完整性评价结果
河岸带稳定性（0.222）	0.500	0.111	物理完整性（0.250）	0.612	良		
栖境破碎度（0.222）	0.750	0.167					
廊道连通性（0.222）	0.250	0.056					
防洪固沙指数（0.222）	1.000	0.222				0.526	一般
景观多样性（0.111）	0.500	0.056					
DO（0.270）	1.000	0.270	化学完整性（0.250）	0.380	差		
TN（0.148）	0.000	0.000					
TP（0.082）	0.250	0.020					
氮磷比（0.082）	0.000	0.000					
耗氧有机污染物状况（0.270）	0.333	0.090					
重金属污染状况（0.148）	0.000	0.000					

续表

指标层	调查数据	指标层数据	准则层	准则层数据	准则层评价结果	生态系统完整性数据	生态系统完整性评价结果
植物多样性（0.222）	1.000	0.222	生物完整性（0.500）	0.445	一般	0.526	一般
鱼类物种丰富度（0.222）	0.250	0.056					
底栖多样性（0.222）	0.500	0.111					
指示物种数量（0.222）	0.000	0.000					
珍稀物种数量（0.111）	0.500	0.056					

表 6-23　2015 年蔡牛生态系统完整性评价结果

指标层	调查数据	指标层数据	准则层	准则层数据	准则层评价结果	生态系统完整性数据	生态系统完整性评价结果
河岸带稳定性（0.222）	0.500	0.111	物理完整性（0.250）	0.777	良	0.664	良
栖境破碎度（0.222）	1.000	0.222					
廊道连通性（0.222）	0.500	0.111					
防洪固沙指数（0.222）	1.000	0.222					
景观多样性（0.111）	1.000	0.111					
DO（0.270）	1.000	0.270	化学完整性（0.250）	0.605	良		
TN（0.148）	0.000	0.000					
TP（0.082）	0.250	0.020					
氮磷比（0.082）	0.750	0.061					
耗氧有机污染物状况（0.270）	0.667	0.180					
重金属污染状况（0.148）	0.500	0.074					
植物多样性（0.222）	0.500	0.111	生物完整性（0.500）	0.749	良		
鱼类物种丰富度（0.222）	0.500	0.111					
底栖多样性（0.222）	1.000	0.222					
指示物种数量（0.222）	1.000	0.222					
珍稀物种数量（0.111）	0.750	0.083					

表 6-24　2012 年汛河生态系统完整性评价结果

指标层	调查数据	指标层数据	准则层	准则层数据	准则层评价结果	生态系统完整性数据	生态系统完整性评价结果
河岸带稳定性（0.222）	0.500	0.111	物理完整性（0.250）	0.639	良	0.461	一般
栖境破碎度（0.222）	1.000	0.222					
廊道连通性（0.222）	0.250	0.056					
防洪固沙指数（0.222）	1.000	0.222					
景观多样性（0.111）	0.250	0.028					
DO（0.270）	1.000	0.270	化学完整性（0.250）	0.439	一般		
TN（0.148）	0.000	0.000					
TP（0.082）	0.500	0.041					
氮磷比（0.082）	0.750	0.061					
耗氧有机污染物状况（0.270）	0.250	0.067					
重金属污染状况（0.148）	0.000	0.000					
植物多样性（0.222）	0.500	0.111	生物完整性（0.500）	0.334	差		
鱼类物种丰富度（0.222）	0.250	0.056					
底栖多样性（0.222）	0.500	0.111					
指示物种数量（0.222）	0.000	0.000					
珍稀物种数量（0.111）	0.500	0.056					

表 6-25　2015 年汛河生态系统完整性评价结果

指标层	调查数据	指标层数据	准则层	准则层数据	准则层评价结果	生态系统完整性数据	生态系统完整性评价结果
河岸带稳定性（0.222）	0.500	0.111	物理完整性（0.250）	0.749	良	0.547	一般
栖境破碎度（0.222）	1.000	0.222					
廊道连通性（0.222）	0.500	0.111					
防洪固沙指数（0.222）	1.000	0.222					
景观多样性（0.111）	0.750	0.083					

续表

指标层	调查数据	指标层数据	准则层	准则层数据	准则层评价结果	生态系统完整性数据	生态系统完整性评价结果
DO（0.270）	1.000	0.270	化学完整性（0.250）	0.538	一般		
TN（0.148）	0.250	0.037					
TP（0.082）	0.000	0.000					
氮磷比（0.082）	0.000	0.000					
耗氧有机污染物状况（0.270）	0.583	0.157					
重金属污染状况（0.148）	0.500	0.074				0.547	一般
植物多样性（0.222）	0.000	0.000	生物完整性（0.500）	0.500	一般		
鱼类物种丰富度（0.222）	0.500	0.111					
底栖多样性（0.222）	0.750	0.167					
指示物种数量（0.222）	0.500	0.111					
珍稀物种数量（0.111）	1.000	0.111					

表 6-26　2012 年石佛寺生态系统完整性评价结果

指标层	调查数据	指标层数据	准则层	准则层数据	准则层评价结果	生态系统完整性数据	生态系统完整性评价结果
河岸带稳定性（0.222）	0.500	0.111	物理完整性（0.250）	0.473	一般		
栖境破碎度（0.222）	0.250	0.056					
廊道连通性（0.222）	0.250	0.056					
防洪固沙指数（0.222）	1.000	0.222					
景观多样性（0.111）	0.250	0.028				0.484	一般
DO（0.270）	1.000	0.270	化学完整性（0.250）	0.505	一般		
TN（0.148）	0.500	0.074					
TP（0.082）	0.250	0.020					
氮磷比（0.082）	0.000	0.000					
耗氧有机污染物状况（0.270）	0.250	0.067					
重金属污染状况（0.148）	0.500	0.074					

指标层	调查数据	指标层数据	准则层	准则层数据	准则层评价结果	生态系统完整性数据	生态系统完整性评价结果
植物多样性（0.222）	0.750	0.167	生物完整性（0.500）	0.501	一般	0.484	一般
鱼类物种丰富度（0.222）	0.250	0.056					
底栖多样性（0.222）	0.500	0.111					
指示物种数量（0.222）	0.500	0.111					
珍稀物种数量（0.111）	0.500	0.056					

表 6-27　2015 年石佛寺生态系统完整性评价结果

指标层	调查数据	指标层数据	准则层	准则层数据	准则层评价结果	生态系统完整性数据	生态系统完整性评价结果
河岸带稳定性（0.222）	0.500	0.111	物理完整性（0.250）	0.694	良	0.689	良
栖境破碎度（0.222）	0.750	0.167					
廊道连通性（0.222）	0.500	0.111					
防洪固沙指数（0.222）	1.000	0.222					
景观多样性（0.111）	0.750	0.083					
DO（0.270）	1.000	0.270	化学完整性（0.250）	0.464	一般		
TN（0.148）	0.250	0.037					
TP（0.082）	0.000	0.000					
氮磷比（0.082）	0.000	0.000					
耗氧有机污染物状况（0.270）	0.583	0.157					
重金属污染状况（0.148）	0.000	0.000					
植物多样性（0.222）	0.500	0.111	生物完整性（0.500）	0.777	良		
鱼类物种丰富度（0.222）	0.500	0.111					
底栖多样性（0.222）	1.000	0.222					
指示物种数量（0.222）	1.000	0.222					
珍稀物种数量（0.111）	1.000	0.111					

表 6-28　2012 年马虎山大桥生态系统完整性评价结果

指标层	调查数据	指标层数据	准则层	准则层数据	准则层评价结果	生态系统完整性数据	生态系统完整性评价结果
河岸带稳定性（0.222）	0.563	0.125	物理完整性（0.250）	0.570	一般		
栖境破碎度（0.222）	0.500	0.111					
廊道连通性（0.222）	0.750	0.167					
防洪固沙指数（0.222）	0.750	0.167					
景观多样性（0.111）	0.000	0.000					
DO（0.270）	1.000	0.270	化学完整性（0.250）	0.521	一般	0.475	一般
TN（0.148）	0.500	0.074					
TP（0.082）	0.250	0.020					
氮磷比（0.082）	0.000	0.000					
耗氧有机污染物状况（0.270）	0.583	0.157					
重金属污染状况（0.148）	0.000	0.000					
植物多样性（0.222）	0.500	0.111	生物完整性（0.500）	0.334	差		
鱼类物种丰富度（0.222）	0.000	0.000					
底栖多样性（0.222）	0.250	0.056					
指示物种数量（0.222）	0.500	0.111					
珍稀物种数量（0.111）	0.500	0.056					

表 6-29　2015 年马虎山大桥生态系统完整性评价结果

指标层	调查数据	指标层数据	准则层	准则层数据	准则层评价结果	生态系统完整性数据	生态系统完整性评价结果
河岸带稳定性（0.222）	0.688	0.153	物理完整性（0.250）	0.902	优	0.592	一般
栖境破碎度（0.222）	1.000	0.222					
廊道连通性（0.222）	1.000	0.222					
防洪固沙指数（0.222）	1.000	0.222					
景观多样性（0.111）	0.750	0.083					

指标层	调查数据	指标层数据	准则层	准则层数据	准则层评价结果	生态系统完整性数据	生态系统完整性评价结果
DO（0.270）	1.000	0.270	化学完整性（0.250）	0.663	良		
TN（0.148）	0.500	0.074					
TP（0.082）	0.250	0.020					
氮磷比（0.082）	0.000	0.000					
耗氧有机污染物状况（0.270）	0.833	0.225					
重金属污染状况（0.148）	0.500	0.074				0.592	一般
植物多样性（0.222）	0.250	0.056	生物完整性（0.500）	0.473	一般		
鱼类物种丰富度（0.222）	0.250	0.056					
底栖多样性（0.222）	1.000	0.222					
指示物种数量（0.222）	0.500	0.111					
珍稀物种数量（0.111）	0.250	0.028					

表 6-30　2012 年巨流河生态系统完整性评价结果

指标层	调查数据	指标层数据	准则层	准则层数据	准则层评价结果	生态系统完整性数据	生态系统完整性评价结果
河岸带稳定性（0.222）	0.625	0.139	物理完整性（0.250）	0.612	良		
栖境破碎度（0.222）	0.750	0.167					
廊道连通性（0.222）	0.500	0.111					
防洪固沙指数（0.222）	0.750	0.167					
景观多样性（0.111）	0.250	0.028				0.510	一般
DO（0.270）	1.000	0.270	化学完整性（0.250）	0.430	一般		
TN（0.148）	0.500	0.074					
TP（0.082）	0.500	0.041					
氮磷比（0.082）	0.000	0.000					
耗氧有机污染物状况（0.270）	0.167	0.045					
重金属污染状况（0.148）	0.000	0.000					

指标层	调查数据	指标层数据	准则层	准则层数据	准则层评价结果	生态系统完整性数据	生态系统完整性评价结果
植物多样性（0.222）	0.750	0.167	生物完整性（0.500）	0.445	一般	0.510	一般
鱼类物种丰富度（0.222）	0.000	0.000					
底栖多样性（0.222）	0.500	0.111					
指示物种数量（0.222）	0.500	0.111					
珍稀物种数量（0.111）	0.500	0.056					

表 6-31 2015 年巨流河生态系统完整性评价结果

指标层	调查数据	指标层数据	准则层	准则层数据	准则层评价结果	生态系统完整性数据	生态系统完整性评价结果
河岸带稳定性（0.222）	0.875	0.194	物理完整性（0.250）	0.916	优	0.545	一般
栖境破碎度（0.222）	1.000	0.222					
廊道连通性（0.222）	0.750	0.167					
防洪固沙指数（0.222）	1.000	0.222					
景观多样性（0.111）	1.000	0.111					
DO（0.270）	1.000	0.270	化学完整性（0.250）	0.537	一般		
TN（0.148）	0.000	0.000					
TP（0.082）	0.250	0.020					
氮磷比（0.082）	0.750	0.061					
耗氧有机污染物状况（0.270）	0.417	0.112					
重金属污染状况（0.148）	0.500	0.074					
植物多样性（0.222）	0.000	0.000	生物完整性（0.500）	0.417	一般		
鱼类物种丰富度（0.222）	0.250	0.056					
底栖多样性（0.222）	1.000	0.222					
指示物种数量（0.222）	0.500	0.111					
珍稀物种数量（0.111）	0.250	0.028					

表 6-32　2012 年毓宝台生态系统完整性评价结果

指标层	调查数据	指标层数据	准则层	准则层数据	准则层评价结果	生态系统完整性数据	生态系统完整性评价结果
河岸带稳定性（0.222）	0.500	0.111	物理完整性（0.250）	0.617	良		
栖境破碎度（0.222）	0.400	0.089					
廊道连通性（0.222）	0.750	0.167					
防洪固沙指数（0.222）	1.000	0.222					
景观多样性（0.111）	0.250	0.028					
DO（0.270）	1.000	0.270	化学完整性（0.250）	0.591	一般	0.455	一般
TN（0.148）	0.500	0.074					
TP（0.082）	0.750	0.061					
氮磷比（0.082）	0.000	0.000					
耗氧有机污染物状况（0.270）	0.417	0.112					
重金属污染状况（0.148）	0.500	0.074					
植物多样性（0.222）	0.500	0.111	生物完整性（0.500）	0.389	差		
鱼类物种丰富度（0.222）	0.000	0.000					
底栖多样性（0.222）	0.500	0.111					
指示物种数量（0.222）	0.500	0.111					
珍稀物种数量（0.111）	0.500	0.056					

表 6-33　2015 年毓宝台生态系统完整性评价结果

指标层	调查数据	指标层数据	准则层	准则层数据	准则层评价结果	生态系统完整性数据	生态系统完整性评价结果
河岸带稳定性（0.222）	0.500	0.111	物理完整性（0.250）	0.888	优	0.620	良
栖境破碎度（0.222）	1.000	0.222					
廊道连通性（0.222）	1.000	0.222					
防洪固沙指数（0.222）	1.000	0.222					
景观多样性（0.111）	1.000	0.111					

指标层	调查数据	指标层数据	准则层	准则层数据	准则层评价结果	生态系统完整性数据	生态系统完整性评价结果
DO（0.270）	1.000	0.270	化学完整性（0.250）	0.427	一般	0.620	良
TN（0.148）	0.000	0.000					
TP（0.082）	0.000	0.000					
氮磷比（0.082）	0.000	0.000					
耗氧有机污染物状况（0.270）	0.583	0.157					
重金属污染状况（0.148）	0.000	0.000					
植物多样性（0.222）	0.500	0.111	生物完整性（0.500）	0.500	一般		
鱼类物种丰富度（0.222）	0.250	0.056					
底栖多样性（0.222）	1.000	0.222					
指示物种数量（0.222）	0.500	0.111					
珍稀物种数量（0.111）	0.000	0.000					

表 6-34　2012 年满都户生态系统完整性评价结果

指标层	调查数据	指标层数据	准则层	准则层数据	准则层评价结果	生态系统完整性数据	生态系统完整性评价结果
河岸带稳定性（0.222）	0.500	0.111	物理完整性（0.250）	0.529	一般	0.452	一般
栖境破碎度（0.222）	0.750	0.167					
廊道连通性（0.222）	0.250	0.056					
防洪固沙指数（0.222）	0.750	0.167					
景观多样性（0.111）	0.250	0.028					
DO（0.270）	1.000	0.270	化学完整性（0.250）	0.411	一般		
TN（0.148）	0.500	0.074					
TP（0.082）	0.000	0.000					
氮磷比（0.082）	0.000	0.000					
耗氧有机污染物状况（0.270）	0.250	0.067					
重金属污染状况（0.148）	0.000	0.000					

指标层	调查数据	指标层数据	准则层	准则层数据	准则层评价结果	生态系统完整性数据	生态系统完整性评价结果
植物多样性（0.222）	0.750	0.167	生物完整性（0.500）	0.390	差	0.452	一般
鱼类物种丰富度（0.222）	0.000	0.000					
底栖多样性（0.222）	0.250	0.056					
指示物种数量（0.222）	0.500	0.111					
珍稀物种数量（0.111）	0.500	0.056					

表 6-35　2015 年满都户生态系统完整性评价结果

指标层	调查数据	指标层数据	准则层	准则层数据	准则层评价结果	生态系统完整性数据	生态系统完整性评价结果
河岸带稳定性（0.222）	0.688	0.153	物理完整性（0.250）	0.764	良	0.599	一般
栖境破碎度（0.222）	0.750	0.167					
廊道连通性（0.222）	0.500	0.111					
防洪固沙指数（0.222）	1.000	0.222					
景观多样性（0.111）	1.000	0.111					
DO（0.270）	1.000	0.270	化学完整性（0.250）	0.501	一般		
TN（0.148）	0.000	0.000					
TP（0.082）	0.000	0.000					
氮磷比（0.082）	0.000	0.000					
耗氧有机污染物状况（0.270）	0.583	0.157					
重金属污染状况（0.148）	0.500	0.074					
植物多样性（0.222）	0.500	0.111	生物完整性（0.500）	0.612	良		
鱼类物种丰富度（0.222）	0.250	0.056					
底栖多样性（0.222）	1.000	0.222					
指示物种数量（0.222）	0.750	0.167					
珍稀物种数量（0.111）	0.500	0.056					

表 6-36　2012 年红庙子生态系统完整性评价结果

指标层	调查数据	指标层数据	准则层	准则层数据	准则层评价结果	生态系统完整性数据	生态系统完整性评价结果
河岸带稳定性（0.222）	0.625	0.139	物理完整性（0.250）	0.640	良		
栖境破碎度（0.222）	0.750	0.167					
廊道连通性（0.222）	0.500	0.111					
防洪固沙指数（0.222）	0.750	0.167					
景观多样性（0.111）	0.500	0.056					
DO（0.270）	1.000	0.270	化学完整性（0.250）	0.549	一般	0.448	一般
TN（0.148）	0.500	0.074					
TP（0.082）	0.500	0.041					
氮磷比（0.082）	0.000	0.000					
耗氧有机污染物状况（0.270）	0.333	0.090					
重金属污染状况（0.148）	0.500	0.074					
植物多样性（0.222）	0.500	0.111	生物完整性（0.500）	0.334	差		
鱼类物种丰富度（0.222）	0.000	0.000					
底栖多样性（0.222）	0.250	0.056					
指示物种数量（0.222）	0.500	0.111					
珍稀物种数量（0.111）	0.500	0.056					

表 6-37　2015 年红庙子生态系统完整性评价结果

指标层	调查数据	指标层数据	准则层	准则层数据	准则层评价结果	生态系统完整性数据	生态系统完整性评价结果
河岸带稳定性（0.222）	0.875	0.194	物理完整性（0.250）	0.861	优	0.630	良
栖境破碎度（0.222）	0.750	0.167					
廊道连通性（0.222）	0.750	0.167					
防洪固沙指数（0.222）	1.000	0.222					
景观多样性（0.111）	1.000	0.111					

指标层	调查数据	指标层数据	准则层	准则层数据	准则层评价结果	生态系统完整性数据	生态系统完整性评价结果
DO（0.270）	1.000	0.270	化学完整性（0.250）	0.487	一般	0.630	良
TN（0.148）	0.250	0.037					
TP（0.082）	0.000	0.000					
氮磷比（0.082）	0.000	0.000					
耗氧有机污染物状况（0.270）	0.667	0.180					
重金属污染状况（0.148）	0.000	0.000					
植物多样性（0.222）	0.250	0.056	生物完整性（0.500）	0.557	一般		
鱼类物种丰富度（0.222）	0.250	0.056					
底栖多样性（0.222）	0.750	0.167					
指示物种数量（0.222）	1.000	0.222					
珍稀物种数量（0.111）	0.500	0.056					

表 6-38　2012 年达牛生态系统完整性评价结果

指标层	调查数据	指标层数据	准则层	准则层数据	准则层评价结果	生态系统完整性数据	生态系统完整性评价结果
河岸带稳定性（0.222）	0.500	0.111	物理完整性（0.250）	0.500	一般	0.315	差
栖境破碎度（0.222）	0.250	0.056					
廊道连通性（0.222）	0.250	0.056					
防洪固沙指数（0.222）	1.000	0.222					
景观多样性（0.111）	0.500	0.056					
DO（0.270）	1.000	0.270	化学完整性（0.250）	0.432	一般		
TN（0.148）	0.500	0.074					
TP（0.082）	0.250	0.020					
氮磷比（0.082）	0.000	0.000					
耗氧有机污染物状况（0.270）	0.250	0.067					
重金属污染状况（0.148）	0.000	0.000					

续表

指标层	调查数据	指标层数据	准则层	准则层数据	准则层评价结果	生态系统完整性数据	生态系统完整性评价结果
植物多样性（0.222）	0.250	0.056	生物完整性（0.500）	0.167	极差	0.315	差
鱼类物种丰富度（0.222）	0.000	0.000					
底栖多样性（0.222）	0.500	0.111					
指示物种数量（0.222）	0.000	0.000					
珍稀物种数量（0.111）	0.000	0.000					

表6-39 2015年达牛生态系统完整性评价结果

指标层	调查数据	指标层数据	准则层	准则层数据	准则层评价结果	生态系统完整性数据	生态系统完整性评价结果
河岸带稳定性（0.222）	0.500	0.111	物理完整性（0.250）	0.749	良	0.559	一般
栖境破碎度（0.222）	1.000	0.222					
廊道连通性（0.222）	0.500	0.111					
防洪固沙指数（0.222）	1.000	0.222					
景观多样性（0.111）	0.750	0.083					
DO（0.270）	1.000	0.270	化学完整性（0.250）	0.427	一般		
TN（0.148）	0.000	0.000					
TP（0.082）	0.000	0.000					
氮磷比（0.082）	0.000	0.000					
耗氧有机污染物状况（0.270）	0.583	0.157					
重金属污染状况（0.148）	0.000	0.000					
植物多样性（0.222）	0.500	0.111	生物完整性（0.500）	0.528	一般		
鱼类物种丰富度（0.222）	0.250	0.056					
底栖多样性（0.222）	1.000	0.222					
指示物种数量（0.222）	0.500	0.111					
珍稀物种数量（0.111）	0.250	0.028					

表 6-40　2012 年大张生态系统完整性评价结果

指标层	调查数据	指标层数据	准则层	准则层数据	准则层评价结果	生态系统完整性数据	生态系统完整性评价结果
河岸带稳定性（0.222）	0.500	0.111	物理完整性（0.250）	0.528	一般		
栖境破碎度（0.222）	0.750	0.167					
廊道连通性（0.222）	0.000	0.000					
防洪固沙指数（0.222）	1.000	0.222					
景观多样性（0.111）	0.250	0.028					
DO（0.270）	1.000	0.270	化学完整性（0.250）	0.504	一般	0.363	差
TN（0.148）	0.500	0.074					
TP（0.082）	0.500	0.041					
氮磷比（0.082）	0.000	0.000					
耗氧有机污染物状况（0.270）	0.167	0.045					
重金属污染状况（0.148）	0.500	0.074					
植物多样性（0.222）	0.250	0.056	生物完整性（0.500）	0.223	差		
鱼类物种丰富度（0.222）	0.000	0.000					
底栖多样性（0.222）	0.500	0.111					
指示物种数量（0.222）	0.000	0.000					
珍稀物种数量（0.111）	0.500	0.056					

表 6-41　2015 年大张生态系统完整性评价结果

指标层	调查数据	指标层数据	准则层	准则层数据	准则层评价结果	生态系统完整性数据	生态系统完整性评价结果
河岸带稳定性（0.222）	0.500	0.111	物理完整性（0.250）	0.722	良	0.612	良
栖境破碎度（0.222）	1.000	0.222					
廊道连通性（0.222）	0.250	0.056					
防洪固沙指数（0.222）	1.000	0.222					
景观多样性（0.111）	1.000	0.111					

续表

指标层	调查数据	指标层数据	准则层	准则层数据	准则层评价结果	生态系统完整性数据	生态系统完整性评价结果
DO（0.270）	1.000	0.270	化学完整性（0.250）	0.479	一般	0.612	良
TN（0.148）	0.000	0.000					
TP（0.082）	0.000	0.000					
氮磷比（0.082）	0.000	0.000					
耗氧有机污染物状况（0.270）	0.500	0.135					
重金属污染状况（0.148）	0.500	0.074					
植物多样性（0.222）	0.500	0.111	生物完整性（0.500）	0.612	良		
鱼类物种丰富度（0.222）	0.250	0.056					
底栖多样性（0.222）	0.750	0.167					
指示物种数量（0.222）	1.000	0.222					
珍稀物种数量（0.111）	0.500	0.056					

表 6-42　2012 年盘山闸生态系统完整性评价结果

指标层	调查数据	指标层数据	准则层	准则层数据	准则层评价结果	生态系统完整性数据	生态系统完整性评价结果
河岸带稳定性（0.222）	0.500	0.111	物理完整性（0.250）	0.556	一般	0.366	差
栖境破碎度（0.222）	0.750	0.167					
廊道连通性（0.222）	0.250	0.056					
防洪固沙指数（0.222）	1.000	0.222					
景观多样性（0.111）	0.000	0.000					
DO（0.270）	1.000	0.270	化学完整性（0.250）	0.394	差		
TN（0.148）	0.250	0.037					
TP（0.082）	0.250	0.020					
氮磷比（0.082）	0.000	0.000					
耗氧有机污染物状况（0.270）	0.250	0.067					
重金属污染状况（0.148）	0.000	0.000					

续表

指标层	调查数据	指标层数据	准则层	准则层数据	准则层评价结果	生态系统完整性数据	生态系统完整性评价结果
植物多样性（0.222）	0.250	0.056	生物完整性（0.500）	0.195	极差	0.366	差
鱼类物种丰富度（0.222）	0.000	0.000					
底栖多样性（0.222）	0.250	0.056					
指示物种数量（0.222）	0.000	0.000					
珍稀物种数量（0.111）	0.750	0.083					

表 6-43　2015 年盘山闸生态系统完整性评价结果

指标层	调查数据	指标层数据	准则层	准则层数据	准则层评价结果	生态系统完整性数据	生态系统完整性评价结果
河岸带稳定性（0.222）	0.500	0.111	物理完整性（0.250）	0.749	良	0.508	一般
栖境破碎度（0.222）	1.000	0.222					
廊道连通性（0.222）	0.500	0.111					
防洪固沙指数（0.222）	1.000	0.222					
景观多样性（0.111）	0.750	0.083					
DO（0.270）	1.000	0.270	化学完整性（0.250）	0.517	一般		
TN（0.148）	0.000	0.000					
TP（0.082）	0.000	0.000					
氮磷比（0.082）	0.750	0.061					
耗氧有机污染物状况（0.270）	0.417	0.112					
重金属污染状况（0.148）	0.500	0.074					
植物多样性（0.222）	0.500	0.111	生物完整性（0.500）	0.446	一般		
鱼类物种丰富度（0.222）	0.250	0.056					
底栖多样性（0.222）	0.250	0.056					
指示物种数量（0.222）	0.750	0.167					
珍稀物种数量（0.111）	0.500	0.056					

表 6-44 2012 年曙光大桥生态系统完整性评价结果

指标层	调查数据	指标层数据	准则层	准则层数据	准则层评价结果	生态系统完整性数据	生态系统完整性评价结果
河岸带稳定性（0.222）	0.500	0.111	物理完整性（0.250）	0.639	良	0.410	一般
栖境破碎度（0.222）	0.750	0.167					
廊道连通性（0.222）	0.250	0.056					
防洪固沙指数（0.222）	1.000	0.222					
景观多样性（0.111）	0.750	0.083					
DO（0.270）	1.000	0.270	化学完整性（0.250）	0.411	一般		
TN（0.148）	0.500	0.074					
TP（0.082）	0.000	0.000					
氮磷比（0.082）	0.000	0.000					
耗氧有机污染物状况（0.270）	0.250	0.067					
重金属污染状况（0.148）	0.000	0.000					
植物多样性（0.222）	0.500	0.111	生物完整性（0.500）	0.250	差		
鱼类物种丰富度（0.222）	0.000	0.000					
底栖多样性（0.222）	0.500	0.111					
指示物种数量（0.222）	0.000	0.000					
珍稀物种数量（0.111）	0.250	0.028					

表 6-45 2015 年曙光大桥生态系统完整性评价结果

指标层	调查数据	指标层数据	准则层	准则层数据	准则层评价结果	生态系统完整性数据	生态系统完整性评价结果
河岸带稳定性（0.222）	0.500	0.111	物理完整性（0.250）	0.777	良	0.520	一般
栖境破碎度（0.222）	1.000	0.222					
廊道连通性（0.222）	0.500	0.111					
防洪固沙指数（0.222）	1.000	0.222					
景观多样性（0.111）	1.000	0.111					

续表

指标层	调查数据	指标层数据	准则层	准则层数据	准则层评价结果	生态系统完整性数据	生态系统完整性评价结果
DO（0.270）	1.000	0.270	化学完整性（0.250）	0.501	一般	0.520	一般
TN（0.148）	0.000	0.000					
TP（0.082）	0.000	0.000					
氮磷比（0.082）	0.000	0.000					
耗氧有机污染物状况（0.270）	0.583	0.157					
重金属污染状况（0.148）	0.500	0.074					
植物多样性（0.222）	0.250	0.056	生物完整性（0.500）	0.446	一般		
鱼类物种丰富度（0.222）	0.250	0.056					
底栖多样性（0.222）	0.750	0.167					
指示物种数量（0.222）	0.500	0.111					
珍稀物种数量（0.111）	0.500	0.056					

6.3　主要成果与应用

6.3.1　主要成果

2015 年，辽河保护区生态系统完整性评价结果总体表现为"良好"和"一般"（表 6-46），表现为"良"的点位共计 9 个，占总评价点位的 53%，包括福德店、三河下拉、通江口、双安桥、蔡牛、石佛寺、毓宝台、红庙子、大张；表现为"一般"的点位共计 8 个，占总评价点位的 47%，包括哈大高铁、汎河、马虎山大桥、巨流河、满都户、达牛、盘山闸、曙光大桥。2012 年与 2015 年生态系统完整性相比，有明显提升的点位个数共计 10 个，占总评价区域的 58.8%，包括福德店、哈大高铁、双安桥、蔡牛、石佛寺、毓宝台、红庙子、达牛、大张、盘山闸。对比分析 2012 年和 2015 年生态系统完整性中物理完整性、化学完整性和生物完整性三个方面的评价结果可知，物理完整性中所有点位均有不同程度的改善，评价结果明显变好的点位共计 13 个，占评价区域的 76.5%，主要表现为河岸带稳定性与景观多样性的提升；化学完整性的评价结果同样表现为不同程度的改善，评价结果明显变好的点位共计 6 个，占评价区域的 35%；生物完整性的改善更为明显，评价结果明显改善的点位共计 15 个，占评价区域的 88.24%，主要表现为指示物种数量和底栖多样性提升。

表 6-46　生态系统完整性评价结果

点位	准则层						目标层	
	物理完整性结果		化学完整性结果		生物完整性结果		生态系统完整性结果	
	2012 年	2015 年	2012 年	2015 年	2012 年	2015 年	2012 年	2015 年
福德店	一般	良	一般	一般	一般	良	一般	良
三河下拉	一般	良	一般	一般	良	优	良	良
通江口	一般	良	一般	良	良	良	良	良
哈大高铁	一般	良	差	一般	极差	一般	差	一般
双安桥	良	良	差	一般	差	良	一般	良
蔡牛	良	良	差	良	一般	良	一般	良
汎河	良	良	一般	一般	差	一般	一般	一般
石佛寺	一般	良	一般	一般	一般	良	一般	良
马虎山大桥	一般	优	一般	良	差	一般	一般	一般
巨流河	良	优	一般	一般	一般	良	一般	良
毓宝台	良	优	一般	一般	差	一般	一般	一般
满都户	一般	良	一般	一般	差	良	一般	良
红庙子	良	优	一般	一般	差	一般	一般	良
达牛	一般	一般	一般	一般	极差	一般	差	一般
大张	一般	良	一般	一般	差	良	差	良
盘山闸	一般	良	差	一般	极差	一般	差	一般
曙光大桥	良	良	一般	一般	差	一般	一般	一般

1. 保护区的植物多样性特征

从图 6-2～图 6-4 可以看出，实施保护区封育工程有效促进植物种类增加。在围封初期，生态系统处于开放时期，光照充足，各环境因子变化剧烈，茵陈蒿、黄花蒿和加拿大蓬等植物作为撂荒地植被恢复的先锋物种首先占领次生裸地；随着围封时间的延长，由于植被的缓冲作用，生态系统趋于较为封闭和稳定，华黄耆、罗布麻等多年生土著物种不断重现并分布范围日渐变大，辽河保护区生物多样性逐渐增多，群落趋于稳定。

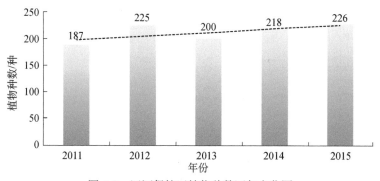

图 6-2　辽河保护区植物种数逐年变化图

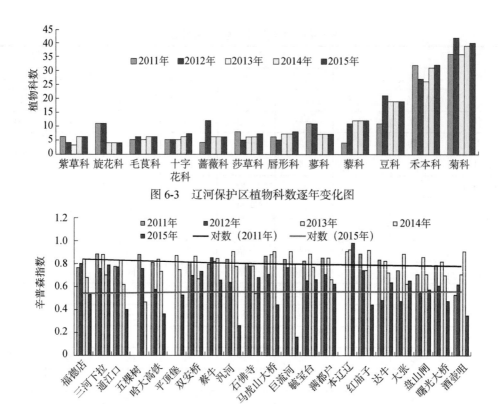

图 6-3　辽河保护区植物科数逐年变化图

图 6-4　辽河保护区植被辛普森指数逐年变化图

2. 保护区鸟类多样性特征

辽河保护区生态系统完整性明显转好的标志之一是鸟类多样性明显增加。辽河保护区鸟类物种数由 2011 年的 45 种上升到 2015 年的 86 种（图 6-5），特别是国家一级和二级保护鸟类共增加了 10 多种，充分反映了辽河保护区水质和河岸栖息地的明显改善（图 6-6）。

3. 保护区鱼类物种多样性特征

辽河保护区鱼类物种数由 2011 年的 15 种增加到 2015 年的 33 种（图 6-7），隶属于 6 目 10 科，并且在曙光大桥发现了对水质要求较高的辽河刀鲚，更加说明了辽河保护区生态系统完整性恢复得较好。辽河保护区各点位物种数量年际变化见图 6-8。

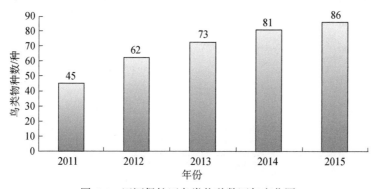

图 6-5　辽河保护区鸟类物种数逐年变化图

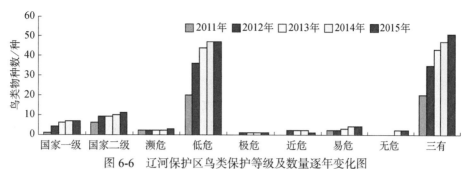

图 6-6 辽河保护区鸟类保护等级及数量逐年变化图

"三有"保护动物指国家保护的有重要生态、科学、社会价值的陆生野生动物

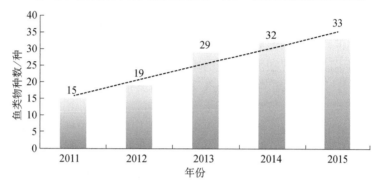

图 6-7 辽河保护区鱼类物种数逐年变化图

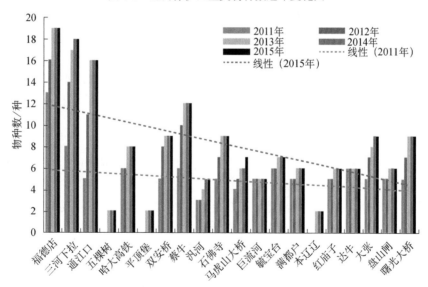

图 6-8 辽河保护区各点位物种数量逐年变化图

6.3.2 成果应用

辽河流域水生态完整性评价方法研究及其在辽河保护区的评价成果,不仅为流域水生态完整性评价工作提供了方法学,而且对加强流域生态保护提供了理论指导。成果应用于国家重点流域水生态环境保护"十四五"规划辽河流域重点任务的确定,以及辽河流域山水林田湖草沙一体化保护和修复工程方案,为治理保护修复目标、任务、重点等的确定提

供了科学指导。

1. 重点流域水生态环境保护"十四五"规划辽河流域重点任务

1）构建辽河生态走廊

持续推进辽河流域生态文明示范区建设，创建辽河口国家公园。深入开展亮子河、汎河、清河、柴河、寇河、柳河、八家子河、养息牧河等支流河整治；实施招苏台河、二道河、条子河等铁岭段支流河生态封育，建设入河口湿地；强化养息牧河、柳河、绕阳河等跨市界支流河上下游、左右岸协同治理，逐步修复水生态功能；依法采取生态补水、水利工程联合调度等措施，保障辽河流域生态基流。

2）积极推动河湖生态带恢复

加强滨河（湖）带生态建设。在河湖陆向的水陆交错带，继续向陆域拓展一定宽度的区域建设河湖缓冲带，通过因地制宜地划定生态缓冲带空间，加强监管，严格准入条件，确保不增污；辽河干流河道管理范围内除水田、护堤林、防风固沙林以外的河滩地实施退耕（林）还河，生态封育，因地制宜地推进辽宁全省其他河流退耕（林）还河和生态封育；在浑河、太子河、大凌河、小凌河、北沙河、南沙河、运粮河、招苏台河、柳河、养息牧河、绕阳河、秀水河等干支流适宜河段沿岸设置生态阻隔带，因地制宜地种植一定宽度的适宜在当地生长的荆棘类灌木，形成生态阻隔带，防止降水时水土流失、污染物冲刷入河，防范近河放牧、乱倒垃圾等人类活动带来的污染隐患，在划定的缓冲带内尽可能退出生产生活等活动，河湖生态缓冲带修复长度700km。

开展水生植被恢复。重点恢复河湖岸线生态系统的结构和功能，减轻人类对生态环境的干扰；通过基底构建、水生植被修复、土著鱼等水生生物的恢复等，实现净化水质，增加生态系统稳定性，保障水质安全。

推进各流域源头水源涵养建设。推进辽河源、浑河源以及鸭绿江水系水源涵养重要区的水源涵养工程建设；加强大伙房水库、碧流河水库、白石水库等源头区生态缓冲带建设，加大退耕还林、还湿、还草、还河力度，防止水土流失。

3）推进湿地恢复与建设

开展天然湿地恢复。推进河湖湿地生态系统保护，协同增强流域生态系统碳汇功能；加强湿地保护与管理，全面保护湿地资源；开展重要湿地生态系统保护与修复，改善生态状况和区域生态环境，提高重要湿地生态功能；实施湿地重大生态修复工程和湿地生态效益补偿；强化国家湿地公园建设，提升建设质量；完善省级重要湿地、省级湿地公园保护基础设施，提高保护管理能力和水平；逐步完善全省湿地监测体系和宣传网络，提高湿地监测、宣传教育、科学研究能力和水平；实现湿地生态功能增强、生物多样性增加，湿地资源全面保护；开展重要湿地生态修复，显著提升退化湿地生态功能，进一步丰富湿地生物多样性；对于因工业等人类活动而带来面积减少或受损的辽河口湿地、辽宁文圣太子河湿地等，因农业、旅游业等人类开发活动干扰的卧龙湖湿地、鸭绿江湿地、青龙河湿地等，合理实施修复措施，开展湿地封育保护、增加湿地补水、生物栖息地恢复与重建等，逐步恢复生物多样性和湿地功能；实施辽宁抚顺社河国家湿地公园、大麦科湿地自然保护区、辽宁昌图辽河国家湿地公园等天然湿地恢复工程。

因地制宜开展人工湿地建设。以水源涵养区、生态敏感区为重点，在辽河干支流、浑河、太子河干流及主要支流规划建设一批生态工程，形成生态湿地；在有条件的县和乡镇，因地制宜地建设支流河口人工湿地水质净化工程；在流域重要节点（排污口下游、河流入湖口等处）采用微生物的协同净化功能实现拦截面源和污染减排。辽宁全省新增大凌河口、万泉河、寇河、亮子河河口等人工湿地30处，新增人工湿地面积290hm²。

积极推进小微湿地保护修复。实施小微湿地保护修复工程，加强小微湿地保护宣传教育，分类型、分区域开展坑塘、湖泊及景观水体等小微湿地保护与修复示范，适时开展小微湿地试点建设，积极探索小微湿地保护恢复、管理与合理利用的新形式。

提高湿地监管能力建设水平。实施湿地科研监测体系建设工程，在条件具备的湿地自然保护区、湿地公园、省重要湿地开展监测工作，逐步完善辽宁全省湿地监测体系，提高监测能力和水平。新建省级湿地监测中心1个，重点湿地监测站点8个。

4）逐步恢复水生生物完整性

推进水生生物生境恢复。统筹考虑河湖水体等水域空间、水源涵养区陆域空间以及行洪、蓄滞洪区等水陆两栖空间等不同类型水生态空间的交错关系及特点，加强陆域水源涵养区、调蓄洪水区、水土保持区及水域重要鱼类栖息地等的生态保护，开展水陆交错带河湖岸带区的植被建设、湿地生态修复及亲水景观构建；重点针对生态敏感区、生态脆弱区、重要生境和生态功能受损的河湖，开展生态系统保护与修复；通过对江河湖库保护区、保留区等源头区实施以水源涵养为主的水量保护，对开发利用程度较大的受损河流实施以自然形态及功能恢复为主的生态修复，对珍稀、特有鱼类栖息地实施以生境保护与营造为主的生态建设。

提高水生生物多样性。对水生生物完整性指数偏低的，选择洄游通道保护、天然生境恢复、生境替代保护、"三场"（产卵场、索饵场、越冬场）保护与修复及增殖放流等措施；推进辽河、大辽河、大凌河等河流及大伙房、碧流河、白石等水库中大型底栖动物、着生藻类、浮游植物、鱼类等生物完整性恢复；开展珍稀濒危水生生物和重要水产种质资源的就地和迁地保护，提高水生生物多样性；针对河口区鱼类洄游通道受阻及鱼类资源损失问题，对辽河干流盘山闸开展鱼道改造，在辽宁省浑河、太子河上游、大凌河等河流实施鱼类增殖放流，以逐步恢复鱼类资源。

2. 辽河流域山水林田湖草沙一体化保护和修复工程重点及目标

项目区位于《全国重要生态系统保护和修复重大工程总体规划（2021—2035年）》"三区四带"的东北森林带和海岸带，位于《全国生态功能区划》中的水源涵养生态功能区、生物多样性保护生态功能区、农产品提供功能区，是中央财政支持的国家重点生态功能区。流域上、中、下游部署的重点治理修复工程均位于亟待转型发展的资源枯竭型城市和东北地区重要老工业城市。实施辽河流域（浑太水系）山水林田湖草沙一体化保护和修复是筑牢我国"两屏三带"生态屏障的重要举措，是保障国家生态安全和辽宁省主体功能区作用的紧迫需求，是保障国家东北地区粮食安全和饮用水安全的重大民生工程。

辽河流域是中国的七大江河流域之一，为辽宁的母亲河，由辽河和浑太河两大水系组成。本次申报的山水林田湖草沙一体化保护和修复工程以浑太水系为主线，重大工程主要集中在流域内的水源涵养区、农产品提供区和生物多样性保护区。项目区东起东北森林带——抚顺新宾满族自治县和抚顺西露天矿，经沈阳（现代化都市圈）、辽宁铁矿集中开采区（本溪、辽阳和鞍山），西至"渤海海岸带"两个重要沿海城市（营口和盘锦），终入渤海湾，其所在地理单元总面积 1.56 万 km^2。项目区选取符合国家生态战略"三区四带"重大工程区布局，契合国家陆海统筹战略，必将对东北老工业基地全面振兴发展产生深远影响。

辽河流域（浑太水系）山水林田湖草沙一体化保护和修复工程实施区域内的主要生态问题是：①森林群落结构简单和森林生物疫情使东北森林带水源涵养能力下降，对国家生态安全构成威胁；②区域矿产资源集中高强度开采对生态环境破坏严重；③农产品提供区耕地减少及低效利用致使生态系统服务功能下降；④辽河口湿地萎缩导致区域生物多样性指标下降并威胁区域濒危物种；⑤浑太水系干支流工、农业及城镇化发展对水生态环境构成威胁；⑥浑太水系水源保护区水资源和水质保障压力大。

针对生态问题，在 4.18 万 km^2 浑太水系流域内，划分了七大生态保护修复单元，面积 1.56 万 km^2，占比 37.3%。统筹考虑了流域内山上的森林保护保育及矿山生态修复、山下的水土保持与防风固沙、水系干支流岸线生态修复、辽河平原农产品提供区功能保障及辽河口湿地生物多样性保护，在七大生态保护修复单元中开展 9 项重点工程，精准部署 33 个子项目。项目区面积 87175hm²，其中上游 46470hm²，主要包括西露天矿及周边地区生态恢复治理工程、浑河流域森林生态修复及水环境治理工程 2 项重点工程 12 个子项目；中游 38884hm²，主要包括太子河流域水环境治理与水源涵养区生态修复工程、汤河水库饮用水源保护区生态修复与水质保障工程、葠窝水库工农业水源区矿山生态修复与水质提升工程 3 项重点工程 10 个子项目；下游 1821hm²，主要包括辽河口湿地恢复工程、辽河口水环境生态修复工程 2 项重点工程 5 个子项目。此外，在全域范围内布置生态保护修复物联网与"天地空"一体化监测及评价研究、后期管护 2 项重点工程 6 个子项目。实施方案基准期为 2020 年，实施期三年（2021 年 7 月～2024 年 6 月），管护期限三年；工程总投资 52.1 亿元，申请中央资金 20.0 亿元，地方安排资金 32.1 亿元。

辽河流域山水林田湖草沙一体化保护和修复工程实施实现的指标包括以下几个方面。

（1）森林覆盖目标：长白山森林带和辽东山地丘陵水源涵养区森林修复 1233hm²，修复区域内森林面积增加 5% 以上；提升水源涵养能力和森林碳汇能力。

（2）辽河流域（浑太水系）干支流植被保育目标：生态护岸及岸线绿化面积增加 1061hm²，提升水系两岸的水土保持和防风固沙能力，支撑流域水质达标。

（3）重要水源保护地水质保障目标：大伙房水库水质稳定在地表水 Ⅱ 类水质；汤河水库水质保持在地表水 Ⅱ 类水质；葠窝水库水质提升到地表水 Ⅴ 类水质以上，保障辽宁省城市用水安全。

（4）辽河口湿地生物多样性保护目标：湿地面积（含人工湿地）增加 291hm²，修复区域内湿地面积增加 2.5%；构建以自然保护区为核心的生物多样性保护区域，为辽河口湿地丹顶鹤和珍禽黑嘴鸥提供良好的繁殖和栖息空间。

（5）矿山生态修复目标：辽东山地丘陵水源涵养区矿山生态修复面积 2129hm²，提升辽东山地丘陵区水源涵养能力。

（6）土地利用效率目标：整理低效土地，新增耕地 782hm^2，提升土地利用效率，为辽河平原农产品提供区提供后备保障。

参 考 文 献

边博，程小娟.2006. 城市河流生态系统健康及其评价. 环境保护，4：66-69.

蔡守华，胡欣.2008. 河流健康的概念及指标体系和评价方法. 水利水电科技进展，1：23-27.

陈玲，张晟，夏世斌，等.2012. 灰色关联度分析方法在水质评价中的应用：以常州河为例. 环境科学与管理，37（2）：162-166.

陈秀铜，李璐.2011. 基于 AHP-FUZZY 方法的锦屏一级水库生态系统服务功能综合评价. 长江流域资源与环境，20（1）：107-110.

杜洋，徐慧.2008. 基于生态系统服务功能需求的城市河流健康评价//第八届全国环境与生态水力学学术研讨会. 北京：中国水利水电出版社：416-422.

范良千，吴祖成，张清宇.2013. 多元统计方法用于太湖梅梁湾水质特征识别. 浙江大学学报，40（3）：309-313.

郭小青.2005. 贴近度法优化城市内河水质监测点. 科技通报，5（21）：37-40.

侯景艳，张玉龙.2007. 浑河沈阳段生态健康评价指标体系的研究. 环境保护科学，3：74-77，80.

黄宝荣，欧阳志云，郑华，等.2006. 生态系统完整性内涵及评价方法研究综述. 应用生态学报，11：2196-2202.

黄胜，秦星，沈德富.1996. 模糊贴近度聚类分析模式评价水质状况的研究. 环境保护科学，22（4）：29-34.

罗彬源.2008. 结合 GIS 技术的河流健康多层次灰关联评价研究. 广州：广东工业大学.

彭静，董哲仁，李翀.2008. 河流生态功能综合评价的层次决策分析方法. 水资源保护，1：45-48.

任泽，杨顺益，汪兴中.2011. 洱海流域水质时空变化特征. 生态与农村环境学报，27（4）：14-20.

苏云，汪冬冬.2012. 基于多维度的河岸带评价实践初探. 安徽农业科学，40（3）：1687-1688，1926.

索贵彬.2006. 基于灰色层次分析方法的企业生态创新系统主导力评价. 系统工程理论与实践，7（7）：101-105.

孙涛，杨志峰.2005. 基于生态目标的河道生态环境需水量计算. 环境科学学报，26（5）：43-48.

王凤祥，张松滨.1991. 水质评价中的共斜率灰色贴近度分析. 吉林化工学院学报，8（1）：33-38.

王国胜.2007. 河流健康评价指标体系与 AHP-模糊综合评价模型研究. 广州：广东工业大学.

王国胜，徐文彬，林亲铁，等.2006. 河流健康评价方法研究进展. 安全与环境工程，4：14-17.

王国玉，李湛东.2008. 河岸带自然度综合评价指标体系的构建. 山东林业科技，38（6）：12-15，32.

王拯.1999. 关于复合生态系统评价方法的探讨. 兰州铁道学院学报，5：137-140.

吴雅琴.1998. 水质灰色关联评价方法. 甘肃环境研究与监测，11（3）：15-19.

夏继红，严忠民.2006. 生态河岸带的概念及功能. 水利水电技术，5：14-17，24.

尹津航，卢文喜，张蕾.2012. 东辽河流域水生态健康状况的模糊综合评价. 安徽农业科学，40（10）：6057-6059，6062.

尤洋，许志兰，王培京，等. 2009. 温榆河生态河流健康评价研究. 水资源与水工程学报，20（3）：19-24.

张龙江. 2001. 水质评价的模糊综合评判-加权平均复合模型应用. 环境工程，6：53-55，5-6.

张文鸽，管新建，徐清山. 2006. 水环境质量评价的模糊贴近度方法. 水资源保护，22（2）：47-51.

张旋，王启山，于淼. 2010. 基于聚类分析和水质标识指数的水质评价方法. 环境工程学报，4（2）：477-480.

郑丙辉，张远，李英博. 2007. 辽河流域河流栖息地评价指标与评价方法研究. 环境科学学报，27（6）：928-936.

Baskin Y. 1994. Ecosystem function of biodiversity. BioScience，44（10）：657-660.

Decamps H. 1997. The ecology of interface：Riparian zone. Annual Review of Ecology and Systematic，28：621-658.

Greenway M. 2003. Suitability of macrophysics for nutrients removal from surface flow constructed wetlands receiving secondary treaded sewage effluents in Queensland，Australia. Water Science and Technology，48（2）：121-128.

Kay J J，Regier H A，Boyle M，et al. 1999. An ecosystem approach for sustainability：Addressing the challenge of complexity. Futures，31（7）：721-742.

Paul M. 2005. Riparian buffer width，vegetative cover，and nitrogen removal effectiveness：A review of current science and regulations. Washington DC：United States Environmental Protection Agency.

Whigham D F. 1999. Ecological issues related to wetland preservation，restoration，creation and assessment. The Science of the Total Environment，240（1）：31-40.